钢铁产业链中的显微分析应用技术

田青超　著

北　京
冶　金　工　业　出　版　社
2020

内 容 提 要

本书介绍了如何利用显微分析技术对钢铁产品在生产、加工、运输及使用过程中产生的质量问题进行分析、判断。本书结合作者在钢铁产品失效分析及新产品开发中的实践经验，以铌铁的合金化为例阐述了炼钢过程中的缺陷特征，描述了板坯连铸过程中裂纹形貌特点与产生原理，阐明了板管热轧产生的典型缺陷及与板坯连铸及轧制工艺的关联性，分析了钢铁产品在用户冷拔、剪切、涂敷、运输等环节产生的典型质量问题，最后从显微分析角度介绍了钢铁产品在服役条件下失效行为的典型案例，多角度地揭示炼钢、连铸、热轧及用户使用等过程中产品缺陷微观特征和演化的内在机制。

本书可使读者了解显微分析技术在材料科学工程的重要作用，可供从事显微分析、材料学、钢铁生产、新产品开发、材料失效分析、用户技术服务等行业的工程技术人员、科技人员和大专院校的师生参考和借鉴。

图书在版编目(CIP)数据

钢铁产业链中的显微分析应用技术/田青超著．—北京：冶金工业出版社，2020.1
ISBN 978-7-5024-8381-4

Ⅰ.①钢…　Ⅱ.①田…　Ⅲ.①钢铁冶金—金相分析
Ⅳ.①TF4　②TG115.21

中国版本图书馆 CIP 数据核字（2019）第 300581 号

出 版 人　陈玉千
地　　址　北京市东城区嵩祝院北巷 39 号　邮编　100009　电话　(010)64027926
网　　址　www.cnmip.com.cn　电子信箱　yjcbs@cnmip.com.cn
责任编辑　刘小峰　曾　媛　美术编辑　郑小利　版式设计　孙跃红
责任校对　李　娜　责任印制　李玉山
ISBN 978-7-5024-8381-4
冶金工业出版社出版发行；各地新华书店经销；三河市双峰印刷装订有限公司印刷
2020 年 1 月第 1 版，2020 年 1 月第 1 次印刷
169mm×239mm；14.5 印张；282 千字；223 页
80.00 元

冶金工业出版社　投稿电话　(010)64027932　投稿信箱　tougao@cnmip.com.cn
冶金工业出版社营销中心　电话　(010)64044283　传真　(010)64027893
冶金工业出版社天猫旗舰店　yjgycbs.tmall.com
（本书如有印装质量问题，本社营销中心负责退换）

前　言

“工欲善其事，必先利其器”。显微分析技术是将光学显微分析、电子束显微分析及其他辅助分析方法有机结合的综合分析方法。常用电子束显微分析如电子探针和扫描电镜是20世纪60年代初开发出来的，经过多年的发展目前已具备了微区成分分析、显微组织观察、相鉴定及显微织构分析的综合分析仪器，在材料科学中已得到广泛应用。

钢坯凝固或轧制过程中产生的严重的成分偏析、内部缩孔疏松、夹杂（渣）物、表面裂纹、内部裂纹、组织异常等，均可能是导致钢铁产品失效的根源。同样，板坯在加工成为半成品，成品的加工、制造、运输以及使用的过程中，也可能为产品引入引起失效根源的缺陷。这些缺陷在板、坯的生产过程中，可能不会使钢坯的性能发生重大变化，但是在后续的加热保温、控轧控冷中可能会扩大化而导致钢材失效报废。例如凝固裂纹，在加热、保温、轧制过程中，原始的凝固裂纹缺陷的演化结果可能已经完全丧失原来固有的特征，但产品失效的根源在于凝固裂纹，如何正确地检测与判断钢板失效的根源，不致于发生错判、误判，就需要对所检测试样的缺陷进行细致的显微分析，根据获得的检测数据，参考生产的工艺流程，进行科学的推理以获得正确的结果，对于结果的可靠性甚至需要试验验证。这就是材料显微分析方法的一般思路。

本书是将显微分析技术应用于钢铁产品全产业链的首次尝试。作者根据在钢铁产品开发、现场生产质量提高、失效分析以及用户使用问题的解决等方面20余年的实践编著了此书，试图向读者多角度揭示炼钢、连铸、热轧以及用户使用等过程中钢铁材料质量问题演化的微观特征以及内在机制，揭示钢铁产品缺陷的宏观表征与微观特征的相关性，是以命名本书为《钢铁产业链中的显微分析应用技术》。值此钢铁工业产业结构调整、产品升级换代进而突破“卡脖子”材料技术的关键时期，将显微分析技术应用于钢铁产品研发及其使用的理论与实践，更具现实意义。

本书提出将钢铁生产与用户使用作为一个系统工程整体考虑，提出正确运用现代分析仪器对显微组织结构进行解析进而解决实际问题的理念，将显微分析与其他辅助分析方法有机结合，把钢铁材料质量问题的理化检验提升到解析的高度以揭示产品缺陷演化的微观特征。这种系统的研究分析方法及实战案例在一般出版物上难以找到，对从事显微分析、材料学、钢铁生产等行业的工作实践和教学科研都有很大的参考和借鉴意义，希望能够为广大业界人士提供参考和借鉴。

受作者水平所限，书中不妥之处在所难免，敬请读者批评指正。

田青超

2019 年于上海

目　录

1 显微分析与合金化研究

钢铁是使用最多的金属材料，现代钢铁工业是国家的基础工业之一，也是衡量一个国家工业水平和生产能力的主要标志。钢铁的品质对国民经济其他工业部门产品的质量有着极大的影响。现代材料测试技术正朝着科学、先进、快速、简便、精确、自动化、多功能和综合性等方向发展，材料组织结构和性能检测已经成为一种多门类、跨学科的综合性技术。总的来看，材料研究可分为三个层次。其一为基于人的肉眼或借助于放大镜所能做的研究，分析的空间线度为大于 10^{-6} m，对这种物体的分析称为宏观分析；其二为介观分析，分析的空间线度介于 10^{-6}~10^{-8}m 之间，可以借助于光学显微镜进行的分析，对于钢铁材料而言，金相分析是重要的一步；其三为微观分析，分析的空间线度为小于 10^{-9}~10^{-8}m 的微观粒子，主要借助于电子显微分析[1]。

眼睛是人类认识客观世界的第一架“光学仪器”。但它的能力是有限的，如果两个细小物体间的距离小于 0.1mm 时，眼睛就无法把它们分开。光学显微镜的发明为人类认识微观世界提供了重要的工具。随着科学技术的发展，光学显微镜因其有限的分辨能力而难以满足许多微观分析的需求。20 世纪 30 年代后，电子显微镜的发明将分辨本领提高到纳米量级，同时也将显微镜的功能由单一的形貌观察扩展到集形貌观察、晶体结构、成分分析等于一体。人类认识微观世界的能力从此有了长足的发展。

电子显微镜和光学显微镜一样都属于光学放大仪器，基本光学原理相似，区别在于使用照明源和聚焦成像的方法不同：前者用可见光照明，用玻璃透镜聚焦成像；后者用电子束照明，用一定形状的静电场或磁场（静电透镜或磁透镜）聚焦成像。

人眼的分辨本领大约是 0.2mm，光学显微镜分辨极限大约是 0.2μm（200nm），因此光学显微镜相应的有效放大倍数是 1000 倍。光学显微镜的放大倍数可以做得更高，但是，高出的部分对提高分辨率没有贡献，仅仅是让人眼观察更舒服而已。所以，光学显微镜的放大倍数一般最高在 1000~1500 之间。

可见光的波长在 390~760nm 之间，在常用的 100~200kV 加速电压下，从表 1.1 的公式可以计算出，电子波的波长要比可见光小 5 个数量级。电磁透镜和光学透镜一样，除了衍射效应对分辨率的影响外，还有像差对分辨率的影响。电磁透镜的像差包括球差、像散和色差。即便如此，电子显微镜的分辨率也可以达到 0.1nm。

表 1.1　光学显微镜与电子显微镜的比较

项目	光学显微镜	电子显微镜
照明束	可见光	电子束
波长	390~760nm	$\lambda=\sqrt{\frac{150}{U}}$ 式中，U 为加速电压
透镜的分辨率	由衍射埃利（Airy）斑决定： $\Delta r_0=\frac{0.61\lambda}{n\sin\alpha}$ 式中，n 为透镜物方介质折射率；λ 为照明光波长；α 为透镜孔径半角；$n\sin\alpha$ 为数值孔径	由衍射与球差 C_s 决定： $\Delta r_0=A\lambda^{\frac{3}{4}}C_s^{\frac{1}{4}}$ 式中，$A\approx0.4\sim0.55$
仪器最好分辨率	200nm	0.1nm(300kV)
放大倍数	1000~1500	几十万倍
透镜	光学透镜	电磁透镜
条件	大气	真空

实际上，材料学中常说的显微分析是金相分析和电子显微分析的总称，是指利用光学显微镜或先进电子显微设备仪器所做的形貌观察、结构分析以及成分检验等。显微分析常常以宏观分析为基础。可以说，显微分析技术是打开宏观世界奥秘之门的钥匙。

1.1　金相分析

通常我们把铁（Fe）和一定的碳（C）组成的合金称之为钢。低碳低合金钢在低温下为体心立方晶格，在高温下为面心立方晶格，在更高的温度下又为体心立方晶格。晶格类型的转变称之为相变。相是指金属合金组织中的化学成分、晶体结构、物理性能相同的组分。在金属学的范畴称为金相，其中包括固溶体、金属化合物和纯元素。组织泛指使用金相方法看到的，由形态、尺寸不同、分布方式不同的一种或多种相构成的总体，以及各种材料缺陷和损伤。

1.1.1　铁碳相图

碳在钢中是以铁与碳的化合物（Fe_3C）形式存在。由于碳在钢中的存在，将对铁的晶格结构产生影响，并形成了不同的组织，一般将钢中的各种组织统称为金相组织。钢的金相组织不同，其性能具有很大的差别。而对钢进行不同的热处理，就可以获得不同的组织，最终获得我们所需要的性能。

钢的基本组织有以下几种：

（1）奥氏体（A）：铁和其他元素形成的面心立方结构的固溶体，一般指碳

和其他元素在 γ 铁中的间隙固溶体。

（2）铁素体（F）：铁和其他元素形成的体心立方结构的固溶体，一般是指碳和其他元素在 α 铁中的间隙固溶体。

（3）渗碳体（Fe_3C）：碳和铁形成的稳定化合物即碳化铁 Fe_3C。在液态铁碳合金中，首先单独结晶的渗碳体称为一次渗碳体（$Fe_3C_Ⅰ$）；过共析钢冷却时从奥氏体析出的碳化物称为二次渗碳体（$Fe_3C_Ⅱ$）；从铁素体中经 727℃以下析出的渗碳体称为三次渗碳体（$Fe_3C_Ⅲ$）。

（4）珠光体（P）：铁素体片和渗碳体片交替排列的层状显微组织，为铁素体和渗碳体的机械混合物。

（5）莱氏体（Ld）：液态铁碳合金在 1148℃左右会发生共晶转变，见图 1.1，含碳量为 4.3%的液态铁碳合金会转化为含碳量为 2.11%的奥氏体和 6.67%的渗碳体两种晶体的混合物的莱氏体。随着温度的降低，莱氏体中总碳含量组成不变，但其中的奥氏体和渗碳体的比例在发生改变。

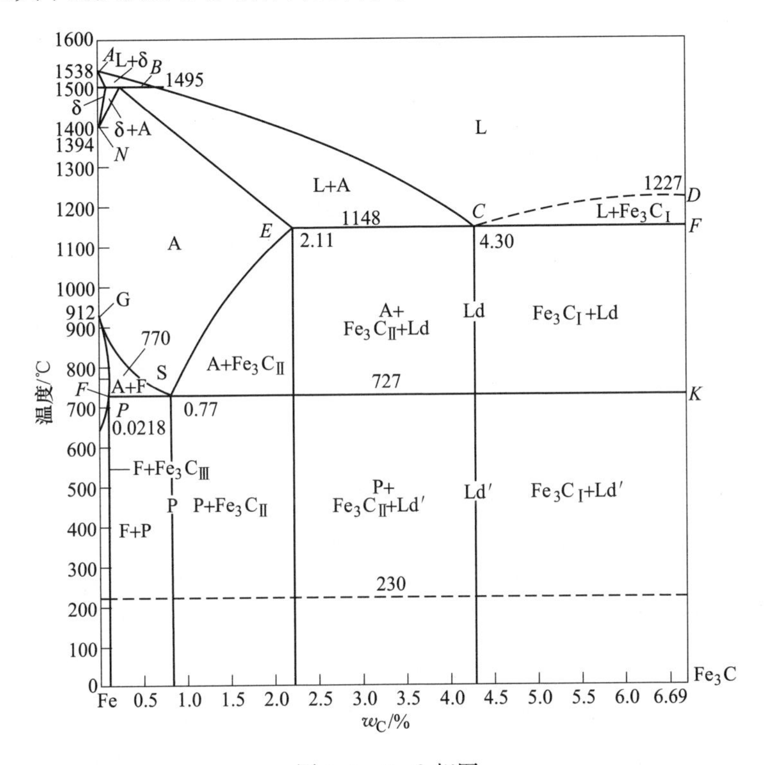

图 1.1 Fe-C 相图

当温度降到 727℃以下时，莱氏体中的奥氏体成分会发生共析转变，生成铁素体和渗碳体层状分布的珠光体，所以 727℃以下时，莱氏体是珠光体和渗碳体的机械混合物，称为变态莱氏体（Ld′）。

(6) 马氏体（M）：奥氏体通过无扩散型相变而转变成的亚稳定相。实际上，是碳在铁中过饱和的间隙式固溶体。晶体具有体心正方结构。马氏体高温回火后分解成铁素体和渗碳体的混合组织即回火索氏体。

(7) 贝氏体：过冷奥氏体在低于珠光体转变温度和高于马氏体转变温度之间范围内分解成的铁素体和渗碳体的聚合组织。在较高温度分解成的叫上贝氏体，呈羽毛状；在较低温度分解成的叫下贝氏体，呈类似于低温回火马氏体针状组织的特征。

通过加热、保温、冷却的方法使金属和合金内部组织结构发生变化，以获得工件使用性能所要求的组织结构，这种技术谓之热处理工艺。

通常所说的调质热处理工艺就是将钢铁从低温铁素体区（$\alpha+Fe_3C$ 区）加热到高温奥氏体区（γ 单相区），快速冷却至室温，如水冷或油冷，获得马氏体组织，然后再加热至500~700℃保温，谓之高温回火，使得马氏体分解为回火索氏体，即铁素体+细小的渗碳体（Fe_3C）。这种组织具有优良的综合机械性能。

金相分析是人们通过金相显微镜来研究金属和合金显微组织大小、形态、分布、数量和性质的一种方法。金属的性能取决于它的成分和微观组织，其中微观组织对金属性能的影响最为直接，因此可以通过对金属微观组织的观察和分析，即金相分析技术，来预测和判断金属的性能。进行金相分析，首先应根据各种检验标准和规定制备试样（即金相试样），若金相试样制备不当，则可能出现假象，从而得出错误的结论，因此金相试样的制备十分重要。通常，金相试样的制备步骤主要有：取样、镶嵌、标识、磨光、抛光、浸蚀，但并非每个金相试样的制备都必须经历上述步骤，如果试样形状、大小合适，便于握持和磨制，则不必进行镶嵌；如果仅仅检验金属材料中的非金属夹杂物或铸铁中的石墨，就不必进行浸蚀。总之，应根据检验的目的来确定制样步骤。

1.1.2 制样

取样是金相试样制备的第一道工序，若取样不当，则达不到检验目的。取样部位及检验面的选择取决于被分析材料或零件的特点、加工工艺过程及热处理过程，应选择有代表性的部位。生产中常规检验所用试样的取样部位、形状、尺寸都有明确的规定，一般而言，取样遵循以下原则：

(1) 零件失效分析的试样，应该根据失效的原因，分别在材料失效部位和完好部位取样，以便于对比分析。

(2) 对铸件，必须从表面到心部，从上部到下部观察其组织差异，以了解偏析情况，以及缩孔疏松及冷却速度对组织的影响。

(3) 对锻轧及冷变形加工的工件，应采用纵向检查面，以观察组织和夹杂物的变形情况，观察带状组织的分布等。

（4）横向截面可以观察从表面到中心金相组织变化情况；检验表层各种缺陷，如氧化、脱碳、过烧、折叠等；检验表面热处理结果，如表面淬火的淬硬层，化学热处理的渗碳层、氮化层、碳氮共渗层以及表面镀铬、镀铜层等；检验非金属夹杂物在整个断面上的分布；测定晶粒度等。

取样时，应保证被观察的截面由于截取而产生组织变化，因此对不同的材料要采用不同的截取方法：对于软材料，可以用锯、车、刨等加工方法；对于硬材料，可以用砂轮切片机切割或电火花切割等方法。而对于硬而脆的材料，可以用锤击方法。在大工件上取样，可用氧气切割等方法。使用砂轮切割或电火花切割时，应采取冷却措施，以免试样因受热而引起组织变化。

金相试样的大小以便于握持、易于磨制为准。

通常显微试样为直径 15mm、高 15~20mm 的圆柱体或边长为 15~25mm 的立方体。

对于形状特殊或尺寸细小不易握持的试样，要进行镶嵌或机械夹持。

试样取下后，试样的周界要用砂轮或锉刀磨成 45°角，以免在磨光及抛光时将砂纸和抛光织物划破。一般黑色金属要用砂轮打平，对于很软的材料（如铝、铜、镁等有色金属）可用锉刀锉平。磨砂轮时应利用砂轮的侧面，并使试样沿砂轮径向缓慢往复移动，施加压力要均匀。这样既可以保证使试样磨平，还可以防止砂轮侧面磨出凹槽，使试样无法磨平。在磨制过程中，试样要不断用水冷却，以防止试样因受热升温而产生组织变化。

对于需要观察表层组织（如渗碳层、脱碳层）的试样，则不能将边缘磨圆，这种试样最好进行镶嵌。

一般情况下，如果试样大小合适，则不需要镶样，但试样尺寸过小或形状极不规则者，如带、丝、片、管，制备试样十分困难，就必须把试样镶嵌起来。镶嵌分冷镶嵌和热镶嵌两种。

热镶目前一般多采用塑料镶嵌。镶嵌材料有热凝性塑料（如胶木粉）、热塑性塑料（如聚氯乙烯）、冷凝性塑料（环氧树脂加固化剂）及医用牙托粉加牙托水等。胶木粉不透明，有各种颜色，而且比较硬，试样不易倒角，但抗强酸强碱的耐腐蚀性能比较差。聚氯乙烯为半透明或透明的，抗酸碱的耐腐蚀性能好，但较软。用这两种材料镶样均需用专门的镶样机加压加热才能成型。金相试样镶样机主要包括加压设备、加热设备及压模三部分。

冷镶适用对温度及压力极敏感的材料（如淬火马氏体与易发生塑性变形的软金属），以及微裂纹的试样，冷镶洗涤后可在室温下固化，将不会引起试样组织的变化。

机械镶嵌法，适用外形比较规则像圆柱体、薄板等。环氧树脂、牙托粉镶嵌法对粉末金属、陶瓷多孔性试样特别适用。电解制样时，可加入铜粉等金属填料以产生导电性，还可加入耐磨填料如 Al_2O_3 等来增加硬度及耐磨性，保持试样的边缘，填料一般在制样前加入到压镶塑料中去。低熔点合金镶嵌法是利用熔融的低熔点合金熔液浇注镶嵌成合适的金相试样。将欲镶嵌的细小试样放置在一块平整的铁板上，用合适的金属圈或塑料圈套在试样外面，将低熔点合金注入圈内待冷却后即可。

金相试样经过切取、镶嵌后，还需进行磨光、抛光等工序，才能获得表面平整光滑的磨面。

磨光分为粗磨与精磨。磨光的目的是为整平试样，并磨成合适的形状。金相试样的磨光除了要使表面光滑平整外，更重要的是应尽可能减少表层损伤。每一道磨光工序必须除去前一道工序造成的变形层（至少应使前一道工序产生的变形层减少到本道工序产生的变形层深度），而不是仅仅把前一道工序的磨痕除去；该道工序本身应做到尽可能减少损伤，以便于进行下道工序。最后一道磨光工序产生的变形层深度应非常浅，保证能在下一道抛光工序中除去。每一道工序，都与上一道工序成 90°方向，直到看不到上道工序的划痕为止。

抛光可以分为机械抛光和电解抛光。机械抛光适用于大部分钢种，但是由于机械抛光有机械力的作用，不可避免地会产生金属变形层，使金属扰乱层加厚，出现伪组织。而电解抛光是利用电解方法，以试样表面作为阳极，逐渐使凹凸不平的磨面溶解成光滑平整的表面，因无机械力的作用，故无变形层，也无金属扰乱层，能显示材料的真实组织并兼有浸蚀作用，适用于硬度较低的单相合金、容易产生塑性变形而引起加工硬化的金属材料，如奥氏体不锈钢、高锰钢、有色金属和易剥落硬质点的合金等的试样抛光。

抛光后的试样表面是平整光亮、无痕的镜面，置于金相显微镜下观察时，除能见到非金属夹杂物、孔洞、裂纹、石墨和铅青铜中的铅质点以及极硬相在抛光时形成的浮凸外，仅能看到光亮一片，看不到显微组织，必须采用适当的显示方法（即浸蚀），才能显示出组织。

金相显微组织的浸蚀方法很多，可分为化学浸蚀、电解浸蚀和其他浸蚀等。其中化学浸蚀法具有显示全面、操作便捷、经济便宜、重现性好等优点，故在生产以及科研中广泛应用。

化学浸蚀是一个电化学溶解的过程。金属与合金中的晶粒与晶界之间，以及各相之间的物理化学性质不同，他们具有不同的自由能，在腐蚀剂电解质溶液中则具有不同的电极电位，可组成许多微电池，较低电位的部分是微电池的阳极，溶解较快，溶解的地方则呈现凹陷或沉积反应产物而着色。在显微镜下观察时，光线在晶界处被散射，不能进入物镜而显示出黑色晶界；在晶粒平面上的光线则散射较少，大部分反射进入物镜而呈现亮白色的晶粒。腐蚀剂是由酸、碱、盐以及酒精和水等配制而成，钢铁材料最常用的化学腐蚀试剂是 3%～5%硝酸酒精，见表 1. 2。

表 1.2 常用腐蚀剂

序号	腐蚀剂名称	成分/mL	腐蚀条件	适应范围
1	硝酸酒精溶液	硝酸 1~5 酒精 100	室温腐蚀数秒	碳钢及低合金钢，能清晰地显示铁素体晶界
2	苦味酸酒精溶液	苦味酸 4 酒精 100	室温腐蚀数秒	碳钢及低合金钢，能清晰地显示珠光体和碳化物
3	苦味酸钠溶液	苦味酸 2~5 苛性钠 20~25 蒸馏水 100	加热到 60℃ 腐蚀 5~30min	渗碳体呈暗黑色，铁素体不着色
4	混合酸酒精溶液	盐酸 10 硝酸 3 酒精 100	腐蚀 2~10min	高速钢淬火及淬火回火后晶粒大小
5	王水溶液	盐酸 3 硝酸 1	腐蚀数秒	各类高合金钢及不锈钢组织
6	氯化铁、盐酸水溶液	三氯化铁 5 盐酸 10 水 100	腐蚀数秒~2min	黄铜、青铜及不锈钢等的组织显示
7	氢氟酸水溶液	氢氟酸 0.5 水 100	腐蚀数秒	铝及铝合金的组织显示

1.1.3 常见钢种的微观组织

常见的铁素体组织钢为超低碳的无间隙原子钢即 IF 钢（图 1.2（a）），基本原理是在钢中加入少量的 Ti 或 Nb 等合金元素，使钢中固溶碳的含量降到 0.01% 以下，从而获得铁素体组织。室温下碳钢中的奥氏体不稳定存在，但 Ni、N 等合金元素可以使奥氏体亚稳存在，如 18Cr-8Ni 系列奥氏体不锈钢（图 1.2（b）），均以固溶态交货。

(a) 铁素体不锈钢

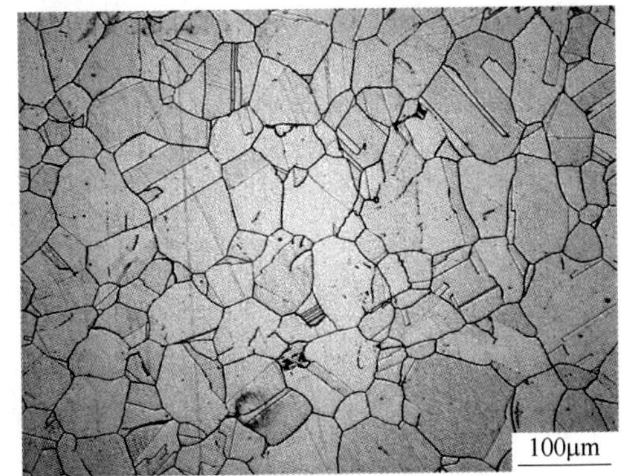

(b) 奥氏体不锈钢

图 1.2 铁素体 IF 钢和奥氏体 1Cr18Ni9Ti 钢的组织

典型的珠光体组织其中铁素体片和渗碳体片交替排列，见图 1.3（a），为铁素体和渗碳体的机械混合物。贝氏体同样可以具有片状结构（图 1.3（b）），42MnMo7 为常见的地质钻探钢管用钢种，轧制状态下为日本标准 STM-R780 钢级，轧态即为贝氏体组织。

(a) 珠光体钢　(b) 贝氏体钢

图 1.3　珠光体钢 SWRS82B 钢琴丝和贝氏体钢 42MnMo7 轧态组织

13Cr 系列不锈钢轧态即为马氏体组织。0Cr13Ni5Mo2 为常见的马氏体不锈钢，常应用于火力发电厂蒸汽涡轮转子、过热器管、再热器管和蒸汽管道等，也可用于油田高硫化氢腐蚀环境。该钢种热轧态为马氏体+残余奥氏体组织，调质态为回火马氏体+逆变奥氏体组织，见图 1.4。

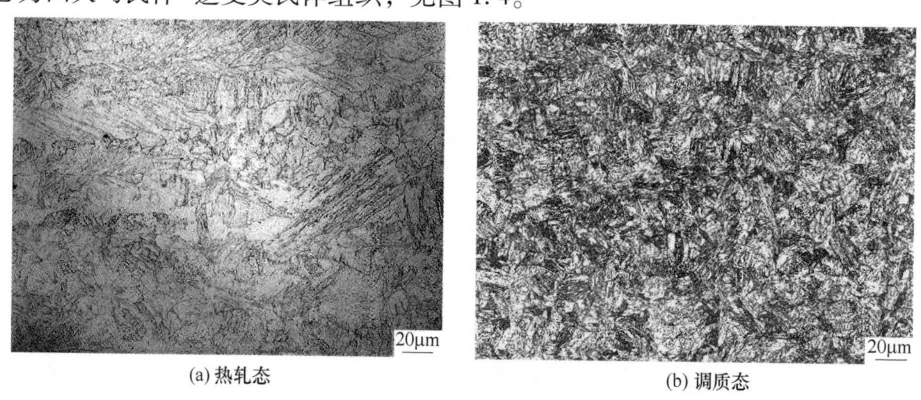

(a) 热轧态　(b) 调质态

图 1.4　0Cr13Ni5Mo2 马氏体钢组织

日常生活中最常见钢的组织为铁素体和珠光体的混合组织，如 20 钢、Q345 钢等，也常用作冷拔/冷轧材料。Q345D 钢轧态以及冷轧态组织形态见图 1.5。

37Mn5 是常见的油井管用钢种，可用于生产 J55、K55 等产品牌号，也为铁素体、珠光体混合组织，见图 1.6。而采用调质热处理工艺交货的 N80-Q、P110 等牌号产品则可以采用含碳量较低的 29Mn2 钢种，轧态也为铁素体、珠光体混合组织，调质后为回火索氏体，即铁素体+碳化物，见图 1.7。

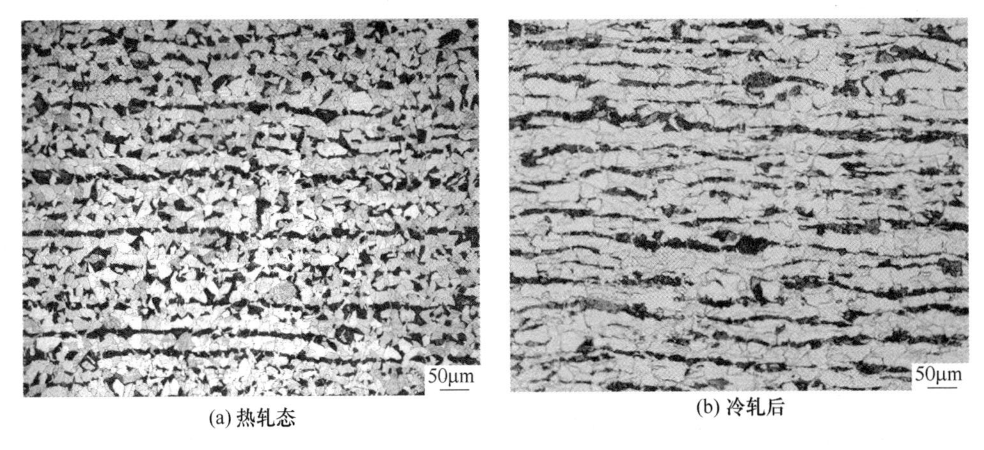

(a) 热轧态　(b) 冷轧后

图 1.5　16MnV（Q345D）钢铁素体和珠光体组织

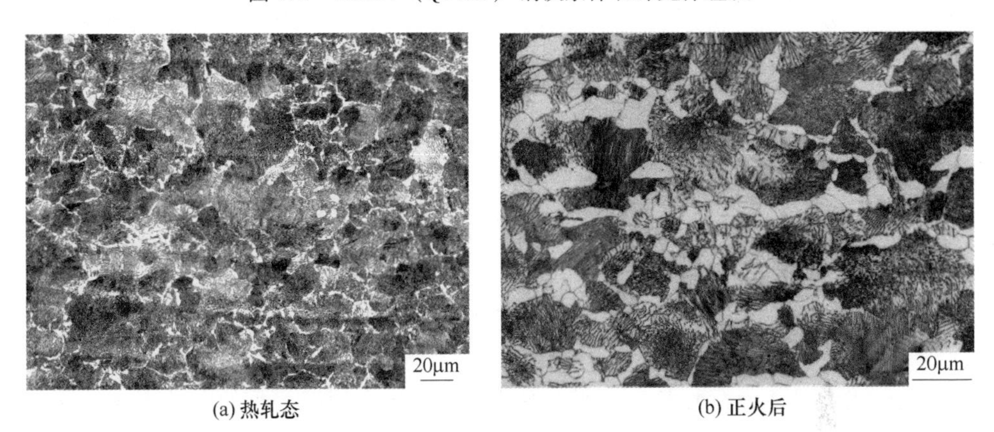

(a) 热轧态　(b) 正火后

图 1.6　37Mn5 钢组织

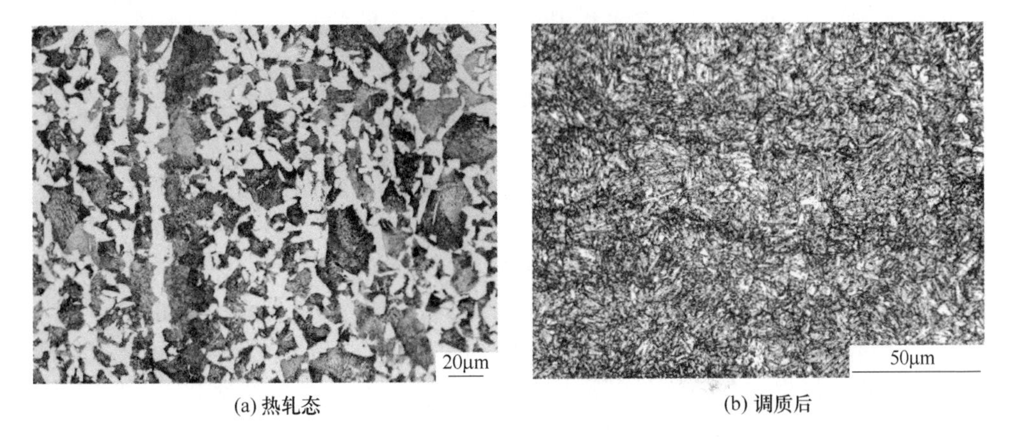

(a) 热轧态　(b) 调质后

图 1.7　29Mn2 钢组织

ASTM SA-213 标准的 T22 钢则属于铁素体系低合金高压锅炉用钢，化学成分见表 1.3。该产品需要正火+回火的热处理工艺，其组织见图 1.8，为铁素体+珠光体，或铁素体+粒状贝氏体组织。

表 1.3　T22 钢化学成分　　(%)

C	Si	Mn	P	S	Cr	Mo
0.05~0.15	≤0.50	0.30~0.60	≤0.025	≤0.025	1.90~2.60	0.87~1.13

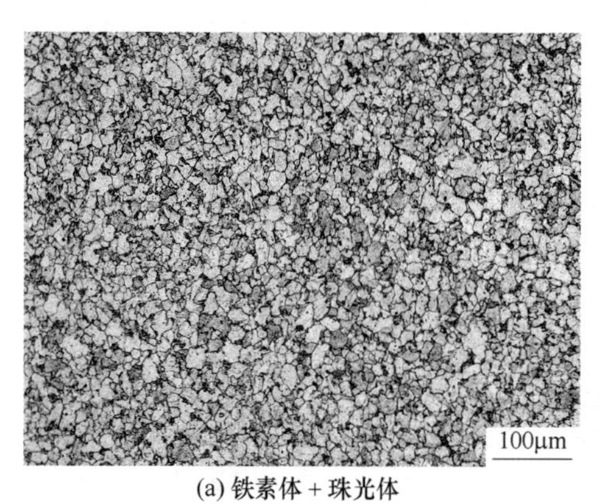

(a) 铁素体 + 珠光体

(b) 铁素体 + 粒状贝氏体

图 1.8　T22 钢组织

1.2　电子显微分析

进行电子显微分析时要把具有一定能量的电子汇聚成细小的电子束，与样品物质相互作用，激发出可以表征材料微区特征的各种信息，检测并处理这些信息。电子束具有波粒二象性。电子显微分析一方面利用电子束的波动性对被研究物体成像的形貌分析，另一方面利用其粒子性产生的信息进行结构和成分分析。当聚集电子束入射样品待分析区域时，在电子束作用下产生特征 X 射线、二次电子、背反散电子、背散射电子衍射等各种信息，通过对这些特征信息进行分析后，用以表征材料显微特性[2]。

在电子显微分析技术中，常用的形貌、成分、结构分析方法可归纳为扫描电子分析和透射电子分析两大类。

在扫描电子分析中，电镜的电子枪发射出电子束，电子在电场的作用下加速，经过两三个电磁透镜的作用后在样品表面聚焦成极细的电子束。该细小的电子束在末透镜上方的双偏转线圈作用下在样品表面进行扫描，被加速的电子与样品相互作用，激发出各种信号，如二次电子、背散射电子、吸收电子、X 射线、俄歇电子、阴极荧光等[3]。这些信号被按顺序、成比例地交换成视频信号、检测放大处理成像，从而在荧光屏上观察到样品表面的各种特征图像。

在透射电子分析中，电镜的电子枪发出的高速电子束经聚光镜均匀照射到样品上，作为一种粒子，有的入射电子与样品发生碰撞，导致运动方向的改变，形成弹性散射电子；有的与样品发生非弹性碰撞，形成能量损失电子；有的被样品俘获，成吸收电子。作为一种波，电子束经过样品后还可发生干涉和衍射。总之，均匀的入射电子束与样品相互作用后将变得不均匀，这种不均匀依次经过物镜、中间镜和投影镜放大后在荧光屏上或胶片上就表现为图像对比度，它反映了样品的信息。

1.2.1　形貌分析

扫描电子显微镜（SEM）是形貌观察的理想选择，尤其是在断口分析中。扫描电镜通过入射电子激发的二次电子，俄歇电子、背散射电子等信号成像，具有景深大、立体感强、样品制备简单的优点。对于导电材料，可直接放入样品室进行分析，对于导电性差或绝缘的样品则需要喷镀导电层。W 灯丝扫描电镜的分辨率约 3nm，对于场发射 SEM 约 1nm。

环境扫描电镜的原理和扫描电镜是一样的，它们的差别主要在样品室，环境扫描电镜的样品室是低真空的，因此分辨率较低。环境扫描电镜除了可以按常规的方法观察材料的形貌和结构外，还适用于观察含水、油的样品及非导电样品。

电子探针（EPMA）的成像原理也和扫描电镜一样，但景深较小，更适合平坦试样的形貌观察，适用于金相组织形貌观察，主要用于成分分析。

透射电子显微镜（TEM）成像和扫描电镜不同的是由穿透试样的入射电子或吸收电子成像（明场像或暗场像），一般 TEM（加速电压 200kV），分辨率为 0.2nm，对于高分辨 TEM（加速电压 1000kV），分辨率高达到 0.1nm。由于受限于电子束穿透固体样品的能力，要求必须把样品制成薄膜，样品厚度宜控制在 200nm 以下，因此样品的制备比较复杂。配有球面像差校正器的透射电镜，解决了长期限制透射电镜分辨能力的问题，达到终极原子水平的分析（STEM：0.08nm；TEM：0.11nm）。

原子力显微镜、扫描隧道显微镜等扫描探针显微镜是一种通过扫描探针与样品表面原子相互作用而成像的新兴分析仪器。它属于继光学显微镜、电子显微镜之后的在原子尺度观察物质的第三代显微镜[4]。

在形貌分析中，如某钢厂供韩国的热轧板经用户电镀锌磷化后，发现板表面存在隐约可见的条纹谓之“丝状斑迹”缺陷[5]。可以发现冷轧“丝状斑迹”的颜色随入射光的方向改变而明显变化，当入射光转动到某一方向时，即使有很明显的丝状斑迹缺陷也可以完全消失。

使用扫描电镜观察在丝状斑迹处与正常部位锌晶粒形貌的差异，见图 1.9。正常部位锌的晶粒呈无取向状态分布，而丝状斑迹缺陷处锌的晶粒生长方向一致、呈较大片状沿轧制方向断续分布。缺陷溯源性研究表明，由于热轧时轧辊冷却水泄漏，导致热轧板局部表面形成高斯织构。高斯织构在钢板制备过程中没有消除而遗传下来，镀锌时锌晶粒定向生长，导致对光的折射能力不同而表现为丝状斑迹缺陷。

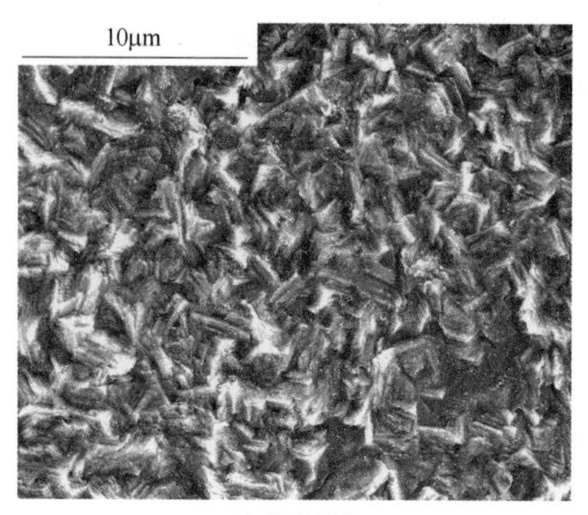

(a) 正常部位

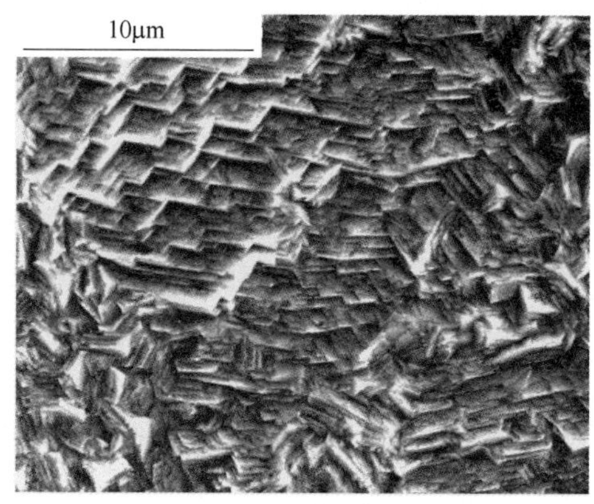

(b) 丝状斑迹处

图 1.9　镀锌板表面正常部位与丝状斑迹处锌晶粒形貌的差异

1.2.2　结构分析

结构分析以晶体衍射现象为基础，包括 X 射线衍射（XRD）、电子衍射和中子衍射等三种。X 射线衍射分析是物质结构分析最常用的方法。由于 X 射线的高穿透能力，X 射线衍射分析实际是一种宏观分析。中子衍射使用较少。

电子束与 X 射线相比，穿透材料的能力较弱，一般为 1～100nm 数量级，可以用电磁场进行聚焦。使用透射电镜，采集的是透射电子束衍射信息；使用扫描电镜或电子探针，采集的是背散射电子束衍射信息。电子衍射分析是揭示材料显微结构的有效的武器。

使用透射电镜可以对微观结构进行分析。配合选区电子衍射可以得到不同物相（尤其是纳米级颗粒）的晶体结构、组织结构及其位向关系，清楚显示材料晶粒的大小、晶粒内的亚结构及缺陷类型以及晶粒间界的微结构信息。

通过精确地控制电子，可以成功地在高分辨率电镜中引入时间维度。美国制造出了第一台四维电子显微镜，能够用来观察原子尺度物质结构和形状在极短时间内所发生的变化[6]。

背散射电子衍射（EBSD）是介观结构分析技术，安装在一般的 SEM 或 EPMA 上，使之成为一台综合分析仪，分析区域介于 TEM 及 XRD 之间，开辟了显微织构这一全新的学科，并能开展 TEM 或 XRD 所无法进行的晶界特性统计研究工作。

Mn-Cu 系阻尼合金兼有较高的阻尼特性和良好的力学性质，因而具有很大的实用前景。这类合金通常经过铸造，塑性加工和热处理来获得要求的性能和组织。该种合金高阻尼特性来源于其孪晶的高度易动性特征。发现形变后的合金阻尼性能急剧下降，使用 EBSD 研究发现，随着应变量的增加，合金中的孪晶由开始的二次孪生向去孪晶化转变，其孪生机制[7]为：

$$(200)_M \xrightarrow{T_{101}} (002)_{101} \begin{cases} \xrightarrow{T_{10\bar{1}}} \bar{2}00_{101/10\bar{1}} \\ \xrightarrow{T_{011}} 200_{101/011} \\ \xrightarrow{T_{01\bar{1}}} 0\bar{2}0_{101/01\bar{1}} \end{cases}$$

点阵　　　孪生　　　二次孪生

其中：
$$T = \frac{1}{p^2 + q^2 + r^2}\begin{bmatrix} p^2 - q^2 - r^2 & 2pq & 2pr \\ 2qp & q^2 - p^2 - r^2 & 2qr \\ 2rp & 2rq & r^2 - p^2 - q^2 \end{bmatrix}$$

式中，T 为变换矩阵；(p，q，r) 为孪生面。

MnCu 合金中的孪晶见图 1.10。当变形量达 20%时，通过孪晶的去孪晶化，材料中的晶粒由均匀的取向（图 1.10（a））向单一的［111］取向（图 1.10（b））转变。由于变形后孪晶数量大幅度减少，合金的阻尼性能自然降低。

(a) 未变形　　　(b) 20% 延伸变形量

图 1.10　MnCu 合金中的孪晶

1.2.3 成分分析

常规物理、化学方法测定的材料化学成分往往是一个平均值，无法获知材料微区的特征化学组成。单纯的 TEM、SEM 等虽然可以提供微观形貌、结构等信息，却无法直接测定化学组成。显微电子能谱为微区成分分析提供了依据。

EPMA 就是在电子光学和 X 射线光谱学原理的基础上发展起来的一种高效率、综合分析的仪器。在观察微观形貌的同时进行微区成分分析。

当电子束轰击样品时，在作用体积内激发出特征 X 射线，各种元素具有各自的 X 射线特征波长。是用细聚焦电子束入射样品表面，激发出样品元素的特征 X 射线，对特征 X 射线的波长或能量分析，可对样品中所含元素的种类进行定性分析；对 X 射线的强度分析，则可对应元素含量进行定量分析。其主机部分与 SEM 相同，只增加了检测 X 射线的信号的谱仪，即波长分散谱仪（WDS）或能量分散谱仪（EDS），用于检测 X 射线的特征波长或特征能量。

目前 EDS 或 WDS 也已广泛的应用于 TEM 和 SEM 中。

在薄膜材料微区化学成分的分析方面，应用颇为广泛的分析方法是俄歇电子能谱分析（AES）。AES 是利用入射电子束使原子内层能级电离，产生无辐射俄歇跃迁，俄歇电子逃逸到真空中，用电子能谱仪在真空中对其进行探测的一种分析方法。它能对表面 0.5~2nm 范围内的化学成分进行灵敏的分析，分析速度快，能分析从 Li-U 的所有元素，不仅能定量分析，而且能提供化学结合状态的情况。

相传在春秋末年，著名冶炼专家干将和莫邪曾炼就了两把宝剑，这两把宝剑十分精美、锋利，上面均刻有漂亮的纹饰。考古发现，2500 年前东周的铜兵器上已刻有菱形暗格纹饰，见图 1.11，这种纹饰是如何形成的一直是考古学界的悬案。

(a) 东周铜兵器上菱形暗格纹饰成分分布

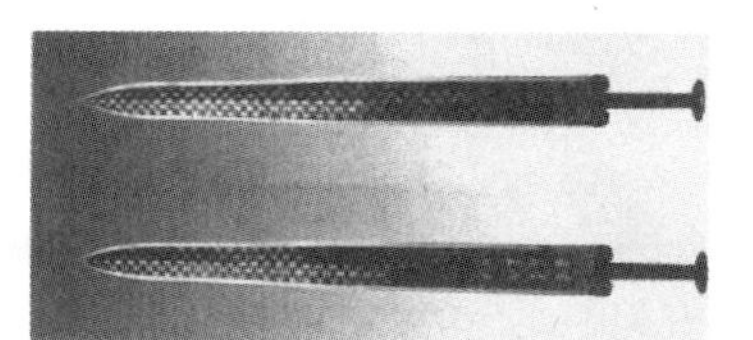

(b) 吴王夫差矛

(c) 越王勾践剑暗格纹饰

图 1.11　古文物的研究

使用电子探针对古文物上的菱形暗格纹饰进行剖析[8]，根据铜兵器上 Cu、Fe、Sn、Si 合金元素 X 射线面分析结果，结合我国古代炼丹术盛行的情况，推测出这种纹饰是固体渗透工艺形成的。通过固体渗透工艺，已成功复制出古文物上的暗格纹饰。电子显微分析为考古学界揭示中国古代科技发明提供了重要依据。

1.3 合金化研究的微观视角

历史学家用石器时代、铜器时代、铁器时代来划分人类历史的进程。人类在新石器时代就开始利用天然金属，而新石器时期用高温和还原气氛烧制黑陶的制陶技术促进了冶金技术的产生和发展，此后逐渐以矿石为原料“冶铸”铜器。如常用词汇“模范”“范围”“陶冶”“就范”等，都是由冶铸技术衍生而来的，可见冶金技术对中国文化产生的深远影响。冶铁业起于春秋时期。铁的繁体字为“鐵”，为“金王哉”的合体，意为金中之王，表达了先人对金属元素的理解。秦汉时期，出现了用生铁反复加热锻打和淬火的百炼钢工艺，使钢的质量达到较高的水平，并留下了“百炼成钢”的成语。具有特殊优异性能的合金钢都需要和其他化学元素进行合金化再经过后续的处理以达到特定的性能，因此合金化的过程是材料获得优异性能最重要的基础。《吕氏春秋·别类篇》（公元前240年左右）记载：“金（即铜）柔锡柔，合两柔则刚”，这是世界上较早的有关合金化机理的叙述，但是从微观视角研究钢铁也仅有百年的历程。

1.3.1 钢铁冶金

钢铁生产工艺主要包括炼铁、炼钢、铸钢、轧钢等流程。铁的冶炼主要原料为铁矿石，分为磁铁矿 Fe_3O_4、赤铁矿 Fe_2O_3、褐铁矿 $2Fe_2O_3 \cdot 3H_2O$、菱铁矿 $FeCO_3$ 等品种。铁矿石中除铁的化合物外，还含有硅、锰、磷、硫等的化合物（统称为脉石）。刚开采出来的铁矿石无法直接用于冶炼，必须经过粉碎、选矿、洗矿等工序处理，变成铁精矿、粉矿后才能作为冶炼生铁的主要原料。

将铁精矿、粉矿，配加焦炭、熔剂，烧结后，放在100m高的高炉中，吹入1200℃的热风。焦炭燃烧释放热量，约6h后温度达到1500℃，将铁矿熔化成铁水，不完全燃烧产生的CO将氧从铁水（氧化铁）中分离出来。石灰石 $CaCO_3$、萤石 CaF_2 作为熔剂，可以与铁矿石中的脉石结合形成低熔点、密度小、流动性好的熔渣，与铁液分离而获得较纯净的铁水。铁水即生铁溶液，为炼钢的主要原料。

炼钢就是把原料（铁水）里过多的碳及硫、磷等杂质去掉并加入适量的合金成分。

最早的炼钢方法出现在1740年，将生铁装入坩埚中，用火焰加热熔化炉料，之后将熔化的炉料浇注成钢锭。1856年，英国人亨利·贝塞麦发明了酸性空气底吹转炉炼钢法，第一次解决了铁水直接冶炼钢水的难题，从而使钢的质量得到提高，但此法不能脱硫，目前已被淘汰。1880年，出现了第一座碱性平炉，由于其成本低、炉容大、钢水质量优于转炉，一时成为世界上主要的炼钢法。1878

年，英国人托马斯发明了碱性炉的底吹转炉法，该方法是在吹炼过程中加石灰造碱性渣，从而解决了高磷铁水的脱磷问题。但此法的缺点是炉子寿命短，钢水中氮含量高。1899 年，出现了依靠废钢为原料的电弧炉炼钢法，解决了利用废钢炼钢问题。1940 年代大型空气分离机的出现，使氧气制造成本大大降低，氧气顶吹转炉得到广泛运用。

由于生铁冶炼过程中要使用大量的碳来还原出金属铁，生铁中碳含量较高。炼钢就是将生铁在高温中进行熔化、净化（或称精炼）和合金化的一个过程。精炼过程主要包括用燃烧的方法去除掉生铁中过量的碳、硅、锰以及磷等杂质。这些杂质要么变成气体冒出去，要么变成残渣被清除掉。精炼时还可以根据需要加入其他元素。

炼钢炉有三种：转炉、平炉和电弧炉。转炉和平炉用来冶炼从高炉出来的铁水加废钢，电弧炉主要用废钢熔化再炼。平炉由于能耗高、生产周期长，已经遭淘汰。

转炉炼钢：转炉的炉体可以转动，用钢板做外壳，里面用耐火材料做内衬。转炉炼钢时不需要再额外加热，因为铁水本来就是高温的，它内部还在继续着发热的氧化反应（来自铁水中硅、碳及吹入氧气）。因为不需要再用燃料加热，故而降低了能源消耗。吹入炉内的氧气与铁水中的碳发生反应后，铁水中的碳含量就会减少而变成钢了。这种反应本身就会发出热量来，因而铁水不但会继续保持着熔化状态，而且会越来越热。因此，为调整铁水的适合温度，人们还会再加入一些废钢及少量的冷生铁块和矿石等。同时还要加入一些石灰、石英、萤石等，这些物质可以与铁水在变成钢水时产生的废物形成渣子，因此它们被称为造渣料。

电弧炉炼钢：电弧炉炼钢的主要热源是电能。电弧炉内有石墨做成的电极，电极的端头与炉料之间可以发出强烈的电弧，具有极高的热能。在炼钢时主要是对铁水中的碳进行氧化以减少碳的含量，但有些钢的品种中需要含有一些容易氧化的其他元素时，如果吹入过多的氧，就会把那些元素一起氧化，而使用电弧炉炼钢就不存在这一问题。因此，电弧炉往往用来冶炼合金钢和优质碳素钢。电弧炉主要以废钢为原料。装好炉料，盖上炉盖，随后将电极下降至炉料表面。接通电源后，电极发出电弧将电极附近的炉料熔化。在炉料全部熔化时，钢水表面会漂浮着一层炉渣。根据钢水和炉渣的成分来判断这炉钢炼得如何，如果里面有对钢质量有害的元素，还要继续精炼加以除掉。

目前，氧气顶吹转炉炼钢是冶炼普通钢的主要手段，世界钢产量的 70%以上是通过这种方法生产的。电弧炉炼钢发展很快，主要用于冶炼高质量合金钢种，已超过了世界钢产量的 20%。

现代工业对钢的性能要求越来越高，随着炼钢技术的发展，钢水成分的控制范围也越来越窄，纯净钢技术研究也越来越成为重要的研究课题[9]。所谓纯净钢一般指钢中杂质元素磷、硫、氧、氮、氢和非金属夹杂物含量很低的钢。钢中非金属夹杂物按来源分可以分成外来夹杂物和内生夹杂物。外来夹杂物是指冶炼和浇注过程中，带入钢液中的炉渣和耐火材料以及钢液被大气氧化所形成的氧化物。内生夹杂物包括：脱氧时的脱氧产物；钢液温度下降时，硫、氧、氮等杂质元素溶解度下降而以非金属夹杂物形式出现的生成物；凝固过程中因溶解度降低、偏析而发生反应的产物；固态钢相变溶解度变化生成的产物。由于非金属夹杂物对钢的性能产生严重的影响，因此在炼钢、精炼和连铸过程应最大限度地降低钢液中夹杂物的含量，控制其形状、尺寸。

纯净钢是一个相对的概念，它的确切定义一直是变动的。纯净与否往往取决于观察者的判断。有些钢在50年代算纯净的，到了80年代就不算纯净了。对于一般用途的钢，50μm大小的夹杂物可允许存在，而对于精密轴承就不允许了。基于钢性能要求的不同，纯净度所要求的控制因素也不同。如生产高强度、高韧性、优良的低温性能和抗氢断裂能力高的高质量管线钢，则要求钢中低硫、低磷和尽可能低的氮、氧、氢及一定的Ca/S比。纯净钢生产是通过各种设备和工艺手段不断净化、提纯优化的过程。目前在大规模生产纯净钢的生产流程上采用了许多先进技术，如在转炉炼钢、电炉炼钢的基础上，发展了铁水预处理、炉外精炼等工艺环节。

20世纪80年代以来，铁水预处理已成为生产优质低磷、低硫钢必不可少的经济的工序。其目标是将入转炉的铁水磷、硫含量脱至成品钢水平。欧美各国铁水预处理一般以预脱硫为主，而日本铁水“三脱”预处理比例在90%以上。目前，基于铁水预处理的纯净钢冶炼工艺有两种：一种是铁水深脱硫处理+转炉脱磷、脱碳+钢水炉外喷粉脱磷、脱硫；另一种是铁水三脱预处理+复吹转炉少渣炼钢+钢水炉外喷粉脱硫。两种工艺均能生产［P］<0.010%、［S］<0.005%的纯净钢，但后者经济效益显著高于前者。

铁水“三脱”预处理，指铁水在兑入炼钢炉之前，为去除或提取某种成分而进行的处理过程。对铁水的炉外脱硫、脱磷和脱硅，即三脱技术，就属于铁水预处理的一种。铁水进行三脱可以改善炼钢主原料的状况，实现少渣或无渣操作，简化炼钢操作工艺，以经济有效地生产低磷、硫优质钢。

某钢厂铁水预处理目前有混铁车脱硫工位和铁水包脱硫工位。某钢厂一炼钢300t转炉单元在引进日本新日铁混铁车直插顶喷（倒T型双孔直插枪）脱硫工艺技术，简称TDS（Torpedo Car Desulphurization）脱硫法，脱硫粉剂为钙基系，目前脱硫处理比为99%左右，月处理铁水量约为60万吨，脱硫后处理［S］在0.004%~0.006%，最低为0.001%。由于TDS脱硫无法满足超低硫钢种的要求，为了开发出高质量、高附加值的钢种，必须将入炉硫降到更低。某钢厂从ESM

公司引进铁水包双枪混喷（Mg+钝化 CaO）粉技术。镁有很强的脱硫能力，能对铁水进行深度脱硫，可将铁水的硫含量稳定脱至 0.003%以下。铁水包法在喷吹时间、脱硫后水平上明显优于混铁车脱硫法。

所谓炉外精炼，就是将在转炉或电炉内初炼的钢液倒入钢包或专用容器内进行脱氧、脱硫、脱碳、去气、去除非金属夹杂物和调整钢液成分及温度以达到进一步冶炼目的的炼钢工艺，即将在常规炼钢炉中完成的精炼任务，如去除杂质（包括不需要的元素、气体和夹杂）、调整和均匀成分和温度的任务，部分或全部地移到钢包或其他容器中进行，变一步炼钢为二步炼钢，即把传统的炼钢过程分为初炼和精炼两步进行。国外也称之为二次精炼（Secondary Refining）、二次炼钢（Secondary Steelmaking）、二次冶金（Secondary Metallurgy）以及钢包冶金（Ladle Metallurgy）等。

炉外精炼起初仅限于生产特殊钢和优质钢，后来扩大到普通钢的生产上，现在已基本上成为炼钢工艺中必不可少的环节。名目繁多的炉外精炼方法基本上是由渣洗、真空、搅拌、喷吹、加热、喂线等精炼手段的不同组合而成的。采用一种或几种手段简便可构成一种独特的炉外精炼技术。

渣洗：将事先配好（在专门炼渣炉中熔炼）的合成渣倒入钢包内，借出钢时钢流的冲击作用，使钢液与合成渣充分混合，从而完成脱氧、脱硫和去除夹杂等精炼任务。这一方法可以把［O］降到 0.002%、［S］降至 0.005%。

真空：将钢液置于真空室内，由于真空作用使反应向生成气相方向移动，达到脱气、脱氧、脱碳等目的。真空是炉外精炼中广泛应用的一种手段。

搅拌：通过搅拌扩大反应界面，加速反应物质的传递过程，提高反应速度。搅拌方法有吹气搅拌和电磁搅拌。电磁搅拌可以有效地改善偏析，而吹气搅拌通过“发泡”对钢水产生强烈的搅拌作用，使钢包内的钢水被充分搅拌，从而达到均匀钢水成分和温度的目的。

加热：调节钢液温度的一项重要手段，钢包精炼炉通过加热来弥补钢液从初炼炉到精炼炉过程以及真空脱气、吹氩搅拌时钢液的温降，熔化造渣材料和合金材料需要热量，保证钢液具有合适的浇注温度，使炼钢与连铸更好地衔接。加热方法有电弧加热法和化学加热法。

喷吹：用气体作载体将反应剂加入金属液内的一种手段。喷射冶金通过载体将反应物料的固体粉粒吹入熔池深处，既可以加快物料的熔化和溶解，而且也大大增加了反应界面，同时还强烈搅拌熔池，从而加速了传输过程和反应速率。喷吹的冶金功能取决于精炼剂的种类，能够有效地完成脱碳、脱硫、改变夹杂物形态、脱氧、脱磷以及合金化等精炼任务。

喂丝法是将易氧化、密度小的合金元素置于低碳钢包芯线中，通过喂丝机将其送入钢液内部，以防止易氧化的元素被空气和钢液面上的顶渣氧化，准确控制合金元素添加数量，提高和稳定合金元素的利用率，添加过程无喷溅，精炼过程温降小。

炉外精炼可以完成下列任务：（1）降低钢中氧、硫、氢、氮和非金属夹杂物含量，改变夹杂物形态，以提高钢的纯净度，改善钢的性能。（2）深脱碳，满足低碳或超低碳钢的要求。（3）微调合金成分，使其分布均匀，降低合金的消耗，以提高合金收得率。（4）调整钢水温度到浇注所要求的范围内，减小包内钢水的温度梯度，在电炉（转炉）和连铸之间起到缓冲作用，与连铸形成更加通畅的生产流程。到目前为止，还没有任何一种炉外精炼方法能完成上述所有任务，某一种精炼方法只能完成其中一项或几项任务。由于各厂条件和冶炼钢种不同，一般是根据不同需要配备一两种炉外精炼设备。主要的精炼工艺有 LF（钢包精炼 Ladle Furnace process）；VD（真空脱气 Vacuum Degassing）/VOD（真空脱氧 Vacuum Oxygen Decrease process）；RH（钢液真空循环脱气 Ruhrstahl Heraeus process）；CAS-OB（密闭氩氧吹炼 Composition Adjustments by Sealed Argon-Oxygen Blowing process）；喂线（Insert Thread）；钢包吹氩搅拌（Ladle Argon Stirring）；喷粉（Powder Injection）等。

LF 炉采用电弧加热，利用白渣进行精炼，实现脱硫、脱氧、生产超低硫和低氧钢。白渣精炼是 LF 炉工艺操作的核心，一般采用 Al_2O_3-CaO-SiO_2 系炉渣，控制炉内气氛为弱氧化性，避免炉渣再氧化，适当搅拌，加速反应的进行，均匀成分、温度，避免钢液面裸露，并保证熔池内具有较高的传质速度，在线准确计算各种合金加入量，保证钢水成分的准确性与稳定性。

VD 的功能仅是真空加搅拌，在真空条件下实现钢-渣反应，有利于脱硫和脱氧，经常与 LF 炉双联，生产各种合金结构钢、优质低碳钢和低合金高强度钢，而 VOD 主要用于不锈钢冶炼。VD 处理后，钢中氧可从 100ppm 降低到 20ppm（注：$1ppm=10^{-6}$）；硫含量可从 0.01%降低到 0.0015%以下，平均脱硫率可达 84%。

RH 真空精炼是由 Ruhrstahl 公司和 Heraeus 公司于 1957 年开发的。也称钢液循环脱气法。到目前为止，RH 已经由原来单一的脱气设备发展为包含真空脱碳、吹氧脱碳、喷粉脱硫、温度补偿、均匀温度和成分等多功能的炉外精炼设备，主要冶炼高质量产品，如 IF 钢、硅钢等。

CAS 主要功能是对钢水进行成分混匀和微调，使钢水合金成分达到内控成分要求，实现窄成分控制，同时对钢水温度进行混匀，隔离钢水与空气，防止钢水二次氧化，提高合金收得率。CAS-OB 法是 CAS 法的改进，增设顶氧枪对钢液进行吹氧，同时向钢液内加入铝或硅铁，利用加入的铝或硅铁与氧反应所放出的热量直接加热钢液。其目的是对钢液进行快速升温，为最具有代表性的化学加热法。

炼钢用原材料可分为金属和非金属料两类。金属料主要指铁水、废钢和铁合金；非金属材料主要指造渣料、氧化剂、冷却剂和增碳剂等。

（1）金属料：

1）铁水。转炉炼钢对铁水占总装入量的70%~100%，铁水的物理热和化学热是氧气转炉炼钢的唯一热源。铁水温度要高，一般要求1250~1300℃（也可以放宽到1200℃）。温度高低对兑入废钢比有影响。希望能对铁水进行预处理，成为高碳、低硅、低磷、低硫的铁水。铁水的温度和化学成分是否合适、稳定，对转炉炼钢获得良好的技术经济指标是十分重要的。

2）废钢。废钢分外来废钢和返回废钢两大类。氧气顶吹转炉吹炼时，可以加入多达30%的废钢。作为调整吹炼温度的冷却剂。

3）铁合金。转炉常用的铁合金：锰铁、硅铁、铝及复合脱氧剂Mn-Si。冶炼合金钢还要用钢种需要的铁合金，如Fe-Cr、Fe-W、Fe-Mo等。根据脱氧要求，使用Ca-Si、Cr-Si、Al-Mn-Si等复合脱氧剂。

（2）非金属料：

1）石灰。石灰是碱性炼钢炉的主要造渣材料，主要成分为CaO，由石灰石煅烧而成，是脱磷、脱硫不可缺少的材料，用量比较大。通常把在1050~1150℃温度下焙烧的石灰，具有高反应能力的体积密度小、气孔率高、比表面积大、晶粒细小的优质石灰叫活性石灰，也称软性石灰。活性石灰加入熔池后，熔化快、成渣早、渣量少，能够提早脱除磷、硫。

2）白云石。白云石的主要成分为$CaCO_3 \cdot MgCO_3$。经焙烧可成为轻烧白云石，其主要成分为$CaO \cdot MgO$。转炉采用生白云石或轻烧白云石代替部分石灰造渣，可减轻炉渣对炉衬的浸蚀，对提高炉衬寿命具有明显效果。但用白云石造渣时要发生分解反应，吸收热量，影响废钢加入量。为此，宜使用轻烧白云石。

3）萤石。萤石的主要作用是迅速稀释炉渣而不降低碱度。萤石的主要成分是CaF_2。萤石能使CaO和阻碍石灰溶解的$2CaO \cdot SiO_2$外壳的熔点显著降低，生成低熔点$3CaO \cdot CaF_2 \cdot 2SiO_2$（熔点1362℃），加速石灰溶解，迅速改善炉渣动性。萤石稀释炉渣的作用持续时间不长，萤石用量多，渣子过稀，会严重侵蚀炉衬。

4）合成渣料。合成渣料熔点低（1180~1360℃）、碱度高（$CaO/SiO_2 = 5 \sim 13$）、粒度小、成分混合均匀且能在高温下爆裂。加入转炉后极易熔化而快速成渣。

5）铁矿石和氧化铁皮。铁矿石主要成分为Fe_2O_3、Fe_3O_4，用来改善脱磷条件及控温。氧化铁皮使用前要烘烤干燥，去除水分和油污。

（3）炼钢用气体：

1）氧气。氧气是氧气转炉炼钢的主要氧化剂。

2）氮气和氩气。氮气和氩气作为复合吹炼转炉的底吹搅拌用气。氩气是一种惰性气体，吹入钢液内既不参与化学反应，也不溶解，纯氩内含氢、氮、氧等量很少，可以认为吹入钢液内的氩气泡对于溶解在钢液内的气体来说就像一个小的真空室，在这个小气泡内其他气体的分压力几乎为零。钢水中的气体、夹杂物等不断向氩气泡内扩散、碰撞黏附，随氩气泡逸出而去除。

3）二氧化碳和一氧化碳。二氧化碳和一氧化碳也是复合吹炼转炉底吹搅拌用气。

4）天然气。天然气可用作底吹用气，既可搅拌熔池，又能助燃。

综上所述，钢铁的熔炼是一个非常复杂的、高温多相的物理化学过程，具有机理反应复杂、多变量、非线性、强耦合等特点，但这是钢铁相关行业的起点和基础，熔炼的质量直接决定着后续连铸、热轧等工序产品的质量。

1.3.2　研究合金化的方法

钢中的合金元素是在炼钢过程中通过添加铁合金来实现的。尤其在中间包冶金的钢水成分微调环节。对于铁合金的生产、科研工作者来说，他们所追求的是如何冶炼生产高品位的、杂质含量低的铁合金，如何精确地测定合金中元素的含量；对于钢铁冶金工作者来说，他们最关心的是所添加的铁合金的收得率、所关注的是合金元素对材料性能的影响。因此，对于所添加的铁合金的合金化机理的研究在国内外都还远是一个盲区，实际上，铁合金的合金化过程直接关系到合金元素的实际收得率以及材料最终的性能。

研究合金化过程可将铁合金置于铁水的环境之中后，待其溶解或部分溶解，将溶体迅速冷却下来，其组织则反映了溶体溶解的状态。以硼铁合金的合金化为例，使用大粒度的硼铁烘烤后装于坩埚中，倒入完全熔化的纯铁作为熔剂，硼铁随即开始熔化，和铁溶液反应而发生合金化过程。为了避免硼铁在合金化过程中的氧化，全程通氩气保护。保温一定时间后通水冷却，熔体凝固成锭，硼铁的合金化过程则被固化下来。

利用上述方法所得的金属锭及其截面见图1.12，未完全熔化的硼铁与铁的截

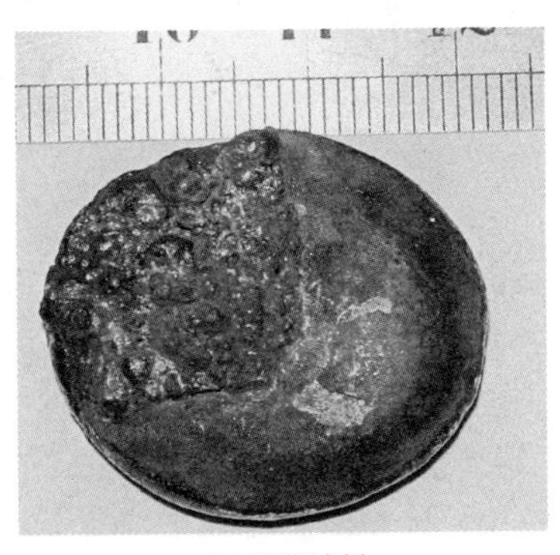

(a) 铸锭试样

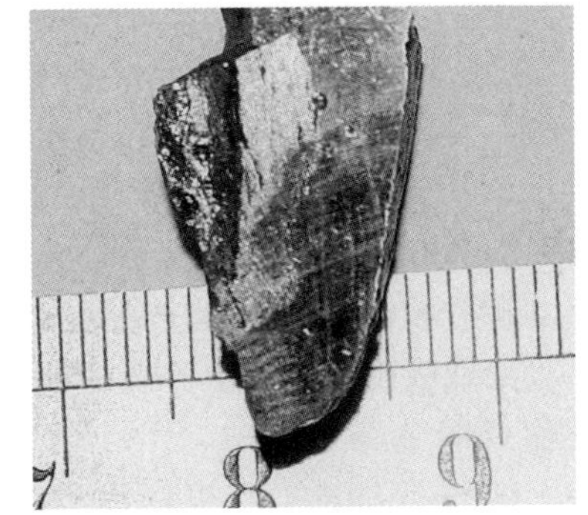

(b) 截面试样

图1.12　制备的铸锭试样及其截面

面清晰可见。截面试样抛光之后，使用电子探针观察成分像，硼铁合金的合金化过程就呈现出来。

Fe-B 相图及所用硼铁的 XRD 谱见图 1.13，所用的硼铁为单一的 FeB 相。截面试样抛光之后，使用电子探针观察成分像，硼铁的合金化过程见图 1.14。

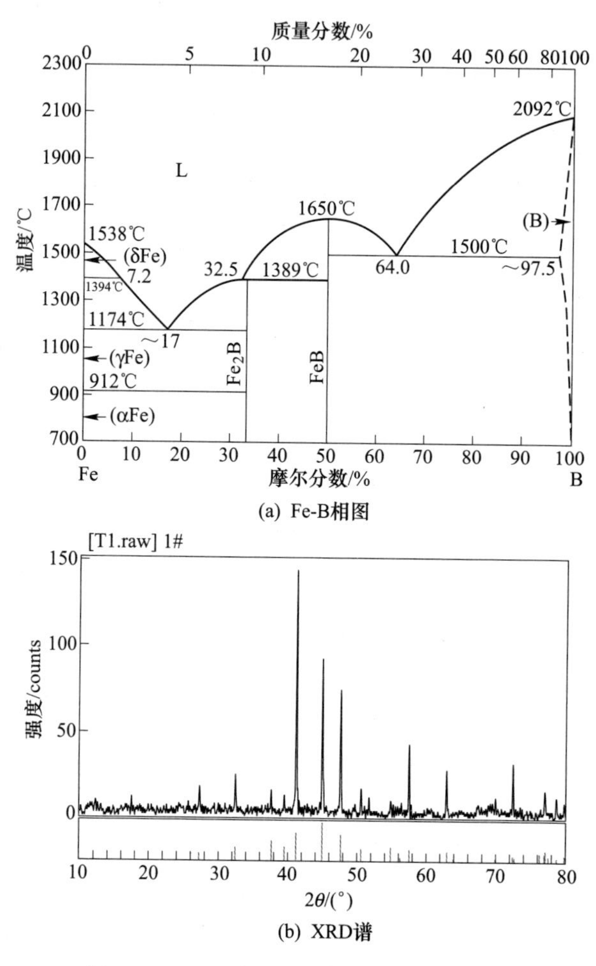

(a) Fe-B相图

(b) XRD谱

图 1.13　Fe-B 相图及所用硼铁的 XRD 谱

硼在钢中与残留的氮、氧化合形成稳定的夹杂物后会失去其本身的有益作用，只有以固溶形式存在于钢中的硼才能起到特殊的有益作用。这部分“有益硼”大都聚集或吸附在晶界上。硼在钢中的主要作用是增加钢的淬透性，从而节约其他较稀贵的金属，如镍、铬、钼等，为了这一目的，其含量一般规定在 0.001%~0.005%范围内。它可以代替 1.6%Ni、0.3%Cr 或 0.2%Mo，以硼代钼时应注意，因钼能防止或降低回火脆性，而硼却略有促进回火脆性的倾向，所以不能用硼将钼完全代替。我国硼元素储量丰富，价格低廉，用硼作为主要的合金

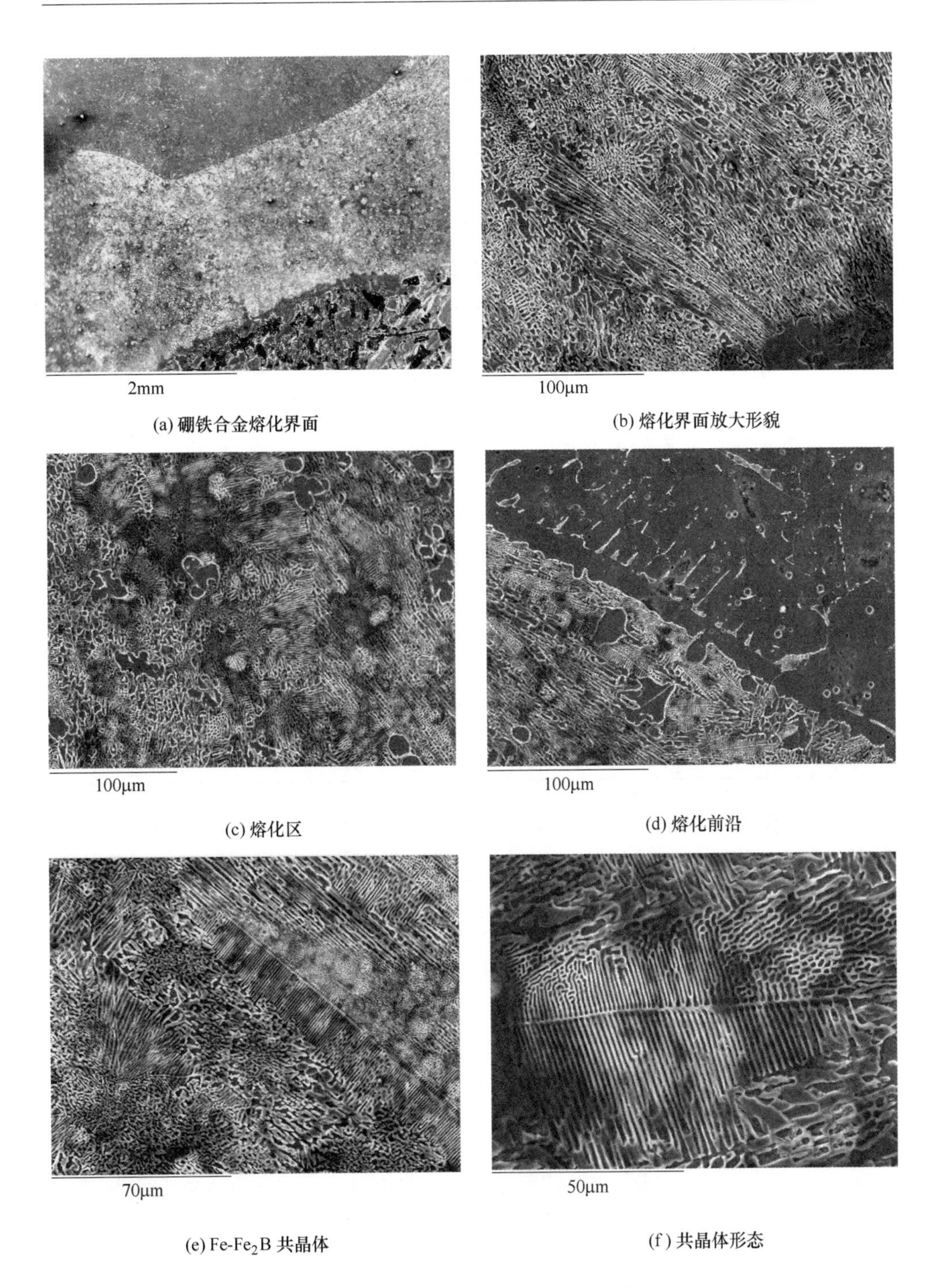

(a) 硼铁合金熔化界面
(b) 熔化界面放大形貌
(c) 熔化区
(d) 熔化前沿
(e) $Fe\text{-}Fe_2B$ 共晶体
(f) 共晶体形态

图 1.14 硼铁的合金化过程，$Fe\text{-}Fe_2B$ 共晶体

元素代替价格飞涨的合金元素 Cr、Mo、Ni、V 等制备耐磨材料，无疑会大大降低成本。因此，对硼系钢铁耐磨材料的研究近年来备受关注，硼钢合金化的研究前景广阔。

1.3.3　钢中铌聚集现象

铌是低合金高强度钢中十分重要的微合金元素，在工具钢、不锈钢、耐热钢及高级弹簧钢等大量钢种中广泛采用铌合金化。合金元素铌在钢中是通过生成的 Nb（N，C），而具有阻止晶粒长大、抑制形变奥氏体再结晶及产生显著的沉淀强化效果等作用，特别是在奥氏体的非再结晶区内轧制。在对含铌钢连铸坯三角区内中心裂纹进行分析的过程中，发现裂纹面附近存在 Nb 聚集现象[10]，为铌铁合金化过程不充分引起的。这种现象为产品引入了内在缺陷，降低了铌铁的实际收益率，必然使合金元素的添加效果显著降低。

1.3.3.1　共晶状铌铁

该连铸坯厚 250mm，宽 1900mm，板坯钢的化学成分见表 1.4，为铌微合金低碳钢，在板坯的厚度中心位置发现裂纹。打开裂纹，使用扫描电镜观察断口形貌特征，切取垂直裂纹的截面金相试样。

表 1.4　钢的成分　　(%)

C	Si	Mn	Nb
0.12	0.3	1.3	0.03

使用 JXA-8800 电子探针进行成分分析与形貌观察。断口形貌见图 1.15，呈凝固自由收缩表面的胞晶形貌。在“胞谷”中近似平衡排列着很多的“短棒”。对棒的成分分析表明（图 1.16），它主要成分为 Nb、Fe，还含有少量的 Ti、Mn。

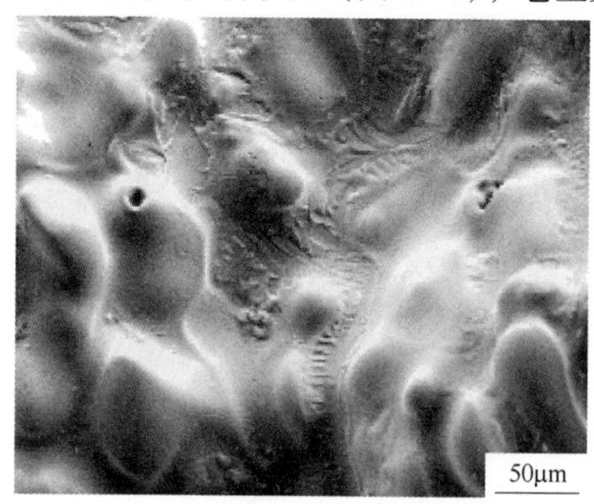

(a) 胞晶谷间近似平形排列的析出物

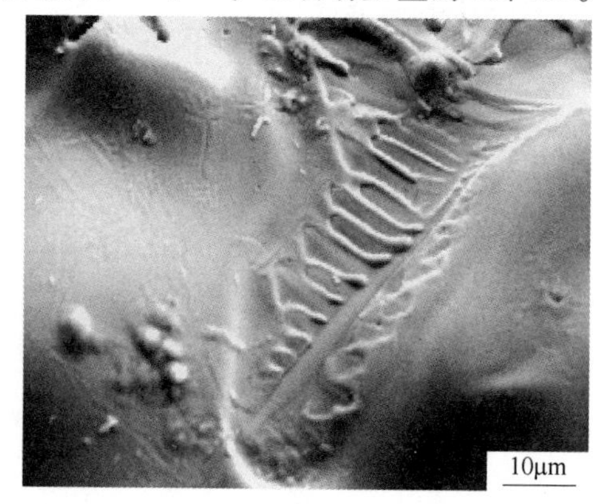

(b) 放大形貌

图 1.15　铌微合金低碳钢板坯厚度中心裂纹断口形貌

在较高的放大倍数下，背散射成分像见图 1.17。成分线分析表明，其中“1”字形白色棒富铌贫铁而呈白亮色，棒与棒之间富铁而铌的含量较低，此种短棒状的排列为 Fe-NbFe 共晶体。

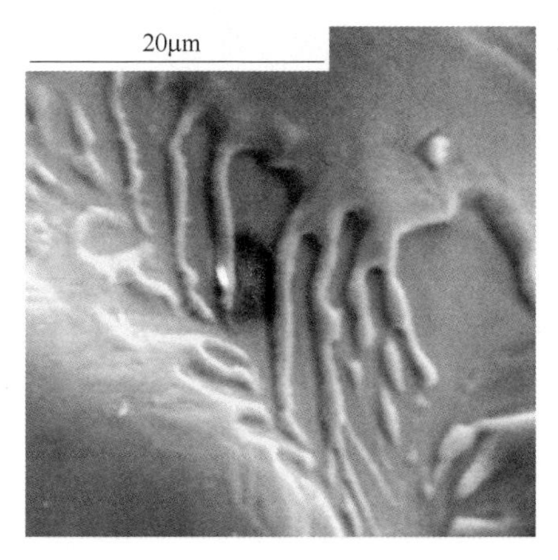

(a) 胞晶谷间形貌

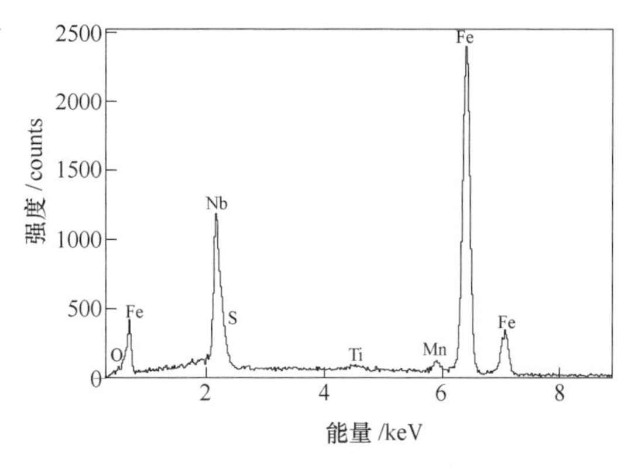

(b) 成分分析

图 1.16 铌微合金低碳钢板坯厚度中心裂纹棒状富铌相

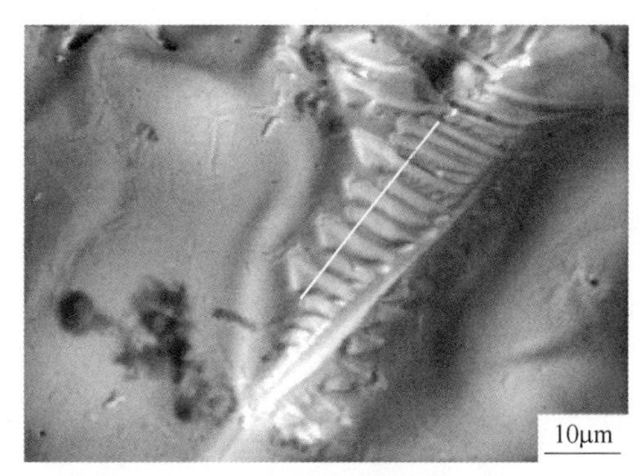

(a) 电子背散射成分像

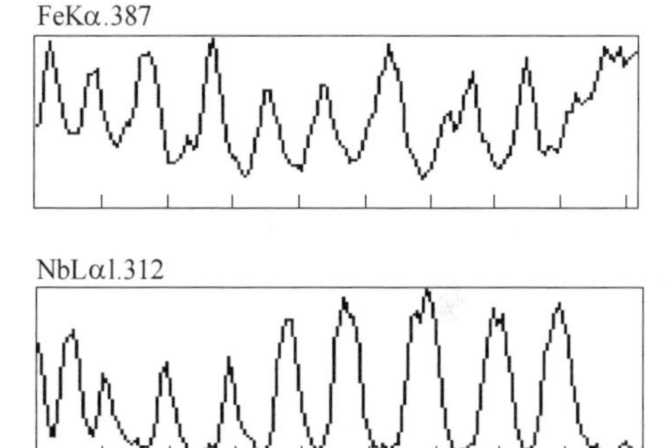

(b) 成分线扫描

图 1.17 铌微合金低碳钢板坯厚度中心裂纹棒状富铌相

1.3.3.2 线条状铌铁

对垂直裂纹截面金相试样的观察发现，在凝固前沿的晶胞内（图 1.18（a））及裂纹附近（图 1.18（b）），发现很细的线条状富铌相的存在，成分线分析见图 1.19。可以判断此类线条状的铌为离异共晶的产物。

1.3.3.3 铌块

在裂纹附近还发现白色颗粒，电子探针能谱分析结果表明，此白色颗粒主要为铌以及少量的钛，应为未溶解的铌块颗粒（图 1.20）。

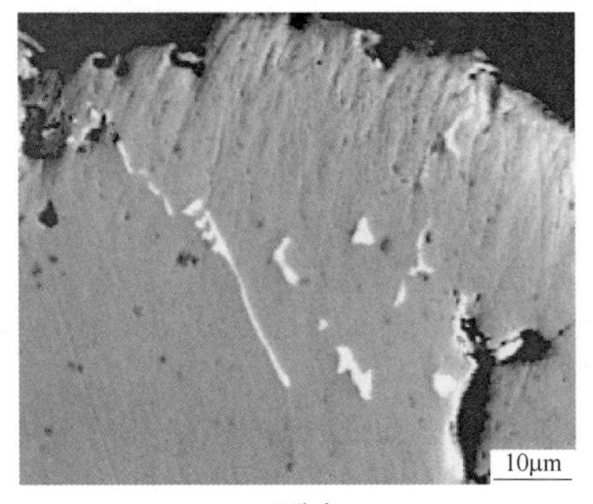

(a) 晶胞内

10μm

(b) 沿裂纹分布

图 1.18　铌微合金低碳钢线条状铌相横截面观察

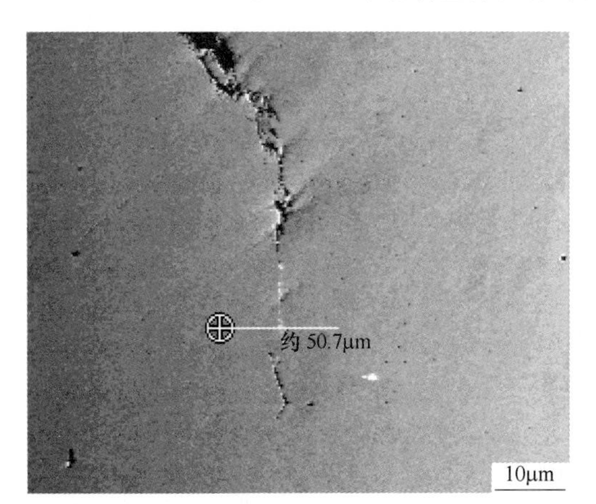

(a) 裂纹上的 Nb 相

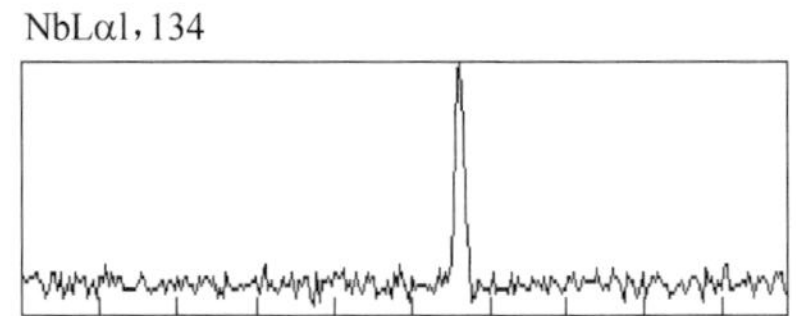

FeKα，440

(b) 成分线扫描分析

图 1.19　铌微合金低碳钢富铌相成分线扫描

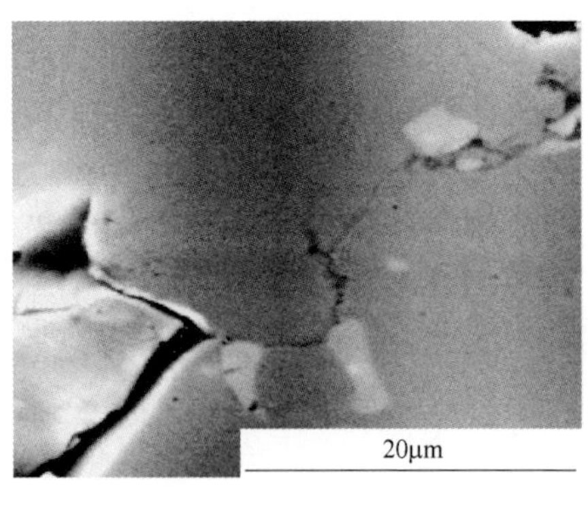

(a) Nb 颗粒

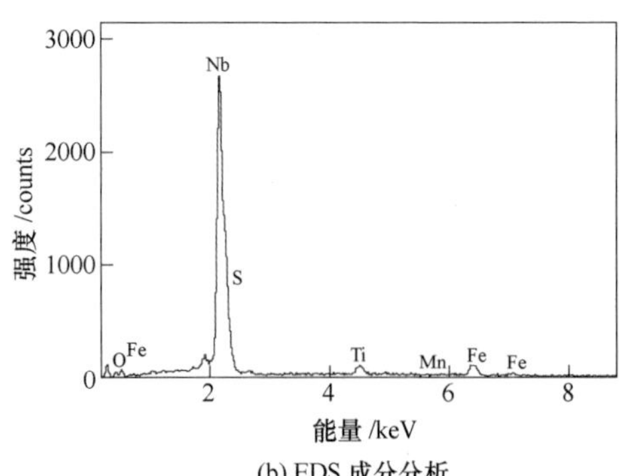

(b) EDS 成分分析

图 1.20　铌微合金低碳钢裂纹附近的铌颗粒

1.3.4 铸态铌铁中相的研究

直到 1960 年在巴西和加拿大发现烧绿石这种铌铁矿之后，铌在合金钢中才得到了普遍的应用。钢中铌的合金化是在炼钢时通过添加铌铁完成的。

在铌铁二元相图的研究中（见图 1.21），在低铌含量段已经得到一致的结论，即在铌含量在 10at.%附近有共晶反应发生：L→ε+Fe；而当铌含量超过 35at.%的中、高铌含量段时，合金中相以及相图的研究存在较大的争议。主要在两个方面：

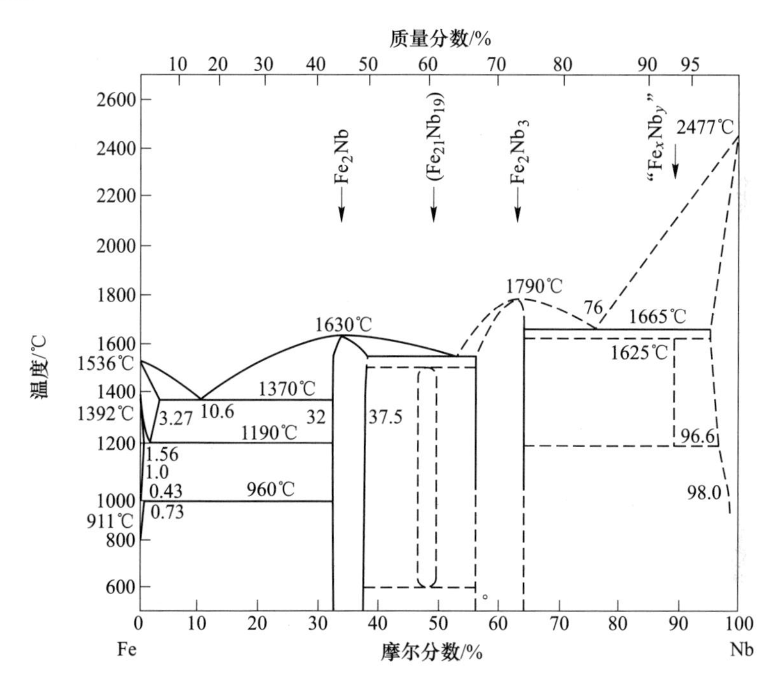

图 1.21 铌铁二元相图[18]

一是中间相的种类。一般认为存在 ε（Fe_2Nb）：拉氏相和 μ（FeNb）：Fe_7W_6 型两种中间相，文献［11］认为，ε 相 Nb 成分含量范围存在于 27at.%~38at.%之间，而 μ 相在 47at.%~49at.%之间；文献［12］认为，ε 铌含量范围为 31at.%~37at.%，μ 相 48at.%~52at.%，但是这一研究中 ε+μ 两相区成分范围在高温区变宽；文献［13］认为 ε+μ 两相区高温区宽度基本不变，但是 ε 相（32at.%~33at.%）和 μ 相（45.5at.%~47at.%）存在的成分范围均变窄了；文献［14］的计算表明，在假设 μ 相具有固定的原子配比的 $Fe_{21}Nb_{19}$ 的情况下，也可以解决 ε+μ 两相区在高温区宽度增加的不正常现象[15]。

铁铌相图的另一个版本是由 Goldschmidt[16] 提出，经 Kubaschewski[17] 修正。

该相图的一个重要的特点是相图中呈现出一个 Fe_2Nb_3 相（Ti_2Ni 结构），关于 FeNb 合金中 Fe_2Nb_3 相是否存在的问题人们进行了研究，认为 Fe_2Nb_3 仅是一个亚稳相，但是 P 和 S 的存在可以使 Fe_2Nb_3 稳定存在[18~20]。

二是相变的类型：在中铌含量段（30at.%~55at.%），文献［11，18］指出发生共晶反应 L→ε+μ，共晶温度约 1535℃，从较新的研究成果看，却发生包晶反应 L+ε→μ，反应温度 1523℃[13]；在高铌含量段（>55at.%），在相变类型上观点基本一致，即发生共晶反应 L→μ+Nb，但在固相线温度的认识上存在较大的分歧，如 1485℃[13,14]、1500℃[11]、1665℃[18]等。由此可知，对铌铁合金中存在的相的正确的认识是非常有必要的，这对含铌钢的生产有着实际的意义。

使用采用铝热法制备的铌含量为 45wt.%、50wt.%、60wt.%、70wt.%的四种成分商用铌铁铸锭，下文中称之为 45 号、50 号、60 号和 70 号铌铁，化学成分见表 1.5。材料经过抛光后，用 Rigaku Rint-2200/PC 型 X 光衍射仪（XRD）对四种材料进行物相分析，用 JEOL-8800 型电子探针微分析仪（EPMA）观察抛光试样的成分像。

表 1.5　实际测定的成分　　（%）

铌铁	Nb	Al	Si	Ti	Fe
45 号	44.7	2.8	0.3	0.1	Bal.
50 号	49.8	1.4	0.6	<0.1	Bal.
60 号	60.3	2.9	0.4	<0.1	Bal.
70 号	69.8	2.6	1.4	0.2	Bal.

图 1.22 示出四种成分合金的 XRD 谱。经标定可知，45 号铌铁和 50 号铌铁主要的组成相为 Fe_2Nb 相；60 号铌铁的则为 FeNb 相；对于 70 号铌铁而言，则为 Nb 相和 FeNb 相。从图中可以看出，有一组衍射峰（34.3°、38.7°、41.1°、45.0°附

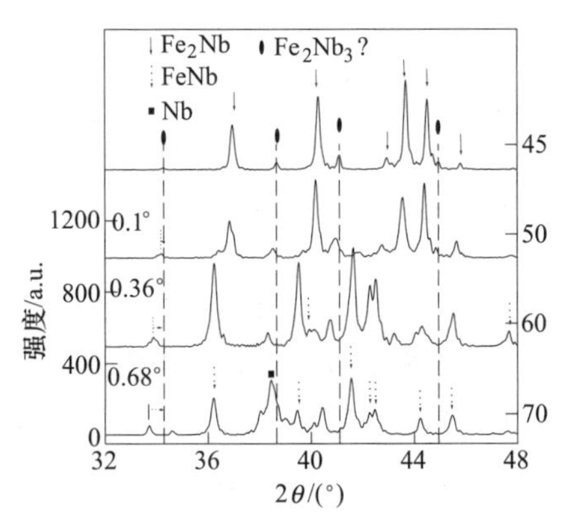

图 1.22　四种合金铸锭的 XRD 谱

近）随着铌含量的增加而逐渐向低角度漂移，该组衍射峰对应的物质为 Ti_2Ni 型立方结构，随着铌含量的增高，偏离角越来越大，根据 XRD 谱确定的点阵常数也逐渐增大（图 1.23），在以下的分析中假设该组衍射峰对应的物质就是 Fe_2Nb_3 相。

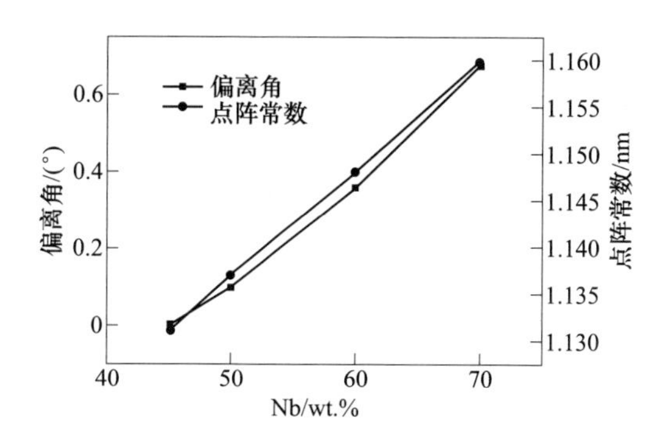

图 1.23 点阵常数的变化

四种合金的成分像见图 1.24，各相的成分见图 1.25。对于 45 号铌铁铸锭，

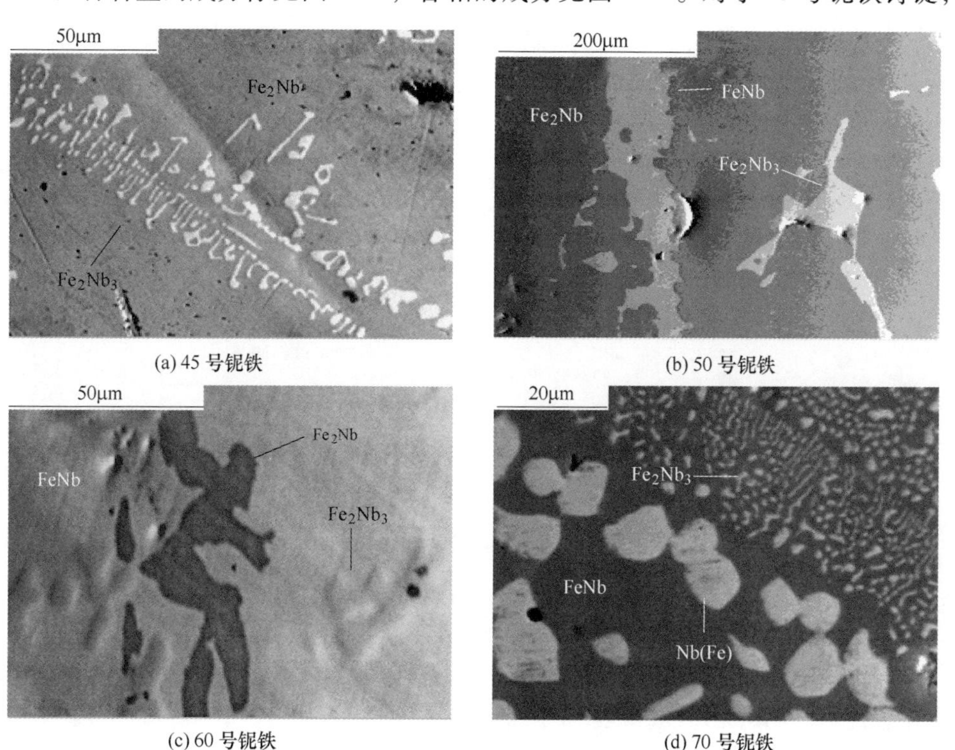

(a) 45 号铌铁　(b) 50 号铌铁　(c) 60 号铌铁　(d) 70 号铌铁

图 1.24 四种合金的成分像

根据 XRD 谱的标定结果，该合金中并不存在稳定相——FeNb 相，而存在亚稳态的 Fe_2Nb_3 相，在图 1.24（a）中呈白色线条的象形文字状，基体为 Fe_2Nb 相。Fe_2Nb 相中各元素的含量较好的符合其原子配比，而具有立方结构 Fe_2Nb_3 相中的元素的含量较大的偏离了其原子配比，而接近于六方的 FeNb 相的原子配比。

图 1.24（b）所示的为 50 号铌铁的成分像，结合图 1.25 的成分分析可以判定，灰色的基体为 Fe_2Nb 相，有定形的白色块状相为 Fe_2Nb_3 相，无定形的白色块状相为 FeNb 相。

根据图 1.22 的 XRD 谱可知，60 号铌铁的主要组成相为 FeNb 相，结合成分分析可知，黑色相 Fe_2Nb 相，颗粒状突起物为 Fe_2Nb_3 相，见图 1.24（c）。

70 号铌铁的主要组成相为铌（图 1.24（d）中的大的白色的颗粒）以及 FeNb 相（基体），而白色的小的颗粒则为 Fe_2Nb_3 相。

图 1.25 给出了合金各组成相随着铌含量的增高成分的演化情况。随着铌含量的增高，Fe_2Nb 相中的铌含量逐渐增高，铁含量逐渐降低，使得其组成越来越偏离原来的原子配比；Fe_2Nb_3 相中各组分的含量的变化情况恰恰与此相反，随着铌含量的增高，铁含量和铌含量逐渐接近其原子配比；对于 FeNb 相，在 50 号铌铁中各组成的含量较好的符合其原子配比，而后随着铌含量的增大而逐渐的偏离。总的来看，所有相中的铌含量都随着合金铌含量的增大而逐渐增大，相应的，铁含量在逐渐减少，各相中都固溶有一定量的 Al 或 Si，其含量的变化似乎无规律。

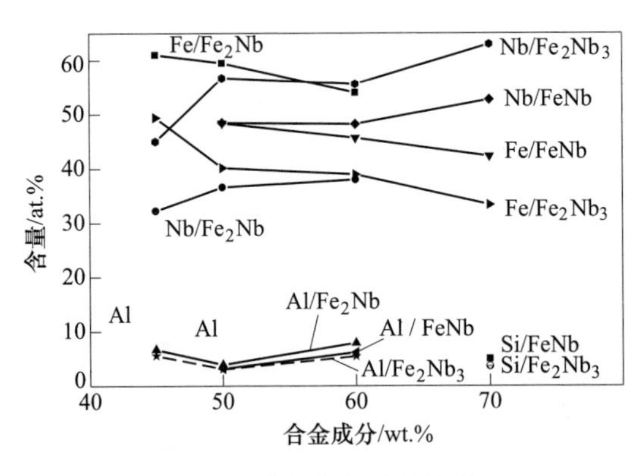

图 1.25　各相的成分演化

图 1.26 示出了 45 号铌铁成分线扫描的结果。白色线条状的 Fe_2Nb_3 相的硫含量较高，Fe_2Nb_3 相区域富含 Si 元素。根据现在较为公认的 Fe-Nb 平衡相图，可知铁铌二元合金中稳定存在的中间相为 Fe_2Nb 和 FeNb 相，而在我们所研究的合金铸锭中存在 Fe_2Nb_3 相。

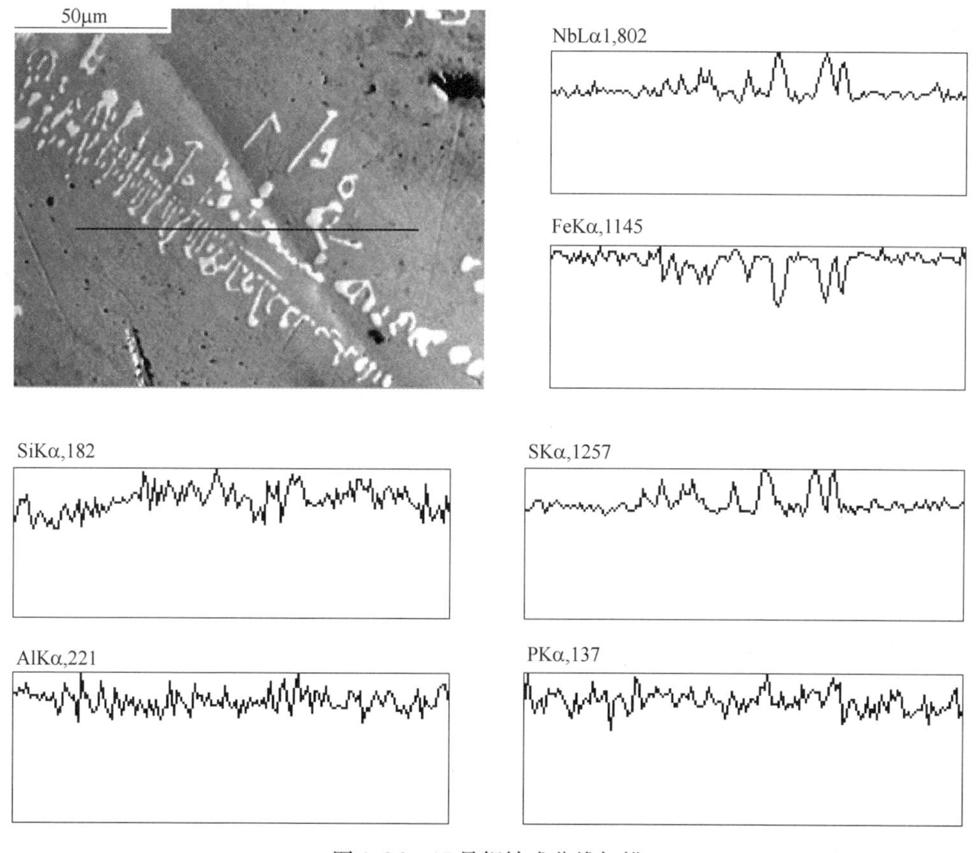

图 1.26 45 号铌铁成分线扫描

一般而言，商用的铌铁合金均采用铝热法制备，合金中固溶有较多量的 Al 和 Si，从图 1.25 可以看出，Al 和 Si 在 Fe_2Nb_3 相中的固溶的量小于 Fe_2Nb，更小于 FeNb 相中的固溶量，但是其含量也在 3at.%以上。Schon 等[20]研究发现铌铁合金中存在的 P、S 是 Fe_2Nb_3 相稳定存在的有效的稳定剂，指出，由于过去受到冶金工艺的限制，P、S 等杂质难以得到控制。他们认为，少量的 P、S 就可能足以使得 Fe_2Nb_3 相稳定而存在。事实上，在凝固过程中，溶质原子以及杂质元素向凝固前沿迁移。以 45 号铌铁为例，凝固时 Fe_2Nb 相首先形核长大，凝固前沿熔体中铌含量逐渐增多，S、P 等杂质元素也会逐渐的富集。导致最后凝固时没有形成稳定的 FeNb 相而生成亚稳的 Fe_2Nb_3 相，在我们的研究中，Si 在最后凝固区的富集也可能是 Fe_2Nb_3 相稳定下来的一个因素。

晶体学知识

Fe_2Nb_3 相的空间群为 Fd3m（有关的晶体学知识可扫描二维码了解），有四个原子占据面心立方晶胞八个四面体间隙的其中四个位置，单位晶胞之中含有 9 个原子。该晶胞的点阵常数很大，此种晶体结构的特点决定了其大尺寸的间隙位置，并且，置换固溶所引起的畸变也不很大，因此，此种晶体点阵可以固溶较多的原子；另一方面，由图 1.23 可知，该晶胞的点阵常数随着铌含量的增高而线性增加，这就缓解了晶胞的畸变程度，而不会导致因点阵畸变使晶体结构发生改变。可以推论，在所研究的四种铸锭中，XRD 谱所发现随着铌含量的增加向低角度漂移的一组衍射峰对应的物质确为 Fe_2Nb_3 相。

将 50 号铌铁在 1100℃、1200℃热处理后检测其相组分的变化，见图 1.27。50 号铌铁在退火和固溶处理后的相基本没有发生变化，说明 Fe_2Nb_3 相在实验的条件下是稳定存在的。

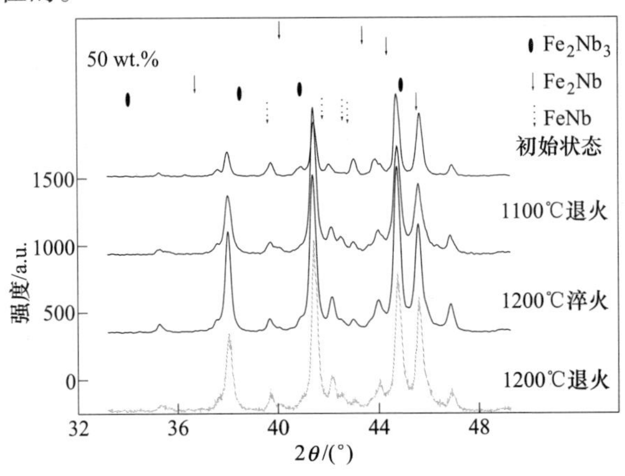

图 1.27　50 号铌铁热处理后相的变化

由以上分析可以得出如下结论：在 45 号、50 号、60 号以及 70 号等不同牌号的铌铁中都存在 Fe_2Nb 以及 Fe_2Nb_3 相，后三者还存在 FeNb 相，各相的成分都不同程度地偏离了其原子配比。铸锭中亚稳 Fe_2Nb_3 相的存在是由于凝固过程溶质元素以及杂质原子在凝固前沿富集的必然结果，也与其晶体结构有关。

目前，炼钢厂普遍使用的铌铁为铌含量 63wt.%（约 50at.%）标准铌铁，铌铁粒度小于 40mm，其供货标准见表 1.6，粒度见表 1.7。

表 1.6　标准铌铁质量百分比　　(%)

元素	规格	目标值
Nb	>63.0	66.5
P	<0.20	0.08
S	<0.10	0.06
C	<0.15	0.08
Pb	<0.12	0.04
Si+Al+Ti	<5.5	3.0
Fe	余量	30.0

表 1.7　铌铁的粒度

钢包大小	粒度/mm
大型（>300t）	20~80①
中型	5~50①
小型（<50t）	5~30①
模铸添加	2~8
中心线添加	<2

① 该规格为铌铁消耗量的 90%以上。

图 1.28 所示为某钢厂炼钢用 NbFe 的成分背散射成分像，白色区域铌的含量很高（表 1.8），为固溶了铁以及杂质元素 Ti、Al、Si 的铌相，一些地方呈较大的块状；暗灰色的基体中铌的含量较低为 FeNb 相，另外还含有 Fe_2Nb_3 相，成分线扫描见图 1.29。

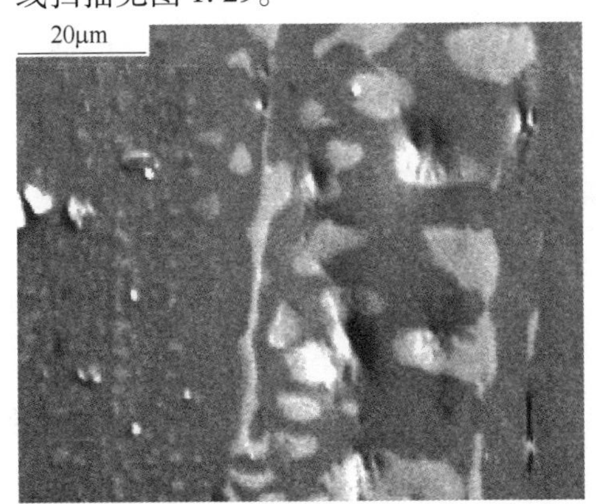

(a) 富铌相

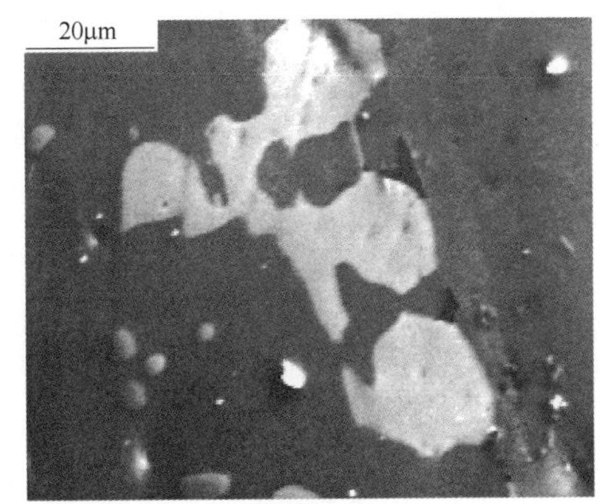

(b) 大颗粒富铌相

图 1.28　铌铁成分像

表 1.8　不同区域元素百分比　（at.%）

元素	白　块			暗　区		
Nb	89.71	90.59	94.72	50.34	52.51	53.48
Fe	6.16	6.24	5.28	40.77	38.79	39.21
Ti	2.13	1.70		0.92	2.01	3.43
Si	0.40			4.06	3.10	
Al	1.60	1.47		3.92	3.60	3.88

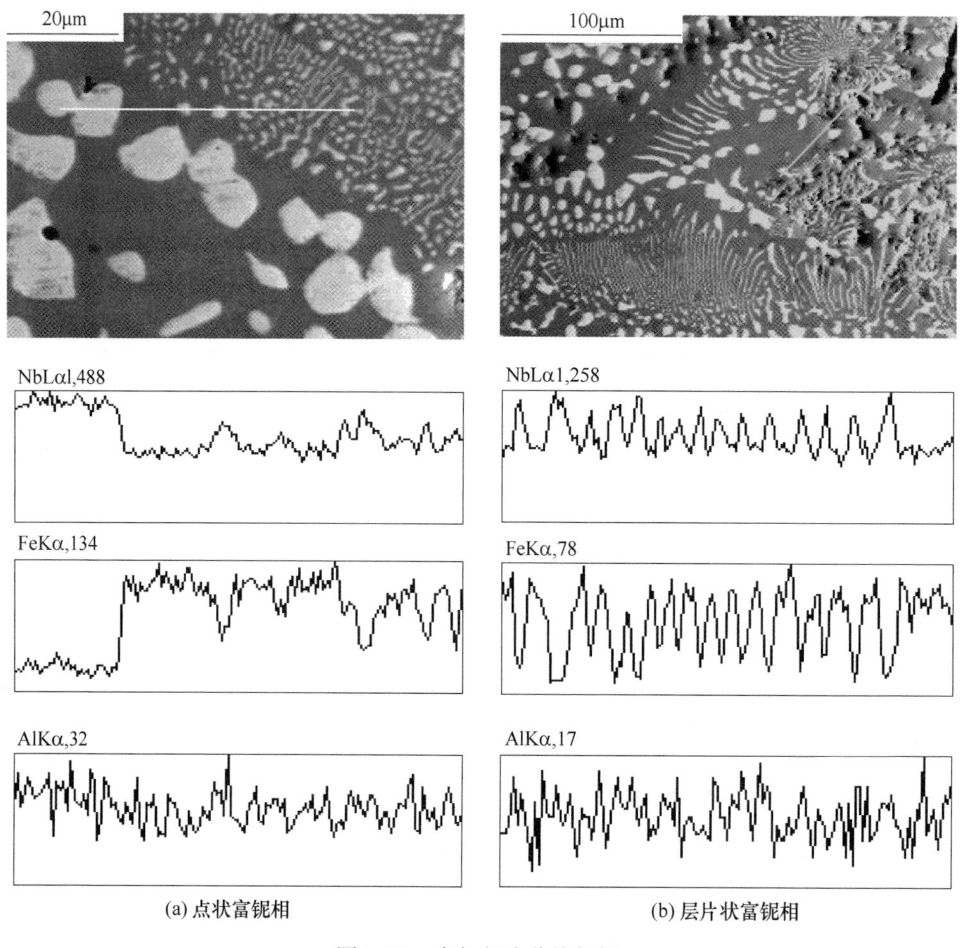

(a) 点状富铌相　　(b) 层片状富铌相

图 1.29　富铌相成分线扫描

1.3.5　铌铁的合金化过程

本节主要介绍了使用显微分析方法研究铌铁合金化的过程，这对于理解含铌钢的生产以及合金元素 Nb 的作用有重要的意义。

使用膨胀仪测定所使用铌铁的熔点，结果见图 1.30，其 63%Nb 的铌铁固相线为 1485℃，液相线为 1556℃。铌铁投入钢水后，需要一定的时间去熔化，铌铁的粒度与熔化时间的关系见图 1.31。显然，铌铁的粒度越大，熔化所需要的时间越长。

图 1.32 给出铌铁在铁水中的溶解过程，反映出铌铁加入铁水溶解过程是受扩散控制的，当铌铁品位高时，溶解过程变长。某钢厂用铌铁（63wt.%）的成分在 60wt.%～70wt.%之间，当投入铁水之中后，铌铁将溶解，将熔体迅速地冷却下来，其组织则反映了熔体溶解的状态。

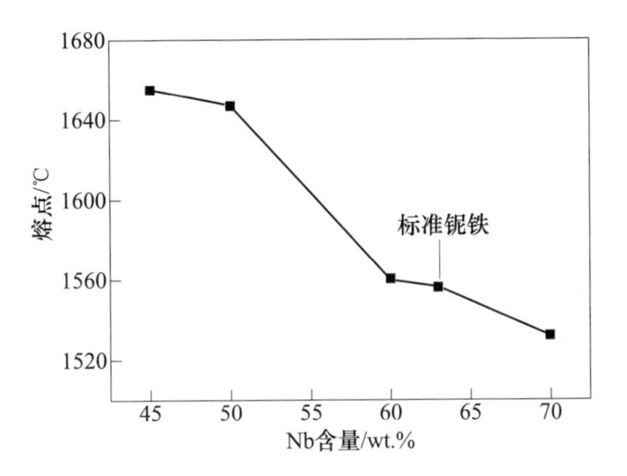

图 1.30 不同牌号铌铁的熔点图

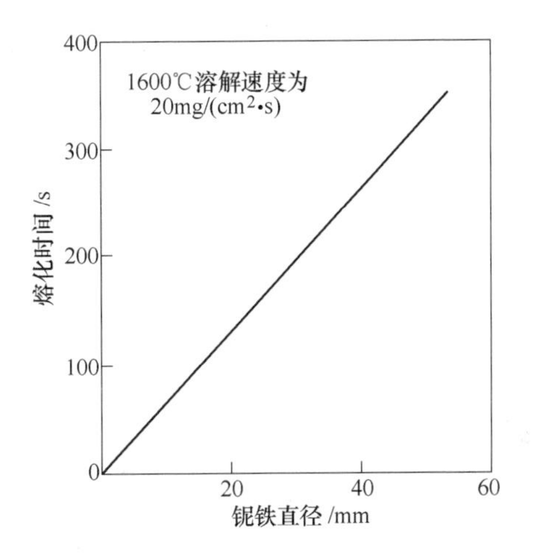

图 1.31 标准铌铁粒度与熔化时间的关系

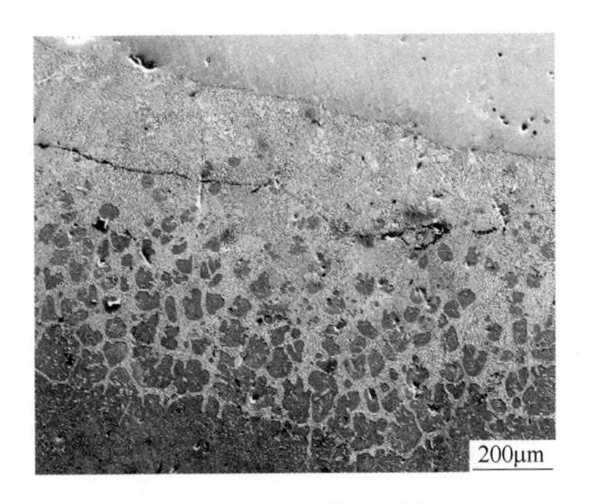

图 1.32 铌铁溶解过程

从图 1.33 的成分相可以清楚地看出铁水对 63%铌铁的浸润过程。最外边为 Fe+ε共晶体，界面外边缘为ε相，其内为 μ 相，内侧产生了很多细小的 Fe_2Nb_3 相，白色的铌颗粒也已经溶解了较多的铁。

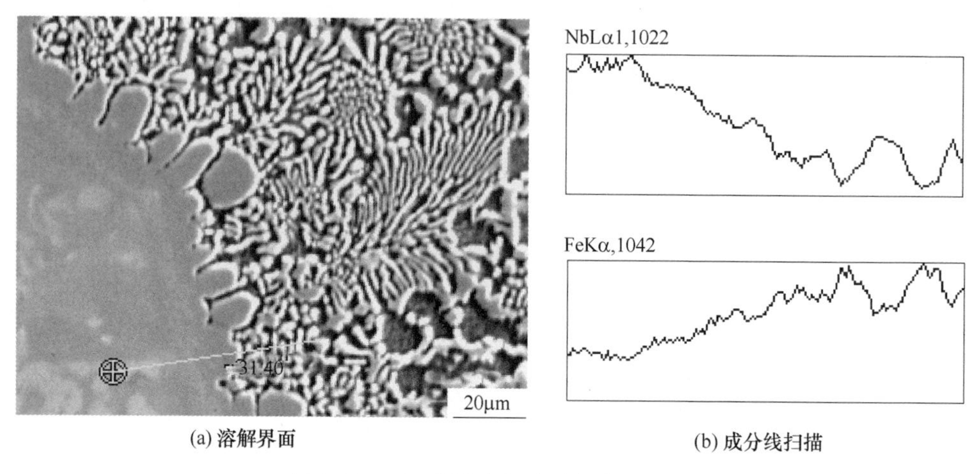

(a) 溶解界面　　(b) 成分线扫描

图 1.33　63%铌铁溶解过程成分变化图

由于所用铌铁的微观组织不均匀，在铌铁生产过程中必然存在较大的先共晶的 Nb 颗粒，由于 Nb 溶入铁水的过程较长，铌颗粒不易溶入铁水而残留下来。对于固溶了铁的铌颗粒 Nb_{ss}，溶解过程如下：

(1) $Nb_{ss}+Fe \longrightarrow Fe_2Nb_3$；

(2) $Fe_2Nb_3+Fe \longrightarrow \mu(FeNb)$；

(3) $\mu+Fe \longrightarrow \varepsilon$；

(4) $\varepsilon+Fe \longrightarrow \underline{Fe+\varepsilon\text{(共晶体)}}$；

(5) $\underline{Fe+\varepsilon}+Fe \longrightarrow Fe_{ss}$。

对于 Fe_2Nb_3、μ、ε相，其合金化过程分别从第 2、3、4 项开始，Fe_{ss}为固溶了 Nb 的 Fe。

45 号铌铁和 50 号铌铁的合金化过程见图 1.34 和图 1.35。

图 1.34 为所使用的铌含量约 45wt.%的铌铁溶解过程，其主要相为ε相，所以，合金化过程主要从第三步开始。少量 Fe_2Nb_3 相的溶解过程则要从第二步开始。由于扩散控制的 Fe_2Nb_3 相的溶解过程进行的较慢，因此，在图 1.34 中，Fe_2Nb_3 相被孤立出来。

同样图 1.35 为所使用的铌含量约 50wt.%的铌铁溶解过程，Fe_2Nb_3 相也被孤立了出来。

连铸坯三角区内中心裂纹所呈现的三种与添加的铌铁相关的铌聚集现象是未溶的铌块、Fe+ε共晶体以及离异共晶的铌铁。铌铁是在钢包精炼时添加的。

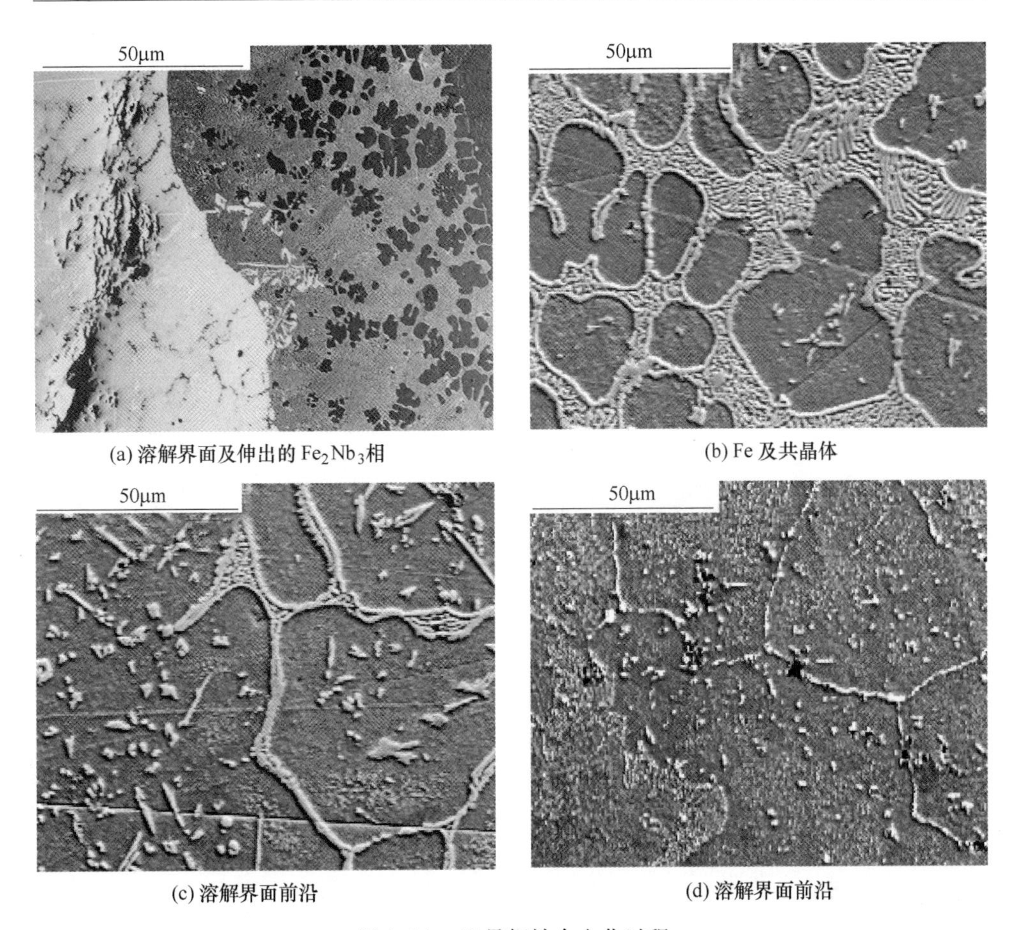

(a) 溶解界面及伸出的 Fe_2Nb_3 相　(b) Fe 及共晶体

(c) 溶解界面前沿　(d) 溶解界面前沿

图 1.34　45 号铌铁合金化过程

一般认为，铌铁投入钢水后，需要一定的时间去熔化，按图 1.31 的关系 5min 内就可以完全熔化。浇注后不应该有铌聚集现象的发生。然而，即使铌铁添加后 5min 内可以完全溶入铁水，因为富铌的铁水黏度较大，不易扩散均匀，在浇注的凝固过程中，根据 Fe-Nb 相图，若铌含量较高（3at.%~30at.%）则生成 Fe-ε共晶体，生成温度为 1358℃，若铁水中的铌含量小于 3at.%，则会生成线条状的离异共晶的铌铁相。

因此，要避免铌聚集现象的发生，关键是要使铁水中的铌扩散均匀。

观察到铌聚集现象的含铌钢种碳含量处于包晶区。合金元素会对 Fe-C 二元相图产生一定的影响，而由于添加量很少，可根据 Fe-C 二元相图对合金的凝固过程作一定性的描述。在合金凝固时首先生成 δ 相，在随后的过程中将发生包晶反应而生成 γ 相。根据 Fe-Nb、Fe-C 相图，在 δ 相中，铌的溶解度约为 4wt.%，碳为 0.09wt.%；而在 γ 相中的铌溶解度约为 1.5wt.%，而碳则为 2.11wt.%。另

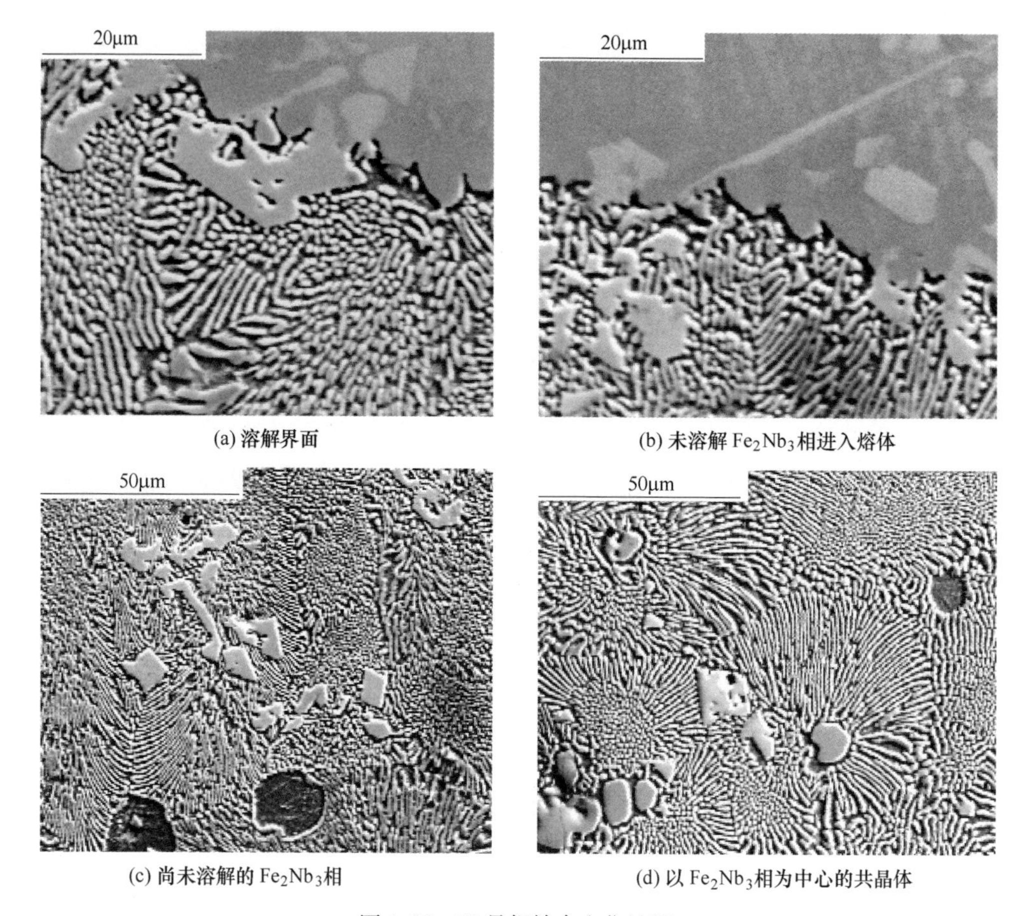

(a) 溶解界面　(b) 未溶解 Fe_2Nb_3 相进入熔体

(c) 尚未溶解的 Fe_2Nb_3 相　(d) 以 Fe_2Nb_3 相为中心的共晶体

图 1.35　50 号铌铁合金化过程

一方面，无论在铁素体或在奥氏体中，碳的扩散系数都比其他元素高。

在凝固过程中，先生成的 δ 相碳含量低，熔体中的碳排向液固前沿。当熔体温度降至 1495℃时，发生包晶反应，在这一过程中，δ 相与碳含量 0.53wt.%的熔体生成碳含量 0.15wt.%的 γ 相。由于 γ 相的铌含量低，所以，δ 相中固溶的铌将扩散至液固前沿的熔体中。因此，在液固前沿的熔体的 Nb 和 C 两种溶质的含量存在着此消彼长的关系。当液固前沿过冷液体温度降至 $Fe\text{-}Fe_2Nb$ 的共晶反应线 1358℃，熔体中的铌含量达到 4wt.%时，则生成 $Fe\text{-}Fe_2Nb$ 的共晶体，如图 1.15 所示的裂纹表面的共晶体，为凝固末端，偏析最为严重；而在裂纹面下的胞晶内，由于生成的共晶体的量少，该共晶体呈离异共晶的形式存在而呈现出线条状的形貌来。

上文对 45wt.%、50wt.%、60wt.%、70wt.%的四种成分商用铌铁进行试验研究，根据 X 射线衍射研究的相组成情况，可以看出，45、50 号铌铁的主要组成相为ε相，占90%以上；而60、70号铌铁的主要的组成相为μ相，70号铌铁还含有较多的Nb。显而易见，60、70号等高品位铌铁的溶解扩散过程需要的时间要长得多，而45、50号等低品位的溶解扩散过程则要快得多。

因此，使用铌铁的品位越低，铌铁的溶解过程越快，则不容易产生铌聚集现象。但是，如果使用铌铁的品位太低，加入的铌铁越多，钢水的温降将会很大而影响浇注性能与产品质量。用低铌含量的铌铁，由于主要相是ε相，避免了中间反应对铌铁溶化速度的不利影响，尤其是，低铌含量的铌铁中不存在先共晶的铌块，有效的增加了铌铁添加的收益率。

对于一般铌微合金化钢种，在钢包中添加的铌铁约200kg；若铌含量降低到50wt.%，需添加的铌铁为240kg，对温降的影响并不太大；而若铌含量降低到20wt.%，需添加的铌铁则要600kg，将对温降产生较大的影响。

目前，在国际市场上供货的炼钢用铌铁的主要种类为铌含量63wt.%（约50at.%）标准铌铁，在钢铁生产中，一般于钢水钢包精炼时添加而进行合金化的。铌铁投入钢水后，需要一定的时间去熔化，铌铁的粒度越大，熔化所需要的时间越长。因此，为了保证铌铁充分熔化，一般要求钢水温度要求超过1520℃，铌铁的粒度则小于40mm。

在合金构件的浇注生产过程中，为了便于成分调整，以及保证所添加的铌铁能够充分熔化，则要考虑选用低熔点的铌铁合金。根据FeNb二元合金相图，15%的铌含量处于相图的共晶点上（L→ε+α-Fe），相组成为拉氏相ε-Fe_2Nb以及体心立方的α-Fe。该成分的铌铁熔点最低，为1358℃。据此，人们开发了商用低熔点铌铁合金，其成分为：Nb 15.0%，Si 7.5%，Mn 0.72%，Al 0.15%，C 0.24%，P 0.02%，S 0.01%，Fe 余量。

添加的7.5%的硅主要固溶于α-Fe中而致使该铁合金很脆；一般而言，钢中出现拉氏相都被视为有害相，其特点是硬而脆。这种特点决定了这种铁合金较易于粉碎至小的粒度。但是，合金的脆性致使这种低铌含量的铌铁合金除了用作构件的合金元素的添加剂之外，难以有其他用途。

硅是电工钢（硅钢）的最重要的合金元素。硅在钢中具有缩小奥氏体相区的作用，根据Fe-Si相图，硅含量大于3.8at.%而小于10at.%的铁硅合金将不发生α-Fe到γ-Fe的多型性转变，而保持单一的α相，具有优异的软磁性能。但是，较高的硅含量会使得材料脆性增大，甚至导致硅脆的发生。

由于Fe、Si、Nb三种元素原子量以及原子半径差异很大，由这些元素组成的合金钢在凝固过程中易于偏析而难以获得成分均匀的合金；并且，Fe、Si、Nb之间都可形成很脆的金属间化合物，如Fe_2Nb、Nb_5Si_3、FeSi等。因此，在用传统的方法探索具有优良性能的材料的过程中，FeNbSi合金没有引起人们的注意。

研究工作基于铌含量在15wt.%附近的低熔点的FeNb合金（目标值：

$Fe_{10\pm1}Nb_{1\pm x}Si_{1\pm x}$，$x \leqslant 0.2$），通过添加一定量的硅对材料的相组成进行改性，同时，采用离心浇注的方法，以有效地减轻合金元素的偏析对材料性能的影响。

研究发现，通过降低硅含量而降低合金的脆性，同时通过添加特定含量的硅而达到对ε相改性，和提高基体的强韧性、避免升温过程的多型性相变而具有良好的软磁性能，不仅可以用作炼钢用的合金元素的添加剂，同时具有很好的力学性能的材料，可以用作刀具材料。

合金成分的化学成分见表 1.9。在正常的凝固过程中，由于 Fe、Si、Nb 的物理性能差异很大易于偏析，因此采取离心浇注的方法可以获得宏观成分均匀的合金铸锭，可以作为浇注合金构件的中间合金，也可以直接浇注成耐磨的刀具材料或具有特殊形状的构件。

表 1.9　化学成分　（%）

Nb	Si	Mn	P	S	Fe
10.0~15.0	3.0~5.5	<0.15	<0.05	<0.02	余量

离心浇注的合金硬度平均值为 HRC40。使用 X 射线衍射仪确定材料的相组成，见图 1.36，为 α-Fe 和 ε-Fe_2Nb 相，合金的典型的组织特征为直径小于 10μm 的ε相颗粒均匀分布在 α-Fe+ε-Fe_2Nb 共晶体上（图 1.37），这种组织特征决定了这种合金材料具有良好的耐磨性能。

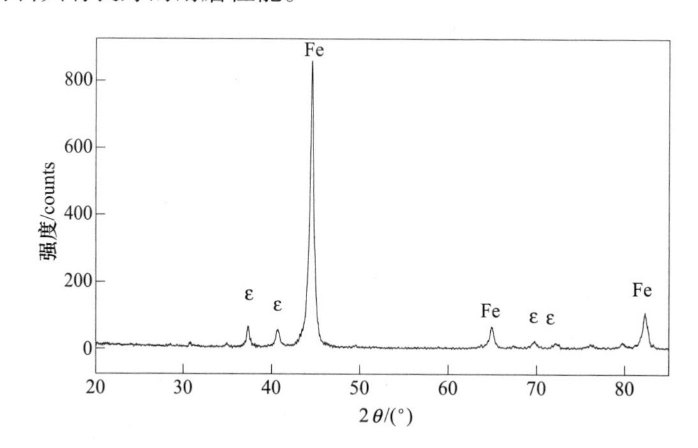

图 1.36　合金的相组成为 α-Fe 和 ε-Fe_2Nb

使用电子探针确定合金组成相的成分特点，见表 1.10，可以看出，在ε相的晶格点阵上，Si 代位 Nb，占据了 1/3 的 Nb 的位置，即ε相的组成为$Fe_6(Nb_2Si_1)$，Si 的加入达到了对该组成相进行改性的目的。

使用差温分析仪（DTA）测量合金的相变情况（图 1.38），试样放在铝盘中，通氮气保护。试验过程中，加热速度均为 20℃/min。从图中可以看出，在 1000℃之前，试样中无相变的发生，物理性能稳定。

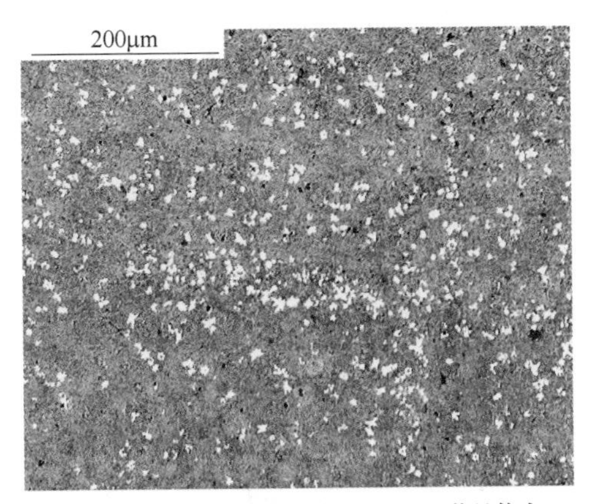

(a) ε 相颗粒均匀分布在 α-Fe+ε-Fe_2Nb 共晶体上

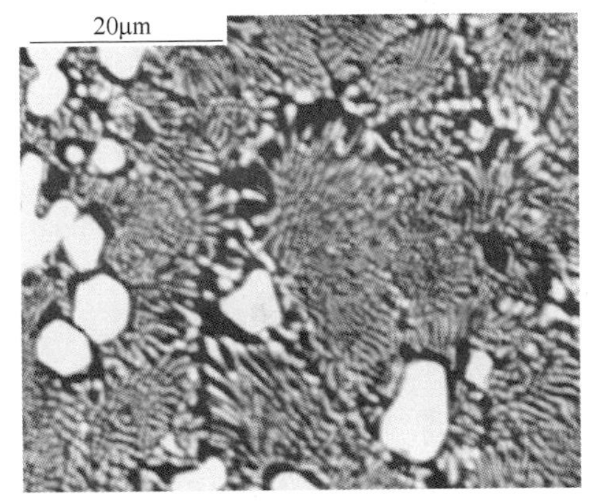

(b) 放大形貌

图 1.37 合金的组织特征

表 1.10 相成分特点 (at. %)

成分	ε	α-Fe+ε
Fe	63.1	89.4
Nb	24.8	4.1
Si	12.1	6.5

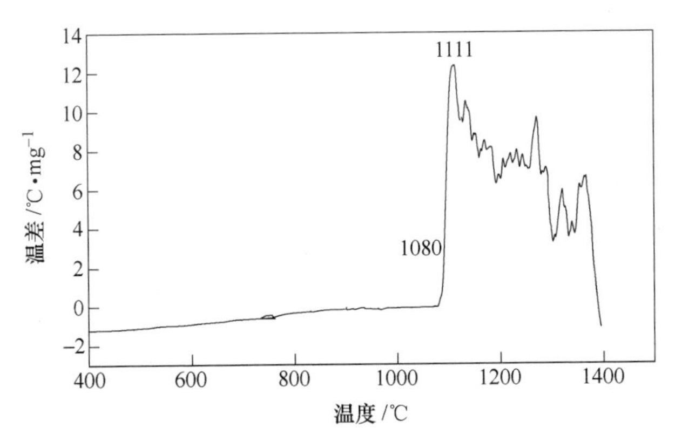

图 1.38 DTA 试验结果

1.4 钢铁显微分析的一般方法

从 1.3 节可见，材料显微分析既需要传统的检测手段，又要有高度现代化的研究手段，面对新技术和新材料的飞速发展，过去传统的常规性能检测遇到了极大的挑战。一方面由于采用近代的电子技术、光学技术、声学技术和电子计算机技术等新技术以及随之发展的各种现代化仪器设备，促进了材料检测技术的不断创新；另一方面，为了适应新材料和新技术的发展不断修改检测标准，使常规检验和深入研究紧密地结合起来，使材料检测技术更好地为新材料研究、开发和应用服务。

从事显微分析技术首先要熟悉分析仪器，掌握分析试验方法。电子束显微分析是高技术领域的分析技术，一般而言，电子显微分析要与常规的光学显微分析、化学及力学等分析手段结合，在新材料、新产品开发与分析领域中有广泛的应用，并已逐渐走向标准化。迄今为止，全国微束分析标准化技术委员会制定了近30个国家标准，如GB/T 21636—2008《微束分析 电子探针显微分析（EPMA）术语》、GB/T 15074—2008《电子探针定量分析方法通则》、GB/T 17359—1998《电子探针和扫描电镜X射线能谱定量分析方法通则》、GB/T 4930—2008《微束分析 电子探针分析 标准样品技术条件导则》、GB/T 21638—2008《钢铁材料缺陷电子束显微分析方法通则》与GB/T 19501—2004 电子背散射衍射分析方法通则等[21~23]。在这些标准中对电子显微分析的通用技术条件、特殊样品分析方法分别作了规定，形成了规范性的技术文件，其中GB/T 21638—2008提出了电子束显微分析的材料缺陷综合分析方法，其程序一般包括方案制定、显微分析、实验验证等环节。

（1）方案制订。首先要了解待分析样品的制造工艺、储存和使用条件以及其他相关的信息和资料。在此基础上，明确分析内容和要求，制订初步分析方案。

1）试验前准备。试验前应对样品原始状态进行记录（拍摄宏观照片，附标尺），涉及钢铁材料重大缺陷，须到现场调查，进一步了解有关信息。

检查所用仪器设备的状况，确认试验环境（温度、湿度等）满足有关标准或仪器设备的要求。

2）宏观观察与分析。被检样品在进行清洗和切割之前，应用肉眼或放大镜对样品表面状态与颜色、表面附着物、缺陷位置、尺寸与分布等形貌特征进行仔细地观察，采用实体显微镜对缺陷特征及位置做进一步的观察与分析，并用文字描述、草图构画、照相等方式进行详细记录。在缺陷附近做标记，有利于显微分析时快速寻找待分析区域。

（2）显微分析。在进行电子束显微分析前，通常应首先进行常规的金相观察，并在金相观察的基础上进行详细的电子束显微分析。

1）金相观察与分析。分别依据GB/T 13299和GB/T 10561对金相样品进行组织观察、夹杂物级别评定，记录缺陷的光学形貌及特征等，可依据GB/T 4340.1对所选区域进行显微硬度测定，金相观察分析项目，是由综合分析要求而决定的。

2）形貌观察与分析。应用扫描电镜（或电子探针）的二次电子像（SEI）或背散射电子像（BEI）观察缺陷区域的显微形貌。

推荐下列观察分析顺序：

低倍观察确认缺陷位置，并从低倍观察逐渐过渡到高倍观察；

首先进行表面观察，若涉及材料内部缺陷时，制备缺陷截面试样进行观察。

注意观察缺陷区域与正常区域显微结构的细微差异。

当试样表面有腐蚀产物或附着物时不可随意清洗试样，应首先分析原始表面，或用导电胶带纸萃取腐蚀产物或附着物后，再清洗试样进行观察分析。

3）成分分析。背散射电子像对钢中夹杂物、析出相及异物压入的观察十分有效。利用背散射电子像衬度的差异，可以初步确定待分析区域平均原子序数的差异。应用电子探针（或扫描电镜）波谱仪或能谱仪可定性分析试样微区的元素组成及分布。依据 GB/T 15074 或 GB/T 17359 定量分析显微成分。

显微成分分析时要结合显微形貌观察，注意在处理缺陷区域检测到异常成分时，要结合显微形貌观察，排除不是缺陷成因的环境污染物。

4）显微结构、织构、晶体取向和晶界特性分析。当仅仅依据显微组织及微区成分分析无法确定缺陷成因时，可进一步分析研究钢铁材料的晶体结构。可依据 GB/T 19501，应用电子背散射衍射分析缺陷及正常区域的显微结构、织构、晶体取向及晶界特性，基于电子背散射衍射的统计分析信息确定缺陷成因。

5）材料的质量检验。化学成分分析、力学性能测试等检测项目，可按相应的标准对钢铁材料进行质量检验，以评定其是否符合产品标准的要求。

6）综合分析。基于钢铁材料缺陷电子束显微分析，将材料宏观分析、显微分析与生产工艺过程、材料产品质量、储存和使用条件等结合起来，参考缺陷分析方法、图谱等有关资料，对缺陷成因作综合分析，提出评价意见和解释。

（3）试验验证。在需要与可能的条件下，可通过模拟试验进行缺陷再现，也可视具体情况再深入现场调查，增加样本，结合生产工艺过程（和/或用户使用情况），以进一步分析缺陷形成原因或验证分析结论。

1.5　小结

材料学揭示了材料的宏观性能与其微观特征之间的联系。一般来说，材料性能由化学成分、显微组织、相结构、缺陷分布及晶体取向等多因素决定。本章首先介绍了金相分析和电子显微分析。电子显微分析技术具有微区成分分析、显微组织观察、微区相鉴定及显微结构分析等综合功能，是揭示材料宏观与微观联系的最有效的手段之一，但也不是万能的。为了更好地理解事物的本质，常要金相分析或与化学、物理、力学等其他的宏观的分析手段相结合。如在结构分析方面，TEM 和 EBSD 所作的微观和介观尺度的研究，往往要结合较为宏观的 XRD

的研究才能理解得更为彻底；同样，微区成分分析方面往往需要结合较为宏观的光谱分析或化学分析。接着本章以炼钢过程出现的铌聚集现象为切入点，着眼于钢的合金化过程，使用电子显微分析揭示了炼钢过程中添加铌铁的溶解机制，这有助于对合金化机理的理解，希望达到举一反三的效果。最后给出钢铁显微分析的一般程序。显微分析技术涉及的学科众多，研究课题错综复杂，如何用好分析仪器，不但涉及仪器本身，还与分析者冶金材料学、冶炼加工工艺、样品制备加工、材料分析方法等基本知识掌握及分析技能的熟练程度有关，不仅要求研究人员具有渊博的学识，还应有解决问题的方法，根据实际情况，具体问题具体分析。

参 考 文 献

[1] 郭可信. 金相学史话（6）：电子显微镜在材料科学中的应用 [J]. 材料科学与工程，2002，20（1）：5-10.

[2] 徐祖耀，黄本立，鄢国强，主编. 中国材料工程大典（第26卷）[M]. 北京：化学工业出版社，2006：994-999.

[3] 李斗星. 透射电子显微学的新进展 [J]. 电子显微学报，2004，23（3）：278-290.

[4] Binning G，Rohrer H. Surface studies by scanning tunneling microscopy [J]. Phy. Rev. Lett.，1982，49（1）：49257.

[5] 陈家光，田青超，季思凯，斯初阳. "丝状斑迹"缺陷的成因 [J]. 理化检验（物理分册）2002，38（11）：514.

[6] Zewail A H. 4D ultrafast electron diffraction，crystallography，and microscopy [J]. Annu. Rev. Phys. Chem.，2006，57：65-103.

[7] Tian Q，Yin F，Sakaguchi T，Nagai K. Internal friction behavior of twin boundaries in tensile-deformed Mn-15 at. % Cu alloy [J]. Materials Science and Engineering A，2006，442（1-2）：433-438.

[8] 田青超，陈家光. 材料电子显微分析与应用 [J]. 理化检验（物理分册），2010，46（1）：21-25.

[9] 崔健，郑贻裕，朱立新. 某钢厂纯净钢生产技术的进步 [J]. 中国工程科学，2005，7（6）：21-26.

[10] 田青超，彭勇，陈家光. 连铸坯内裂纹与铌聚集现象 [J]. 物理测试，2005，23（3）：18-20.

[11] Okamoto H. Fe-Nb [J]. J. Phase Equilibria，1993，14：650-652.

[12] Bejarano J M Z，Gama S，Ribeiro C A，Effenberg G，Santos C Z. Z. Metallk，1993，84（3）：160-164.

[13] Okamoto H. Fe-Nb [J]. J. Phase Equilibria，2002，23（1）：112.

[14] Srikanth S，Petric A. A thermodynamic evaluation of the Fe-Nb system [J]. Z. Metallk，1994，

85 (3): 164-170.

[15] Okamoto H. Comment on FeNb [J]. J. Phase Equilibria, 1995, 16: 369-370.

[16] Goldschmidt H J. J. Iron Steel Inst. , 1960, 194: 160.

[17] Kubaschewski O. Iron-binary Phase Diagrams [M]. Berlin: Springer Verlag, 1982: 70.

[18] Bejarano J M Z, Gama S, Ribeiro C A, Effenberg G, Santos C Z. On the existence of Fe_2Nb_3 phase [J]. Z. Metallk, 1991, 82: 615-620.

[19] Bejarano B J M Z, Gama S, Ribeiro C A, Effenberg G. The iron niobium phase diagram [J]. Z. Metallk, 1993, 84 (3): 160-164.

[20] Schon C G, Tenorio J A S. The chemistry of the iron-niobium intermetallics [J]. Intermetallics, 1996 (4): 211-216.

[21] 林卓然,李香庭,李戎,朱衍勇,庄世杰,柳得橹. GB/T 21636—2008 微束分析-电子探针显微分析(EPMA)术语 [S]. 北京:中国标准出版社,2008.

[22] 陈家光,朱衍勇,李平和,田青超. GB/T 21638—2008 钢铁材料缺陷电子束显微分析方法通则 [S]. 北京:中国标准出版社,2008.

[23] 陈家光,田青超,张作贵. ISO/FDIS 24173 电子背散射衍射取向测定方法通则 [J]. 电子显微学报,2008 (6).

2 连铸坯裂纹观察

板坯的生产一般采用连铸技术。连铸是把液态钢用连铸机连续浇注、冷凝、切割直接得到铸坯的工艺。与模铸相比，连铸具有凝固速度快、夹杂物来不及聚集而且分散存在的特点。追求无缺陷连铸坯技术是现代连铸技术中的一个永恒的主题，是实现连铸坯热送热装工艺的基础和前提。在连铸坯中，经常发生各种表面和内部的裂纹等缺陷，并占有相当大的比例，然而在连铸技术有待改进的情况下贸然缩短工艺流程以降低成本的案例在现场生产过程中竟然经常发生，给后续生产带来严重的质量问题，甚至是安全问题，效果适得其反。裂纹的发生多与钢的高温特性及凝固过程各种力学行为有关。随着连铸钢种的拓展和用户要求的提高，对板坯质量提出更高的要求。因此，系统深入地了解铸坯裂纹的显微特征、成因及主要影响因素，对减少板坯裂纹的发生率，提高连铸板坯质量具有重要意义。

2.1 板坯连铸工艺与装备

板坯连铸是连接炼钢和轧钢的中间环节，是炼钢厂的重要组成部分。连铸生产的正常与否，不但影响到炼钢生产任务的完成，而且也影响到轧材的质量和成材率，甚至于最终产品的使用性能以及服役寿命。此外，连铸技术自身的发展还会带动冶金系统其他技术的发展，对企业结构和产品结构的简化和优化，有着重要的促进作用。连铸机的机型直接影响连铸坯的产量、质量、投资和效益。最早应用于工业生产的是立式连铸机，历经几十年的不断发展，至今已形成完整的系列机型。下面对几种常见的机型做简要叙述。

立式连铸机是20世纪50年代连铸发展初期的主要机型。其优点是铸坯做垂直直线运动，不受强制性弯曲变形力作用，铸坯冷却均匀，非金属夹杂物上浮条件良好，钢的成分和夹杂偏析较少。其缺点是小断面铸坯中心容易产生二次缩孔，机身高20~30m以上，厂房高度大，一次性投资多。

立弯式连铸机是连铸技术发展过程的过渡机型，铸机机身上部与立式铸机完全相同。铸坯由拉坯机拉出结晶器后，被顶弯装置弯成弧形，然后再在水平位置上矫直，它保持了立式连铸机在垂直方向上进行浇注和冷凝的特点，而设备总高度有所降低，主要适用于小断面铸坯的浇注。

水平连铸机特点是结晶器水平安装，在浇注过程中铸坯始终保持水平运动，夹杂分离困难，铸坯无弯曲矫直变形。以间歇式拉坯代替结晶器振动，铸坯容易产生深的波纹。不需要修建特殊的厂房，设备费用便宜，维修方便。

弧形连铸机是世界各国应用最多的一种机型（见图2.1），主要设备包括钢包、中间包、结晶器、结晶器振动装置、二次冷却和铸坯导向装置、拉坯矫直装置、切割装置、出坯装置等。这种铸机优点是采用弧形结晶器，在结晶器内形成弧形铸坯。使用弧形二次冷却装置，在水平切点处矫直铸坯，因此铸机高度大大降低。其缺点是铸机的弧形部件加工、制造、安装、调试、维修困难，同时铸坯在弧形不对称的状态下冷却不均匀。

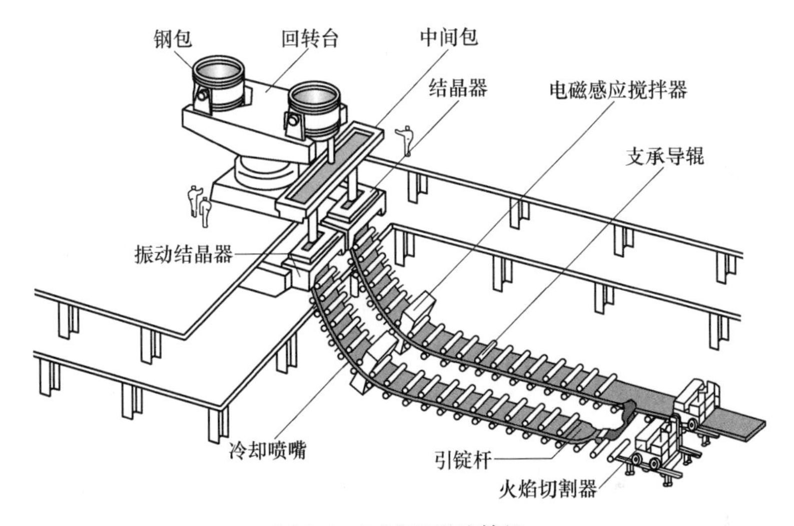

图2.1　两流弧形连铸机

共用一个钢包、浇注1流或多流铸坯的1套连铸设备称为1台连铸机。1台连铸机可以由1个或多个机组组成。凡具有独立传动系统和独立工作系统，当它机出现故障，本机仍能照常工作的一组连续铸钢设备，称之为1个机组。1台连铸机能同时浇注铸坯的总根数称之为连铸机的流数。1台连铸机有1个机组，又只能浇注1根铸坯，称为1机1流；若1台连铸机有多个机组，又同时能够浇注多根铸坯，称其为多机多流；1个机组能够同时浇注2根铸坯的称为1机2流。

连铸需要将炼钢炉炼出的合格钢水装入钢包，吹气（通常用惰性气体）调温或真空脱气处理后，再由钢包承运设备送至连铸机浇注平台，将钢水注入中间罐，进而进行浇注。连铸机的主要设备见图2.1，包括钢包、回转台、中间包、结晶器、引锭杆等。

钢包用于盛装、运载钢水并进行浇注的设备，也是钢水炉外精炼的容器。回转台（塔）主要作用是用于接受、支承钢包，并实现钢包在浇注位和接受位之间的更换。

中间包用于钢水的储存和分配，实现多炉连浇。在多流连铸机上，通过中间包将钢水分配给每个结晶器。在中间包里可以加入需要的某些合金元素实行钢水的冶金处理。中间包通过设置于其内的挡渣墙和溢流堰，形成稳定的钢水流动条件和夹杂物上浮条件，促进夹杂物上浮并防止钢流卷渣，以净化钢水。可见，中间包的作用是减压、稳流、除渣、储钢分流和实行中间包冶金。中间包冶金是一项特殊的炉外精炼技术，是从钢的熔炼和精炼到制成固态连铸坯这个生产流程中保证获得优良钢质量的关键一环。在连铸过程中起到重要的作用，但是如第1章所述的铌的聚集现象，如果合金化工艺不当，则不能达到应有的效果。

结晶器是连铸机非常重要的部件，被称为连铸设备的“心脏”，用于铸坯的一次冷却。连铸坯的公称断面尺寸由结晶器的断面尺寸确定。但由于连铸坯在冷却凝固过程中逐渐收缩以及矫直时都将引起半成品铸坯的变形。为此，要求结晶器应采用合理的倒锥度来防止铸坯纵裂纹，断面尺寸应当比连铸坯断面公称尺寸大一些，通常大1%~3%左右。

钢液在结晶器内冷却初步凝固成一定坯壳厚度的铸坯外形，并被连续地从结晶器下口拉出，进入二冷区。结晶器振动装置提供了结晶器的必要运动。结晶器的上下往复运行，实际上起到了“脱模”的作用，以防止坯壳黏结在铜板上。当结晶器向下运动时，因为“负滑脱”作用，可“愈合”坯壳表面裂痕，并有利于获得理想的表面质量。结晶器振动的目的是防止初生坯壳与结晶器黏结而漏钢，但不可避免地会在初生坯壳表面上留下振动痕迹。而铸坯横裂纹产生于振动痕迹的波谷处，振痕越深，横裂纹越严重。

引锭杆的作用主要是在每一个连浇开浇前堵封结晶器的下口，保证初浇钢水在结晶器内形成一定的坯壳，并将其连续引入拉矫区，直至与红坯脱离。

铸坯从出结晶器开始到完全凝固这一过程称为二次冷却。二次冷却装置包括机架，支承导向辊，喷水水嘴组成，是连铸机的重要组成部分。二次冷却区通常是指结晶器以下到拉矫机以前的区域。

弯月面根部附近，冷却速度很大，初生坯壳很快形成。随着冷却不断进行，坯壳逐步加厚。已凝固的坯壳开始收缩，离开结晶器的内壁，但这时坯壳尚薄，在钢水的静压力作用下仍紧贴于内壁。由于冷却不断地进行，坯壳进一步加厚，刚度增大，到其强度、刚度能承受钢水静压力时，坯壳开始脱离结晶器内壁，铜壁与坯壳之间形成气隙。随着坯壳下降，形成气隙区的坯壳在热流作用下温度回升，强度和刚度减小，钢水静压力使坯壳变形，形成皱纹或凹陷。同时，由于存在气隙，传热减慢，凝固速度减小，坯壳减薄，局部组织粗化，此处裂纹敏感性较大。

从结晶器里出来的铸坯虽已成型，但坯壳一般只有10~30mm厚。坯厚在钢水静压力作用下，产生很大的鼓肚力。它使坯壳有可能产生各种变形，甚至出现裂纹和漏钢。特别是大方坯和板坯更为严重。设置二冷装置的目的，就是对铸坯通过强制而均匀的冷却，促使坯壳迅速凝固，预防坯壳变形超过极限，控制产生裂纹和发生漏钢。同时支承和导向铸坯和引锭杆。因此，二次冷却装置对铸坯质量的好坏有着关键性的影响。

电磁搅拌器（Electromagnetic stirring，EMS）的实质是借助在铸坯液相穴中感生的电磁力，强化钢水的运动，改善铸坯的质量。具体地说，搅拌器激发的交变磁场渗透到铸坯的钢水内，在其中感应起电流，该感应电流与当地磁场相互作用产生电磁力，电磁力是体积力，作用在钢水体积元上，从而能推动钢水运动。

板坯连铸过程的主要关键参数有：

（1）连铸钢水的温度。如果钢水温度过高，则出结晶器时坯壳薄，容易发生漏钢事故，同时耐火材料侵蚀加快，易导致铸流失控，降低浇注安全性。钢水温度过高，还会导致铸坯柱状晶发达、中心偏析加重，易产生中心线裂纹，严重影响板坯的内在质量。

而钢水温度过低则会导致水口容易发生堵塞，使浇注中断。连铸表面容易产生结疤、夹渣、裂纹等缺陷，同时非金属夹杂不易上浮，影响铸坯内在质量。

实际生产中可以采取钢包吹氩调温、加废钢调温、钢包中加热钢水等措施来调整钢水的温度。

（2）钢水的过热度。为浇注温度 T 和液相线温度 T_L之差，可由下式表示：

$$\Delta T = T - T_L \tag{2.1}$$

浇注温度是指中间包内的钢水温度，通常一炉钢水需在中间包内测温 3 次，即开浇后 5min、浇注中期和浇注结束前 5min，而这 3 次温度的平均值被视为平均浇注温度。

液相线温度即开始凝固的温度，是确定浇注温度的基础。液相线温度可由下式计算：

$$\begin{aligned} T_L = 1536 - (&78[\%C] + 7.6[\%Si] + 4.9[\%Mn] + 34[\%P] + \\ &30[\%S] + 5.0[\%Cu] + 3.1[\%Ni] + 1.3[\%Cr] + \\ &3.6[\%Al] + 2.0[\%Mo] + 2.0[\%V] + 18[\%Ti]) \end{aligned} \tag{2.2}$$

钢水过热度主要是根据铸坯的质量要求和浇注性能来确定的，一般而言连铸所允许最大的钢水过热度越低越好。不同钢种要求不同的过热度，如非合金结构钢，一般要求过热度 10~20℃，而铝镇静深冲钢为 15~25℃，高碳、低合金钢为 5~15℃。

钢液过热度高时，保持定向传热的时间长，有利于柱状晶的生长，中心等轴晶区小、枝晶偏析较严重，开裂敏感性增强。在结晶器内通过添加薄钢带来减少过热度，可以增加铸坯等轴晶区，减轻中心偏析。

（3）钢液与结晶器之间的传热。连铸时钢液在结晶器内冷却，部分钢液凝固生成坯壳，钢液与结晶器之间热的传递可用下式描述[1]：

$$q = h(T_{LS} - T_W) \tag{2.3}$$

$$h = \sqrt{\frac{vK^2}{al}\left(\frac{k_1 G\Delta T C\rho}{KT_s S\sqrt{\frac{vl}{a}}}\right)^{\frac{1}{k_2}}} \tag{2.4}$$

式中，q 为热流，J/(h · m^2)；h 为结晶器的换热系数，即拔热量 J/(h · m^2 · ℃)；T_{LS}为结晶器内钢液温度,℃；T_W为结晶器冷却水温度,℃；v 为拉速；m/min；K 为系数；a 为系数；G 为结晶器水流量，L/min；ΔT 为结晶器冷却水温差,℃；C 为冷却水比热，J/(kg · ℃)；ρ 为冷却水密度；T_s为坯壳温度；l 为结晶器液面高度；mm；S 为宽边或窄边长，mm；c，k_1，k_2 为系数。

当钢液与结晶器入口冷却水之间的温度差别一定时，拔热量 h 越大，钢液与结晶器间热流越大，结晶器凝固形成的坯壳不均匀程度随结晶器内冷却强度增加而加剧。生产实践表明，拔热量存在一最佳值，拔热量高于或低于这一最佳值范围，纵裂纹发生率均会急剧增加。所以，采取措施减缓结晶器传热是目前防止铸坯产生纵裂纹缺陷的重要对策。

（4）拉坯速度。拉坯速度是以每分钟从结晶器拉出的铸坯长度来表示。拉坯速度应和钢液的浇注速度相一致。拉速控制合理，不但可以保证连铸生产的顺利进行，而且可以提高连铸生产能力，改善铸坯的质量。

现代连铸技术追求高拉速，但拉速增加，液态钢在结晶器内停留的时间减少，会导致转移钢液过热量所需的时间增加，推迟了中心等轴晶的产生，有利于柱状晶发展和轴向偏析的发生；拉速增加，液相穴深度增长，更易形成凝固桥，造成中心偏析，同时铸坯表面温度升高，可以防止铸坯表面产生纵裂和横裂；反之，拉速低时则形成的坯壳厚，拉坯负荷增加，超过拉拔转矩就不能拉坯，但可以有效地阻止或减少铸坯内部裂纹和中心偏析。因此，拉速确定原则是确保铸坯出结晶器时能承受钢水的静压力而不破裂。对于参数一定的结晶器，应根据钢种和浇注条件来选择合适的拉速。在浇注时间允许的情况下，适当降低拉坯速度，使液相穴缩短，降低钢水静压力，有利于降低鼓肚应变值，降低中心裂纹的发生概率。一般而言，拉速应确保出结晶器的坯壳厚度为 12~14mm。为防止矫直裂纹，拉速应使铸坯通过矫直点时表面温度避开钢的热脆区。拉坯速度的影响因素有钢种、钢水过热度、铸坯厚度等。

（5）铸坯的冷却。钢水在结晶器内的冷却即一次冷却，其作用是确保铸坯在结晶器内形成足够厚度的初生坯壳，确保结晶器的安全运行。结晶器钢液面到铸坯中心液相完全凝固点的长度为铸坯的液芯长度。通常结晶器周边供水 2L/(mm · min)。进出水温差不超过 8℃，出水温度控制在 45~500℃、水压控制在 0.4~0.6MPa 为宜。二次冷却是对带有液芯的铸坯实施喷水冷却，使其完全凝固。对普碳钢低合金钢，二冷水量为 1.0~1.2L/kg 钢；低碳钢、高碳钢为 0.6~

0.8L/kg 钢；对热裂纹敏感性强的钢种，为 0.4~0.6L/kg 钢，高速钢为 0.1~0.3L/kg 钢，水压为 0.1~0.5MPa。

选分结晶和密度差异是造成连铸坯化学成分不均匀的重要原因之一，所以采用强冷技术，使液态钢以较大的过冷度迅速结晶是减少连铸坯的中心偏析的重要方法之一。铸坯中心偏析是与凝固末期液相穴末端糊状区的体积有关的。在凝固末端设置强冷区，强冷区长度和冷却水量是可调的。强冷能压实铸坯芯部，增加等轴晶区，改善中心偏析，其效果不亚于轻压下技术。

但是，二冷区强冷不当会使凝固末端树枝晶“架桥”，无法补缩而形成中心裂纹。不合理的二冷配水会使铸坯表面温度波动太大，出现温度回升过快过大等现象，使铸坯产生大的热应力，也容易导致铸坯内裂纹的产生。因此二冷区可分若干冷却段，每个冷却段单独进行水量控制。铸坯刚离开结晶器，要采用大水量冷却以迅速增加坯壳厚度，随着铸坯在二冷区移动，坯壳厚度增，喷水量逐渐降低。

（6）铸坯的规格。不同的连铸机组生产的连铸坯的尺寸也不相同，表 2.1 为某钢厂供各热轧厂的铸坯规格，板坯厚度 220~300mm，宽度 900~2300mm。

表 2.1 某钢厂板坯连铸机钢种和规格比较

项目	1CCM/2CCM	3CCM	4CCM	5CCM/6CCM
主要流向	2050 热轧机组	厚板厂	1800 热轧机组	1580 热轧机组
厚度/mm	250	220/250/300	230	230
宽度/mm	900~1930	1300~2300	900~1750	900~1450
板坯长度/m	8~12（短尺 5.8）	6.8~10.2（短尺 4.8）	9~11（短尺 4.5~5.3）	8~11（短尺 4.2~5.0）
钢种	超低碳、低碳、中碳、高碳钢	厚板、强度钢	超低碳、低碳、中碳、高碳钢	汽车板、镀锡板/硅钢

连铸过程中，从初生坯壳在结晶器中形成到铸坯断面完全凝固，坯壳要经受非常复杂的热和力的作用，将在坯壳中以及凝固前沿产生应力。其来源主要有如下几种形式：

（1）结晶器与坯壳之间的摩擦力。尽管结晶器振动装置的使用改善了结晶器与坯壳界面的脱模条件，但摩擦力依然存在。当结晶器相对于坯壳向上运动时，将作用于坯壳表面一个向上的摩擦力，其大小取决于摩擦系数和钢水静压力。摩擦系数取决于结晶器材料、结晶器表面光洁度及润滑条件。摩擦力和轴向拉伸应力的共同作用下，可以引起内裂纹，甚至使坯壳破裂。当结晶器相对于坯壳向下运动时，摩擦力方向向下。因此，结晶器的振动和摩擦产生的是一对循环应力。

（2）钢水静压力使坯壳鼓肚产生的应力。当铸坯移出结晶器在导辊之间运行时，相邻两对导辊之间的坯壳容易发生较大的鼓肚，同时在坯壳中产生应力。在相邻两导辊之间的中心位置处，坯壳内表面（即凝固前沿）产生的应力为压应力，外表面产生的应力则为拉应力；而在导辊位置处，应力状态正好相反。正常状态下，板坯的凝固末端液相穴宽平，尽管有柱状晶“搭桥”，钢液仍能进行补充；而当板坯发生鼓肚变形时，也会引起液相穴内富集溶质元素的钢液流动，从而形成中心偏析。鼓肚之后钢水补缩不易，极易导致中心裂纹。

（3）温度分布不均匀造成的热应力。在铸坯凝固过程中，沿铸坯长度方向，温度逐渐降低并伴随有表面温度回升，铸坯横截面上，也存在温度梯度。处于温度较低的区域，因相邻温度较高的区域的约束与牵制会产生拉应力，而在温度较高的区域则相应的产生压应力。这种由于坯温的不一致而在坯壳上产生热应力和相变应力，将使铸坯中心部位撕开而形成中心裂纹。

（4）矫直过程中产生的矫直应力以及由于导辊变形、对中不良等引起的附加机械应力等。这些应力的存在是内裂纹形成的驱动力[2]。

2.2　板坯内部裂纹

板坯内部裂纹作为板坯主要缺陷之一已引起广泛的关注，同时促使许多冶金工作者在这方面开展了大量的研究工作[3~5]。第一个研究高峰期在 20 世纪 70 年代末至 80 年代初，隔了约 20 年后（90 年代后期）出现了第二个高峰期。前者是连铸工艺大发展的需要，后者是高拉速、薄板坯连铸连轧等工艺迅速发展的需要。本章基于目前某钢厂连铸机生产实践，通过使用扫描电镜、电子探针、金相显微镜等仪器对几种板坯内部裂纹的表征进行了分析。

连铸坯从边缘到中心是由激冷层（铸坯表皮的细小等轴晶层）、柱状晶带和锭心带组成。内裂纹是连铸坯常见的内部缺陷之一，对钢铁材料的均匀性和连续性造成很大的破坏。从概念上讲，铸坯从皮下一直到中心部位出现的裂纹都可以称为内裂纹。不仅包括凝固裂纹，也包括在凝固温度下由于 AlN、Nb(CN) 等质点在奥氏体晶界析出而引起晶界脆化、在外力作用下形成的裂纹。内部裂纹是凝固前沿发生的，所以也称为凝固界面裂纹。

在凝固末期，凝固顶端形状模型[3]见图 2.2。在固、液界面会存在周期性的“合成波”，而易在上、下方的凝固顶端形成黏结和桥接。

在弯曲、矫直和夹辊的压力作用下，从结晶器下口拉出带液心的铸坯于凝固前沿薄弱的固液界面上沿一次树枝晶或等轴晶界裂开，富集溶质元素的母液流入缝隙中，因此这种裂纹往往伴有偏析线，也称其为“偏析条纹”。在热加工过程中“偏析条纹”是不能消除的，在最终产品上必然留下条状缺陷，影响钢的力学性能，尤其是对横向性能危害最大。

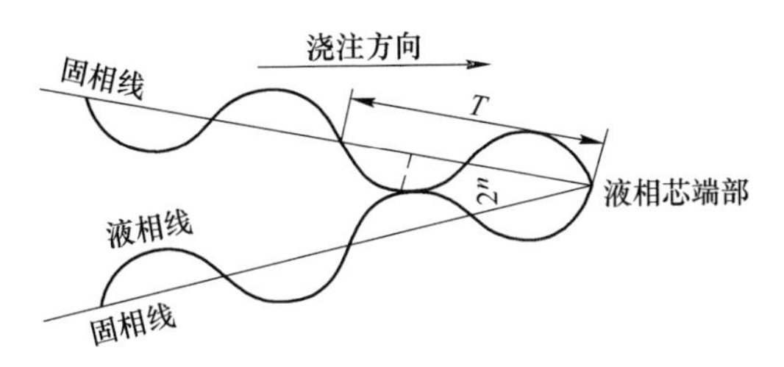

图 2.2 凝固顶端形状

铸坯中产生偏析的根本原因是由于溶质元素在固相中溶解度较小，而在液相中溶解度较大。凝固开始时，在固/液界面处发生溶质的析出和溶质浓度增加。中心偏析是指铸坯中心区域 C、Mn、P 和 S 等溶质元素的不均匀分布，在铸坯横剖面上表现为铸坯中心处溶质元素的浓度出现峰值，而在两边浓度最低；在铸坯纵剖面上则以 V 形偏析、U 形偏析、点状偏析、线状偏析以及缩孔等表观形态存在。通常，连铸坯中心偏析不足以影响最终产品的质量，是允许存在的。但对某些钢种来说，尤其是宽厚板，偏析通常会遗传下来，影响最终产品的质量和加工性能，成为一种典型的铸坯内部缺陷[6]。铸坯中心偏析与拉速、过热度等工艺参数及钢种条件有关，也与铸机的设计有关。采用应力（机械应力、热应力）压下技术也可以使偏析控制在适当的水平。另外，通过降低硫、磷含量以减小偏析元素浓度；采用电磁搅拌低温浇注达到凝固组织的等轴晶化；通过缩小辊间距，强化二次冷却以及低速浇注等措施减小鼓肚问题，也是减轻偏析、改善连铸坯质量的重要技术措施。

内裂纹按其在铸坯中出现位置的不同可以分为横裂纹（又称中间裂纹）、三角区裂纹和中心线裂纹等，见图 2.3。

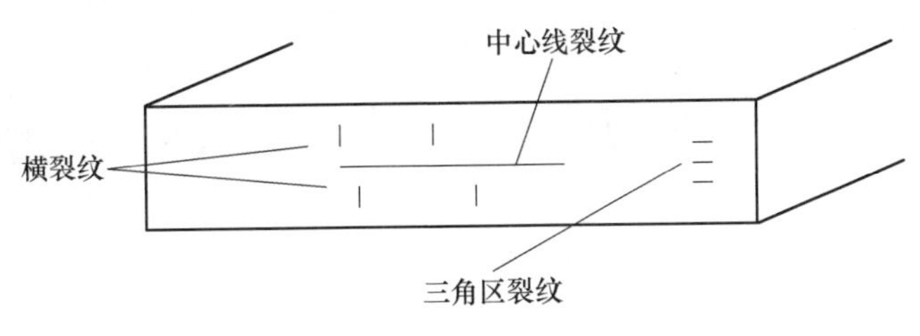

图 2.3 板坯内裂纹的分布及术语

中心线裂纹是内裂纹的主要形式之一，又可分为三角区内以及三角区外裂纹。在很多的情况下，内裂纹使得铸坯在后续的轧制过程中不能轧合而给产品的使用性能带来灾难性的影响。板坯内部裂纹作为板坯主要缺陷之一已引起广泛的关注，同时促使许多冶金工作者在这方面开展了大量的研究工作。

通常，人们多从应变的角度来判断铸坯会不会产生内裂纹：当凝固前沿的拉应变超过临界应变时，铸坯就会产生内裂纹。形成内裂纹的临界应变量随应变速率提高而降低，随钢中碳含量增加而减小，随钢中 Mn/S 增大而增加。

为了优化连铸工艺，提高铸坯质量，许多研究者计算了坯壳及凝固前沿的应变分布，以预测铸坯的内裂纹。研究铸坯内裂纹形成的临界应变值的基本思路是：首先，通过拉伸、弯曲、顶压等力学手段使正在凝固的试样发生一定程度的变形，利用有限元或其他分析方法计算凝固前沿产生的拉应变的大小；然后，对冷却后的试样作硫印检查，确定试样中是否有内裂纹形成。随着凝固前沿应变量的增大，内裂纹有一个从无到有，从轻微到严重的过程。因此，将试样裂纹情况与计算所得的凝固前沿应变值进行对比，即可确定出内裂纹形成的临界应变值。

内裂纹的发生还受浇注温度、冷却强度、拉坯速度等诸多因素的影响。

2.2.1　中心线裂纹

2.2.1.1　近三角区

厚度为 250mm 的 X70 管线钢机清后发现中心裂纹缺陷，见图 2.4（a）。试样表面整体抛光腐蚀之后，发现该中心裂纹在厚度方向凝固柱状晶三角区之外（图 2.4（b）），为三角区外中心裂纹。

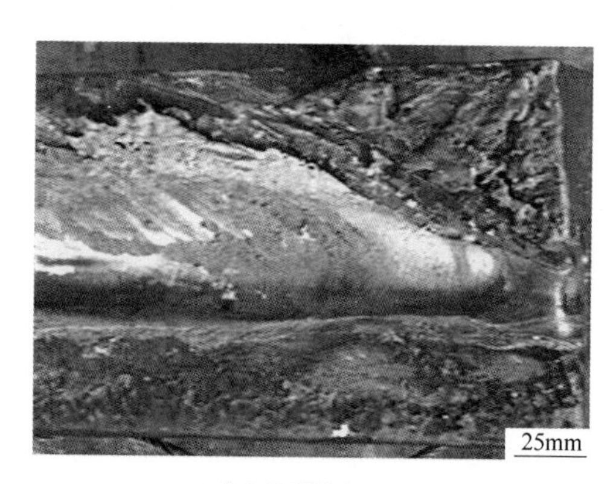

(a) 中心线裂纹宏观形貌

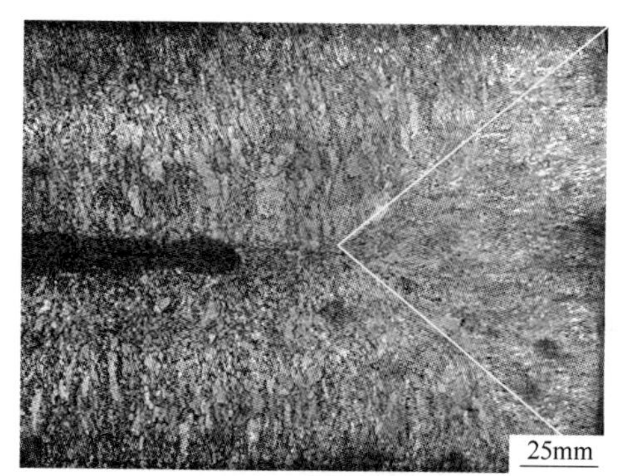

(b) 整体抛光酸洗后形貌

图 2.4　X70 钢铸坯三角区外中心裂纹

打开裂纹断面，使用扫描电镜观察断口特征。断口上分布有树枝晶、胞状晶（图 2.5（a）、（b）），有些地方呈现脆性解理小刻面特征，为断口打开时断裂的“树枝”（图 2.5（c））。

图 2.6 是裂纹试样的金相组织，为铁素体+珠光体混合组织。图 2.6（a）中裂纹两侧主要为珠光体，从形貌特征判断，所示的“人”字形裂纹形貌实际为枝晶的截面。裂纹两边组织有良好的对应关系，为一整体的分裂，见图 2.8（b）。

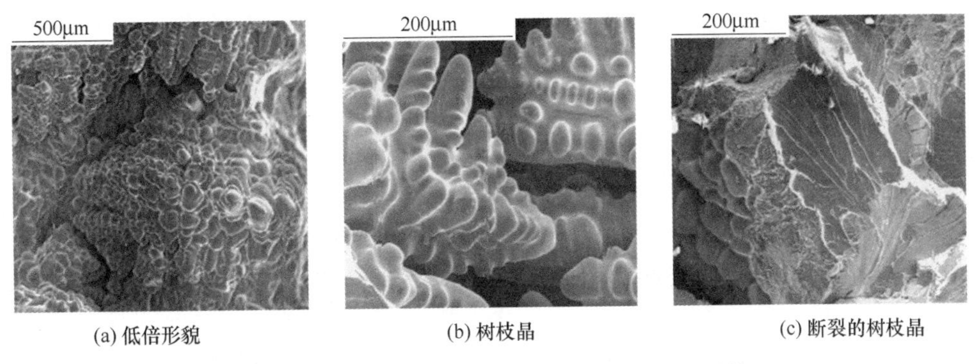

(a) 低倍形貌 (b) 树枝晶 (c) 断裂的树枝晶

图 2.5 X70 钢铸坯裂纹 SEM 观察断口树枝晶形貌

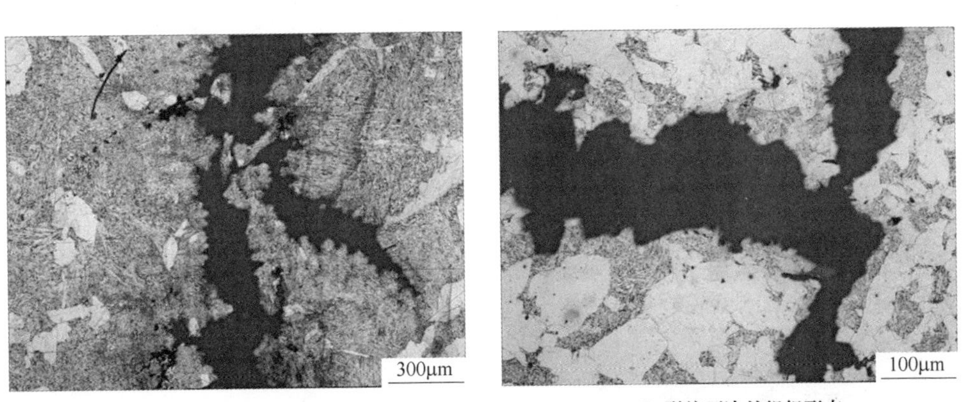

(a)“人”字形裂纹 (b) 裂纹两边的组织形态

图 2.6 X70 钢铸坯裂纹试样的金相组织

该类裂纹主要特征如下：

（1）断口表面呈凝固自由收缩的树枝晶特征；

（2）裂纹两侧组织呈撕开的对应关系。

根据断口观察结果，所观察的近三角区中心裂纹断面形状为两种：凝固界面的树枝晶或解理断面。中心裂纹的内部表面大多是凝固自由收缩表面；搭桥的树枝晶因受拉应力而断裂或在取样时断裂，从而呈现解理断面特征。

据了解，在现场生产过程中，前期二冷水过大，这样造成铸坯表面冷却速度过高；而在后期冷却水量却相对过小，从而造成表面温度回升大。这样，由于热应力的作用，使铸坯中心部位撕开，形成中心裂纹。有关这方面的试验研究[7]指出：铸坯表面冷却速度应控制在 200℃/m 内，温度回升不超过 10℃/m，否则，中心开裂的几率大幅度增加。另外，在实际生产过程中，若浇注温度偏高，柱状晶发达的铸坯，会进一步促进中心裂纹的形成。

由此可见，所研究的中心裂纹是在凝固后期，铸坯中心尚未凝固的糊状区因热应力开裂，开裂表面自由收缩形成树枝晶，由于没有液体补缩而形成裂纹。

2.2.1.2　板坯中心

碳含量0.09%的包晶钢板坯厚度为250mm，在机清后发现中心裂纹缺陷，裂纹深约10mm，开口于表面。

打开裂纹后，观察断口形貌（见图2.7），呈胞状晶特征，表面覆盖有一层铁、锰的氧化物，为胞状晶表面高温氧化的产物。

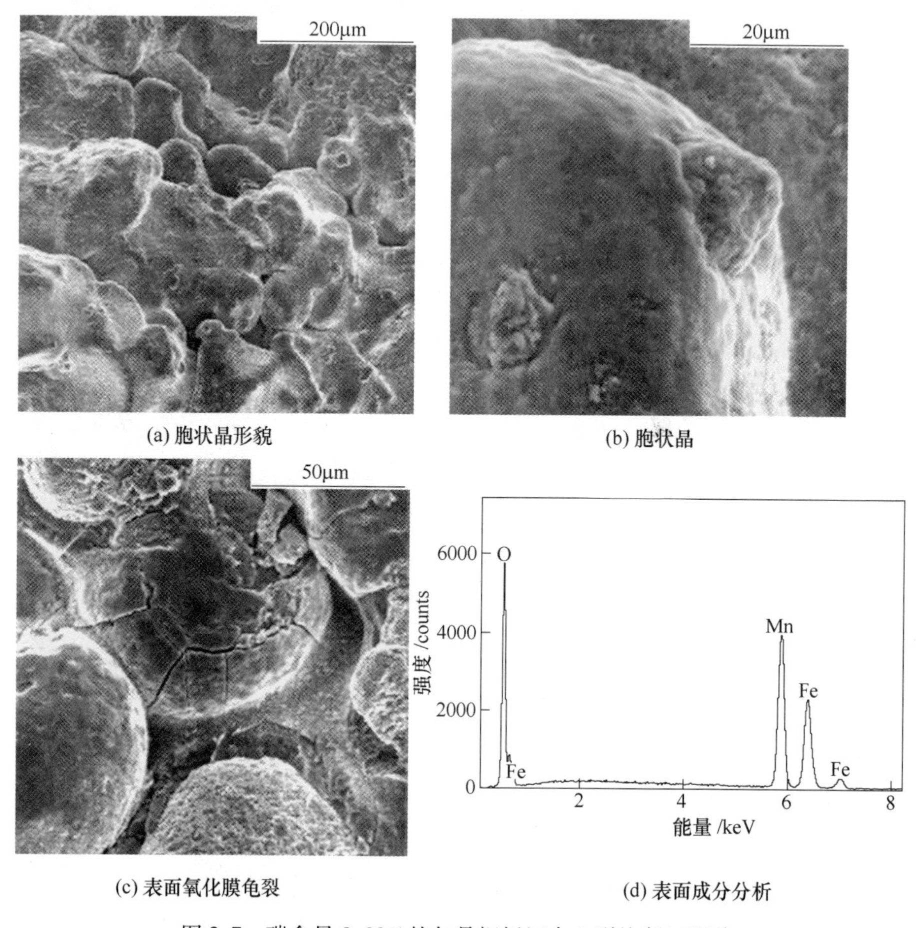

图2.7　碳含量0.09%的包晶钢板坯中心裂纹断口形貌

材料组织为铁素体+珠光体，见图2.8（a）。裂纹尖端存在明显的碳元素偏析，主要为珠光体组织（图2.8（b）），近裂纹两边存在少量的铁素体。结合断口观察可以判断，裂纹在高温下暴露于空气中，枝晶/胞晶表面发生氧化，裂纹附近发生氧化脱碳。脱碳是钢材表层的碳在高温下与氧化性炉气（如 O_2、CO_2、H_2O）或 H_2 发生化学反应，生成 CO 和 CH_4 等可燃气体而被烧掉，使钢材表层

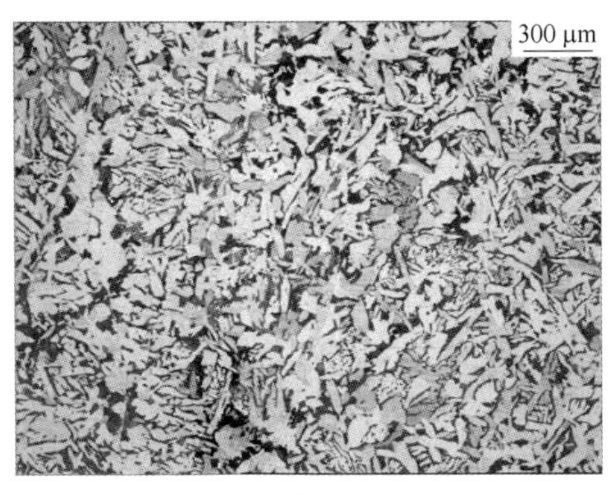

(a) 基体组织

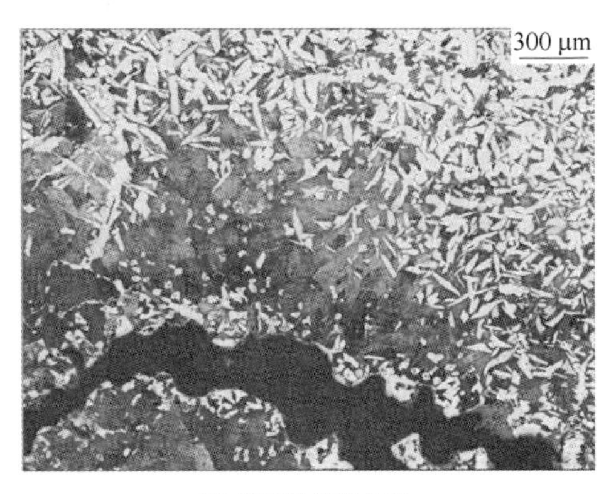

(b) 裂纹边缘碳偏析

图 2.8　碳含量 0.09%包晶钢金相组织

碳成分降低的现象。

图 2.9 所示的白色铁素体内的 MnS 夹杂，铁素体周围为珠光体。这是在凝固过程中，铁素体首先在 MnS 夹杂处形核生长，把夹杂物包裹起来，在后续的包晶反应中，铁素体没有完全参加反应而遗留下来。

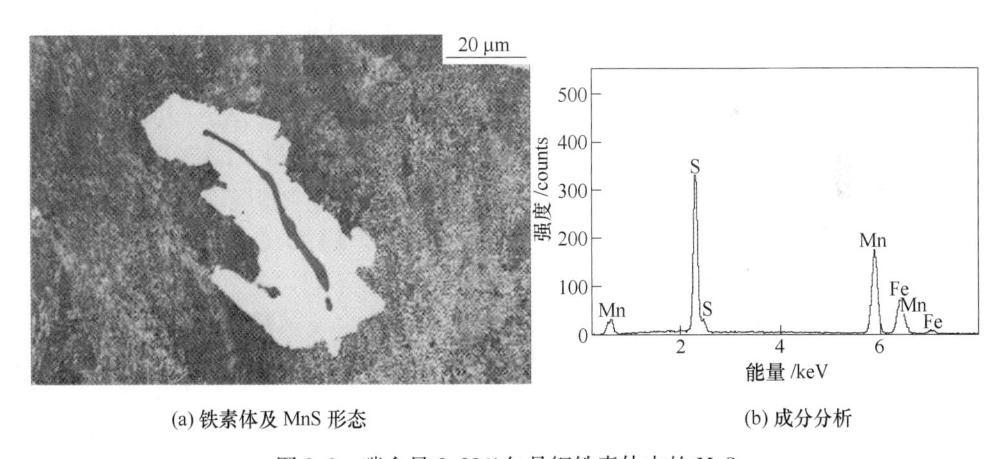

(a) 铁素体及 MnS 形态　(b) 成分分析

图 2.9　碳含量 0.09%包晶钢铁素体中的 MnS

该中心裂纹特征如下：

（1）裂纹两侧及尖端附近存在明显碳偏析；

（2）裂纹在高温下暴露于空气之中而氧化脱碳；

（3）钢种成分在包晶反应区。

在具有包晶反应的钢中，合金元素的成分偏析对内裂纹的影响具有不同的特征。表 2.2 给出铁素体和奥氏体的凝固参数。

表 2.2 凝固参数[8]

元素	铁素体凝固（10^{-10}）			奥氏体凝固（10^{-10}）		
	扩散系数 $D_s/m^2 \cdot s^{-1}$	液相线斜率 $m/℃ \cdot \%^{-1}$	分配系数 k	扩散系数 $D_s/m^2 \cdot s^{-1}$	液相线斜率 $m/℃ \cdot \%^{-1}$	分配系数 k
C	79	80	0.2	6.4	60	0.35
Si	0.35	8	0.77	0.011	8	0.52
Mn	0.4	5	0.75	0.0042	5	0.75
P	0.44	34	0.13	0.025	34	0.06
S	1.6	40	0.06	0.39	40	0.025

从表 2.2 中可以看出，无论在铁素体或在奥氏体中，C 的扩散系数都比其他元素高 2 个数量级，其分配系数也比 S、P 的大。由于钢凝固过程中，C 本身不会发生强烈的偏析，随着钢中含碳量的增加，钢的凝固由单一的 δ 相凝固到 L+δ→γ 凝固，与在 δ 相中的凝固参数相比，P、S 在 γ 相中的分配系数减少了一半多，同时，扩散系数也减少了 1 个数量级。这样，随着 γ 相凝固的出现，P、S 的偏析便显著的增加，内裂纹敏感性增大。

钢中碳含量主要通过影响钢的凝固方式而影响 P、S 的偏析。随着钢中硫含量的增加，凝固末期晶间液相中硫含量增加。但 S 的富集会受到 Mn 的限制，钢中硫含量不变，提高锰含量，有利于抑制 S 的晶间偏析；钢中 P 的偏析倾向极其严重，它不像 S 那样受到 Mn 的抑制，磷含量增加显著增加 P 的枝晶偏析。

因此，如果钢种成分在包晶反应区，中心开裂敏感性很大。在包晶反应时，新固相是依附在旧固相上形成并逐渐长大，由于合金元素在固态物质中的扩散比较困难，因此包晶转变的进行速度极为缓慢，致使在实际的合金结晶过程中，包晶反应往往不能进行到底，在结晶终了时将获得成分不均匀的不平衡组织，增加钢的裂纹敏感性。由图 2.10（b）明显可见，开裂后，富溶质钢液回流而使得裂纹两侧呈现显著的成分偏析特征。

2.2.1.3 硫印裂纹

板坯中心线位置经常存在肉眼不可见裂纹，但当做硫印检验时，则会呈现出硫印裂纹，见图 2.10（a）。

制备截面金相试样，在硫印裂纹附近，存在明显的缩孔，且明显富碳（图 2.10（b）），显然也是凝固后期收缩无钢液补充所致。

综上所述，对于中心线裂纹，都是在凝固后期没有液体补缩所致，都伴有树枝晶形貌及成分偏析。如果没有“露头”，在后续的热轧过程中都可以轧合，对热轧产品不会产生太大的影响，但是一旦裂纹开口于外暴露于空气，其表面生成

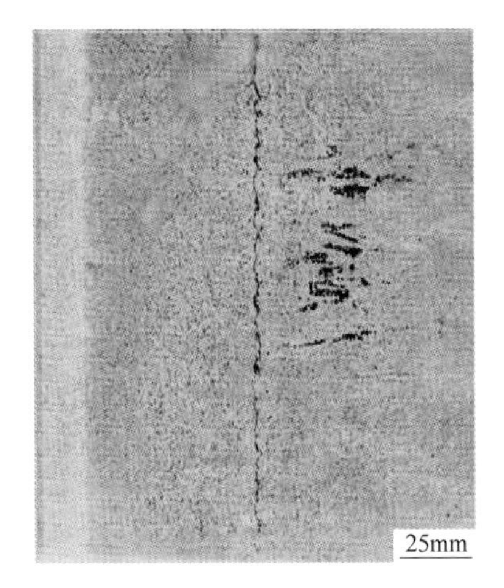

(a) 宏观形貌

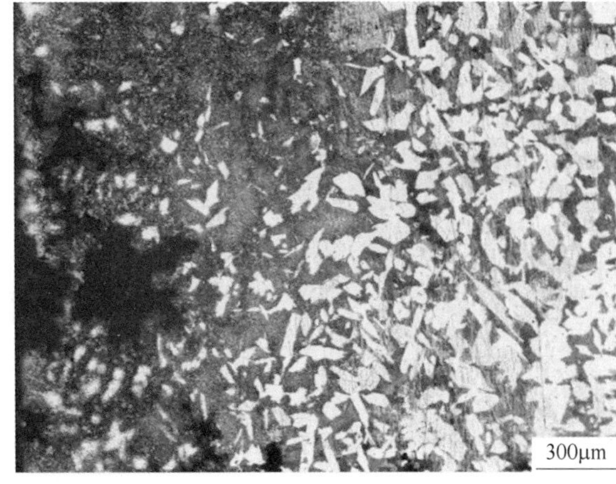

(b) 微观形貌

图 2.10 板坯硫印裂纹

的氧化膜将严重割裂基体的连续性，直接导致热轧板产品产生分层缺陷而报废。

连铸板坯中心裂纹的产生是由连铸设备、工艺、操作及维护、钢水质量等几方面综合作用的结果。各种力的作用是产生裂纹的外因，而钢对裂纹的敏感性是产生裂纹的内因。当连铸坯受到的各种应力、应变之和超过了铸坯高温强度时必然产生中心裂纹。只有减少各种产生应力的主要因素的影响，尽可能提高铸坯高温强度，使综合应力、应变低于钢的高温强度，才能从根本上解决连铸板坯中心裂纹问题。在条件一定的情况下，设备上保证连铸机良好的运行状况，进行合理的辊缝收缩，保证铸机尤其是二冷区扇形段的中下部的开口度、弧度的准确性是防止产生中心裂纹的基础；工艺上确定不同钢种与二冷配水量的关系，保证铸坯合适的冷却和控制合适的钢水成分、钢水过热度及拉速，控制铸坯表面温度回升过大，是防止中心裂纹的重要措施。

2.2.2 三角区内裂纹

含铌微合金低碳钢的化学成分见表 2.3，连铸坯在火焰清理后发现三角区内中心裂纹。

表 2.3 钢的成分 (%)

钢号	C	Si	Mn	Nb	P	S	Al
Rt51	0.15	0.3	1.43	0.04	0.015	0.006	0.032

打开裂纹，使用扫描电镜观察断口形貌，同样是凝固自由收缩表面的胞晶形貌特征及凝固生长台阶（图 2.11），断口上还观察到如图 2.12 所示团簇的方条

状硫化锰晶体。金相组织为铁素体+珠光体（图 2. 13（a）），裂纹两侧，组织具有类似撕开的对应关系。在这类试样的检测中，还发现典型的缩孔缺陷，见图 2. 13（b），缩孔的边缘主要是铁素体组织。

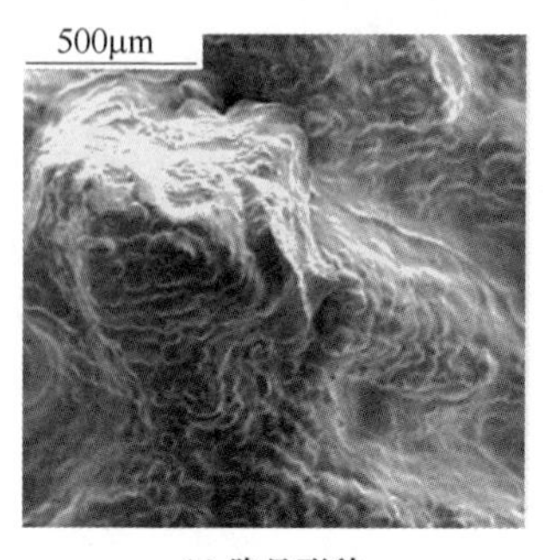

(a) 胞晶形貌

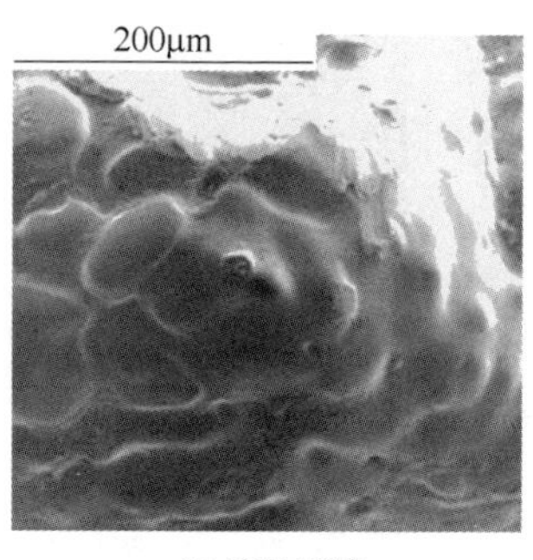

(b) 胞晶形貌

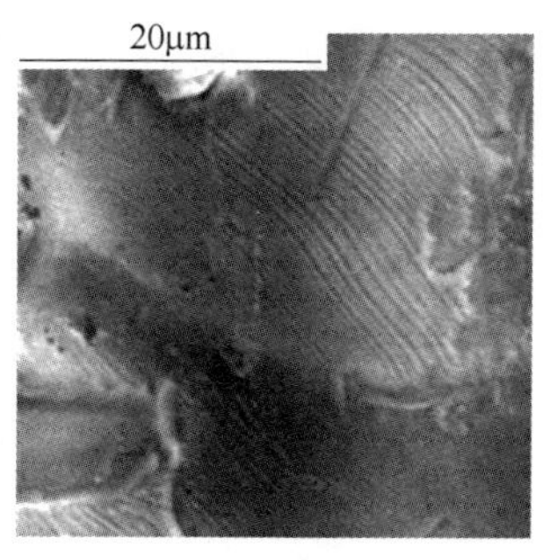

(c) 凝固生长台阶

图 2. 11　含铌微合金低碳钢铸坯三角区中心裂纹断口形貌

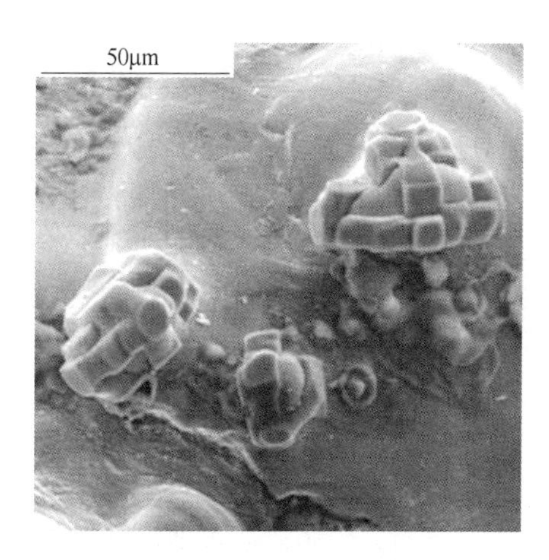

(a) 胞晶上生长的 MnS 晶体

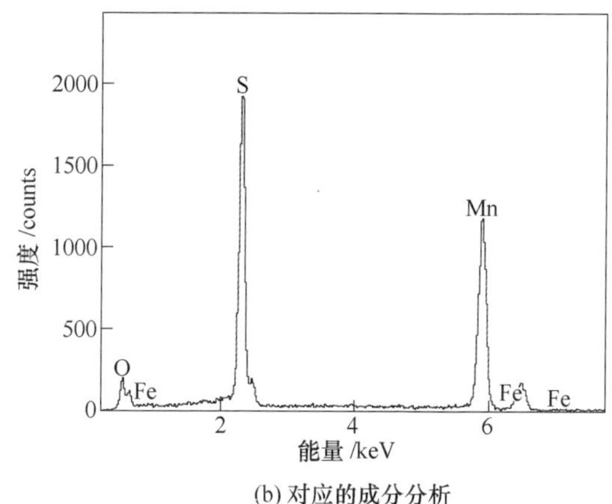

(b) 对应的成分分析

图 2. 12　含铌微合金低碳钢铸坯三角区中心裂纹团簇的硫化锰

对于电炉连铸大方坯而言，内裂纹均在三角区内。如电炉连铸坯 160mm × 160mm 规格，在厚度中心发现了裂纹。在有裂纹铸坯的 1/2 处以及 1/4 处分别各取一块试样进行检验。经观察，1/2 处检验面上裂纹为沿晶裂纹，沿原奥氏体晶界扩展，组织为珠光体+网状铁素体，并有魏氏组织，形貌见图 2. 14。1/4 处为全珠光体组织。

打开裂纹，断口形貌见图 2. 15。为凝固树枝晶以及胞晶形貌，裂纹也为凝固末端无液体补缩所致。

一般来讲，三角区内裂纹发生在距侧面约 20~60mm 处，且多出现侧面凹陷。

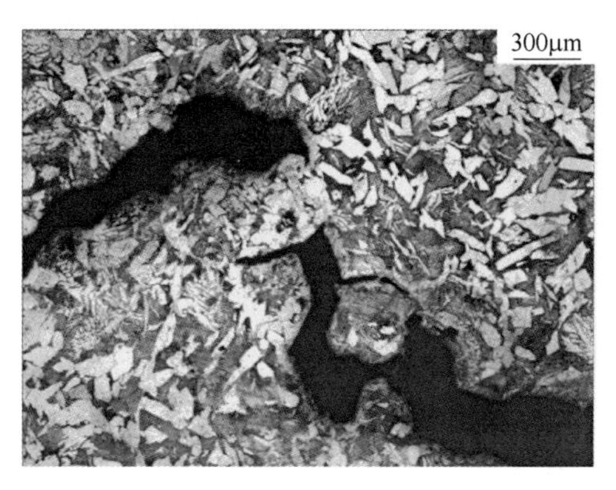

(a) 撕裂

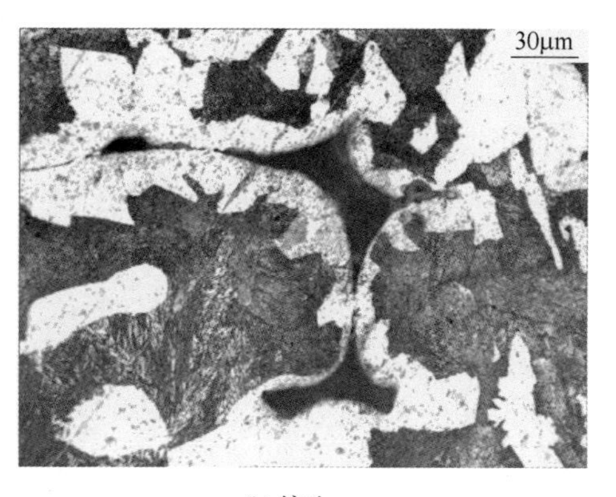

(b) 缩孔

图 2.13 含铌微合金低碳钢铸坯三角区中心裂纹金相组织

(a) 裂纹沿晶界铁素体扩展

(b) 晶界上的铁素体型魏氏体

图 2.14 160mm×160mm 铸坯厚度中心 1/2 处沿晶裂纹基体组织

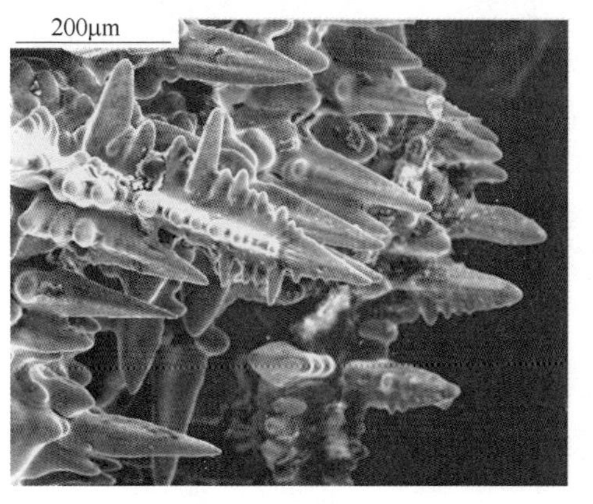

(a) 发达的树枝晶

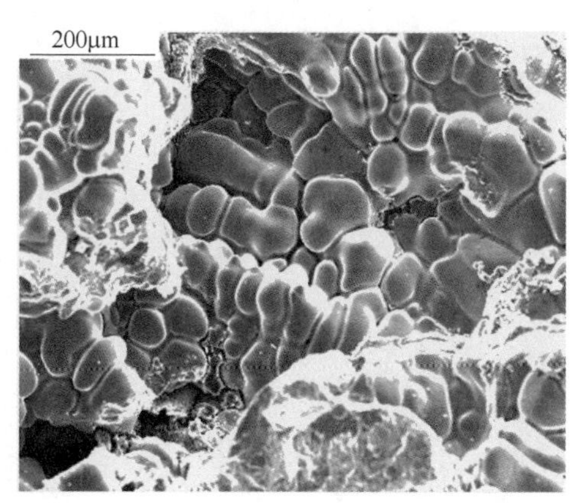

(b) 胞晶形貌

图 2.15 160mm×160mm 铸坯裂纹断口形貌

根据三角区裂纹的发生部位和铸坯侧面外形特征，可以推论，此类裂纹是在结晶器之后的二冷区首段过量的冷却水沿着夹辊流向两侧，使铸坯侧面急剧冷却，产生向内凹陷，造成铸坯中部靠侧面的未凝固部位受到过大热应力所致。

如果二冷水分布沿宽度方向不均匀，中间多两边少，使得铸坯表面温度及液芯末端状态不良，此时凝固末端靠两端位置往往也伴随有三角区内裂纹。铸机上部辊缝不合理，有的夹辊产生弯曲，每对辊子的开口度不是随着板坯凝固的厚度变化而变化。这也可能是三角区裂纹产生的原因。

由此可见，一方面要强化铸坯冷却，尽可能增加铸坯凝固坯壳厚度，减少鼓肚变形，降低中心裂纹发生几率，但也要尽量防止大量过量水对铸坯宽度方向的冷却不均匀，防止铸坯窄面过冷、窄面变形等。

2.2.3　横裂纹

板坯厚度为250mm的X70管线钢机清后发现横向裂纹缺陷。

打开断口，使用扫描电镜观察低倍形貌，见图2.16（a），呈多道“台阶”形貌。在较高的放大倍数之下观察，断口呈胞状晶特征，见图2.16（b）。在胞晶上发现柱状突起物的存在（图2.16（c）~（e））。成分主要为MnS（图2.16（f））。

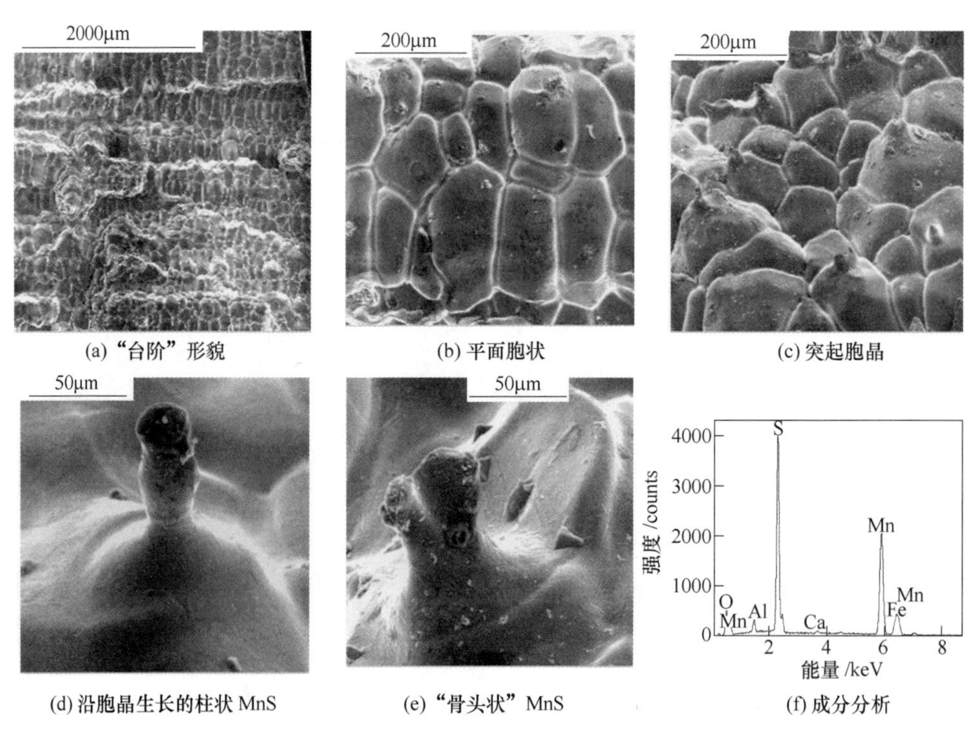

(a)“台阶”形貌　(b) 平面胞状　(c) 突起胞晶

(d) 沿胞晶生长的柱状 MnS　(e)“骨头状”MnS　(f) 成分分析

图2.16　X70钢铸坯横向裂纹断口胞状晶形貌及MnS突起

制备垂直裂纹截面金相试样，形貌特征见图2.17。向裂缝内看去，裂纹两边的胞晶/枝晶形貌和打开的裂纹断口形貌一致。裂纹两侧还存在缩孔特征，对其内的异物进行化学成分分析，见图2.18（a），为炼钢夹渣（图2.18（b））。在裂纹内枝晶间，还存在氧化铁（图2.18（c）、（d））。

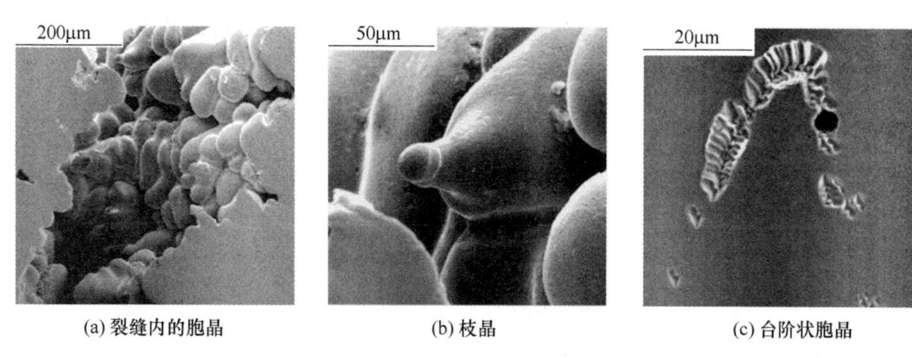

(a) 裂缝内的胞晶　(b) 枝晶　(c) 台阶状胞晶

图2.17　X70钢铸坯横向裂纹垂直方向两边的枝晶/胞晶形貌

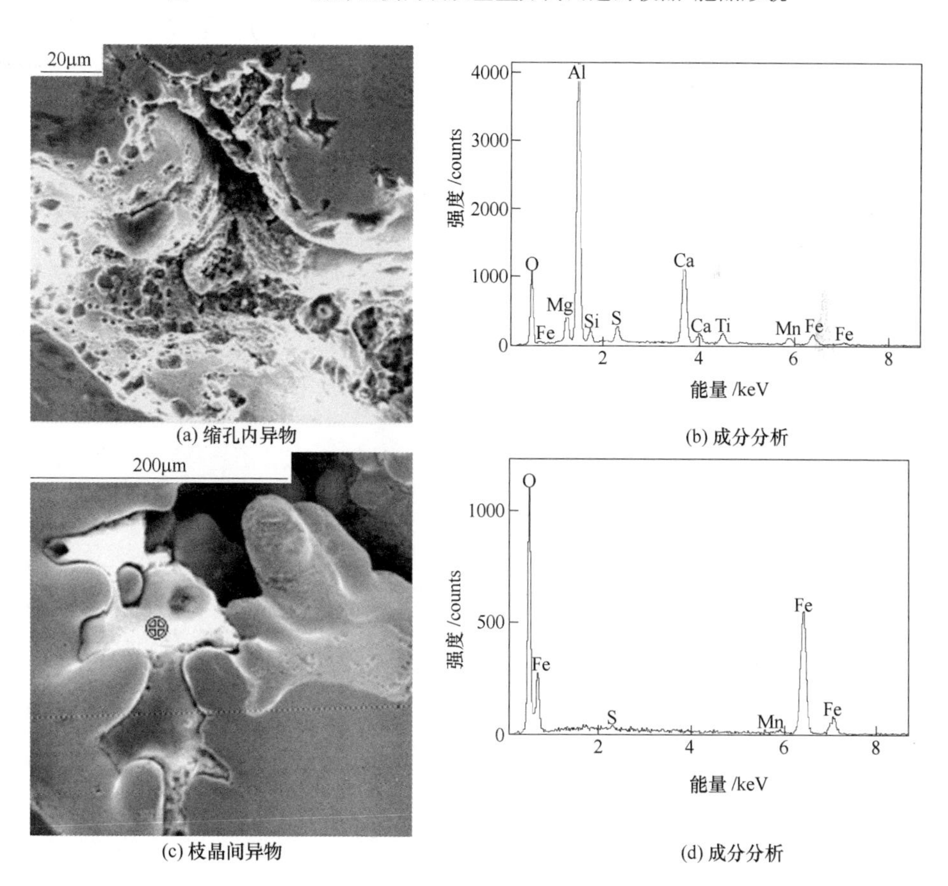

(a) 缩孔内异物　(b) 成分分析

(c) 枝晶间异物　(d) 成分分析

图2.18　X70钢铸坯横向裂纹枝晶间夹渣及氧化铁形貌及成分分析

连铸钢水和耐火材料接触及在空气中暴露，以及在结晶器中钢水内夹杂上浮分离较困难，因此，连铸坯中的夹杂主要来源有生产过程中的各种渣、与高温溶体接触的耐火材料及钢液与空气接触的二次氧化产物。人为的操作因素增加了夹杂物来源的复杂性。如进入钢包的转炉渣，在连铸前渣滴未浮出钢液，而滞留并凝固在钢中；钢包吹氩流量太大会增加钢中全氧量和夹杂含量；钢包换包时，中间包渣卷入结晶器中数量大；中间包操作造成外来夹杂的因素有：敞浇、浇注液面低、渣覆盖钢包注流保护管周围、钢包注流套管未浸入中间包钢液；结晶器液面强烈波动引起钢液卷渣等[9]。

图 2. 19 所示裂纹两边的金相组织一致，为铁素体+少量的珠光体，其中向裂纹内的突起为断口观察中的枝晶/胞晶。

(a) 胞晶截面

(b) 断开的裂纹尖端

图 2. 19　X70 钢横向裂纹两边金相组织

所研究的横向裂纹有如下特点：

（1）沿柱状晶间开裂；

（2）缩孔特征明显；

（3）枝晶间存在连铸时卷入的氧化铁以及较多的柱状 MnS。

针对这种特点，在浇注时，应控制连铸时液面的波动，避免保护渣及氧化皮的卷入；加强对硫含量的控制，避免 MnS 在凝固前沿长大，避免凝固前沿柱状晶间形成低熔点的液相薄膜而大大地减弱凝固前沿抵抗变形的能力。在这种情况下，一旦受到拉伸作用，就容易沿柱状晶间开裂，形成内裂纹，因此也应对二冷强度与拉坯速度作适当调整。

2. 2. 4　内裂纹产生机理

综上所述，内裂纹具有如下的典型特征：

（1）断口表面呈凝固自由收缩的树枝晶特征；

（2）裂纹两侧组织呈撕开的对应关系；

（3）两侧及尖端附近存在明显成分偏析；

（4）沿柱状晶间开裂，缩孔特征明显。

如果裂纹在高温下暴露于空气之中还会发生氧化脱碳。

连铸过程中，从初生坯壳在结晶器中形成到铸坯断面完全凝固，坯壳要经受非常复杂的热和力的作用，将在坯壳中以及凝固前沿产生应力。如上所述，其来源主要有结晶器与坯壳之间的摩擦力、钢水静压力作用于坯壳造成的鼓肚、温度分布不均匀造成的热应力、矫直过程中产生的矫直应力以及由于导辊变形、对中不良等引起的附加机械应力等。这些应力的存在是内裂纹形成的驱动力。

一般而言，高温下，钢存在三个明显的脆性区，从固相线温度以上为钢的第Ⅰ脆性区，这个区域是树枝晶间富集杂质元素的液相存在区域，温度区域一直延伸到使富集杂质元素的液相能够凝固的温度。因此，枝晶间富集杂质的液相是脆化的主要原因。钢的第Ⅰ脆性区是连铸坯大多数裂纹产生的根源。钢的第Ⅱ高温脆性区是900~1200℃，该脆性区的存在往往是由于钢中的硫化物和氧化物（如液相FeS）在晶界析出，析出物的尺寸越细小、数量越多，钢的脆化现象越严重。600~900℃为钢的第Ⅲ脆性温度区，该区域存在有两方面的原因，其一为碳氮化物在γ晶界析出；其二为在$\gamma \rightarrow \alpha$相变过程中，强度低且软的先共析铁素体在$\gamma$晶界以薄膜状析出，钢的第Ⅲ脆性区是铸坯表面裂纹和皮下裂纹形成和发展的主要原因。

钢中的合金元素也会对内裂纹的发生产生深远的影响。铜可有效提高钢铁材料耐腐蚀性能，被广泛添加于船体钢 、耐候钢、耐酸钢等腐蚀条件下使用的系列产品中。但是，该类钢种在加热过程中会形成一种富铜液相而导致内裂纹的产生，虽然通过添加镍等其他元素能一定程度地抑制含铜钢的铜致裂纹。

A710含铜钢化学成分见表2.4。将板坯加工成棒状拉伸试样在600~1350℃不同的温度下进行拉伸试验，600℃、750℃、850℃下拉伸试样呈轻微径缩的特征，而1050℃、1150℃、1300℃、1350℃四对试样径缩特征明显。所有试样的高温拉伸断口宏观观察呈平断口形貌，微观形貌见图2.23。

表2.4　A710钢化学成分　（%）

C	Si	Mn	Al	Cu	Ni	Cr	Mo	Nb
0.04	0.28	0.60	0.04	1.10	1.20	0.75	0.20	0.03

600℃拉伸断口上依稀可见沿晶断口的特征，晶界上分布大量的韧窝，见图2.20（a）、（b）；而在750℃下，冰糖状断口特征十分明显，而晶界上密布大量的小而浅的韧窝（图2.20（c）、（d））；850℃的拉伸断口则呈典型的沿晶断口（冰糖状断口）特征，除了三角晶界上有些韧窝外，大多数的晶界界面平滑，见

图 2. 20（e）、(f)；在 1050℃下的拉伸试样虽然延伸率增大，但其断口则呈现出截然不同的特征，见图 2. 20（g）、(h)，晶界上的富 Cu 相开始熔化而呈现出细小的胞晶形貌；更高温度下 1150℃、1300℃和 1350℃的断口的胞晶则更为发育，见图 2. 20（i）、(o)，胞晶特征明显。

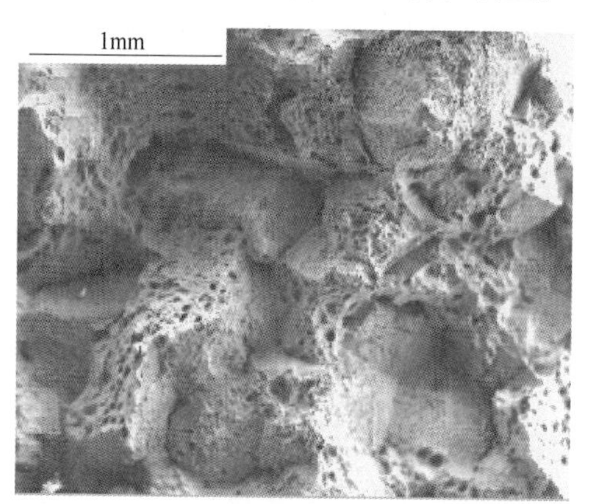

(a) 600℃高温拉伸断口

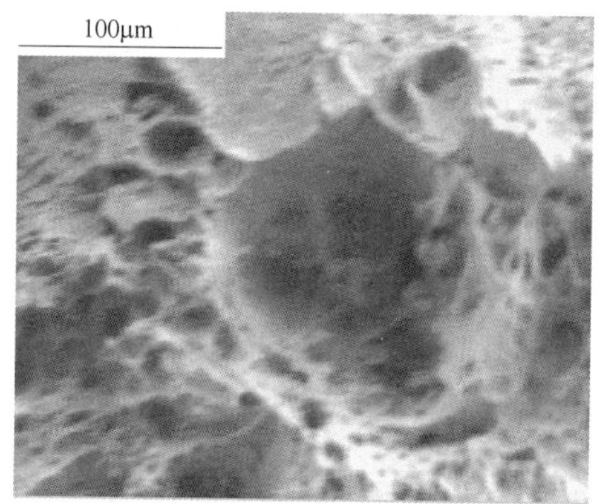

(b) 600℃高温拉伸断口及其晶界上的韧窝

(c) 750℃高温拉伸断口

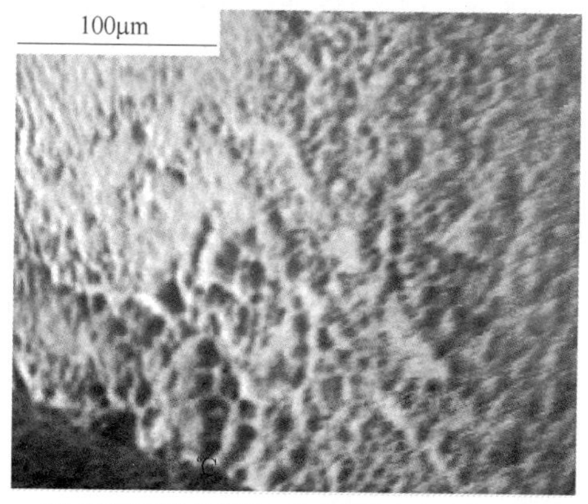

(d) 750℃高温拉伸断口及其晶界上小而浅的韧窝

(e) 850℃高温拉伸断口

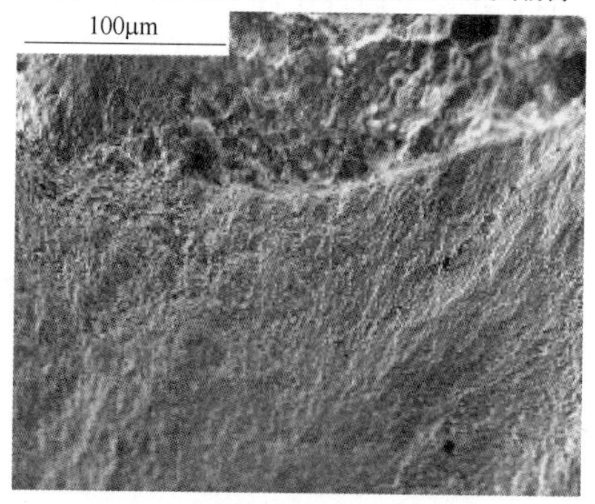

(f) 850℃高温拉伸断口及其平滑的晶界

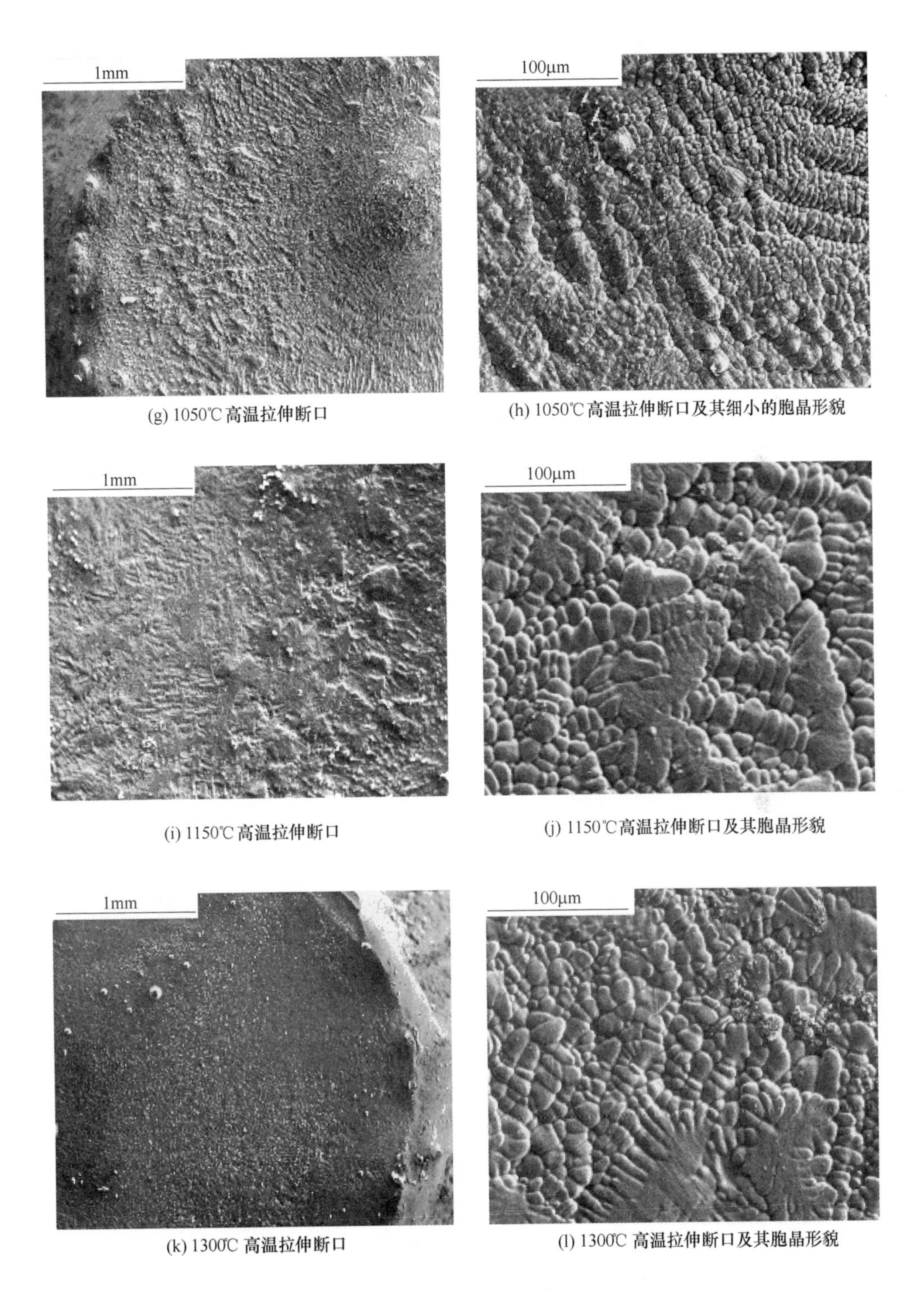

(g) 1050℃ 高温拉伸断口

(h) 1050℃ 高温拉伸断口及其细小的胞晶形貌

(i) 1150℃ 高温拉伸断口

(j) 1150℃ 高温拉伸断口及其胞晶形貌

(k) 1300℃ 高温拉伸断口

(l) 1300℃ 高温拉伸断口及其胞晶形貌

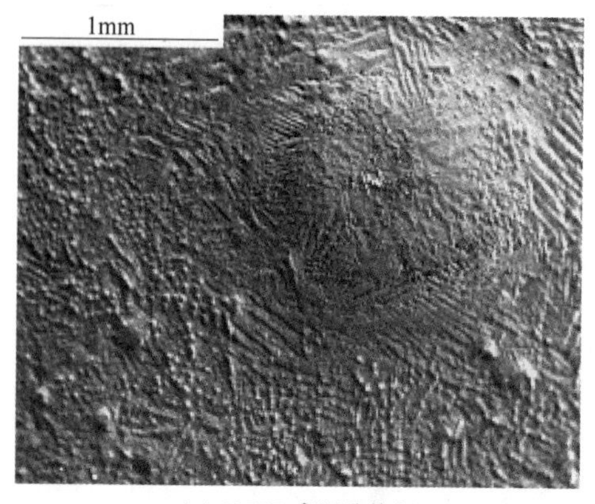

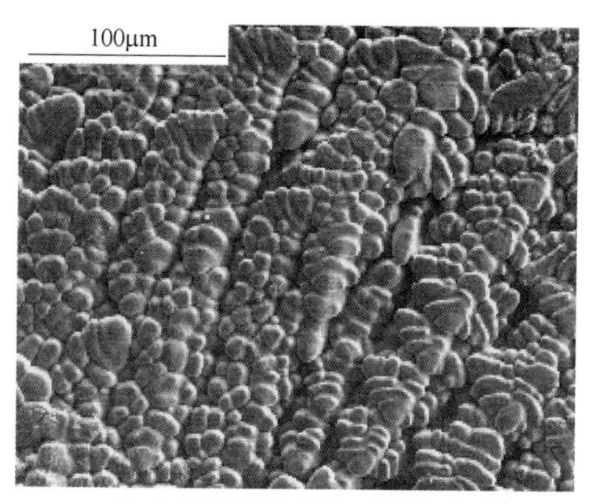

(m) 1350℃ 高温拉伸断口

(n) 1350℃ 高温拉伸断口及其胞晶形貌

图 2.20　A710 钢高温拉伸断口形貌

由此可见，高温下铸坯中液相的存在对内裂纹的产生有着决定性的影响，而与铸坯裂纹密切相关的高温力学脆性区，则反映着铸坯材料内部发生的微观行为特征。本节所研究的内部裂纹都出现枝晶形貌，说明裂纹的产生和液相薄膜的存在密不可分。液相可以是低熔点相如硫化物、富铜相等；也可以是率先沿柱状晶晶界开裂的凝固界面，形成裂纹后向固相扩展，这时凝固前沿富含溶质元素的钢水被抽吸至裂纹处，这样的内裂纹往往伴随着严重的偏析线。

微观偏析是内裂纹形成的内在因素。在铸坯凝固过程中，微观偏析使凝固前沿柱状晶间形成低熔点的液相薄膜而大大地减弱凝固前沿抵抗变形的能力。从这个意义上讲，控制偏析是降低内裂纹发生率的重要因素。这除了从浇注温度、冷却强度、拉坯速度等方面采取措施之外，轻压下与电磁搅拌技术也可以有效地改善偏析。

在液相穴末端采用轻压下技术，阻碍富集偏析元素的母液在铸坯中心最后凝固区域的集聚，降低中心偏析程度，增加铸坯强度，且制约了铸坯鼓肚，有效地防止了中心裂纹的形成。同样，电磁搅拌也可以有效地减轻偏析，也有利于防止内裂纹的产生。

2.3　板坯表面裂纹

连铸坯表面缺陷可分为纵裂纹、横裂纹、角裂纹、网状裂纹、皮下针孔和宏观夹杂等，见图 2.21，但主要缺陷是表面裂纹。表面裂纹形成的一个主要原因是钢水于结晶器弯月面区域在结晶器壁、保护渣、坯壳之间发生了不平衡凝固。铸坯表面裂纹会在二冷区继续扩展，严重影响产品的质量。

本节主要介绍纵裂纹、角横裂纹以及火焰清理裂纹等铸坯表面裂纹缺陷。

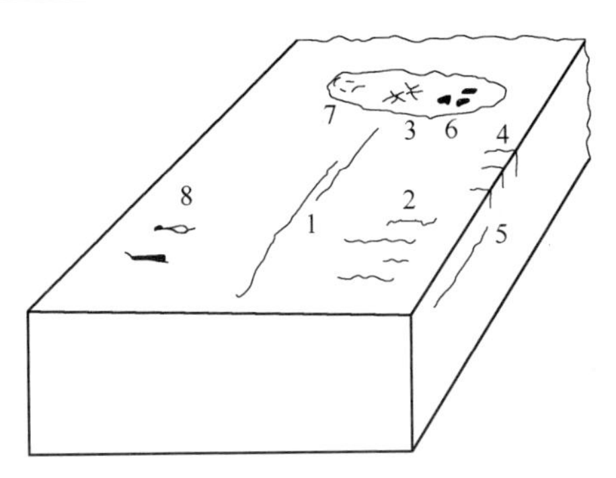

图 2.21 连铸坯表面缺陷示意图

1—表面纵裂纹；2—表面横裂纹；3—网状裂纹；4—角部横裂纹；
5—边部纵裂纹；6—表面夹渣；7—皮下针孔；8—深振痕

2.3.1 纵向裂纹

连铸板坯的表面纵裂纹是影响铸机产量和铸坯质量的主要缺陷。它的出现，轻者须进行精整，严重的导致漏钢或铸坯报废。纵裂纹对化学成分十分敏感，尤其是当碳含量在包晶区时，钢水在凝固点附近体积收缩率大，使坯壳与结晶器铜板的气隙较早形成，加剧坯壳的凝固不均匀，从而导致铸坯表面纵裂纹的产生。通过一系列的试验研究，采取了增加结晶器上部铜板 Ni/Cr 镀层厚度以降低热流、减弱结晶器冷却强度和改进二冷工艺等措施，使连铸坯表面纵裂纹发生率降低到 1% 以下。相对而言，纵裂报废率从此还是居高不下，据不完全统计，包晶反应导致的纵裂纹占裂纹比例高达 90%。

某耐候钢连铸坯纵裂试样的化学成分见表 2.5。宏观形貌见图 2.22。为亚包晶 P-Cu 系耐候钢，添加有 Cu、Cr、Ni 等合金元素。

表 2.5 铸坯的化学成分 (%)

C	Si	Mn	P	S	Cu	Cr	Ni
0.09	0.29	0.41	0.075	0.008	0.30	0.53	0.29

图 2.22 耐候钢铸坯纵裂宏观形貌

打开纵裂试样，观察裂纹表面，自外边缘至裂纹尖端范围内形貌及成分有所差异，见图 2.23。纵裂纹开裂面不同位置处都含有保护渣的成分，说明纵裂纹是在结晶器内生成的。

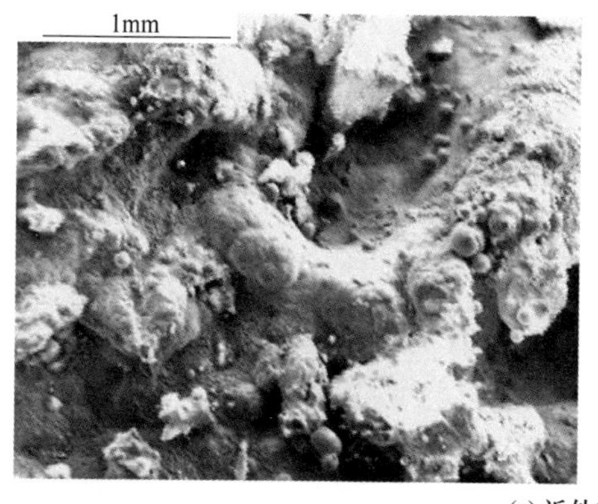

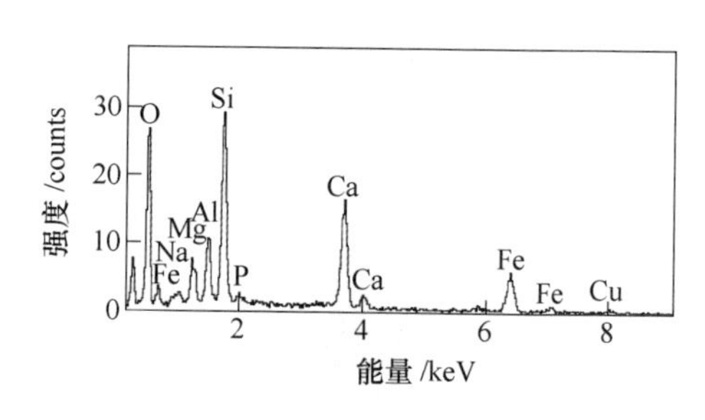

(a) 近外表面

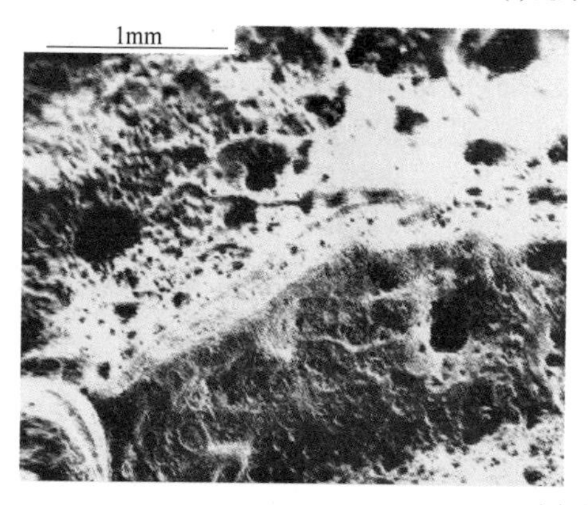

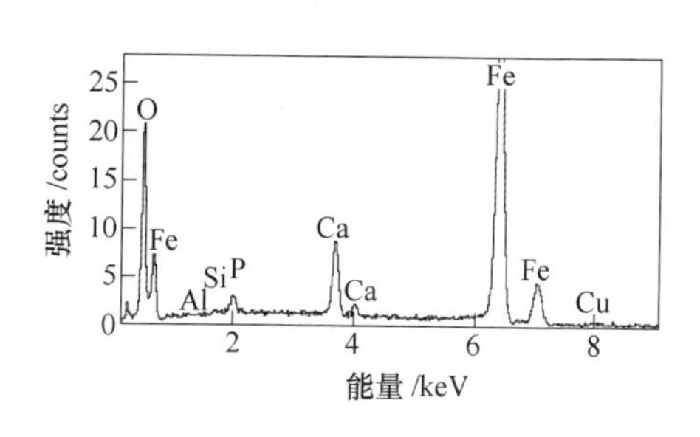

(b) 中间部位

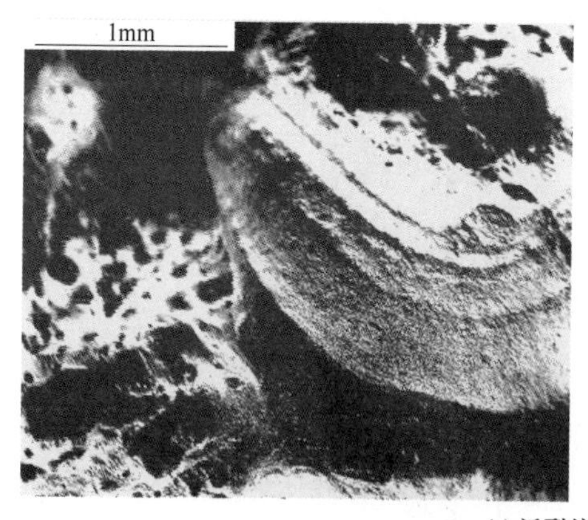

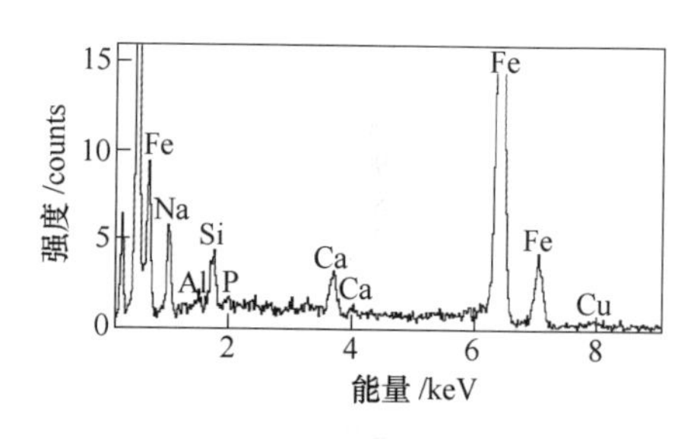

(c) 近裂纹尖端

图 2.23　耐候钢铸坯裂纹表面形貌及成分分析

制备截面金相试样，裂纹附近成缩孔特征，孔内含有氧化铁，经观察，与铸坯表面垂直方向存在条状铁素体带，生于原奥氏体晶界，带边呈魏氏组织特征（图2.24）。

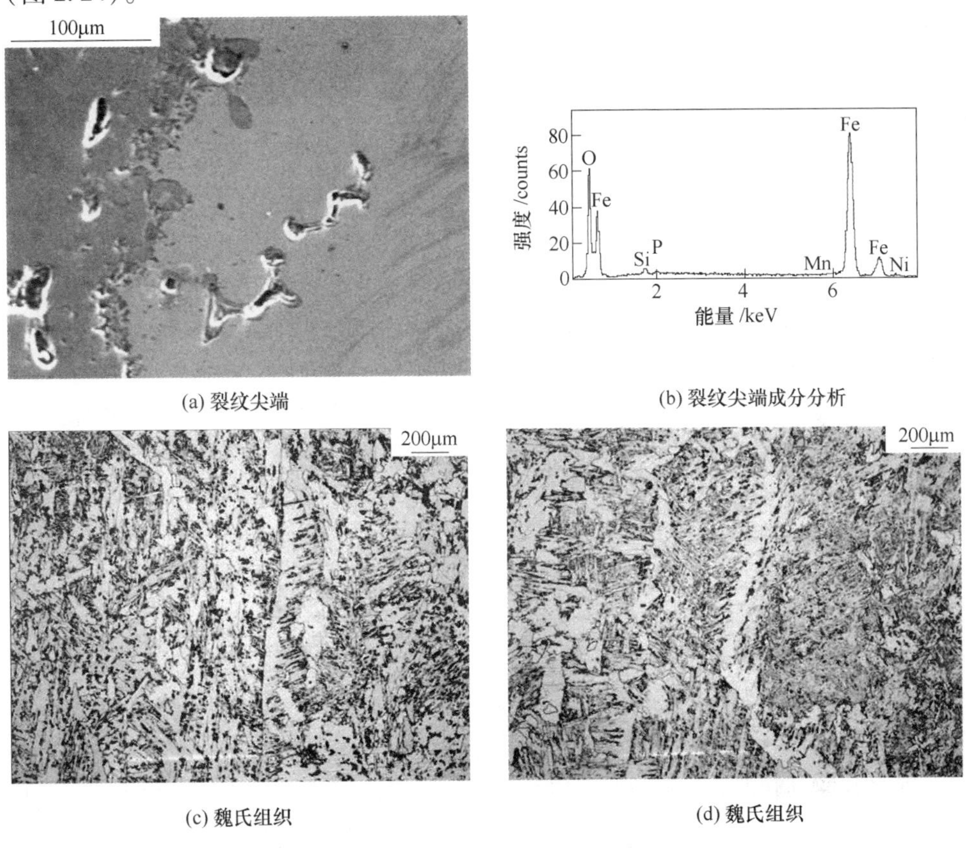

(a) 裂纹尖端　(b) 裂纹尖端成分分析

(c) 魏氏组织　(d) 魏氏组织

图2.24　耐候钢铸坯裂纹附近截面金相组织

对该耐候钢的高温力学性能的检测结果见图2.25，表明铸坯试样的第Ⅰ脆性温度区为凝固温度1300℃，第Ⅱ脆性温度1100℃，第Ⅲ脆性温度区在800℃。

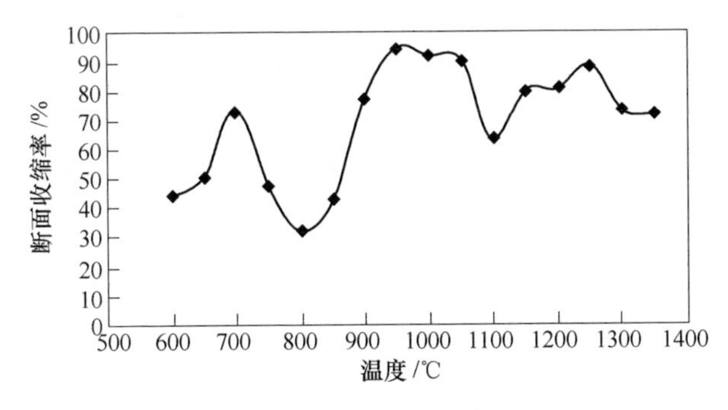

图2.25　耐候钢热塑性曲线

由于结晶器弯月面区初生坯壳厚度不均匀，其承受的应力超过了坯壳高温强度，在薄弱处产生纵向裂纹，从而卷入了保护渣。所检测到的生于原奥氏体晶界、与铸坯表面呈垂直方向的先共析条状铁素体带是裂纹扩展的有利位置，因此，铸坯进入二冷区后，裂纹在第Ⅱ脆性区内继续扩展，形成了明显的纵裂纹。

磷是耐候钢的主添加元素之一。高的磷含量对减轻腐蚀能起到有利作用。为了提高耐大气腐蚀性能，耐候钢大都还含有 Cr、Cu 等元素。为了防止高的磷含量造成的铸坯偏析和内部裂纹缺陷，耐候钢连铸时须采用强的二次冷却，抑制包晶反应的进行，而强的二次冷却容易助长连铸坯表面纵裂纹的扩展。

拉速增大会导致铸坯产生纵裂，因此，对于实际碳成分处于包晶范围的钢种，由于在其凝固过程中发生 $L+\delta\rightarrow\gamma$ 转变，此时的体积收缩率较大，若工艺或操作控制不当，产生纵裂的概率极高，需考虑采用低（或较低）拉速浇注及与之相适应的其他连铸工艺条件，如适当的浇注温度。

钢水过热度高，导致钢水凝固推迟、坯壳厚度薄且平均温度高，以致保持定向传热的时间长，有利于柱状晶的生长，枝晶偏析较严重，开裂敏感性增强。在应力不变情况下，坯壳温度向钢的第Ⅰ脆性区移动，使纵裂倾向加重。

结晶器内传热不均匀会导致坯壳厚度不均匀，也会造成纵裂。对于亚包晶钢的纵裂，研究者提出这类钢浇注时，结晶器应缓冷[10]。结晶器进出水温差、进水温度及进水流量对纵裂也存在影响，减小结晶器内冷却水流量或提高进出水温差，可以使导热减小，由此可以减小纵裂。结晶器内形成的纵裂纹大都细而浅，铸坯进入二冷区后，如冷却强度过大或冷却严重不均匀，强的热应力会促使铸坯表面已生成的微细纵裂扩大、延伸，最终发展成表面纵裂缺陷。

连铸机其他状况对纵裂也存在影响。结晶器浸入式水口堵塞或安装的原因，使钢液出现偏流，两边坯壳厚度不均匀会造成纵裂的产生；结晶器与出结晶器后铸坯支撑系统对弧不良也会造成铸坯纵裂的产生；对弧不良使铸坯承受额外的应力，在坯壳强度不变的情况下，应力增加使在结晶器内产生的微纵裂易于扩展和延伸。

液态保护渣流入坯壳与结晶器壁间形成渣膜利于改善润滑和结晶器传热。坯壳与结晶器壁间的保护渣是由液渣层、烧结层和粉渣层构成。亚包晶钢连铸用保护渣要合理调配三个渣层的物性，降低液渣层的黏度来满足润滑防止纵裂及拉漏，同时使保护渣具有适当的凝固温度和结晶温度以增加烧结层和粉渣层的比例减缓传热，抑制表面裂纹的产生。保护渣的熔化速度也很重要，合适的熔化速度才能保证坯壳与结晶器壁间存在均匀且合适的保护渣层。所以对于亚包晶钢倾向于使用较低黏度、较高凝固温度的保护渣。

综上所述，防止纵向裂纹的有效措施有：

（1）结晶器采用合理的倒锥度；

（2）选用性能良好的保护渣；

(3) 浸入式水口的出口倾角和插入深度要合适，安装要对中；

(4) 根据所浇钢种确定合理的浇注温度及拉坯速度；

(5) 保持结晶器液面稳定；

(6) 钢的化学成分要控制适当范围内。

铸坯纵裂产生的因素很多，因工艺因素产生裂纹的原因是极复杂的，对于现场出现的纵裂问题，必须充分考虑各方面的原因，根据实际情况，找出案例的主要症结，而达到降低纵裂报废率的目的。

2.3.2 火焰裂纹

火焰裂纹非连铸坯天生的缺陷，而是经过火焰处理后产生的。铸坯表面火焰清理或者火焰切割等措施是现场生产中常用的作业手段（见图 2.26），但使用不当，往往会导致裂纹的产生。

(a) 清理中

(b) 清理后

图 2.26 铸坯表面火焰清理作业

如某高强度钢板坯表面存在夹渣，手工火焰清理后发现侧面开裂，板厚 235mm，裂纹深约 10~20mm，见图 2.27。

图 2.27 连铸板坯火焰清理裂纹

图 2. 27 裂纹处断口形貌见图 2. 28。在较低的倍率下，断口由很多小的刻面组成（图 2. 28（a）），这些刻面尺寸和晶粒大小相近，在这小平面上，存在明显的河流花样（图 2. 28（b）），应为每个晶粒沿解理面的开裂。图 2. 28（b）~（d）示出了河流花样的走向：河流起始于晶界而又汇聚于晶界。在断口上还发现二次裂纹的存在（图 2. 28（e）、（f））。

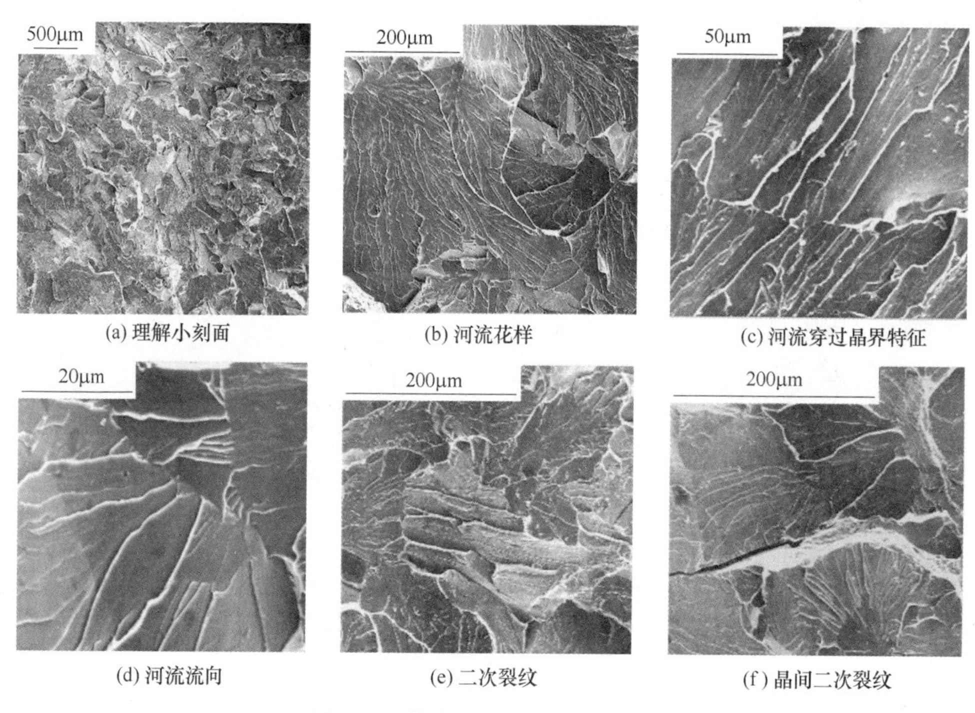

(a) 理解小刻面　(b) 河流花样　(c) 河流穿过晶界特征
(d) 河流流向　(e) 二次裂纹　(f) 晶间二次裂纹

图 2. 28　某高强度钢板坯解理断口

制备裂纹附近截面金相试样，组织见图 2. 29。铸坯边缘与心部组织存在差异。心部组织主要为铁素体+极少量的珠光体，而边部则为马氏体，在两者的过渡区的晶界上，也有马氏体颗粒的存在（图 2. 29（a））。这是由于铸坯在火焰清理时，表面熔化，次表面沿晶界过烧。由于火焰清理后，铸坯温度分布不均匀而在冷却过程中产生较大的热应力。在随后的冷却过程中表面又生成了马氏体组织，从而叠加了很大的组织应力，继而导致裂纹的产生而使得铸坯开裂。对于热致开裂敏感性很大的钢种，火焰清理或切割需要预热缓冷。

图 2. 29（b）~（d）给出了裂纹的部位与扩展走势。主要存在如下特点：（1）在表面组织之下存在细小裂纹（图 2. 29（b））；（2）裂纹主要呈穿晶扩展（图 2. 29（c））；（3）主裂纹近尖端部呈发散的树根状扩展（图 2. 29（d））。

65Mn 高碳钢圆坯的火焰裂纹也呈现类似的特征。铸坯裂纹宏观形貌特征见图 2. 30。开裂与连铸方向大约呈 45°的小裂纹，截面金相组织在表面有一薄的白层，

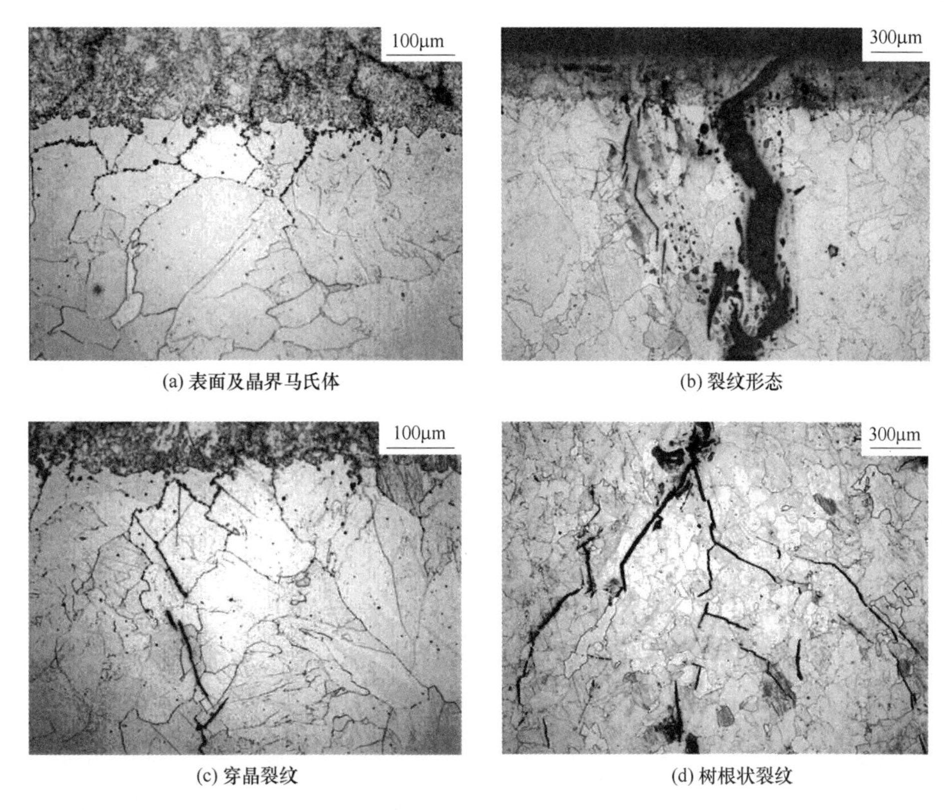

图 2.29 某高强钢铸坯表面组织及裂纹扩展特征

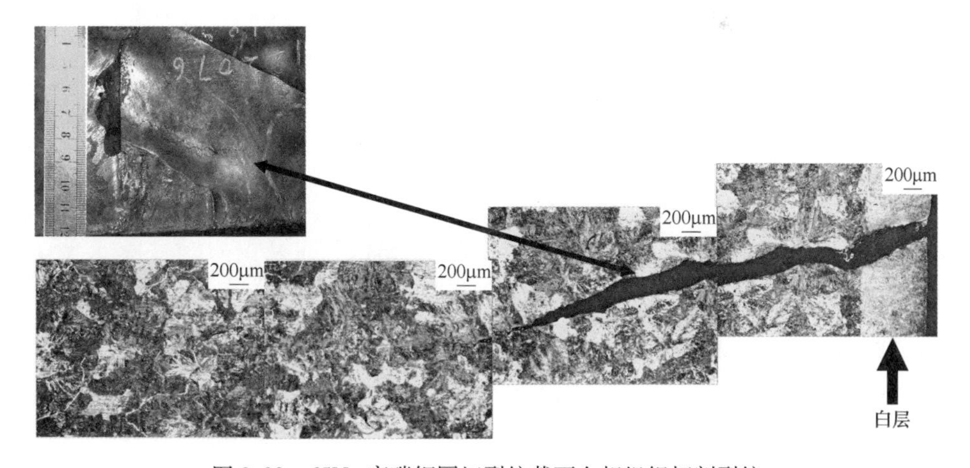

图 2.30 65Mn 高碳钢圆坯裂纹截面金相组织切割裂纹

高倍下观察，表面白层的组织为马氏体+残余奥氏体，见图 2.31（a）、（b）。说明开裂系火焰清理所致。从外到内的组织为：马氏体+残余奥氏体—马氏体+贝氏体+残余奥氏体—贝氏体/珠光体—珠光体+网状铁素体，见图 2.31（c）~（f）。

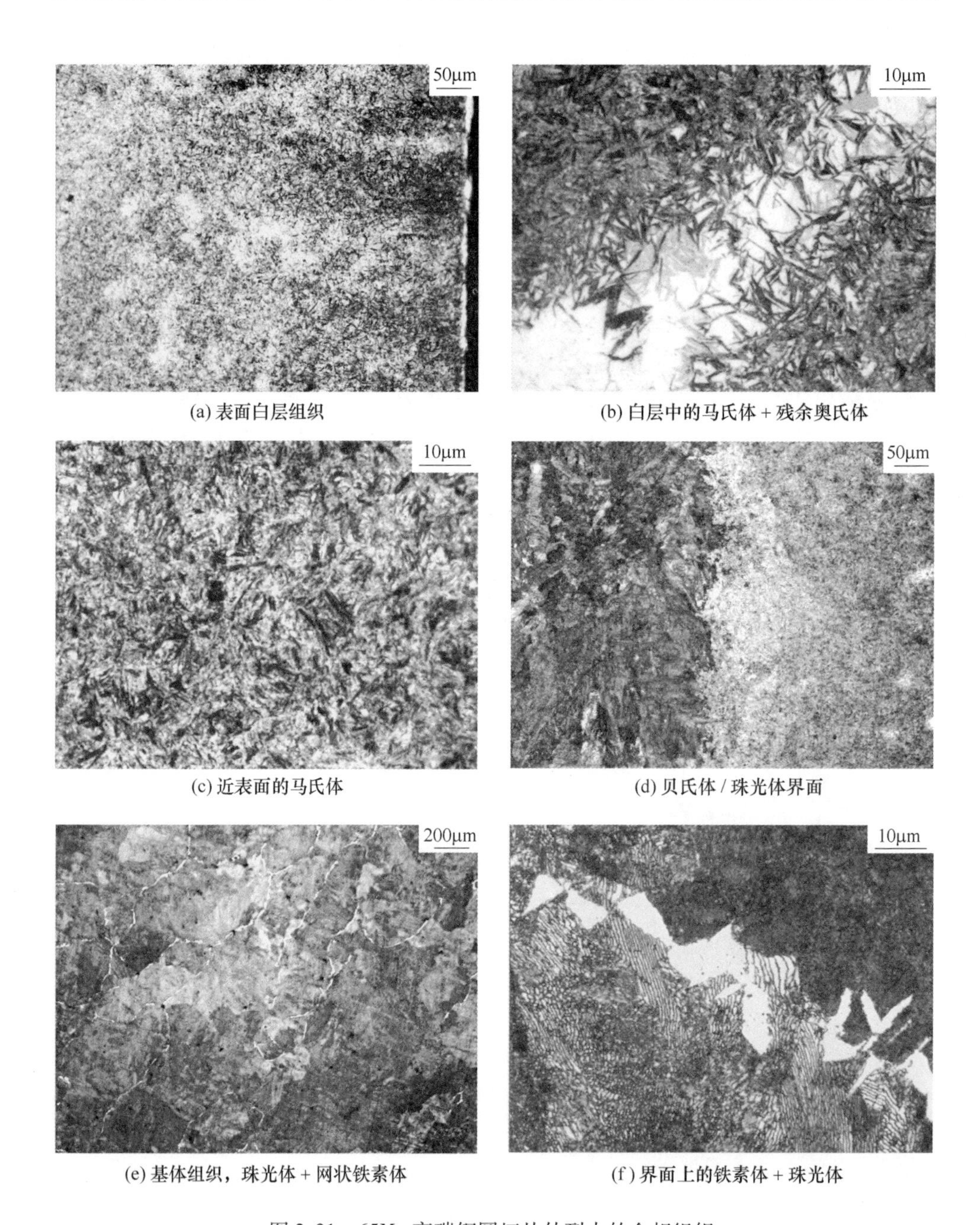

(a) 表面白层组织　(b) 白层中的马氏体 + 残余奥氏体

(c) 近表面的马氏体　(d) 贝氏体/珠光体界面

(e) 基体组织，珠光体 + 网状铁素体　(f) 界面上的铁素体 + 珠光体

图 2.31　65Mn 高碳钢圆坯从外到内的金相组织

图 2.32 给出的圆坯火焰切割面裂纹，为贝氏体钢种，开裂机理相同，取火焰切割面截面进行组织观察，见图 2.33。

管坯外表（沿径向深度约 3mm，图 2.33（a））金相组织为马氏体，由外向

图 2.32 贝氏体钢圆坯火焰切割裂纹

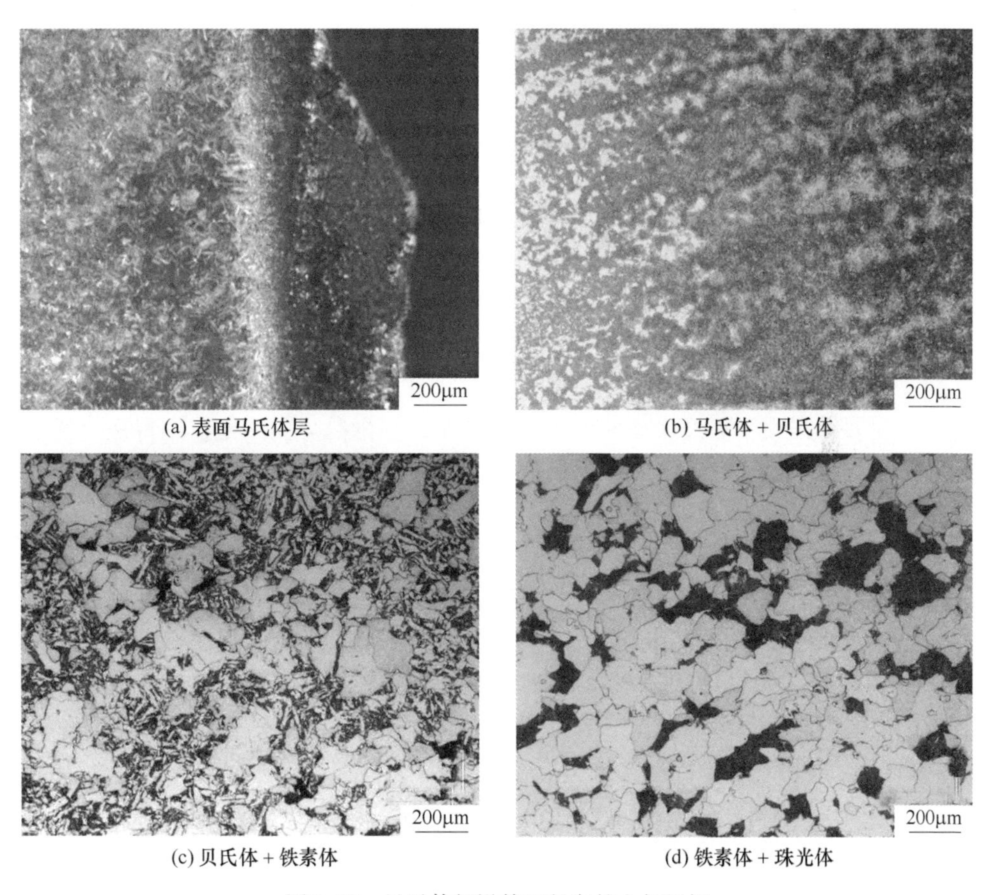

(a) 表面马氏体层 (b) 马氏体 + 贝氏体 (c) 贝氏体 + 铁素体 (d) 铁素体 + 珠光体

图 2.33 贝氏体钢沿管坯径向的金相组织

里金相组织依次为：马氏体+贝氏体（沿径向深度约 10mm，图 2.33（b））、贝氏体+铁素体（沿径向深度约 20mm，图 2.33（c））、铁素体和珠光体（心部，

图 2.33（d））。从金相组织上分析，外表马氏体在外力作用下易发生开裂，而其他位置韧性较好，不易发生应力开裂或使裂纹扩展。

火焰切割面上的马氏体层易发生开裂，是管坯切割面裂纹产生的直接原因，由于该低合金钢种的组织特点，裂纹不易向纵深扩展，所以大部分的开裂管坯存在于端部火焰切割面浅表。对于热致开裂敏感性很大的钢种，火焰清理或切割极易产生火焰裂纹，因此应尽量采取锯切的形式进行切割，如果一定要火焰处理，则需要采取必要的预热、缓冷等措施。

2.3.3 角裂纹

横裂纹多出现在连铸坯宽面和窄面，有时也见于角部，即角裂纹，垂直于拉坯方向，位于内弧面振痕底部伴随着 S、P 等元素的正偏析。一般认为横裂纹的形成机理主要集中在三个方面：（1）由于发生 γ/α 相变以及 Al、Nb、V 等碳氮化物的析出，铸坯热塑性在 700~900℃时很低，而在铸机矫直点处铸坯表面温度通常处于这一温度范围内。（2）裂纹与振痕有关，因此振痕形成机理很重要。（3）裂纹与 S、P 的偏析有关。

含硼钢连铸坯的主要化学成分为：C 0.02%~0.05%，Mn 0.3%~0.5%，P≤0.03%，S≤0.02%，B 10~25ppm。其连铸坯表面角横裂缺陷主要在角振痕较深的部位产生，且在铸坯内弧侧，缺陷裂口自铸坯内弧面两侧角部的振痕波谷处起裂，沿板坯横断面宽和窄两方向扩展，宽面裂缝长度约 1~100mm，窄面裂缝长度约 1~100mm。

发现裂纹露头于振痕表面凹处，见图 2.34，呈沿晶界向深处扩展特征。裂纹面上有一层氧化膜皮，其下发生内氧化。使用苦味酸和硝酸酒精浸蚀，以显示微观组织与成分偏析特征。可以分为 3 个不同的区：Ⅰ区：由于裂纹露头于表面，沿裂纹已经发生内氧化，边缘铁素体晶粒细小，至内部晶粒逐渐拉长；Ⅱ区：裂纹沿晶界扩展，铁素体晶粒有细化的痕迹；Ⅲ区：柱状晶界明显，沿晶界析出珠光体和铁素体。

由图 2.35 可见，该钢坯常温下的微观组织由铁素体以及界面上分布的渗碳体和珠光体组成，界面弱化，在拉应力作用下，材料优先沿着界面上分布的渗碳体开裂，形成细密的微裂纹。

于振痕表面凹处也发现没有露头的裂纹，见图 2.36，裂纹也呈沿原奥氏体晶界向深处扩展特征。EBSD 分析结果表明，表面激冷所产生的等轴柱状晶区，织构特征不明显；产生裂纹的Ⅱ区存在较强的［100］线织构，而在Ⅲ区，［111］线织构很明显。

所述含硼钢连铸坯的热塑性曲线见图 2.37，可知第Ⅲ脆性区的温度谷值为 900℃，而第Ⅱ脆性区谷值在 1050℃附近。

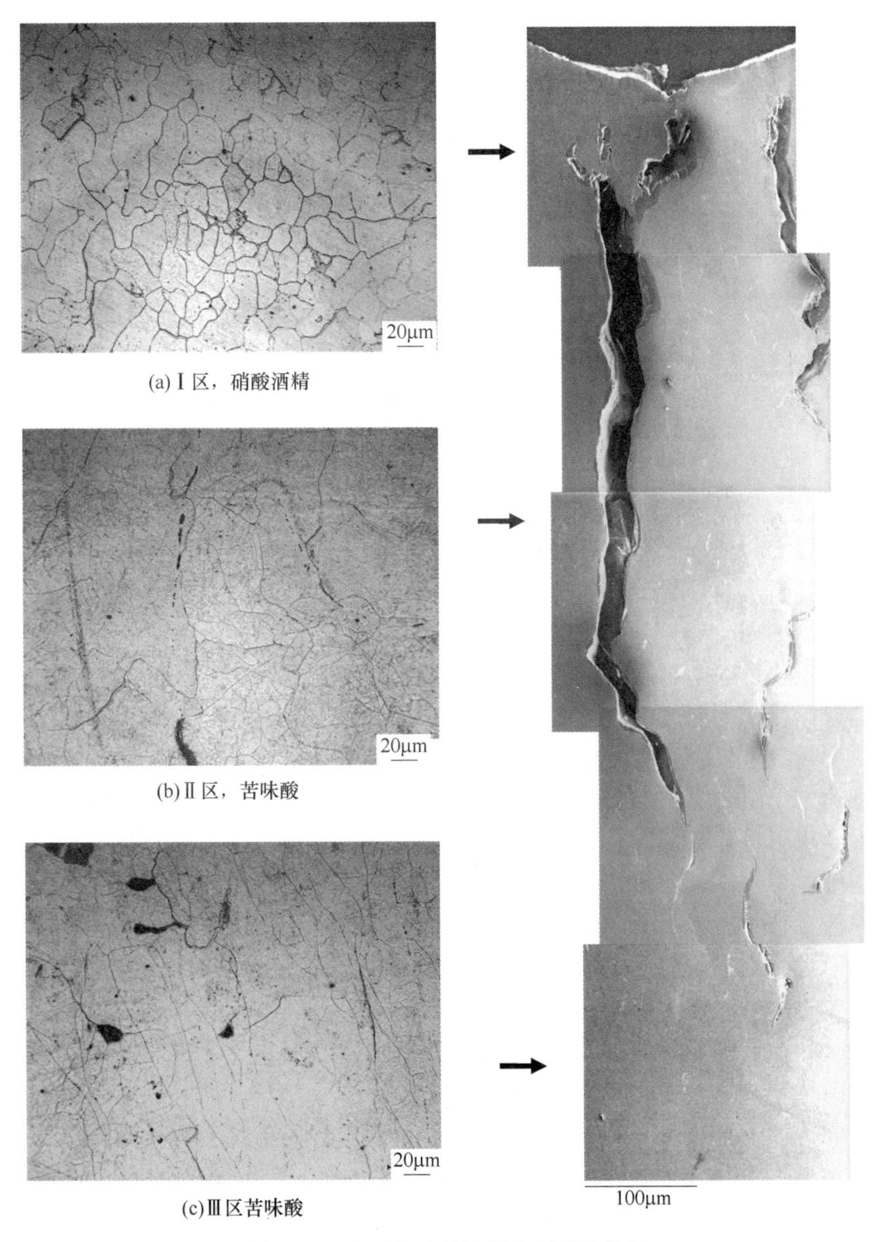

图 2.34 含硼钢连铸坯振痕下裂纹特征

使用透射电镜对该钢进行分析，在近角横裂区域发现了大量的硫化物，见图 2.38。硫主要以 FeS 或 MnS 形态存在于钢中。但 FeS 将使钢产生“热脆”现象，这是因为钢中硫与铁形成 FeS 化合物，其熔点较低（1190℃）。当钢水凝固时，FeS 和铁形成熔点更低的共晶体，其熔点为 988℃，并呈连续或不连续的网状膜

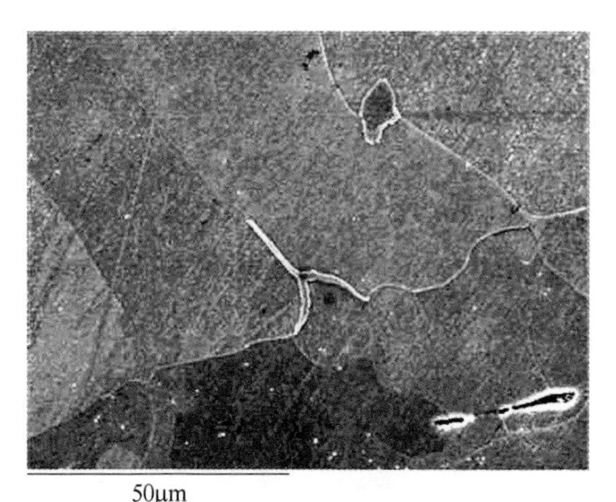

(a) 三角晶界上的渗碳体

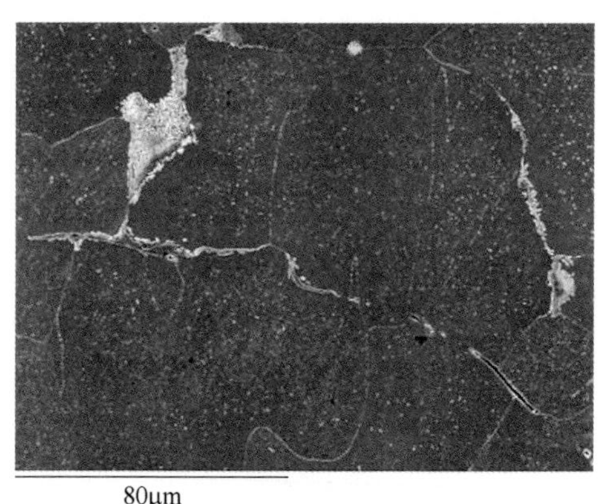

(b) 晶界上的渗碳体和珠光体

图 2.35　含硼钢连铸坯裂纹沿晶界扩展

分布在晶界处，造成铸坯的高温塑性降低。因此，硫化物在第Ⅱ脆性区以液相沿奥氏体晶界析出，是导致角横裂的重要原因之一。为了防止低熔点相的生成，一般认为，钢的 Mn/S>30 对控制裂纹产生是有效的。

含硼钢连铸坯第Ⅲ脆性区温度在 900℃ 附近，正是 BN 大量析出以及先共析铁素体开始析出的温度，裂纹一旦产生，裂纹尖端必然发生应力集中现象，在一定的应变量以上，裂纹尖端附近在这一温度下将发生应变强化相变而导致铁素体晶粒细化，见图 2.39。因此，根据裂纹尖端存在细化晶粒的现象即可以判断，此裂纹发生于第Ⅲ脆性区，在弯月面矫直区已进入铁素体相区，这时裂纹扩展而导致晶粒细化现象。

钢液在结晶器中因急冷而结晶，因此在铸坯表面形成等轴细晶区，根据物理冶金学原理，紧接着的是柱状晶区。根据 Hall-Patch 公式：$\sigma=\sigma_0+kd^{-1/2}$可知，晶粒 d 值越小，材料强度越大。从图 2.34 可知，表面晶粒尺寸约 20μm，而柱晶区约 200μm，两者强韧性的差异是十分大的。因此，在外力下，裂纹首先在皮下形核形成内裂纹，经火焰清理后便暴露出来。

一般认为，连铸坯角横裂属于沿晶界的开裂，主要发生在 850℃ 以下。角部裂纹常常发生在铸坯角部 10～15mm 处，有的发生在棱角上，板坯的宽面与窄面交界棱角附近部位，由于角部是二维传热，因而结晶器角部钢水凝固速度较其他部位要快，初生坯壳收缩较早。经过现场测温，确定在铸机水平部的角部温度 720～750℃，而中心温度为 850～870℃，见图 2.40，仍处于脆性区范围。生产实践证明，对于一些钢种，采取堆垛缓冷的方式可以有效地防止角横裂的发生。

铸坯皮下存在较强的［100］线织构，易于成为第Ⅱ和第Ⅲ脆性区产生的角横裂裂纹源，裂纹沿晶界扩展，可强化铁素体相变从而细化铁素体晶粒。

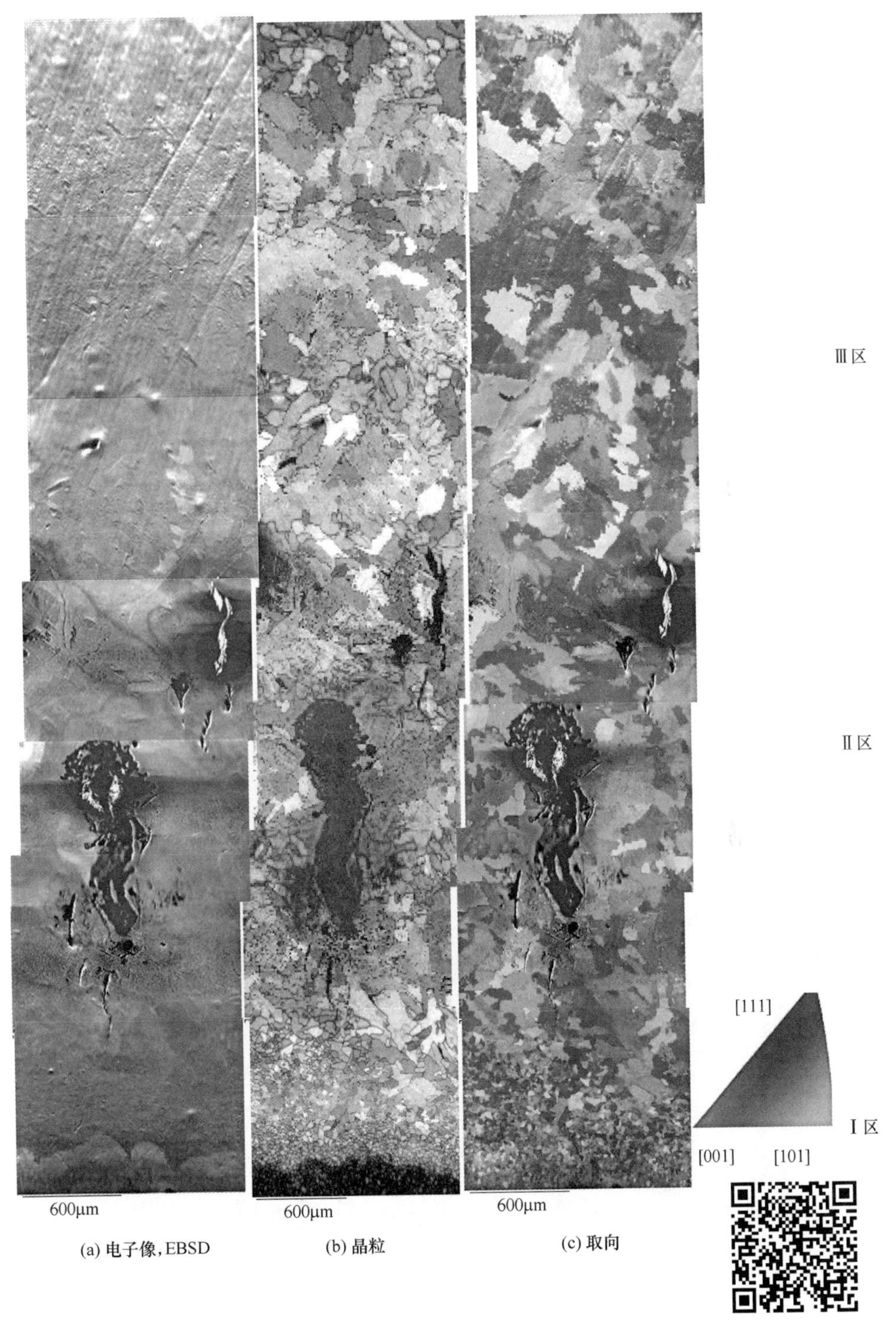

(a) 电子像，EBSD (b) 晶粒 (c) 取向

图 2.36 含硼钢连铸坯皮下裂纹特征

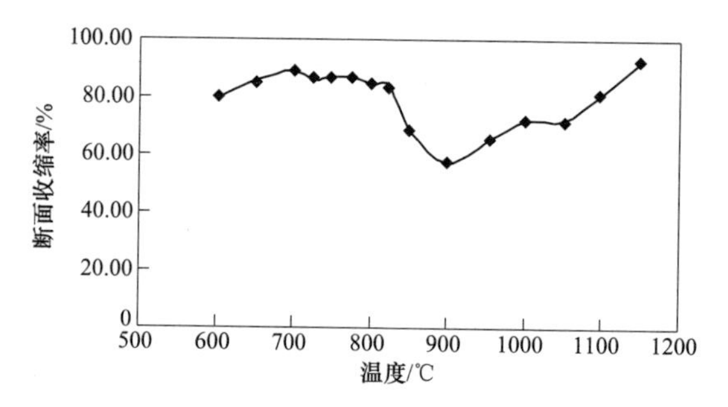

图 2.37　AP1055 铸坯热塑性曲线

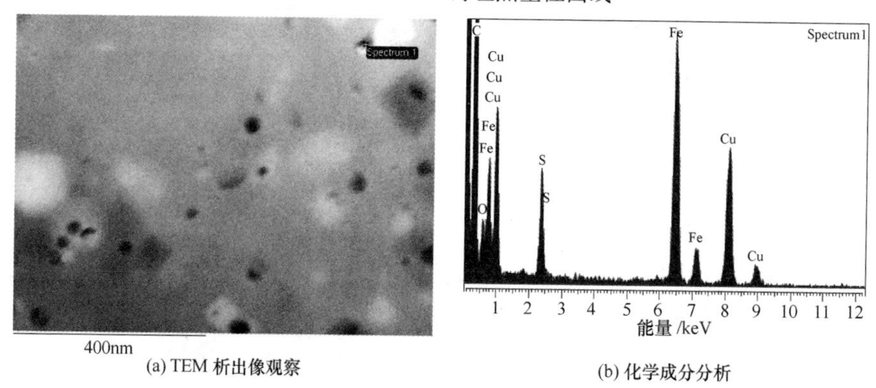

(a) TEM 析出像观察　　(b) 化学成分分析

图 2.38　$FeCuS_2$ 析出相

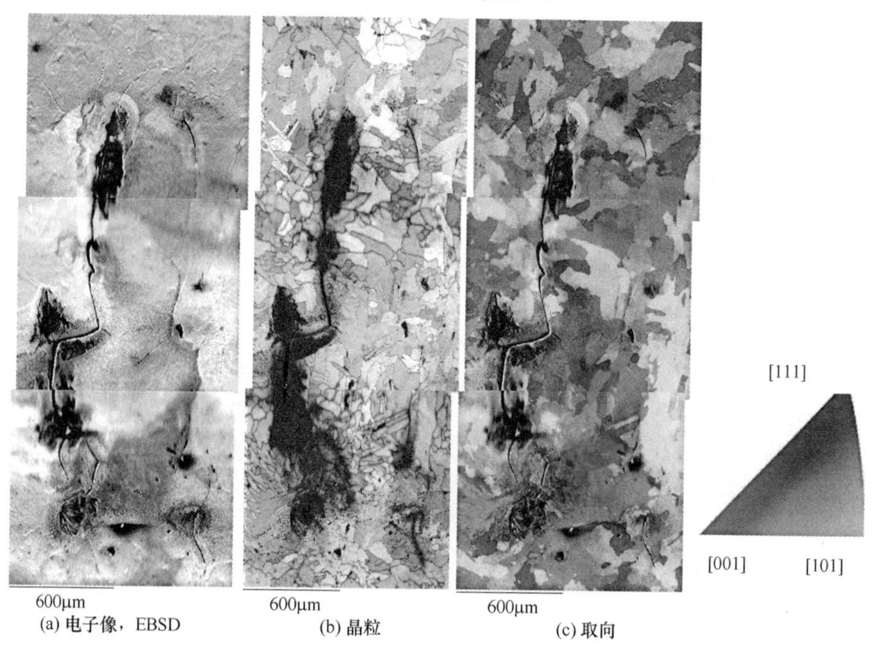

(a) 电子像，EBSD　　(b) 晶粒　　(c) 取向

图 2.39　连铸坯角横裂尖端细化的铁素体晶粒

(a) 温度分布

(b) 堆垛缓冷

图 2.40　由于连铸坯温度分布不均，采用堆垛缓冷方式防止发生角横裂

可以确定的是，钢的成分以及钢在 600～1400℃ 的力学行为是钢坯产生裂纹的内因，而铸坯在铸机内运行过程中，坯壳受摩擦力、鼓胀力、机械力等拉坯阻力的作用是产生裂纹的外因。根据裂纹尖端存在细化晶粒的现象以及形成的大量 FeS。即可以确定 AP1055 含硼钢的角横裂产生于第Ⅱ、第Ⅲ脆性区。铸坯在运行过程中受到弯曲（内弧受压，外弧受张力）和矫直（内弧受张力，外弧受压力）以及鼓肚作用，铸坯刚好处于低温脆性区（900℃），又加上相当于应力集中"缺口效应"的振痕，从而在振痕波谷处就产生横裂纹。

防止铸坯横裂纹的相关技术措施：（1）采用合适的二冷工艺，对于第Ⅲ脆性区偏向低温侧，且区间相对较窄的情况，应控制铸坯表面温度高于 900℃；而对于第Ⅲ脆性区较宽的情况下，应该使表面温度低于 700℃。（2）并严格控制钢中 Al、N、Nb 等元素的含量，向钢中添加 Ti、Ca、Zr 等元素抑制碳化物、氮化物在晶界析出。（3）尽量减小铸坯运行过程中受到外力（弯曲、矫直、鼓肚及辊子不对中等）作用，提高铸机对弧、对中精度。（4）采用高频率小振幅结晶器振动、采用合适的结晶器锥度以及合适的保护渣，减小结晶器铸坯摩擦力，有效地改善振痕形状，减小振痕深度、增大振痕曲率半径，从而减小横裂发生位置。通过这些措施，铸坯的角横裂缺陷得以大幅度的降低。

2.4　小结

裂纹是连铸坯最常见的缺陷之一，对钢铁材料的均匀性和连续性造成很大的破坏，严重影响了铸坯产品的质量。就板坯的内裂而言，和钢种的关系非常明显，因此对不同钢种在连铸条件下钢的凝固、流动、相变和变形等行为还有大量有意义的基础研究工作要做；另外内裂的发生与设备和工艺条件的关系也很密切，随着计算机技术的迅速发展，国外已有许多工厂通过建立数学模型来研究和解决此类问题，对于板坯内裂也是一条重要的解决途径。

铸坯表面裂纹是影响后道轧制工序产品质量的关键因素，对轧后产品的表面质量有直接的影响。铸坯的表面缺陷类型较多，产生的原因也是极其复杂的，需要具体情况具体分析。铸坯的表面裂纹主要与结晶器内初生坯壳的生长、保护渣的选用、浸入式水口的设计和液面的稳定性等因素有关。保证结晶器合理的工作参数和浇注工艺条件，是保证铸坯表面质量良好的前提。铸坯表面产生裂纹之后，对于大的纵裂纹可能发生漏钢、断带等情况；即使是微小的表面裂纹，在随后轧制前的保温过程中，在裂纹的尖端会产生一层内氧化层，致使在轧制之前的除鳞过程中也很难将其去除，而产生轧制缺陷；同时，由于内氧化层、脱碳层和基体的硬度不一样，轧制变形能力不同，因此在轧制过程中非常容易形成常见的翘皮缺陷。

参 考 文 献

[1] Carli R Chilardi. Manging technological properties of mold fluxes [J]. Iron and steelmaker, 1998 (6): 43.

[2] Kim K, Han H N, Yeo T. Analysis of surface and internal cracks in continuously cast beam blank [J]. Ironmaking and Steelmaking, 1997, 24 (3): 249.

[3] 韩志强，蔡开科．连铸坯内裂纹形成条件的评述 [J]. 钢铁研究学报，2001，13 (1): 68-72.

[4] Uehara M, Samarasekera I V, Brimacombe J K. Mathematical modeling of unbending of continuously cast steel slabs [J]. Ironmaking and Steel making, 1986, 13 (3): 138-153.

[5] 袁伟霞，韩志强，蔡开科，马勤学，盛喜松，刘成信．连铸板坯凝固过程应变及内裂纹研究 [J]. 炼钢，2001，17 (2): 48-51.

[6] 曾祖谦．连铸板坯内裂纹的防止 [J]. 炼钢，1998 (3): 13-15.

[7] 颜建新．连铸方坯中心裂纹成因分析及控制方法 [J]. 涟钢科技与管理，1998 (6): 15-17.

[8] Cornelissen M C M. Mathematical model for solidification of multicomponent alloys [J]. Ironmaking and Steelmaking, 1986, 13 (4): 204.

[9] 戴云阁，蔡锡年，郭仲文，杜德信．连铸坯中的非金属夹杂物 [J]. 钢铁钒钛，1997，18 (3): 34-39.

[10] 张立，徐国栋．集装箱用钢连铸坯表面纵裂纹的研究 [J]. 钢铁，2002，37 (1): 19-21.

3 热轧缺陷溯源

热轧是连铸的后道工序。用于热轧的轧机种类很多，有二辊轧机、四辊轧机、斜轧机、横轧机等。根据生产的产品品种，所使用的热轧机及其适用的连铸坯也不同，如热轧钢管需要圆坯、型材需要方坯、板材需要板坯等，但其热轧变形的机理是相同的。热轧是相对于冷轧而言的，是在再结晶温度以上进行的轧制。热轧因加工时金属的变形抗力低和塑性好而得到广泛的应用。热轧过的金属材料，由于表面覆盖有一层氧化膜，有一定的耐蚀性，储存和运输保管的要求不像冷轧材料那样严格，但产品的尺寸精度和表面粗糙度不如冷轧产品。

热轧板产品质量指标主要包括板形与尺寸精度、表面质量、力学性能三个方面。随着厚度自动控制系统、宽度自动控制系统和板形控制系统的实用化，板形与尺寸精度日益提高；在力学性能方面，通过炼钢的成分控制和热轧控轧工艺的研究，其各项性能指标也能得到精确的控制。而表面质量一直是困扰热轧带钢产品质量进一步提高的主要问题之一。激烈的市场竞争、热轧产品的“以热代冷”和制作外观结构件，使得用户对热轧产品表面质量的要求越来越高，尤其是热轧产品表面质量一旦出现问题，会直接遗传到冷轧/冷拔产品上，对后续的生产影响很大。

本章通过对板、管等热轧产品缺陷的显微分析，旨在失效分析的基础上追寻缺陷产生的根源，对现场生产工艺措施的调整提供参考依据。

3.1 热轧原理

无论是板带的热轧还是管、棒、线等长材的热轧生产过程都需要对坯料进行加热、除鳞、粗轧、精轧以及冷却等工序而得到热轧产品。

3.1.1 内在质量的控制

在热轧过程中通过对金属加热制度、变形制度和温度制度进行合理的控制，使塑性变形与固态相变结合，以获得细小晶粒组织，使钢材具有优异的综合力学性能。对低碳钢和低合金钢来说，采用控制轧制工艺，主要通过控制工艺参数，细化变形奥氏体晶粒，经过奥氏体向铁素体和珠光体或贝氏体的相变，形成细化的组织，从而达到提高钢的强度、韧性的目的。控制轧制后钢材一般需要控制冷却速度，即控制冷却，以达到改善钢材组织和性能的目的。

控制轧制可分为三种类型：

（1）奥氏体再结晶型。是将钢加热到奥氏体化温度后进行塑性变形，在每道次的变形过程中或者在道次之间发生动态或静态再结晶，并完成其再结晶过程。经过反复轧制和再结晶，使奥氏体晶粒细化，这为相变后生成细小的铁素体晶粒提供了先决条件。为了防止再结晶后奥氏体晶粒长大，要严格控制接近于终轧道次的压下量、轧制温度和轧制的间隙时间。终轧道次要在接近相变点的温度下进行。为防止相变前的奥氏体晶粒和相变后的铁素体晶粒长大，特别需要控制轧后冷却速度。这种控制轧制适用于低碳优质钢和普通碳素钢及低合金高强度钢。

（2）奥氏体未再结晶型。钢加热到奥氏体化温度后，在奥氏体再结晶温度以下发生塑性变形，奥氏体变形后不发生动态也不发生静态再结晶。因此，变形的奥氏体晶粒被拉长，晶粒内有大量变形带，相变过程中形核点多，相变后铁素体晶粒细化，对提高钢材的强度和韧性有重要作用。这种控制工艺适用于含有微量合金元素的低碳钢，如含铌、钛、钒的低碳钢。

（3）两相区型。加热到奥氏体化温度后，经过一定变形，然后冷却到奥氏体加铁素体两相区再继续进行塑性变形，并在 A_{r1} 温度以上结束轧制。在两相区轧制过程中，可以发生铁素体的动态再结晶；当变形量中等时，铁素体只有中等回复而引起再结晶；当变形量较小时（15%～30%），回复程度减小。在两相区的高温区，铁素体易发生再结晶；在两相区的低温区只发生回复。经轧制的奥氏体相转变成细小的铁素体和珠光体。由于碳在两相区的奥氏体中富集，碳以细小的碳化物析出。因此，在两相区中只要温度、压下量选择适当，就可以得到细小的铁素体和珠光体混合物，从而提高钢材的强度和韧性。

在板带的实际轧制中，由于钢种、使用要求、设备能力等各不相同，各种控制轧制可以单独应用，也可以把两种或三种控制工艺配合在一起使用。在不同温度轧制时，形变对终了组织的影响是不同的。同时由于热变形的因素，使得钢的相变温度（A_{r3}）提高，致使铁素体在较高温度下析出，在空冷过程中铁素体晶粒长大，因此，控制轧制必须配合加速冷却工艺，即控轧控冷。当冷却速度达到一定值时，轧后加速冷却得到的相变组织从铁素体和珠光体组织变成更细小的铁素体和贝氏体组织，贝氏体量随着冷却速度加快而增加，从而提高钢板的强度。因此，如果热轧时温度控制不好，导致钢板首、尾以及边、中部温度存在差异，就可能使得钢板的组织分布不均匀；同样如果轧后冷却速度控制不当，也可能导致钢板组织分布存在巨大差异。

3.1.2　氧化的控制

金属高温氧化首先从金属表面吸附氧分子开始，即氧分子分解为氧原子被金属表面所吸附，并在金属晶格内扩散、吸附或溶解。而当金属和氧的亲和力较大，且当氧在晶格内溶解度达到饱和时，则在金属表面上进行氧化物的成核与长大。

将金属高温氧化反应方程式写成：

$$2Me + O_2 = 2MeO \qquad (3.1)$$

自由焓变化 ΔG 的计算公式为：

$$\Delta G = \Delta G^{\ominus} + RT\ln\frac{1}{P_{O_2}} \tag{3.2}$$

以氧化物分解压 P_{MeO}，表示：

$$\Delta G = RT\ln\frac{P_{MeO}}{P_{O_2}} \tag{3.3}$$

以自由能 ΔG 的变化来判断反映能否进行。当 $P_{O_2}>P_{MeO}$，$\Delta G<0$，金属发生氧化，转变为氧化物 MeO。ΔG 的绝对值越大，氧化反应的倾向越大。

当 $P_{O_2}=P_{MeO}$，$\Delta G=0$，反应达到平衡。

当 $P_{O_2}<P_{MeO}$，$\Delta G>0$，金属不可能发生氧化；反应向逆方向进行，氧化物分解。

以 $\Delta G^{\ominus}$ 为纵坐标，T 为横坐标，$\Delta G^{\ominus}$-T 平衡图见图 3.1，这是高温氧化体系的相图[1]。每一条直线表示两种固相之间的平衡关系。直线间界定的区域表示一种氧化物处于热力学稳定状态的温度和氧压范围。从图上很容易求出给定温度下的氧化物分解压，可方便地判断在不同温度和氧分压下纯金属发生氧化反应并生成氧化物的可能性。

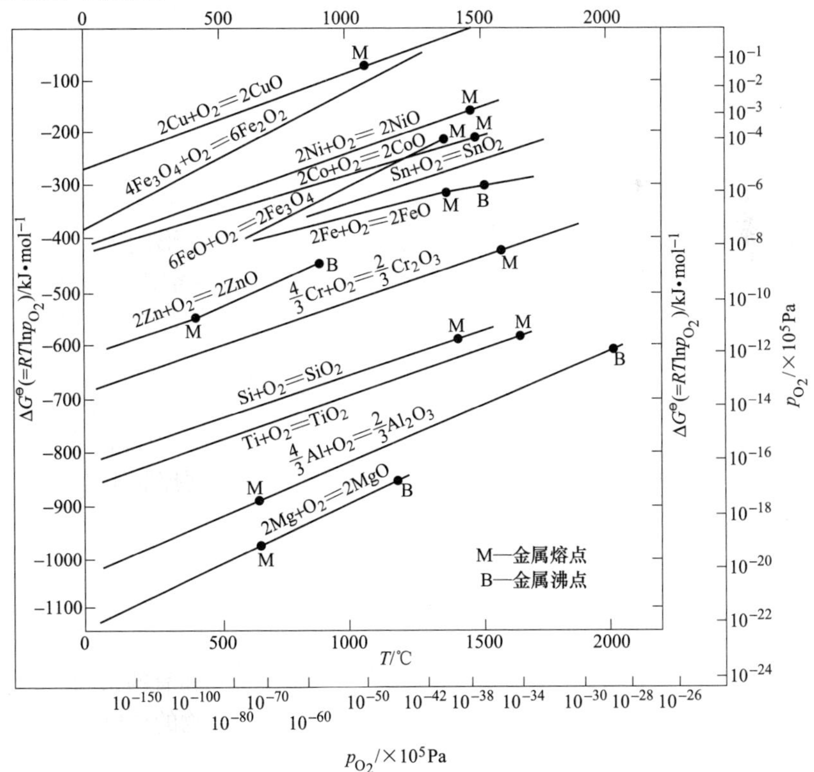

图 3.1 常见元素氧化物的 $\Delta G^{\ominus}$-T 平衡图

热轧过程钢一直和空气接触。在氧化气氛中，钢将与氧发生氧化反应，由内到外生成的 FeO 呈蓝色，而 Fe_3O_4 和 Fe_2O_3，分别呈黑色和红色。连铸板坯在热轧前，要在 1100~1300℃加热和保温。在此温度下，板坯表面生成 1~3mm 厚的一次鳞，该一次鳞也称为一次氧化铁皮；热轧板坯经高压水除去一次鳞后进行粗轧。在短时间的粗轧过程中，钢板表面产生了二次鳞；在精轧区轧制的带钢近 1000℃，又直接与水和大气接触，因而在带钢表面生成一层薄薄的三次氧化铁皮（三次鳞）[2]。一次氧化铁皮内部存在有较大的空穴，当板坯从加热炉出来后，在高压水的作用下易于去除；二次鳞受水平轧制的影响，厚度较薄，钢板与鳞的界面应力小，所以剥离性差；而三次氧化铁皮则附于热轧板的表面。因此，可以说钢的热轧过程就是氧化皮的形成与去除过程。

图 3.2 所示耐候钢在 1250℃保温 2h 后形成的氧化膜，呈多层的结构，从成分分析可以看出，在近钢基体的内层，形成了一层很薄的 Cr_2O_3 膜。各层的氧化膜形貌及其成分见图 3.3，这种氧化膜极其疏松。金属在生成氧化铁皮时，其体

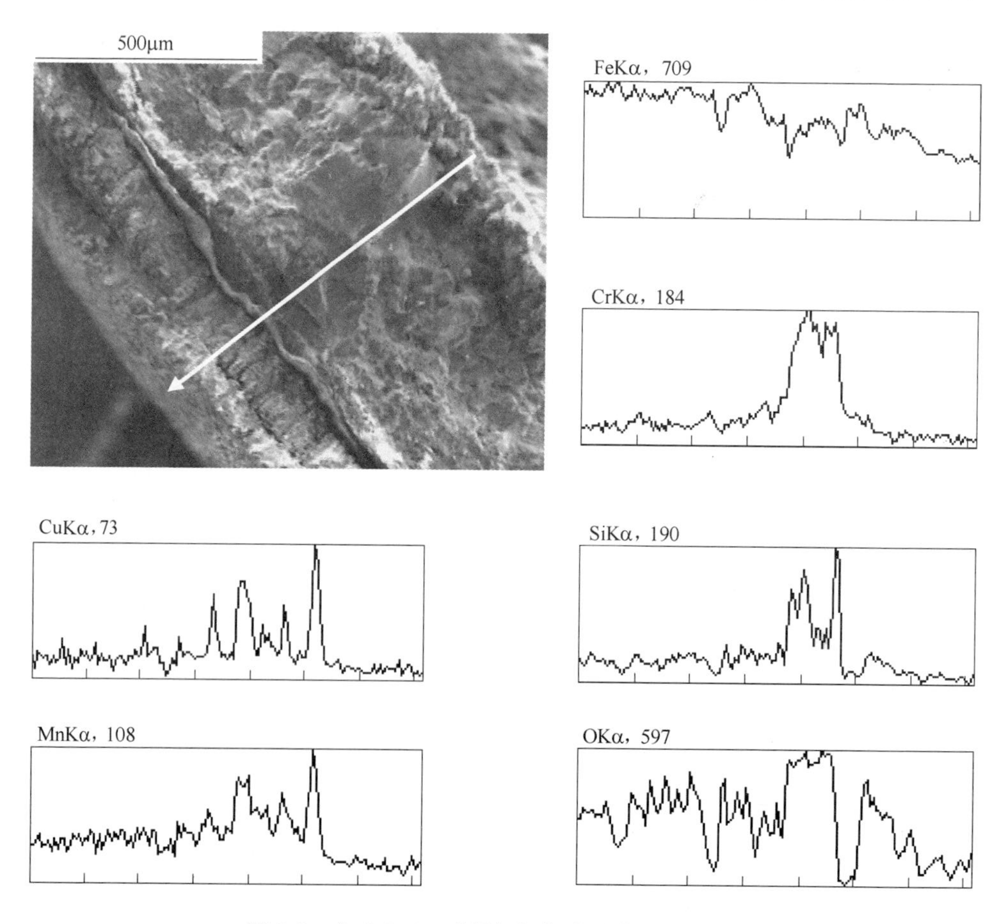

图 3.2　含 Cr0.5% 耐候钢氧化膜形貌及成分分析

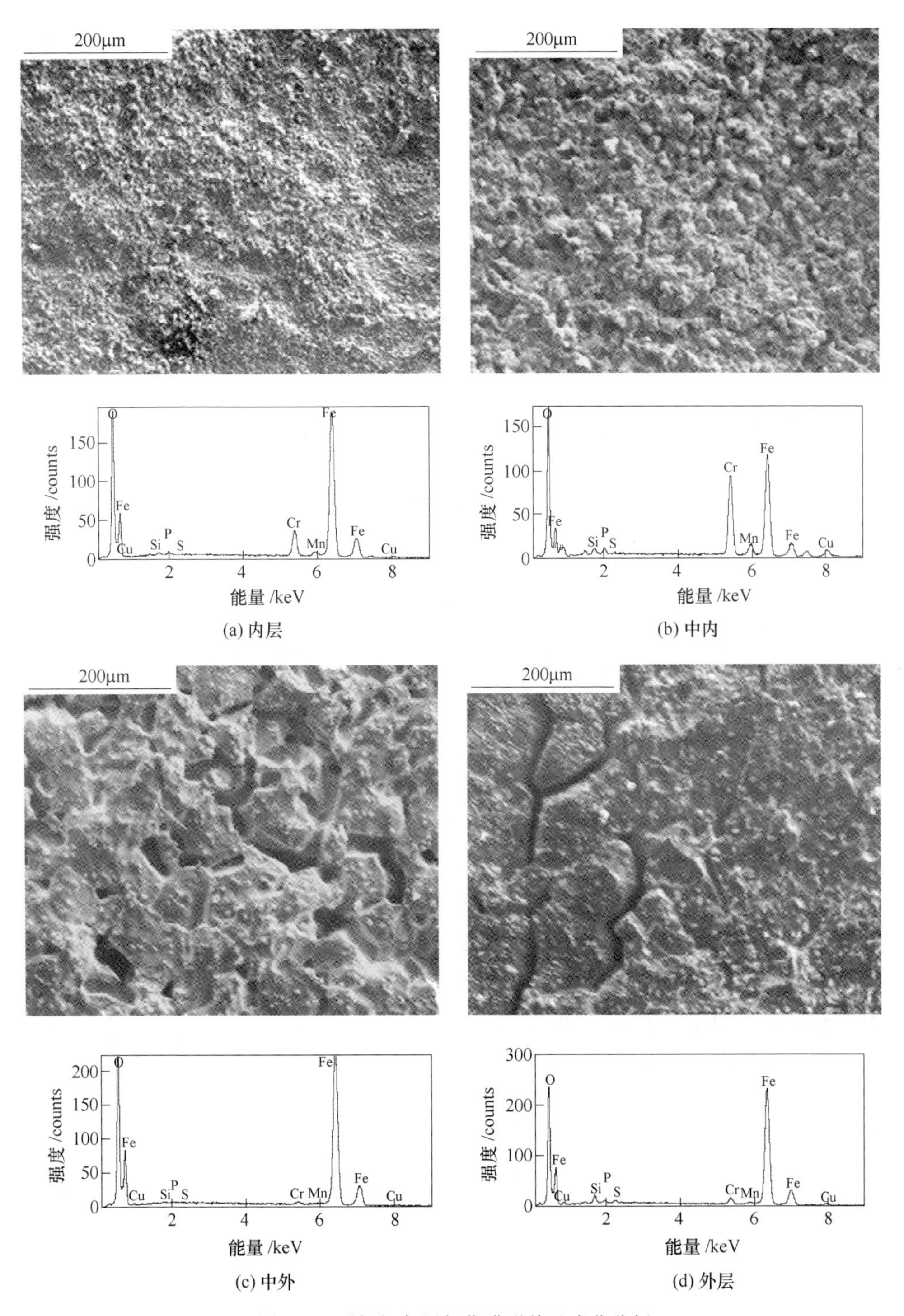

图 3.3 耐候钢各层氧化膜形貌及成分分析

积增大，因而在平行于金属表面的方向上产生一种压应力，同时还产生一种力图使氧化铁皮从金属表面上剥落的拉应力。当这些内应力小于氧化铁的强度时，氧化铁皮便产生裂缝；当内应力大于氧化铁皮同金属表面的附着力时，氧化铁皮就会从金属表面上脱落下来，这就给机械方法破碎氧化铁皮提供了有利的条件。氧化铁皮内应力的大小与金属表面状态有关，金属表面越粗糙，则内应力就越大，氧化铁皮破碎和脱落的可能性也就越大，在粗轧前通过除鳞机和高压水可以轻易地去除。

在从精轧成品机架出来的带钢表面上，铁原子首先与空气中的氧原子结合形成第一层氧化物，这层氧化物可能是致密的 Fe_3O_4 或是疏松的 FeO。在第一种情况下，氧化铁皮的进一步增长过程可能只靠氧和铁的离子扩散来进行的；在第二种情况下，空气中的氧可自由的通过多孔、疏松的氧化铁皮，而使氧化铁皮加厚和致密化。事实上，当带钢表面上生成了一层氧化铁皮以后，氧和铁的离子扩散也受到了一定的阻碍，而且，氧化铁皮越厚，离子扩散受到的阻碍就越大，生成氧化铁皮的速度也越慢。

当带钢经过层流冷却后，表面温度低于 600℃时，氧化铁皮的形成实际上已停止。终轧完成后钢卷在堆放的过程中，当温度低于 570℃时，根据 Fe-O 相图，FeO 分解发生共析反应生成 $Fe+Fe_3O_4$ 的混合物。最终室温得到的氧化层组织应当为外面的较薄的 Fe_2O_3 层，中间的 Fe_3O_4 层以及内部的 $Fe+Fe_3O_4$ 共析组织层。因此，在 570℃以下，氧化膜包括 Fe_2O_3 和 Fe_3O_4 两层；在 570℃以上，氧化膜分为三层，邻铁层是比较疏松的 FeO，依次向外是比较致密的 Fe_3O_4 和最外层较薄的 Fe_2O_3。三层氧化物的厚度比为 100：(5~10)：1，即 FeO 层最厚，约占 90%，Fe_2O_3 层最薄，占 1%。这个厚度比与氧化时间无关，在 700℃以上也与温度无关。这三种铁的氧化物中，只有 FeO 软而具有塑性，允许塑性变形，变形后在带钢表面形成一层薄而均匀的 FeO 氧化膜，在热轧酸洗后仍然可以得到光滑的表面。而 Fe_2O_3 和 Fe_3O_4 没有塑性，很难发生塑性变形，因此在热轧的过程中会破裂，在高压水的作用下易于去除。

热轧卷氧化层的厚度和结构对酸洗过程的影响很大，同时也是生产高表面质量冷轧产品的关键。钢材高温下还会发生过热或过烧现象。过热在加热过程中的加热温度超过某一温度，或在高温下保温时间过长，导致奥氏体晶粒急剧粗大的现象。而过烧是当钢材加热到接近熔点时，不仅奥氏体晶粒粗大，而且炉气中的氧化性气体渗入晶粒边界，使晶间物质 Fe、C、S 发生氧化，形成易熔的共晶体，破坏了晶粒间的联系。过热或过烧都会给钢材带来内在的缺陷。伴随氧化膜生成的过程发生着内氧化和脱碳，高温氧化过程时间越长，形成的氧化皮越厚，这一现象越明显。

3.1.3 热轧工艺过程

热轧板原料主要是初轧坯和连铸坯。连铸坯比初轧坯物理化学性能均匀，且便于增大坯重，故对热连轧更为合适，其所占比重也日趋增大，很多工厂连铸坯已达100%。

一般而言，加热炉出炉温度为1200~1280℃，加热质量直接影响热轧板产品的质量。钢坯从装炉加热至轧制过程中，其表面始终处在被氧化状态，在加热炉内生成较厚的氧化铁皮层。这种氧化膜极其疏松，在粗轧前通过除鳞机和高压水可以轻易地去除。

粗轧机是把热板坯减薄成适合于精轧机轧制的中间带坯。按粗轧机组各机架的布置形式，表3.1列出了几种典型轧机的粗轧机组，主要分为全连续式、半连续式和3/4连续式三大类[3]。全连续就是指轧件自始至终没有逆向轧制的道次，半连续则是指粗轧机组各机架主要或全部为可逆式而言。

表3.1 几种典型轧机的粗轧机组

轧机	布置形式/结构形式/轧制道次
半连续式	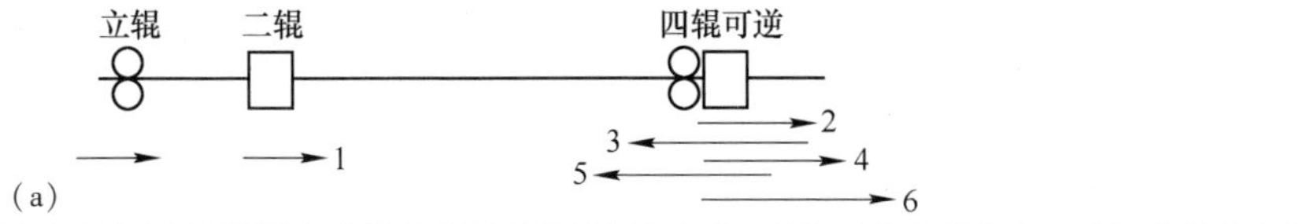 (a) 立辊　二辊　四辊可逆　1　2　3　4　5　6
	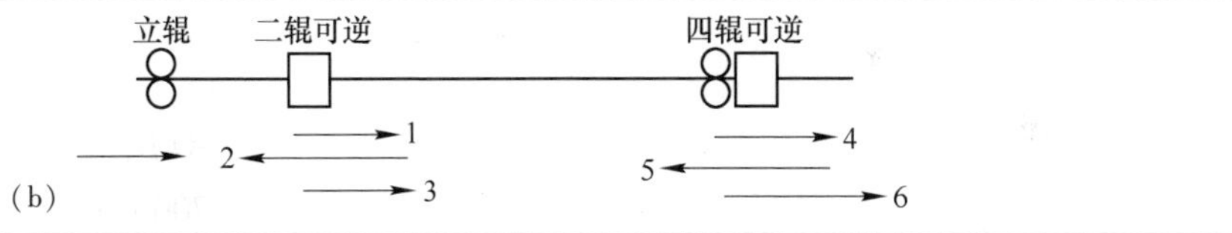 (b) 立辊　二辊可逆　四辊可逆　1　2　3　4　5　6
连续式	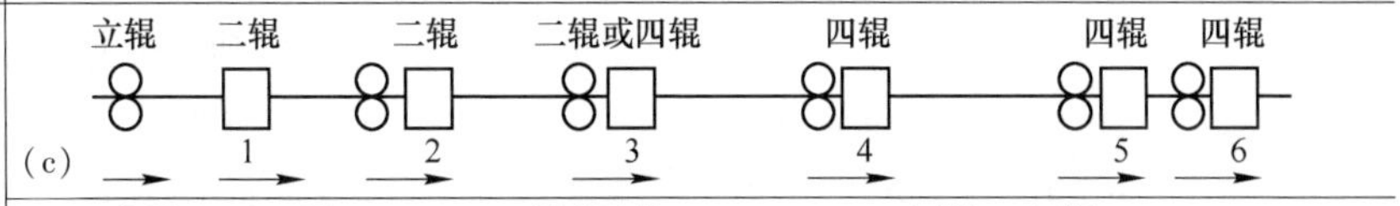 (c) 立辊　二辊　二辊　二辊或四辊　四辊　四辊　四辊　1　2　3　4　5　6
	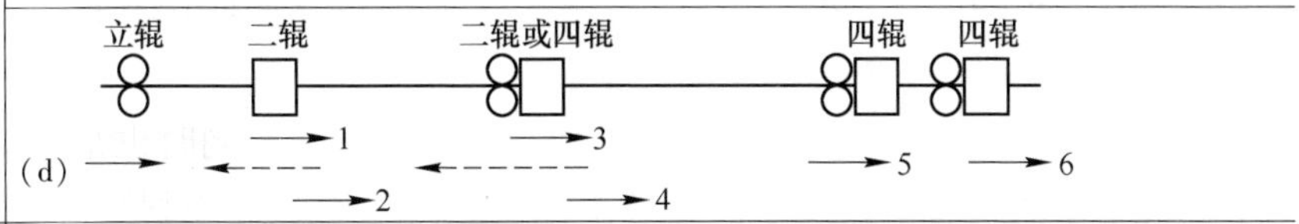 (d) 立辊　二辊　二辊或四辊　四辊　四辊　1　2　3　4　5　6
3/4连续式	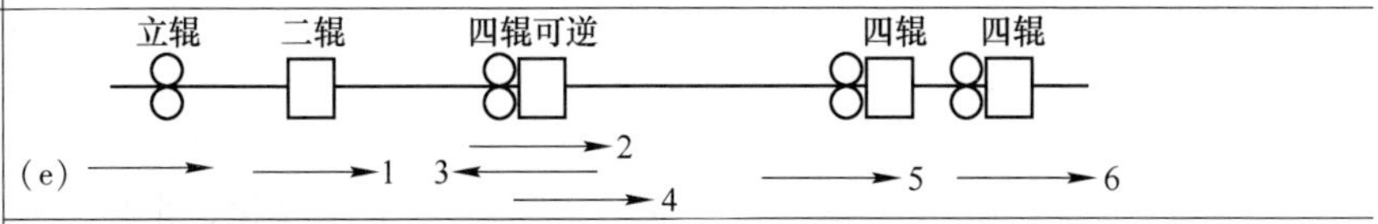 (e) 立辊　二辊　四辊可逆　四辊　四辊　1　2　3　4　5　6
	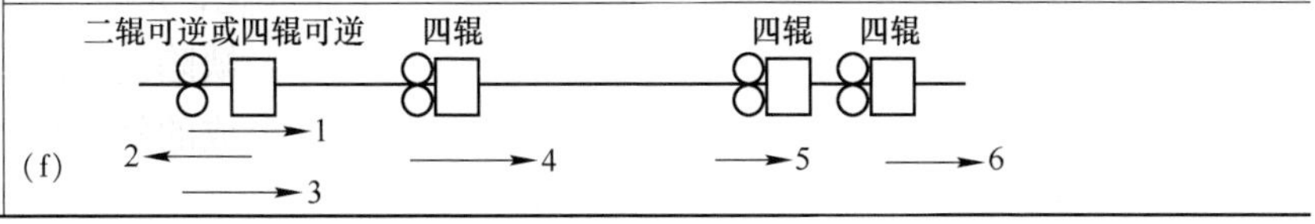 (f) 二辊可逆或四辊可逆　四辊　四辊　四辊　1　2　3　4　5　6

表 3. 1（a）中粗轧机组由一架不可逆式二辊破鳞机架和一架可逆式四辊机架组成，主要用于生产成卷带钢。由于二辊轧机破鳞效果差，故现在已很少采用。

表 3. 1（b）中粗轧机组是由两架可逆式轧机组成，主要用于复合半连续轧机，设有中厚板加工线设备，既生产板卷，又生产中厚板。这样半连续式轧板粗轧阶段道次可灵活调整，设备和投资都较少，故适用于产量要求不高，品种范围又广的情况。

全连续式轧机粗轧机如表 3. 1（c）所示，由 5 ~ 6 个机架组成，每架轧制一道，全部为不可逆式，大都采用交流电机传动。优点是轧机产量可高达 400 ~ 600 万吨/年，适合于大批量单一品种生产，操作简单，维护方便。然而由于这种布置由于粗轧道次限制为 5 ~ 6 道次，加上设备重量过大，生产线过长，目前基本不再采用。

表 3. 1 中半连续式轧机以某钢厂 1580 热轧产线为代表，也是目前热轧工艺的主要流程。有两种形式：为了减少粗轧机架，有的连续式轧机第一或第二架设计成下辊，借以实现空载返回再轧一道以减少轧机的数目，称为空载返回连续式轧机见表 3. 1（d）。对一般连续轧机，空载返回再轧的操作方法只是当其他粗轧机架发生故障或损坏时才采用。

全连续式轧机的粗轧机组每架只轧一道，轧制时间往往要比精轧机组的轧制时间少得多，即粗轧机的利用率并不很高，或者说粗轧机生产能力与精轧机不相平衡。为了充分利用粗轧机，同时也为了减少设备和厂房面积，节约投资，而发展了 3/4 连续式轧机，是在粗轧机组内设置 1 ~ 2 架可逆式轧机，把粗轧机由六架缩减为四架。

3/4 连轧机的可逆式轧机可以放在第二架（表 3. 1（e）），也可以放在第一架（表 3. 1（f）），前者优点是大部分铁皮已在前面除去，使辊面和板面质量好些，但第二架四辊可逆轧机的换辊次数比第一架二辊可逆式要多二倍。3/4 连轧机以某钢厂 2050 热轧产线为代表，较全连轧机所需设备少，厂房短，总的建设投资要少 5% ~ 6%，生产灵活性稍大些。

由粗轧机组轧出的带钢坯，经百多米长的中间辊道输送到精轧机组进行精轧。精轧机组的布置比较简单，见图 3. 4。

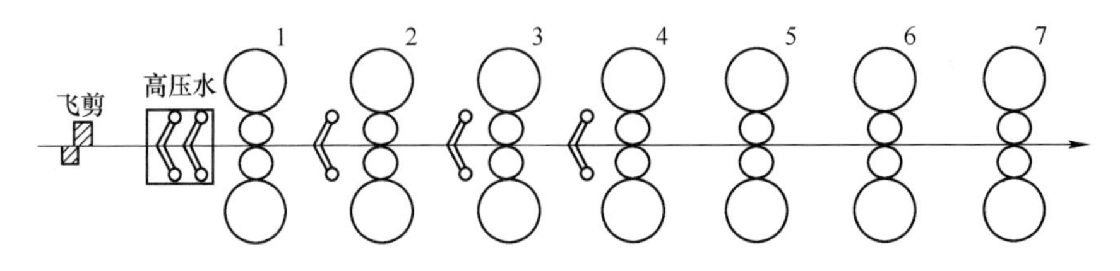

图 3. 4　7 机架精轧机组

轧件经粗轧后沿辊道向热连轧轧机运行时，温度为1000℃左右，这时在轧件表面上已生成了一层薄的氧化铁皮，而轧前水力清除机可将其清除。当轧件在连轧时，板坯在各机架轧机间暴露的时间极短，而且大的压下阻碍了带钢表面上形成厚的氧化铁皮，而所形成的氧化薄膜立即被破坏并受到水的冲洗，因此，可以说刚刚从成品机架出来的带钢，虽然温度有780~850℃，但带钢表面的氧化铁皮是极薄的。带钢从成品机架出来后，进入喷水装置，带钢的力学性能主要取决于终轧温度和卷取温度。精轧机以高速轧出的带钢经过输出辊道，要在数秒钟之内急冷到600℃左右而后卷成带钢卷并缓慢冷却，就是在这段时间里，带钢表面被氧化而生成氧化铁皮。

因此，热轧板卷表面均存在一层氧化铁皮。如果卷取前钢板表面冷却条件不同，表面的氧化膜的颜色也会呈现不同的变化。

图3.5给出钢板边部50mm范围内的条纹。记号笔所使用的油漆涂料实际上也是一种有效的抗腐蚀剂，用记号笔对感兴趣的区域进行涂覆保护，再使用酸洗液洗掉没有保护部位的氧化皮，见图3.5（b）。酸洗后，表面氧化皮呈砖红色条状缺陷对应的钢板基体表面无异常，说明该缺陷仅与表面氧化皮组成有关，其形成在层流冷却之后，是由于钢板表面的氧化速度或温度存在差异，使不同部位的氧化膜的组成有所不同。

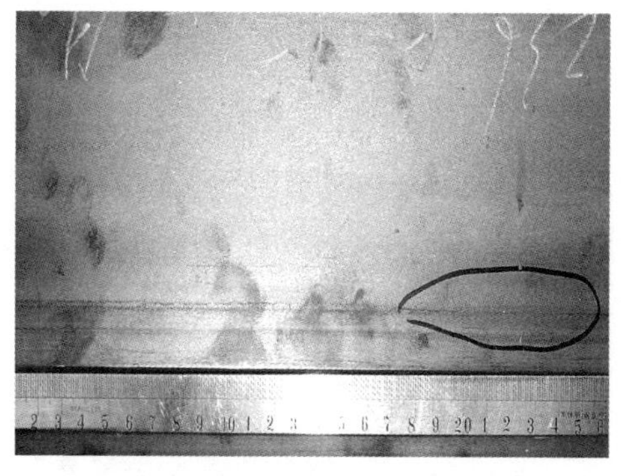

(a) 边部条纹

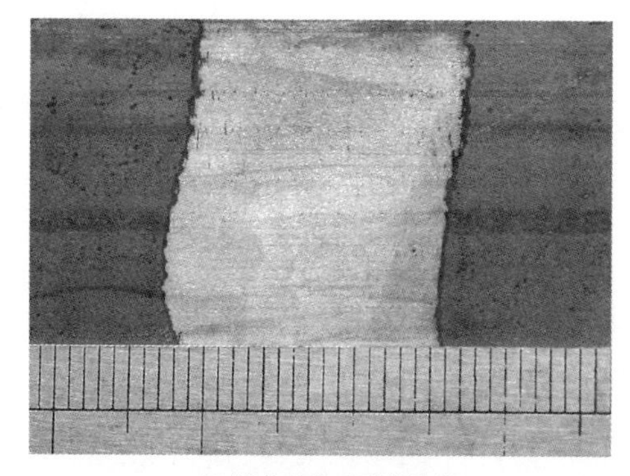

(b) 部分酸洗后形貌比较

图3.5　热轧板氧化皮

3.2　热轧板缺陷

钢坯凝固过程中产生的内部缩孔疏松、夹杂（渣）物、表面裂纹、内部裂纹经过轧制加热之后往往会导致轧制缺陷。当然，热轧辊布置、轧辊表面状态、润滑以及轧制与冷却工艺不当等也都可能产生轧制质量问题。

3.2.1　氧化皮

如果轧制过程中喷射高压水不能完全除去一次鳞与二次鳞，或者是其他原因未完全去除，氧化膜残留在钢板表面的情况下进行精轧，则会导致氧化铁皮压入缺陷；而如果精轧机组前几机架工作辊表面氧化膜剥落、粗糙，引起钢板三次氧化铁皮破碎则会形成氧化铁皮麻点缺陷。

热轧时异物轧入等因素也可导致条状缺陷，见图 3.6，热轧板表面沿轧制方向的黑色条带状缺陷。取缺陷处表面观察其形貌（图 3.7），缺陷处比正常处表面粗糙。取缺陷处横截面进行观察，缺陷处的表层有深灰色夹渣，进行电子探针成分分析，发现该处含有 O、Fe、Al、Si、K、Ca、Mg 等元素（图 3.8），可以判断是连铸结晶器保护渣成分。这是由于连铸坯表面黏附夹渣，经轧制后形成的表面黑带缺陷。

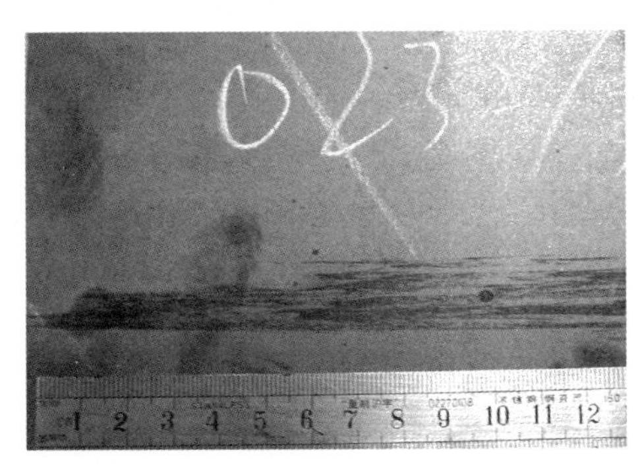

图 3.6　热轧板表面黑带缺陷宏观形貌

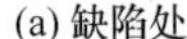
(a) 缺陷处

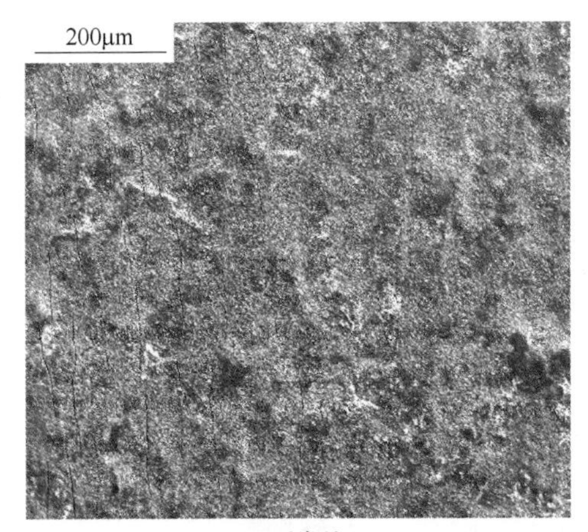

(b) 正常处

图 3.7　热轧板表面黑带电子显微形貌

炼钢工序的产品是连铸板坯，其厚度一般在 200～300mm 之间。热轧工序中，连铸板坯在加热后要经过多道次轧辊的压下轧制，最终成为 2～10mm 厚的热轧卷。以 230mm 厚度板坯为例，如果最终热轧卷厚度为 2.3mm，其变形拉长为 230/2.3＝100 倍。如果板坯表面有一个直径 1mm 卷渣缺陷且未经加热烧除，这个缺陷会在轧制过程中被拉长成 100mm 的条线状缺陷，其放大效应十分显著。在现场操作中，

(a) 黑带截面形貌

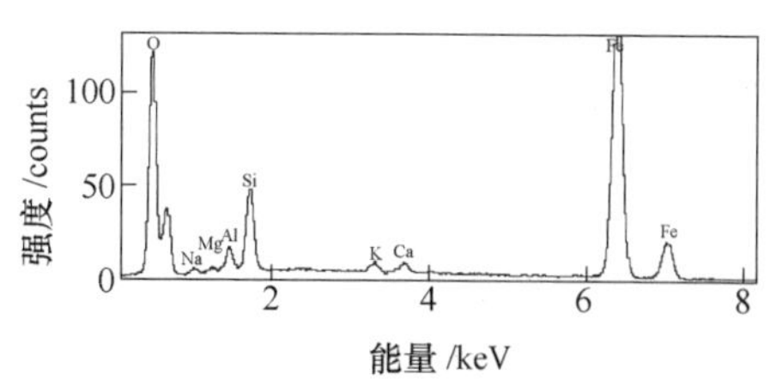

(b) 成分分析

图 3.8 热轧板表面缺陷截面成分分析

应严格控制出钢时的挡渣操作，防止下渣，增加吹氩量，加强搅拌，加快夹杂物上浮；在中间包浇注过程中，应避免结晶器液面波动过大，防止卷渣。

氧化皮缺陷使得热轧板表面色泽发生突变，无论产品内在质量如何，让用户在直观上就难以接受。卷取温度为 640℃ 热轧板在堆放后喷水冷却，见图 3.9 (a)，板卷打开后发现表面存在亮点凹坑及麻点状缺陷，主要分布于带钢两侧 (图 3.9 (b)~(d))。

(a) 现场堆放冷却

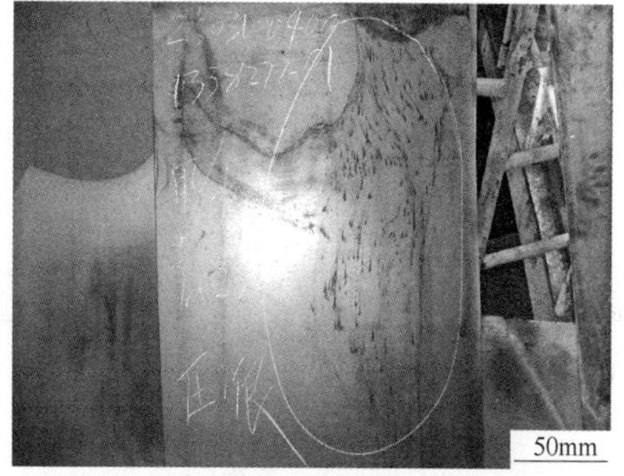

(b) 沿卷取方向拖尾

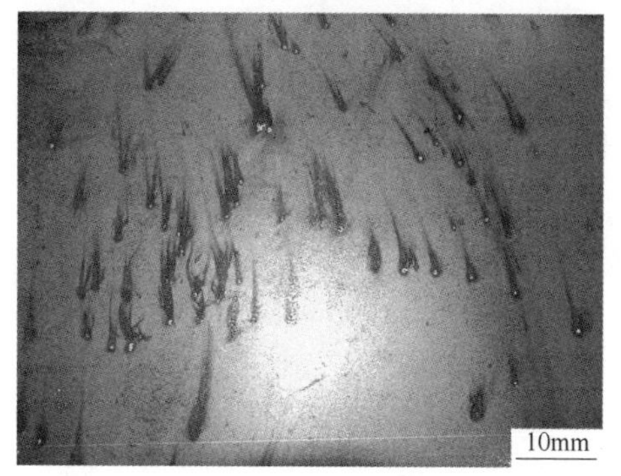

(c) 表面亮点凹坑

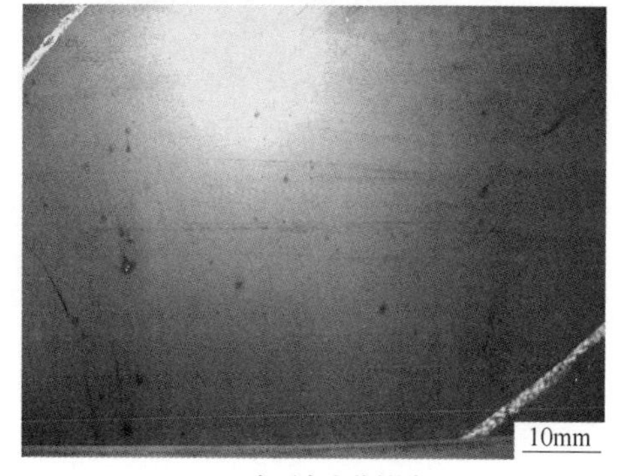

(d) 表面麻点状缺陷

图 3.9 热轧板表面缺陷宏观形貌

制备亮点凹坑以及麻点缺陷处表面、截面试样。使用金相显微镜、电子显微镜对缺陷进行观察。

发亮凹坑壁呈台阶结构（图 3.10（a）~（c）)，最外层为表面氧化膜脱落所

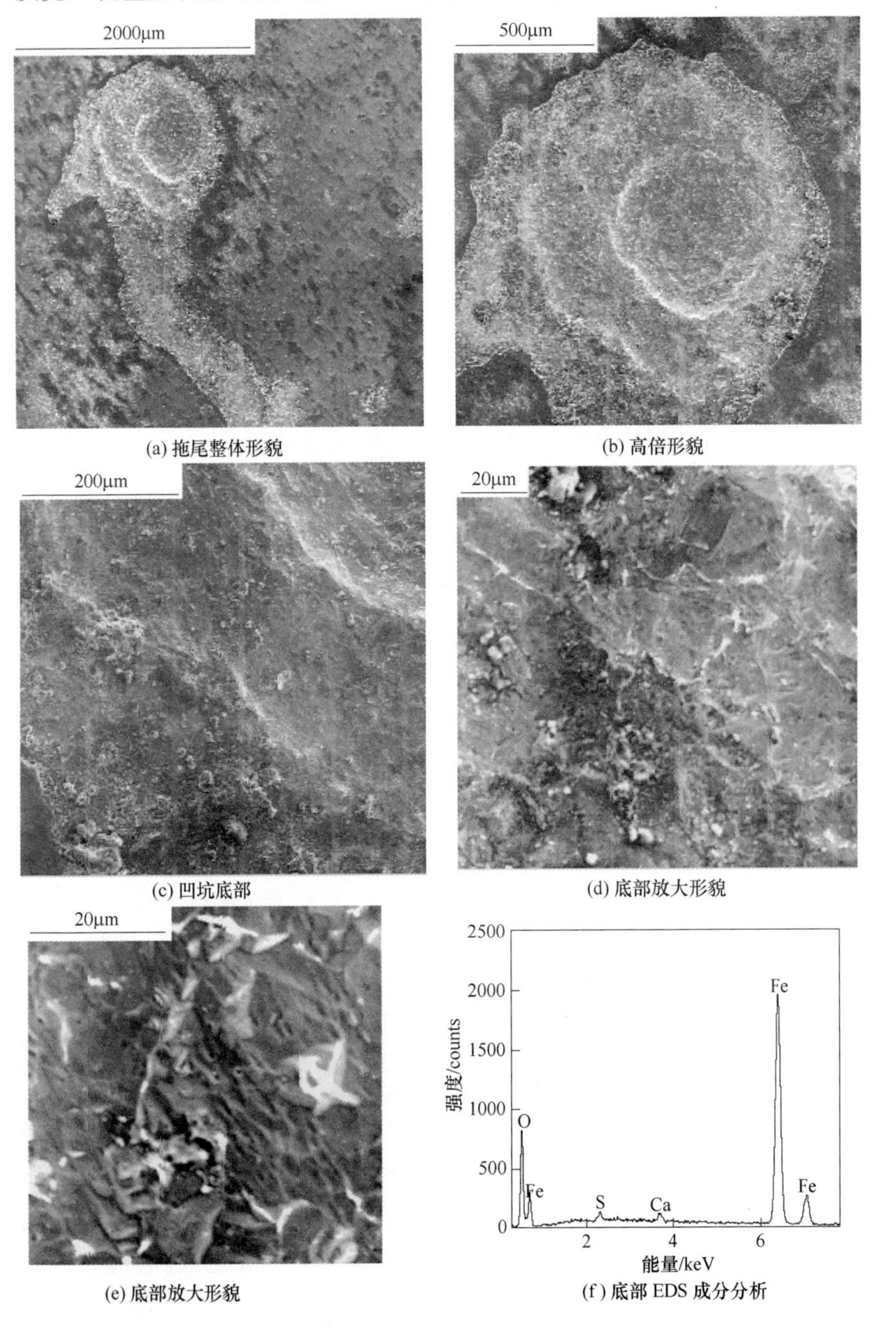

(a) 拖尾整体形貌　(b) 高倍形貌

(c) 凹坑底部　(d) 底部放大形貌

(e) 底部放大形貌　(f) 底部 EDS 成分分析

图 3.10　热轧板表面亮点凹坑 SEM 观察

致，放大形貌见图3.10（d）、（e），晶界特征依稀存在，台阶及坑底分布有很多异物，化学成分分析见图3.10（f），含O、S、Ca、Fe等，应包含CaO、FeS、FeO。说明裂纹起源于炼钢夹杂处，开裂于高温区，故表面有所氧化。

麻点缺陷为表面氧化皮未完全脱落造成的，见图3.11（a）、（b），在这些小

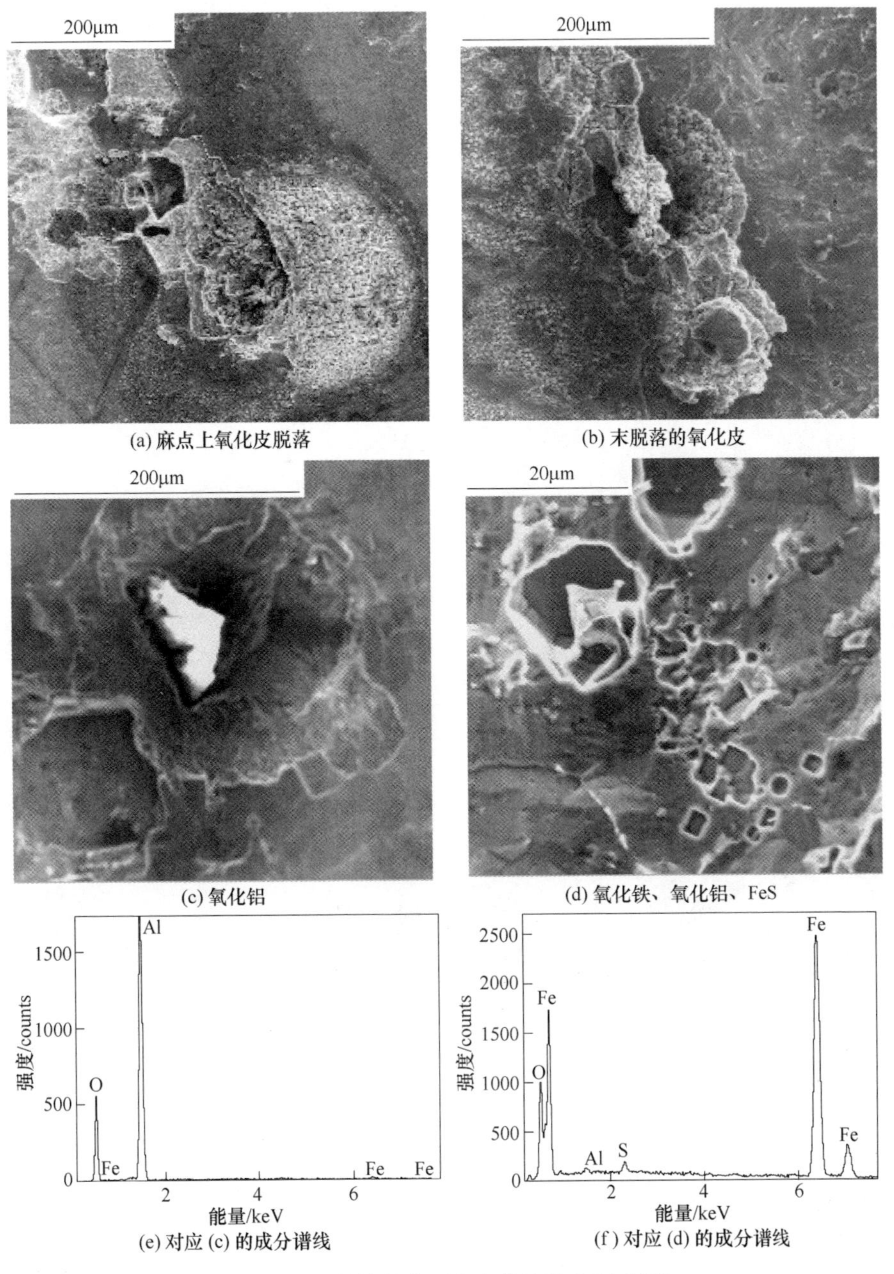

(a) 麻点上氧化皮脱落　(b) 末脱落的氧化皮

(c) 氧化铝　(d) 氧化铁、氧化铝、FeS

(e) 对应 (c) 的成分谱线　(f) 对应 (d) 的成分谱线

图3.11　热轧板表面麻点状缺陷SEM观察

的麻点底部都可以找到氧化铝以及硫化物，见图 3.9（c）、（d）。由于这些夹杂物距离表面较近，露头于表面，故形成了麻点缺陷。

亮点凹坑的截面组织见图 3.12（a）、（b）。钢板表面晶粒较心部明显粗大，且呈拉长状，说明晶粒在铁素体温区变形后没有得到充分的回复。可以推断，板卷经过最后一道 F7 精轧机架后，表面拉长的晶粒即在层流水的冷却下保持下来，内层晶粒降温速度较慢，从而有足够的时间回复而细化。

制备凹坑表面金相，见图 3.12（c）、（d）。由图可见，凹坑周边铁素体晶粒不均匀长大，晶界上析出了碳化物，降低了界面强度。凹坑底部界面为粗晶区和细晶区的分界处，结合图 3.11 检测结果，裂纹在夹杂物处形核后，沿晶界扩展而开裂，层流冷却时，冷却水渗入裂纹，卷取时，裂纹沿卷取方向进一步扩展而形成拖尾的形貌。

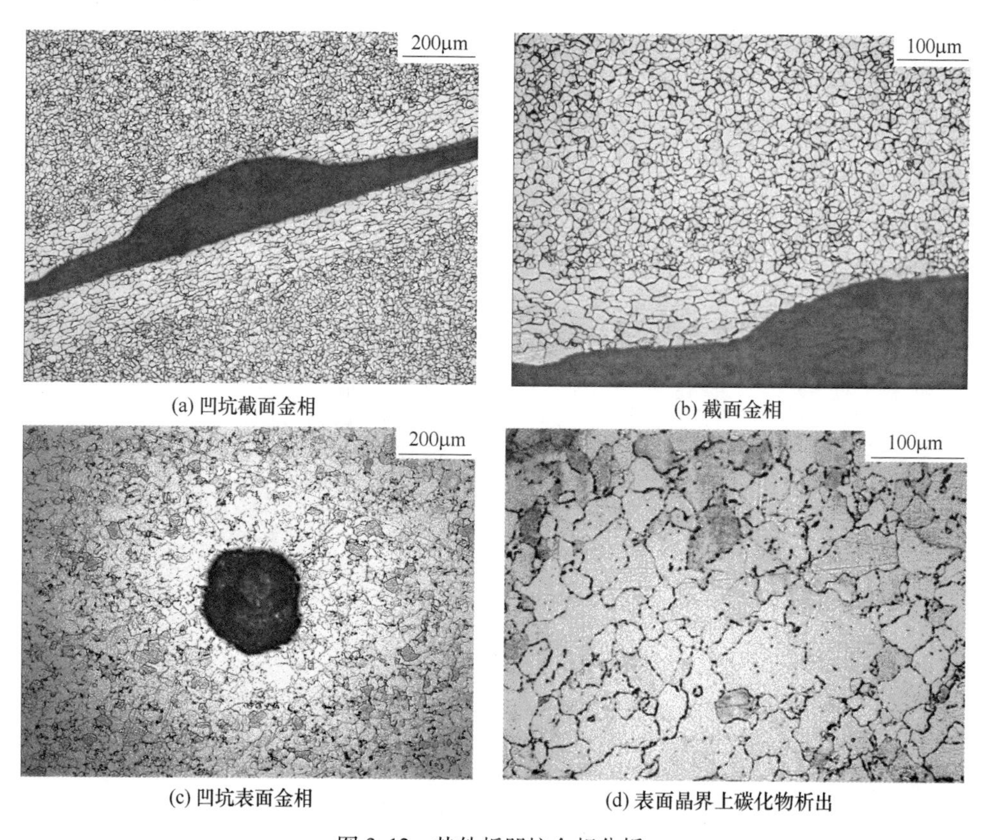

(a) 凹坑截面金相　(b) 截面金相
(c) 凹坑表面金相　(d) 表面晶界上碳化物析出

图 3.12　热轧板凹坑金相分析

3.2.2　翘皮

翘皮是热轧钢板表面边部经常发生的缺陷，常呈舌状、线状、层状或 M 状折叠。翘皮缺陷的影响因素很多，其根源可追溯到连铸过程中夹渣卷入、铸坯表面或者边部开裂、板坯表面针孔或皮下气泡、板坯表面氧化铁皮轧入以及加热制度和轧机因素等。

图 3.13（a）所示为热轧板翘皮缺陷宏观形貌。钢板主要成分为：C 0.01%，Mn 0.10%，其微观形貌呈折叠的特征，见图 3.13（b）。制备翘皮缺陷处截面金相试样，抛光腐蚀之后观察，发现在沿翘皮处延伸，皮下有多层氧化铁皮，见图 3.14（a），组织为铁素体+沿晶界分布的碳化物颗粒（图 3.14（b））。该钢板 1580 半连续式轧线生产，在粗轧 R1～R2 反复共轧制 6 道次，可以产生 5 次折叠，而后 F1～F7 单向精轧 7 道次。这种多层氧化铁皮特征与粗轧过程 R1～R2 反复轧制有对应关系，沿皮下氧化铁观察，层与层之间的间距逐渐变小。

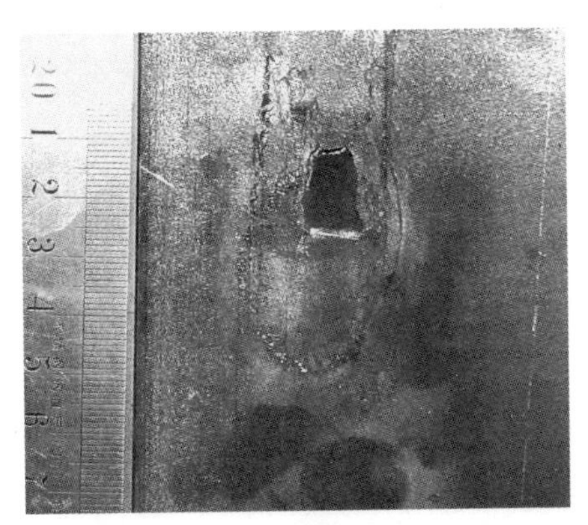

(a) 宏观形貌

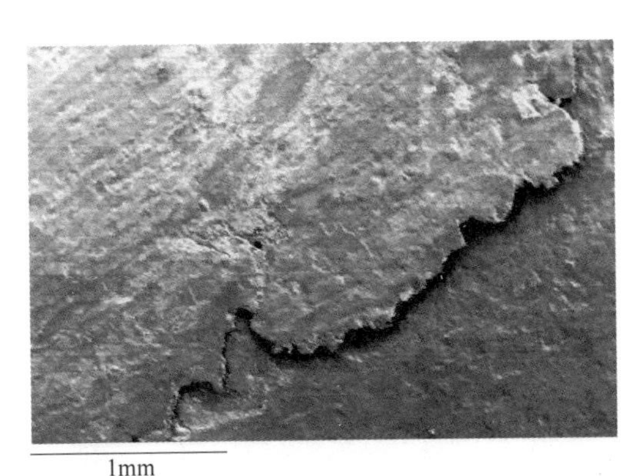

(b) 微观形貌特征

图 3.13 热轧板翘皮缺陷

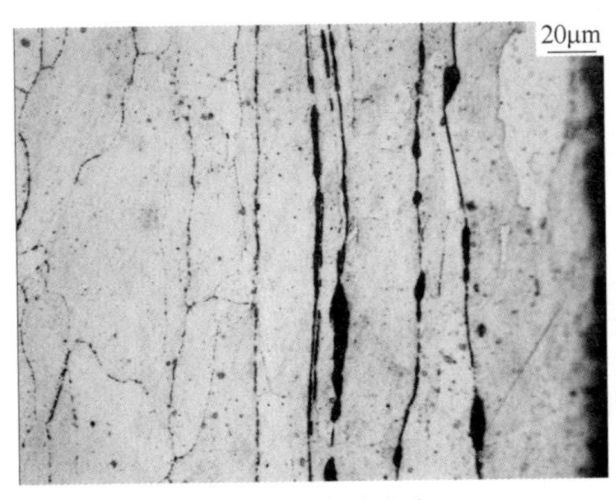

(a) 皮下多层氧化皮

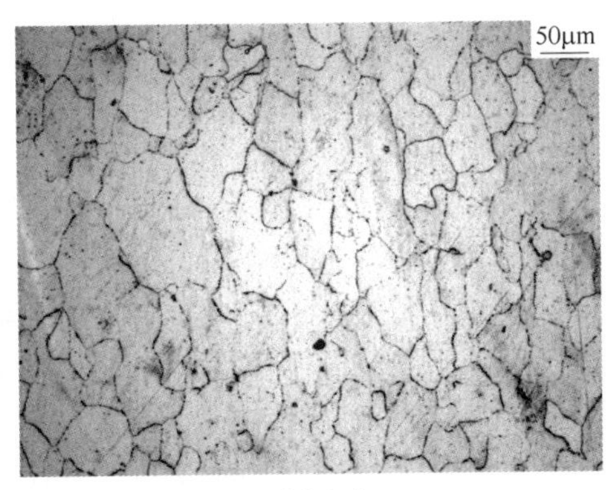

(b) 金相组织

图 3.14 热轧板翘皮缺陷截面金相试样

含硼热轧钢板主要成分为 C 0.09%，Mn 0.36%，连铸坯发生角裂，热轧后发现表面翘皮缺陷，形貌见图 3.15（a）。制备翘皮处截面金相试样，皮下也呈多层氧化铁皮特征（图 3.15（b）~（d））。表面晶粒大小不一，与基体存在差异。

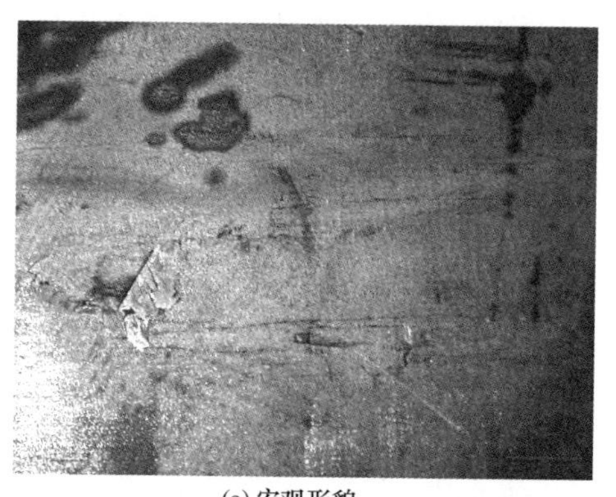

(a) 宏观形貌

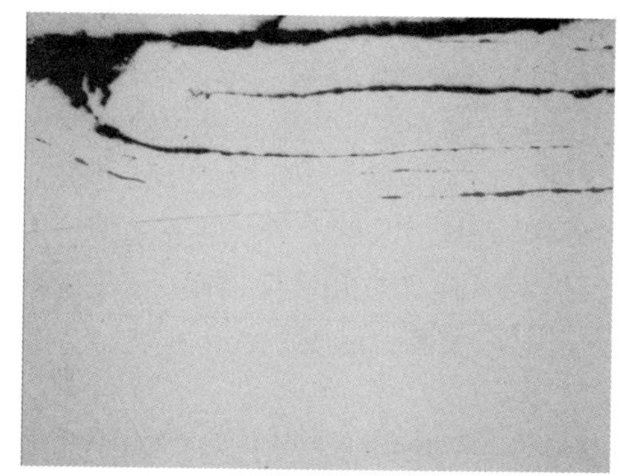

(b) 多层折叠

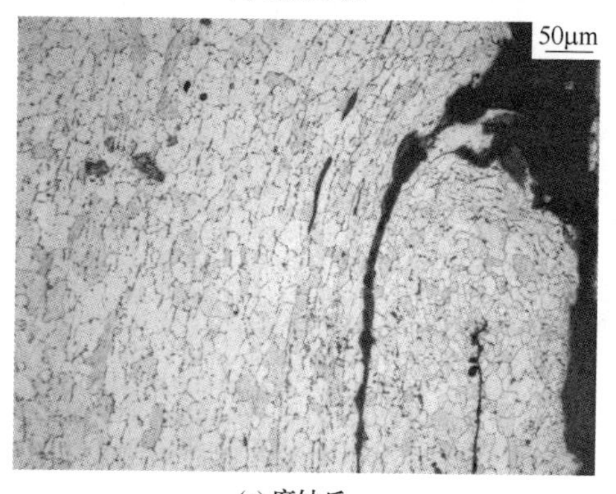

(c) 腐蚀后

(d) 金相组织

图 3.15　热轧板翘皮缺陷特征

上述钢种碳含量很低，基本上不含合金元素，没有足够的活性较高的合金元素，内氧化不以生成内氧化颗粒为表现形式，而氧向基体内沿晶界扩散则表现为沿晶氧化。

当钢种碳含量较高时，内氧化的特征则较为明显。图 3.16 所示的翘皮上存在内氧化颗粒。制备翘皮状缺陷截面金相试样，界面上断续分布着呈浅灰色的氧化铁（图 3.16（b）），腐蚀后发现氧化脱碳严重，晶粒长大（图 3.16（c））。

使用电子探针对内氧化颗粒进行分析，大颗粒的成分分析结果见图 3.16（d），为 Mn、Al、Si 的氧化物颗粒。

所观察的翘皮晶粒明显长大，存在氧化脱碳现象，其上分布着弥散的内氧化颗粒。结合钢板的生产流程，内氧化过程发生在热轧之前的加热炉内。连铸坯在炉内被加热到 1200℃ 保温 4h 以上，具备内氧化过程发生的条件。

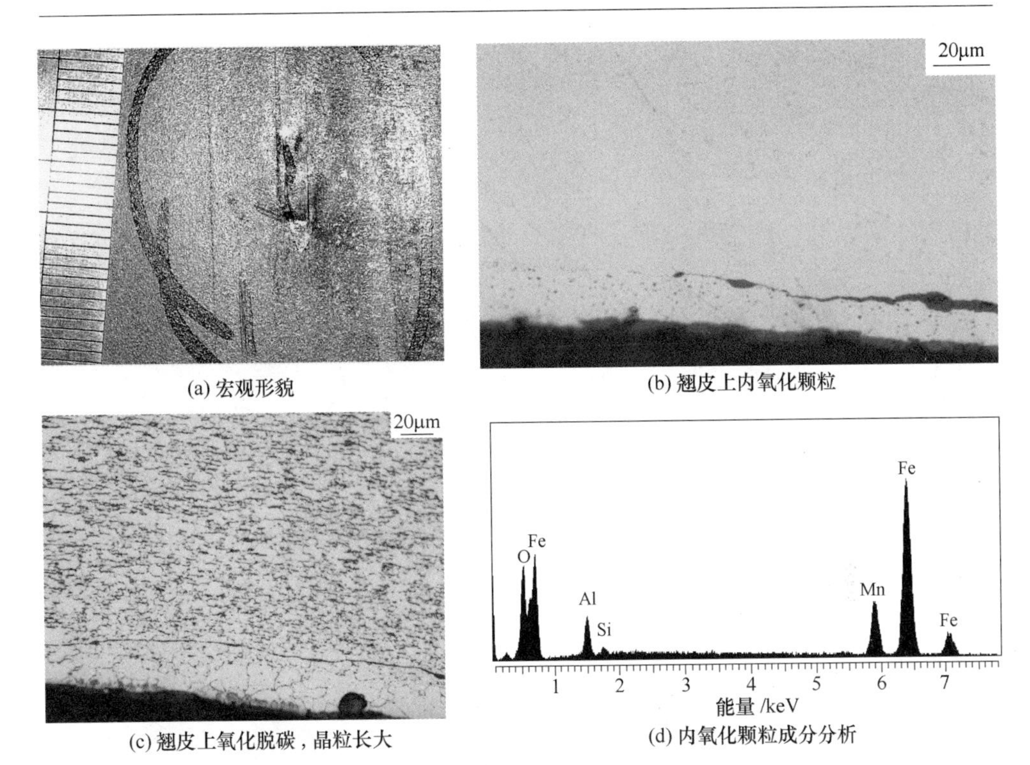

(a) 宏观形貌　(b) 翘皮上内氧化颗粒

(c) 翘皮上氧化脱碳，晶粒长大　(d) 内氧化颗粒成分分析

图 3.16　热轧板翘皮缺陷形貌及成分分析

翘皮缺陷一般伴有折叠的特征。图 3.17 所示缺陷两侧基板表面以及氧化膜的形貌均不相同，上边较为平坦，而另一边呈现出波纹状的挤压形貌，由于表面的氧化膜很薄，其表面特征继承了基体表面形貌的特征。

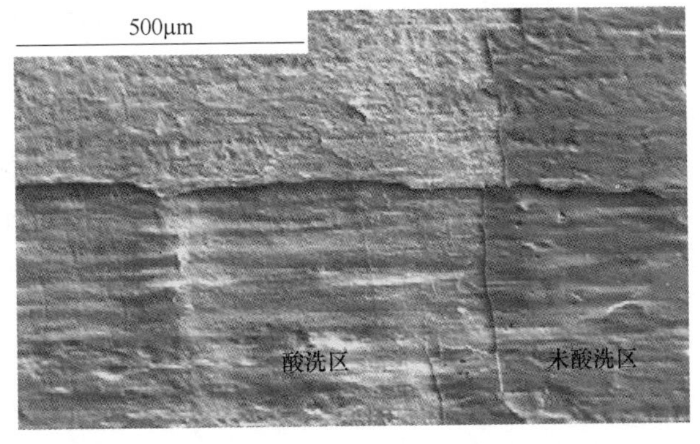

图 3.17　热轧板折叠形貌氧化膜及基板电子显微分析

将折叠条状缺陷酸洗后，顺着其延伸方向观察，折叠的程度逐渐减轻，由一斜的狭缝演化到一浅的沟槽，见图 3.18（a）~（c）。沟槽上生长的氧化膜与其周

围基板上生长的氧化膜无明显的差异，然而氧化膜掩盖了基体表面的缺陷，且较难以酸洗，酸洗之后的形貌与其边部正常的基板表面的形貌也截然不同（图3.18（d））。这种表面特征将决定该处热轧时层流冷却生成的水汽膜与正常处不同，从而生成的氧化膜具有不同的组成。

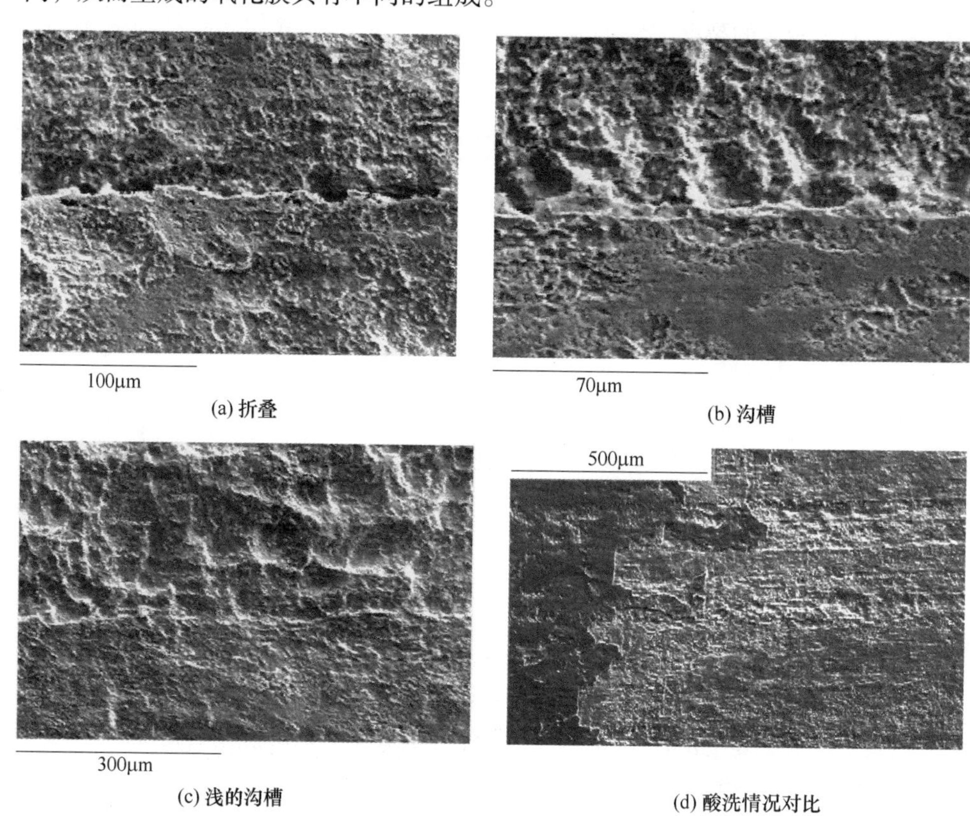

(a) 折叠　(b) 沟槽　(c) 浅的沟槽　(d) 酸洗情况对比

图 3.18　折叠缺陷的演化

铸坯内部近表面的针孔、气泡、夹杂以及表面微小裂纹等，在轧制过程中易在带钢上表面边部（薄弱处）暴露，在往返轧制过程中或卷取过程中部分表皮分层剥离翘起造成翘皮缺陷。如果是表面裂纹，在铸坯的再加热过程中还会发生氧化脱碳，在裂纹内形成的氧化膜及内氧化颗粒在热轧时无法轧合而导致多层折叠；板坯加热炉中造成的底面擦伤或其他原因造成的板面受损等初始缺陷在后续的轧制过程中承受过压轧制也会形成折叠；轧制时边部材料流动不均匀，或板坯边部不适当变形、辊型配置不合理等原因，也可能引起多层折叠，尤其在冬季以及产线不具备边部加热器或保温罩等设备时。因此为了避免翘皮缺陷的发生，应加强设备点检与维护，保证加热炉及轧制线辊道的正常运行，避免擦划板坯；优化轧制工艺，保证道次变形均匀。在炼钢方面要优化炼钢、精炼工艺，提高钢质纯净度；热轧前对连铸坯表面质量检验特别重要，尤其是对微小角裂纹的检验。对于易出缺陷的铸坯采取表面清理，边部扒皮等措施。

3.2.3 边裂

铸坯表面较大的裂纹在轧制过程中易引起带钢边裂。供长江三桥用 36mm 厚钢板，化学成分见表 3.2。

表 3.2 钢板的主要成分 (%)

C	Si	Mn	Nb	V	Ti
0.12	0.29	1.43	0.02	0.06	0.01

板坯在连铸之后热送直接轧制，经 910℃保温 72min 正火后发现厚板边部呈撕裂的“V”字形特征，凹陷达 140mm，见图 3.19，可以清晰地分辨出撕裂表面的变形流线特征。

(a) 边部撕裂

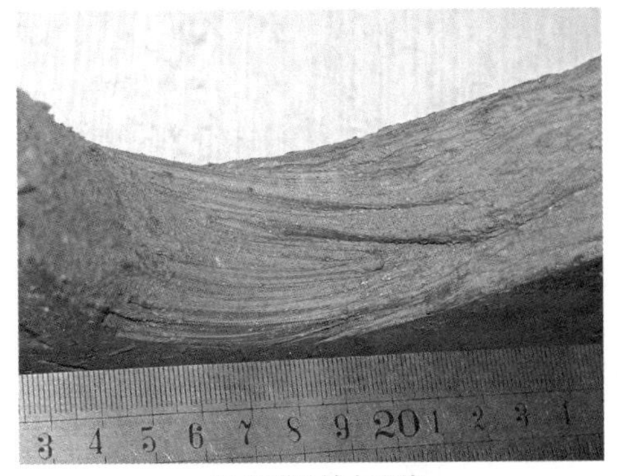

(b) 撕裂处放大形貌

图 3.19 厚板边部的凹陷

切割缺陷试样检验，取截面金相试样进行观察，边部撕裂特征明显（图 3.20（a）），在高温下发生氧化脱碳，试样边部沿晶氧化（图 3.20（b）），内氧化颗粒已经形成条带（图 3.20（c）、（d））。

这种边裂易出现在板坯轧制过程，如果铸坯边部存在缺陷，高温下氧化脱碳，轧制时形变能力存在差异；同时轧辊调整不好、辊型不合适或边部温度低，轧制时因延伸不好而破裂，最终导致钢板边部凹陷。

图 3.21 为 1580 轧线热轧板边部撕裂形貌。制备截面金相试样进行显微分析，见图 3.22。图 3.22（a）、（b）示出边部撕裂处“掉肉”的形貌，而裂纹尖端的塑性变形流线依然存在（图 3.22（c）），说明变形温度较低，终轧时未发生动态回复和再结晶，边部的温度已降至铁素体区以下；高倍下发现在近裂纹表面发生沿晶界氧化（图 3.22（d））。

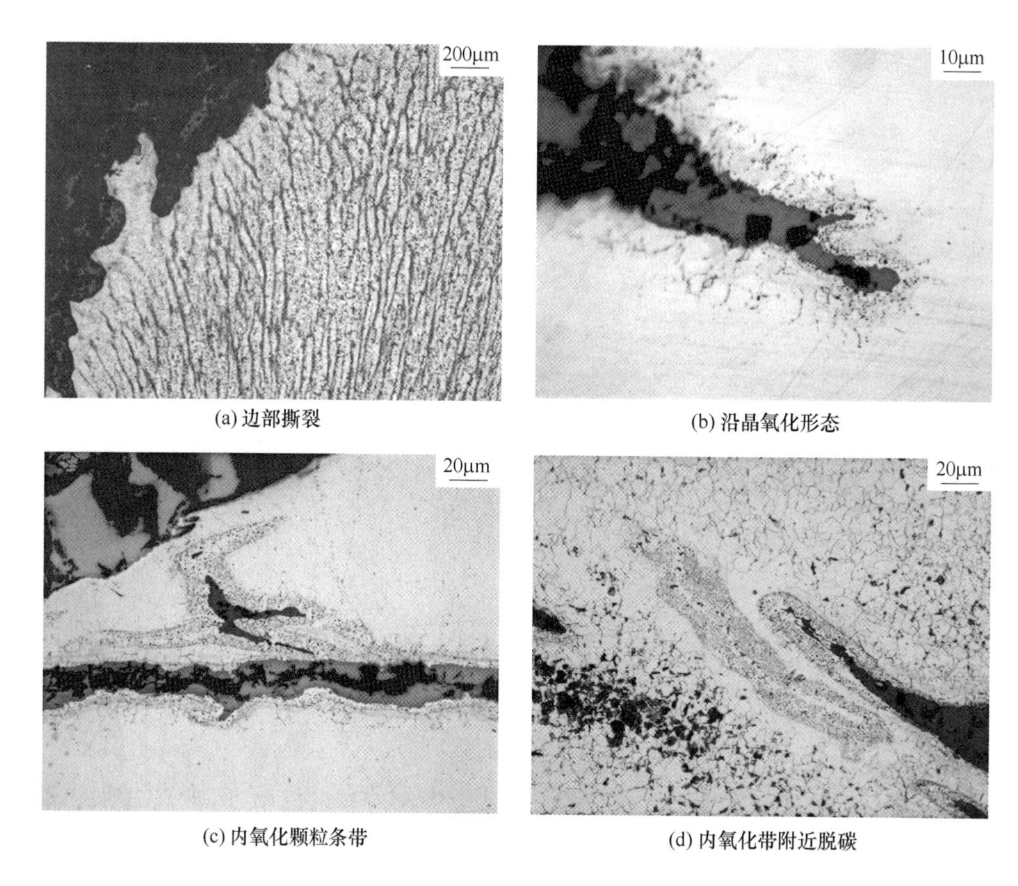

(a) 边部撕裂　　(b) 沿晶氧化形态

(c) 内氧化颗粒条带　　(d) 内氧化带附近脱碳

图 3.20　厚板缺陷处截面金相分析

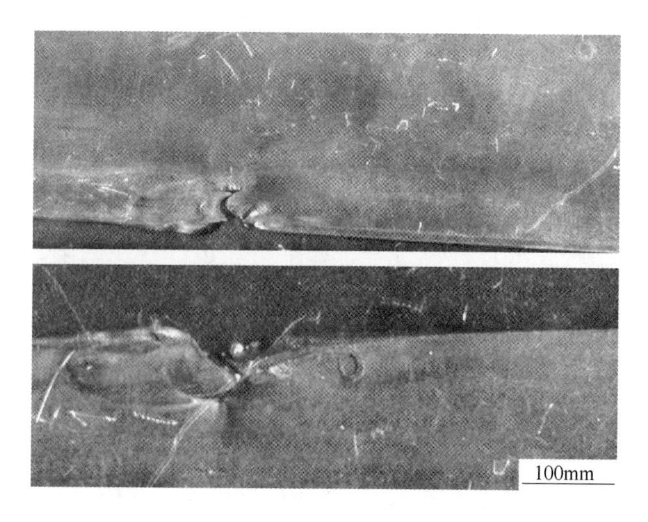

图 3.21　1580 轧线热轧板边部撕裂宏观形貌（正、反面）

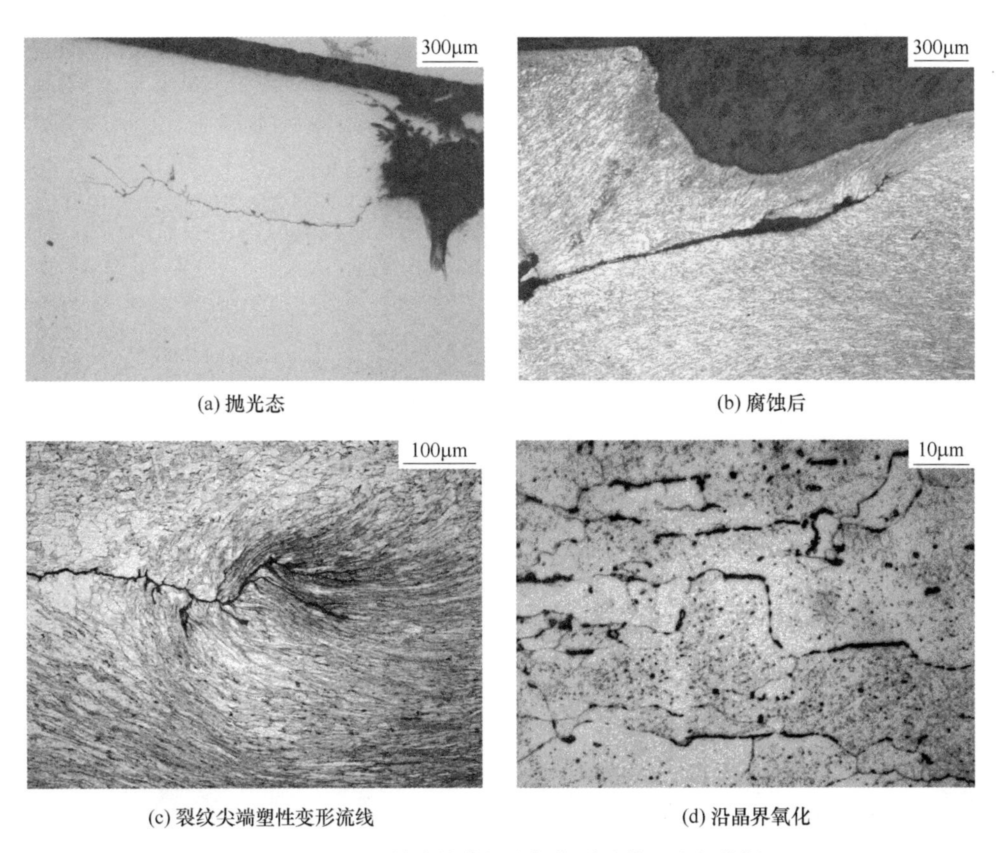

(a) 抛光态 (b) 腐蚀后

(c) 裂纹尖端塑性变形流线 (d) 沿晶界氧化

图 3.22 1580 轧线热轧板边部撕裂处截面金相分析

如果连铸坯表面无缺陷，即在连铸坯表面发生均匀的内氧化过程，经除鳞后轧制，内氧化颗粒将均匀分布于钢板的表面；在大的轧制应变之下，侧表面内氧化颗粒将诱发裂纹形核与扩展，可能发生沿晶开裂；如果热轧时板坯边部温度较低，温度的不均匀性导致了该部位的应变不协调，致使边部金属流动的速度赶不上轧制变形的速度则会发生边部撕裂现象。

而若连铸坯表面存在缺陷，如角裂纹，裂纹内生长的氧化膜将难以去除，并且轧制过程中裂纹两侧的内氧化颗粒将轧入钢板的基体。没有去除的氧化膜将轧入钢板，割裂基体的连续性，在轧制过程中产生翘皮缺陷，缺陷的不同的深度对应的折叠的程度也不同，翘皮处也可能断裂。

避免边部撕裂的措施有加强板形控制、采用合理的辊型配置，另外要采用边部保温措施，避免边部温度过低。

3.2.4 压入

金属或非金属外来物的压入会使带钢表面产生各种不同形状和尺寸的压痕，

通常无周期分布于带钢的全长或局部。断掉的碎屑在后续的轧制过程中会对钢板表面刻划、压入而产生压入缺陷，见图 3. 23。取下压入的翘皮，在电镜下观察，在断裂的翘皮下部则呈现出观察到的挤压的形貌（图 3. 23（b））。

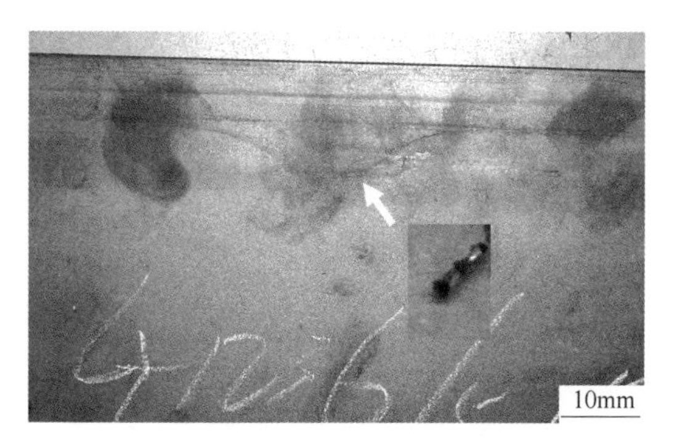

(a) 宏观形貌

(b) 电镜观察

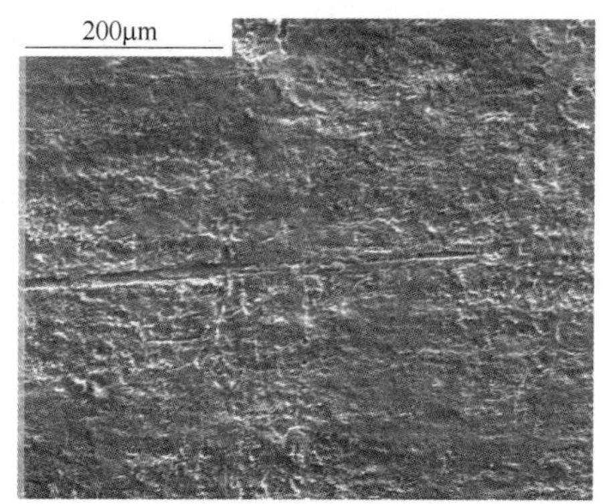

(c) 无缺陷部分酸洗后形貌比较

(d) 酸洗后压入坑附近的犁沟

图 3. 23　轧制过程压入缺陷宏观形貌及显微分析

对有压入物缺陷板条状缺陷处的局部区域予以保护，不予酸洗，见图 3. 23（c）。钢板表面的氧化皮遮盖了压入坑附近划伤的犁沟，由于压入物较小，犁沟浅而窄（图 3. 23（d））。

如果压入物较大将导致边部压入缺陷，见图 3. 24。制备截面金相试样进行显微分析，见图 3. 25。图 3. 25（a）、（b）示出边部压入物形成的反复折叠的形貌，腐蚀后压入物和基体的金相组织明显不同（图 3. 25（c）、（d））。

对于压入缺陷，应加强板坯的表面清理，去除外来物；加强轧制线上各设备零部件检修后的紧固，及检修后废弃物的清理。

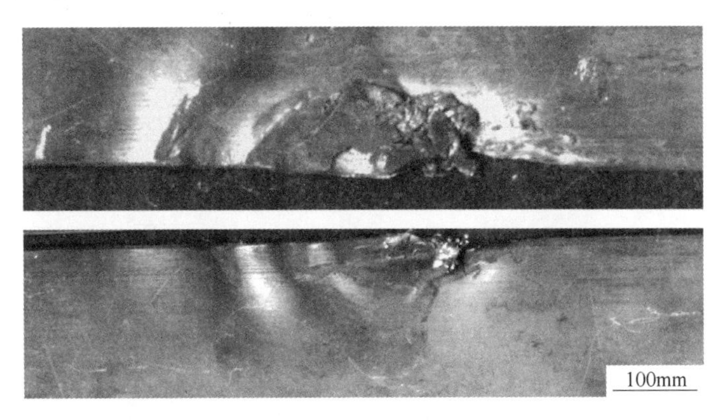

图 3.24 轧制过程边部压入宏观形貌（正、反面）

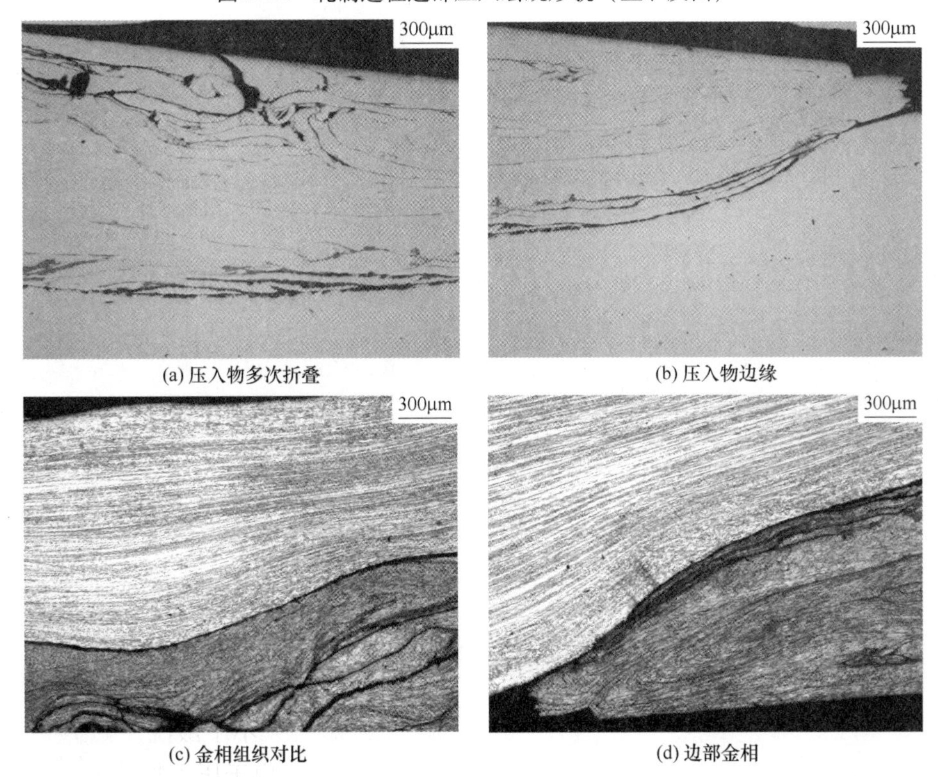

(a) 压入物多次折叠　(b) 压入物边缘

(c) 金相组织对比　(d) 边部金相

图 3.25 轧制过程压入缺陷宏观形貌及显微分析

3.3 初轧产品缺陷

相对于热轧板带，初轧产品的变形量较小。与连铸相比，初轧具有模铸大锭型、大压缩比、一火成材等特点，还具有规格变化灵活、易于小批量生产、轧态组织结构均匀的优势。初轧通过以轧代锻的方式批量生产的产品，其产品缺陷也具有不同的特征。

3.3.1　方坯直裂纹

35 钢锭经初轧成 142mm×142mm 方坯，精整时发现坯材表面有裂纹，经表面修磨后方坯表面仍然有裂纹存在，裂纹形貌沿轧制方向呈直线状，见图 3.26。

图 3.26　35 钢方坯表面直裂纹形貌

在垂直于线状裂纹缺陷的横截面制备金相试样。经金相显微镜观察，试样表面有数条裂纹，这些裂纹共同点是与表面垂直或略成角度，并由外向内延伸，见图 3.27；不同点是粗裂纹端部圆钝（图 3.27（a）），裂纹内有氧化铁，而一些较深的裂纹周围

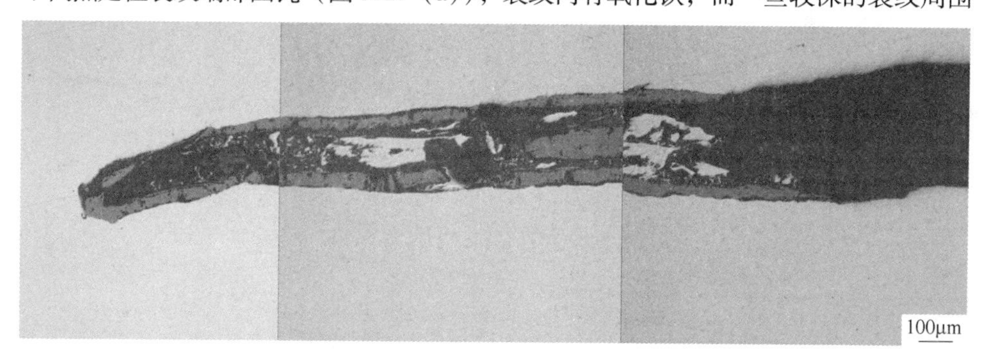

(a) 深的裂纹

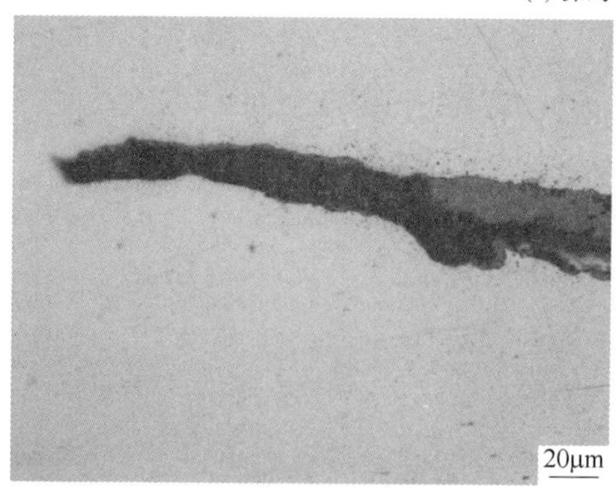

(b) 裂纹边部氧化颗粒

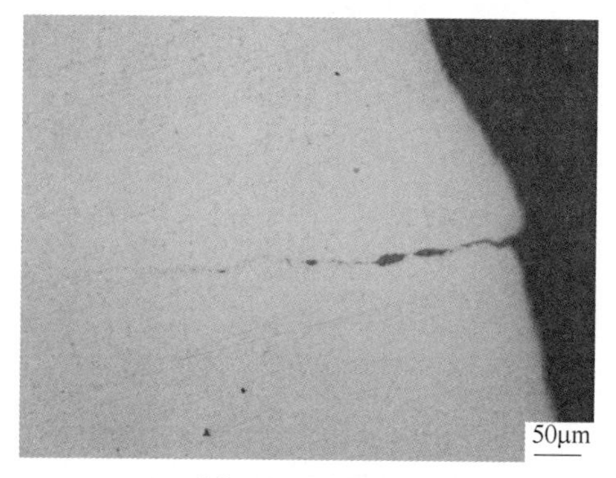

(c) 裂纹呈细线状向基体内延伸

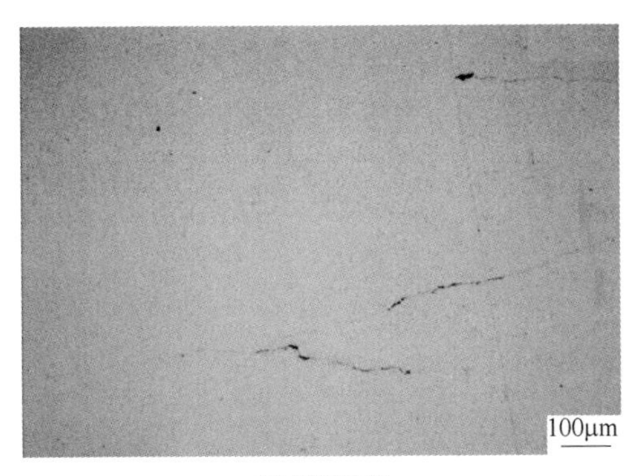

(d) 裂纹尖端

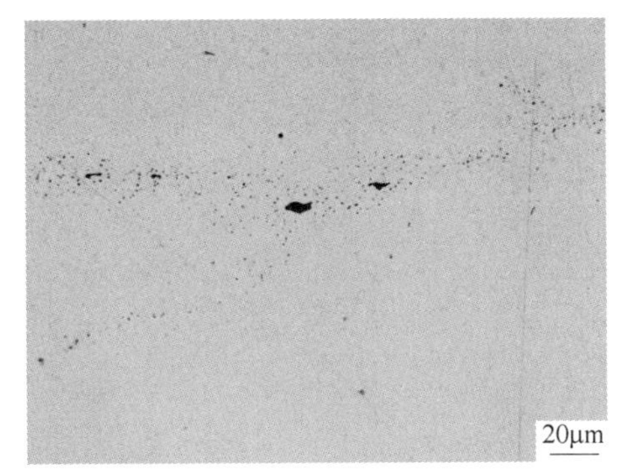

(e) 夹杂物及氧化圆点

图 3.27　35 钢方坯裂纹及扩展形貌

和尖端有氧化圆点呈细线状向基体内延伸，裂纹最深的达 4mm 左右，见图 3.27（b）、（c），在细裂纹内和氧化条带中夹有深灰色氧化物夹杂（图 3.27（d）、（e））。

使用硝酸酒精腐蚀后，金相组织形貌，为铁素体+珠光体组织，见图 3.28。图 3.28（a）为样品表面截面，显示出边部小的皱褶，图 3.28（b）为较浅的裂纹，周围未见氧化圆点。而图 3.28（c）则为深的裂纹，从变形流线看有 A、B、

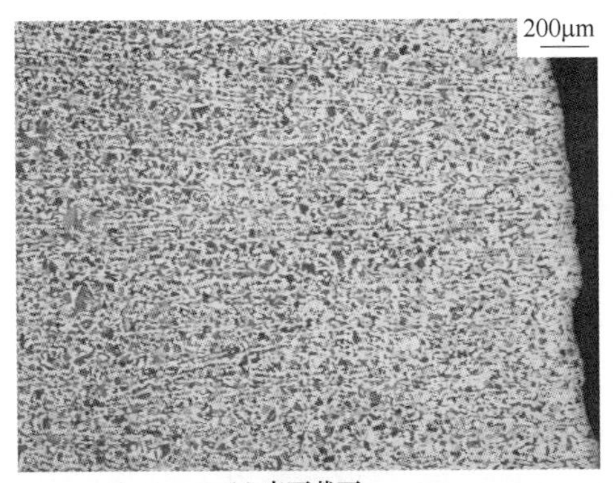

(a) 表面截面

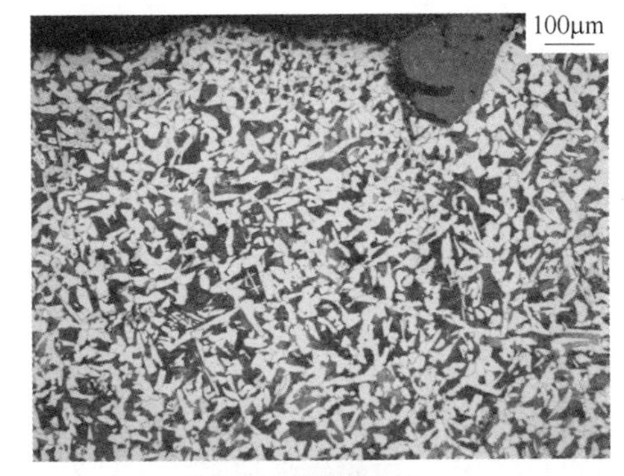

(b) 较浅的凹坑

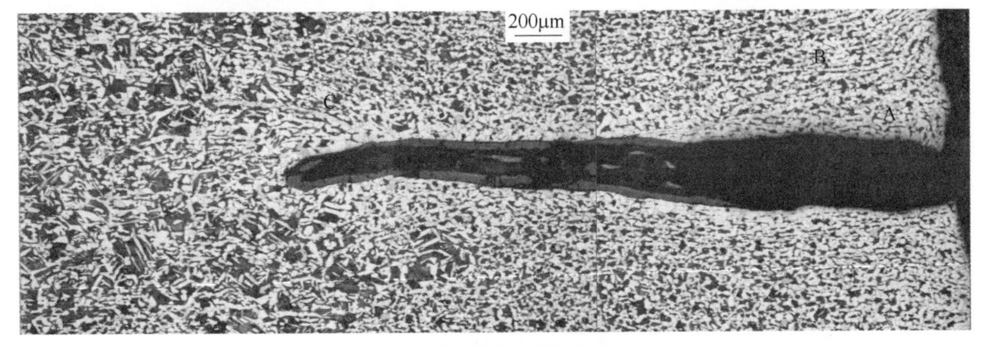

(c) 深的裂纹，裂纹边部

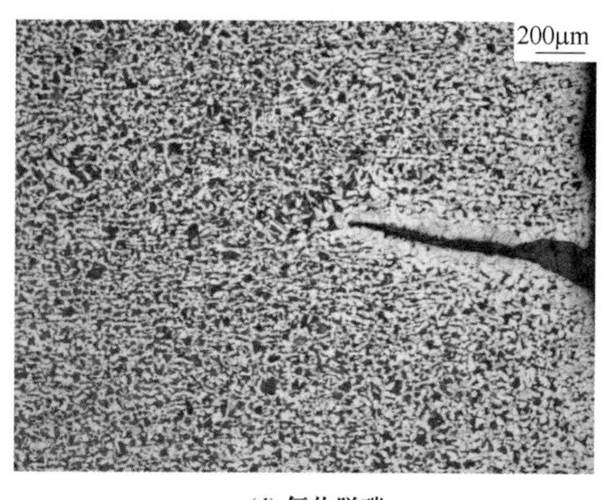

(d) 氧化脱碳

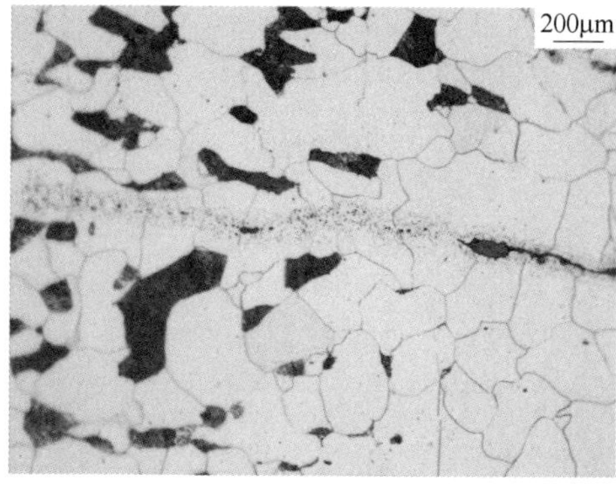

(e) 内氧化

图 3.28　35 钢方坯金相组织

C 三个不同的区域，显示出变形的不同历史过程，实际上图 3.28（a）~（c）给出了这种裂纹的形成过程，是由于轧制时表面的金属流动不均匀首先导致皱褶的发生，继而发展成小的裂纹（图 3.28（b）），随着变形量的增大，发展成底部圆钝的深的裂纹（图 3.28（c））。

而另一种尖的裂纹则有明显的氧化脱碳及内氧化特征，见图 3.28（d）、（e）。经电子探针能谱仪分析裂纹内氧化成分主要是 O 和 Fe 元素，裂纹周围和尖端氧化圆点为二次氧化颗粒，其成分含有 O、Fe、Si、Mn 元素，见图 3.29（a）。经电子探针能谱仪对细裂纹内和氧化条带中深灰色氧化物夹杂进行分析，其成分含有 O、Fe、Si、Mn、Al、S 和少量 Ca 元素，见图 3.29（b），为冶炼夹杂。含有这种缺陷的钢坯在高温加热时又发生氧化脱碳及内氧化现象，裂纹割裂的变形的连续性，使得两侧的流变不同，图 3.29（c）裂纹两侧的错边就是不同变形程度的结果。

由以上分析可知，所观察的裂纹一种是轧制过程中表层氧化铁皮轧入造成，另一种为钢坯原始冶金缺陷，经高温加热后发生氧化脱碳及内氧化现象。

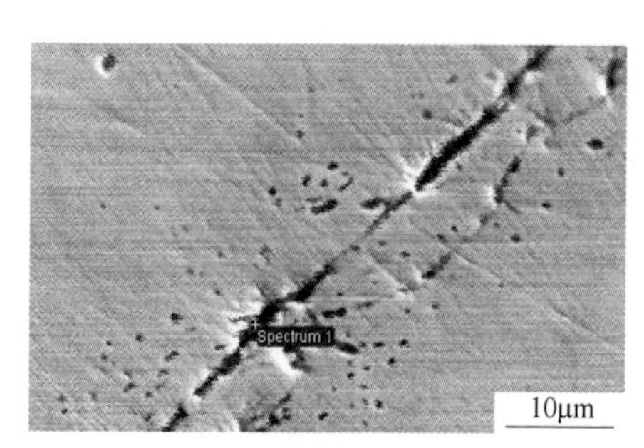

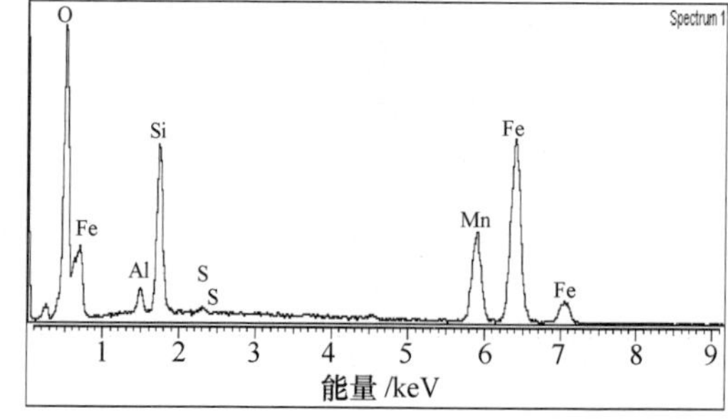

(a) 细裂纹内深灰色氧化物夹杂形貌及成分谱图

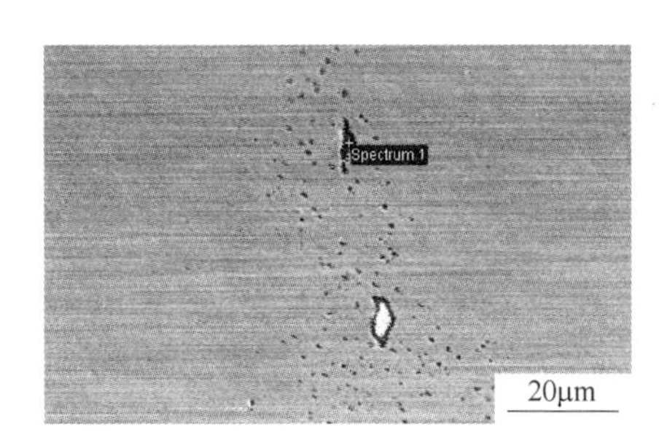

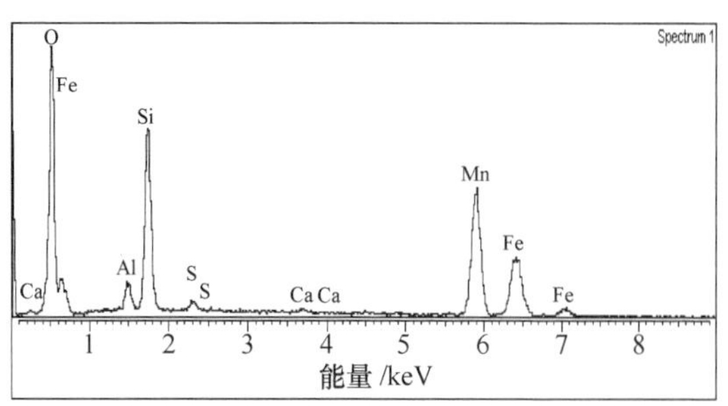

(b) 氧化条带中深灰色氧化物夹杂形貌及成分谱线图

图 3.29 35 钢方坯细裂纹内和氧化条带

3.3.2 舌状开裂

140mm×140mm 热轧小方坯表面舌状开裂严重，见图 3.30（a）。制备试样横截面金相试样，发现裂纹内充满灰色氧化物，裂纹尖端存在内氧化颗粒（图 3.30（b）），腐蚀之后，显示明显脱碳现象（图 3.30（c）、（d））。

制备纵截面金相试样，发现存在明显的折叠裂纹，裂纹两边有很多带状夹杂物（图 3.31（a），（b））。其等级为硫化物类 3 级，氧化铝类 3.5 级。裂纹尖端铁素体晶粒细小，见图 3.31（c），这是由于裂纹尖端大的应变造成的铁素体再结晶细化现象。

使用电子探针测定夹杂物的成分（图 3.32），其中大量存在的点状氧化物为 Mn、Si、Cr 等元素的氧化物，另外夹杂物还含有 P、S 等元素富集，促进了裂纹的扩展。

(a) 宏观形貌

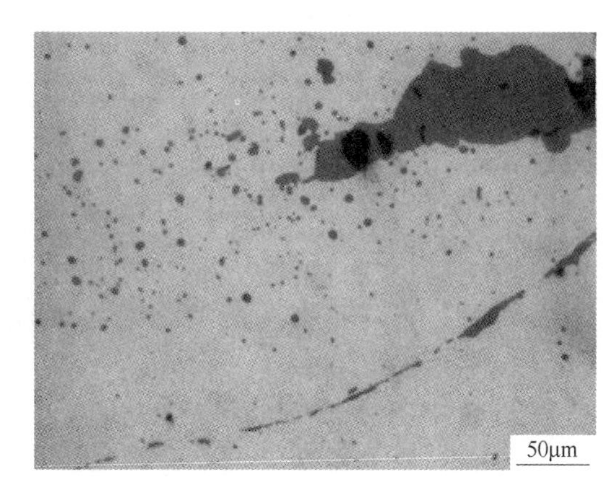

(b) 裂纹尖端形貌

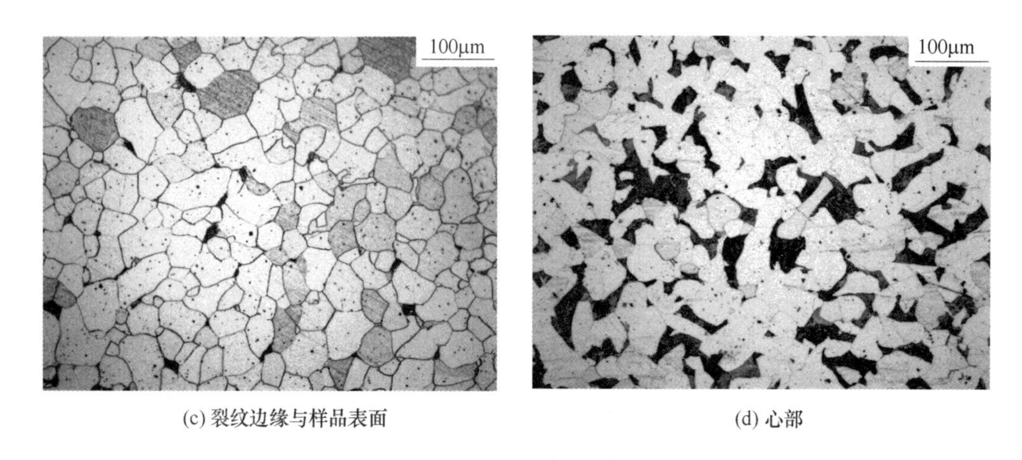

(c) 裂纹边缘与样品表面　　(d) 心部

图 3.30　140mm×140mm 热轧小方坯舌状开裂横截面金相分析

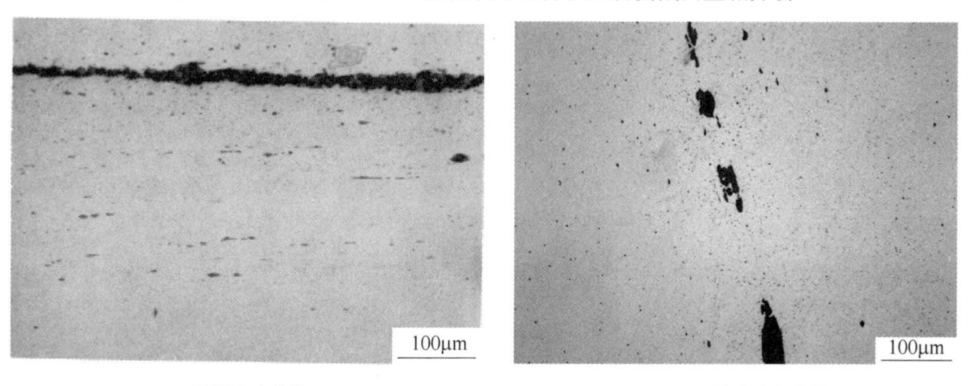

(a) 裂纹边硫化物　　(b) 裂纹边氧化物

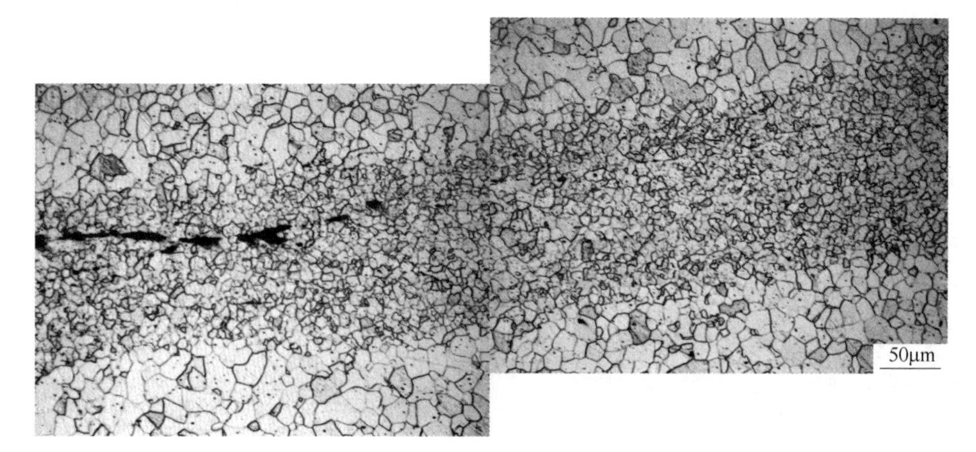

(c) 裂纹尖端细小的铁素体晶粒

图 3.31　140mm×140mm 热轧小方坯纵截面金相分析

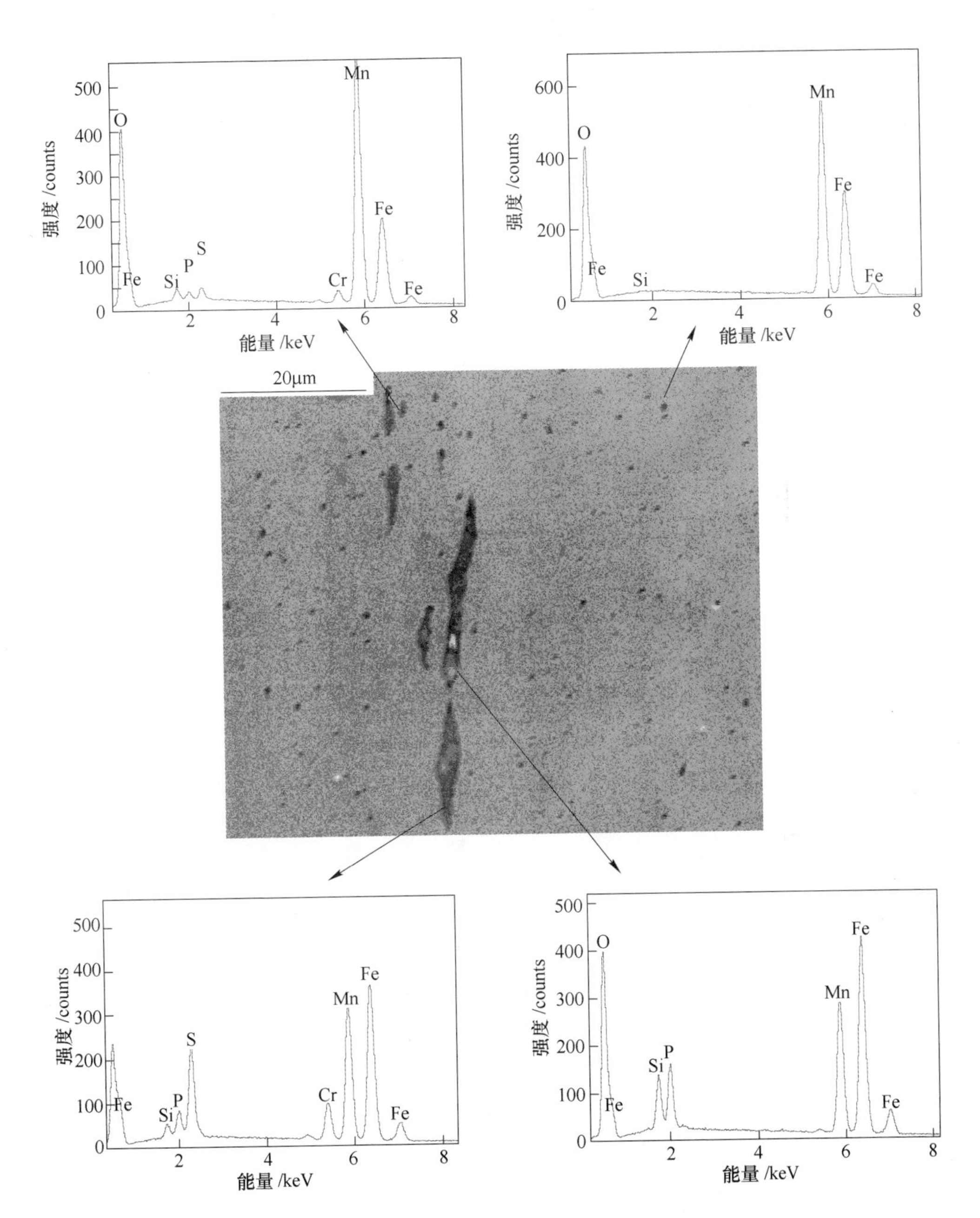

图 3.32 140mm×140mm 热轧小方坯钢中夹杂物成分分析

3.3.3 角部裂纹

IF 钢 100mm×100mm 小方坯角部出现裂纹，见图 3.33。

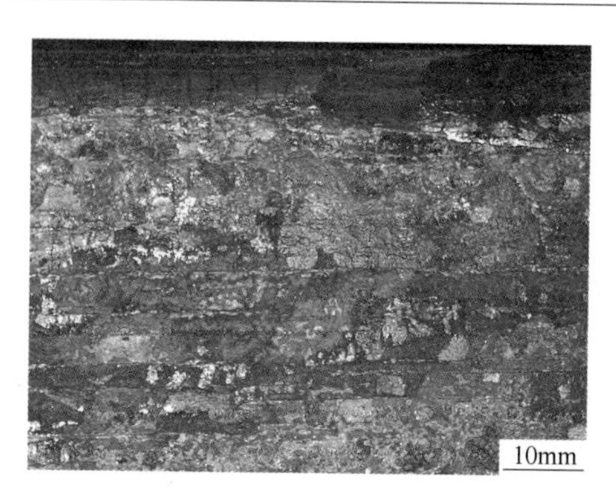

图 3.33　IF 钢 100mm×100mm 小方坯缺陷形貌

制备截面金相见图 3.34。裂纹所在位置下部区域点状氧化物呈带状集聚成束，其他部位点状氧化物弥散分布，点状氧化物等级达 3 级（图 3.34（a），(b)）。制备角裂部分截面金相试样，腐蚀之后，见图 3.34（c），在试样的外缘存在明显的细晶区，显然是由于形变量较大造成。由于碳含量很低，裂纹边缘与样品表面和心部相比，脱碳特征不明显（图 3.34（d））。

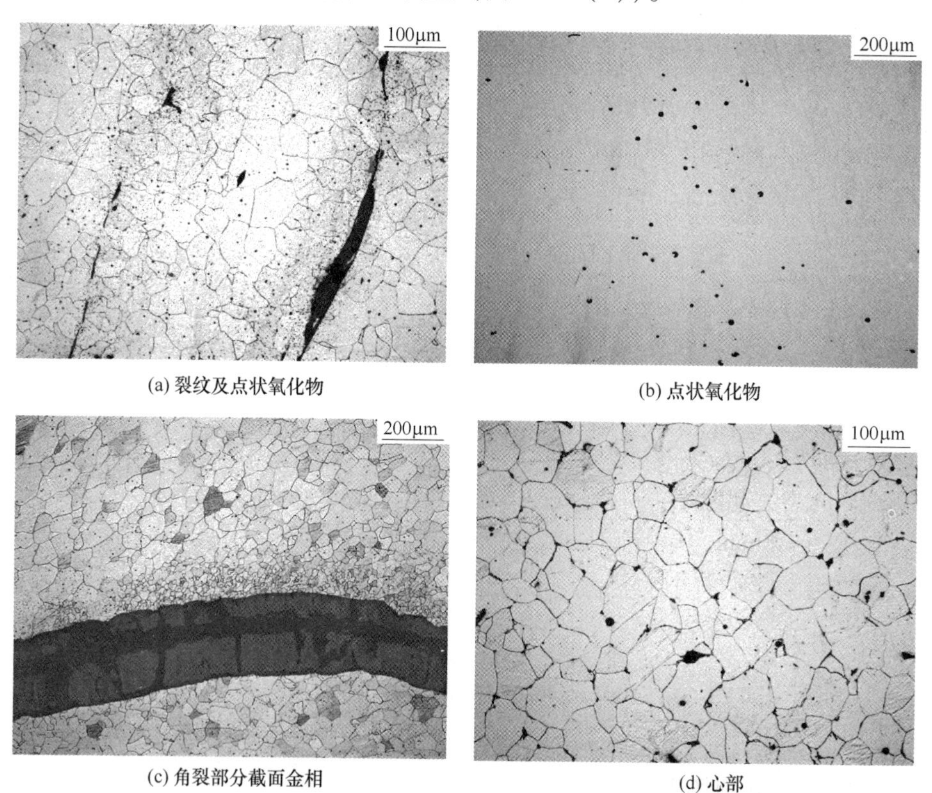

(a) 裂纹及点状氧化物　(b) 点状氧化物
(c) 角裂部分截面金相　(d) 心部

图 3.34　IF 钢 100mm×100mm 小方坯截面金相分析

电镜观察裂纹内灰色氧化物呈现拐折变形的特征，使用能谱对裂纹内及其附近氧化物进行成分分析（图 3.35），为 MnS 以及 Si、Mn 的氧化物。

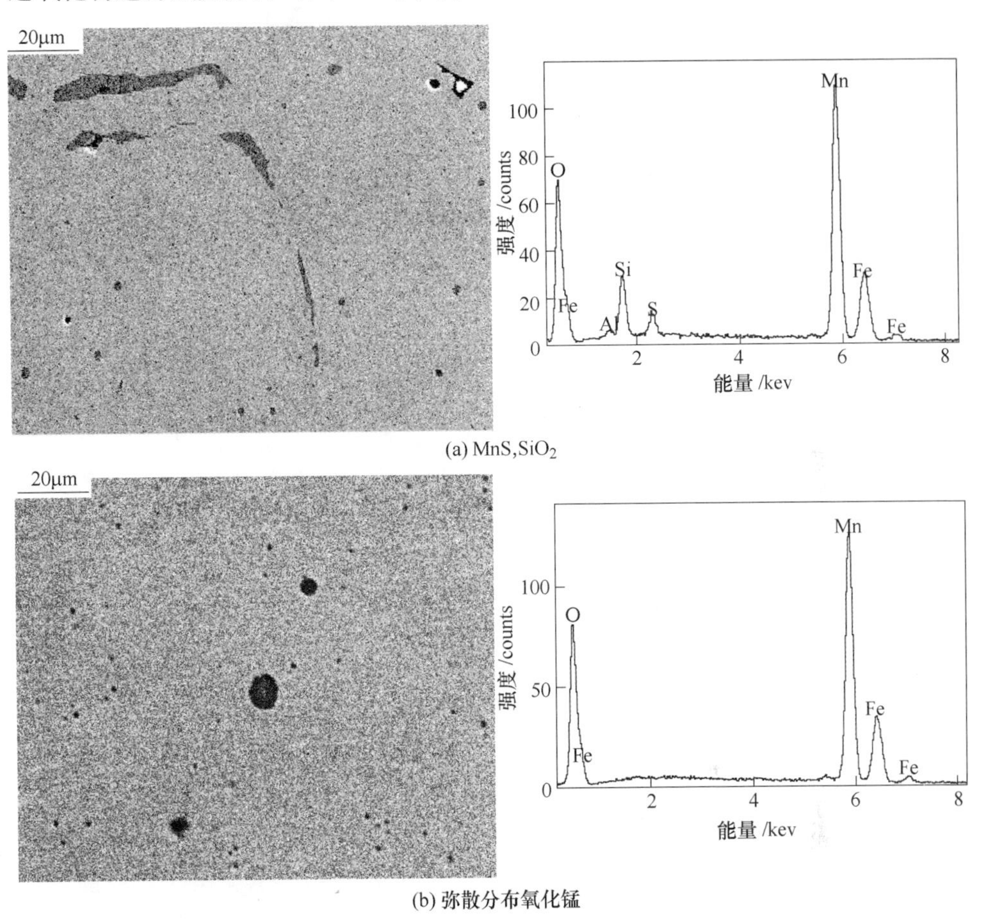

(a) MnS, SiO_2

(b) 弥散分布氧化锰

图 3.35 IF 钢 100mm×100mm 小方坯裂纹及其附近氧化物成分分析

100mm×100mm 方坯中存在的大量的锰的氧化颗粒说明该氧化物由冶炼引起，热轧时裂纹起源于夹杂物聚集处，轧制时裂纹延伸连接而成直裂纹。

在上述 100mm、140mm 两种方坯中都存在大量的锰的氧化物颗粒，夹杂物均已超过 3 级。若钢中存在过多聚集的 MnO_2 或 MnO，在后续加热中被氧化成 MnO_2 低熔点相，另外还有 P 或 S 杂质元素的富集，在热轧时都会导致方坯开裂。

3.3.4 圆坯卷渣

ϕ90mm 初轧圆坯表面出现舌状翘皮，翘皮有沿轧制方向伸长的，也有与轧制方向成一定角度的，见图 3.36（a）。

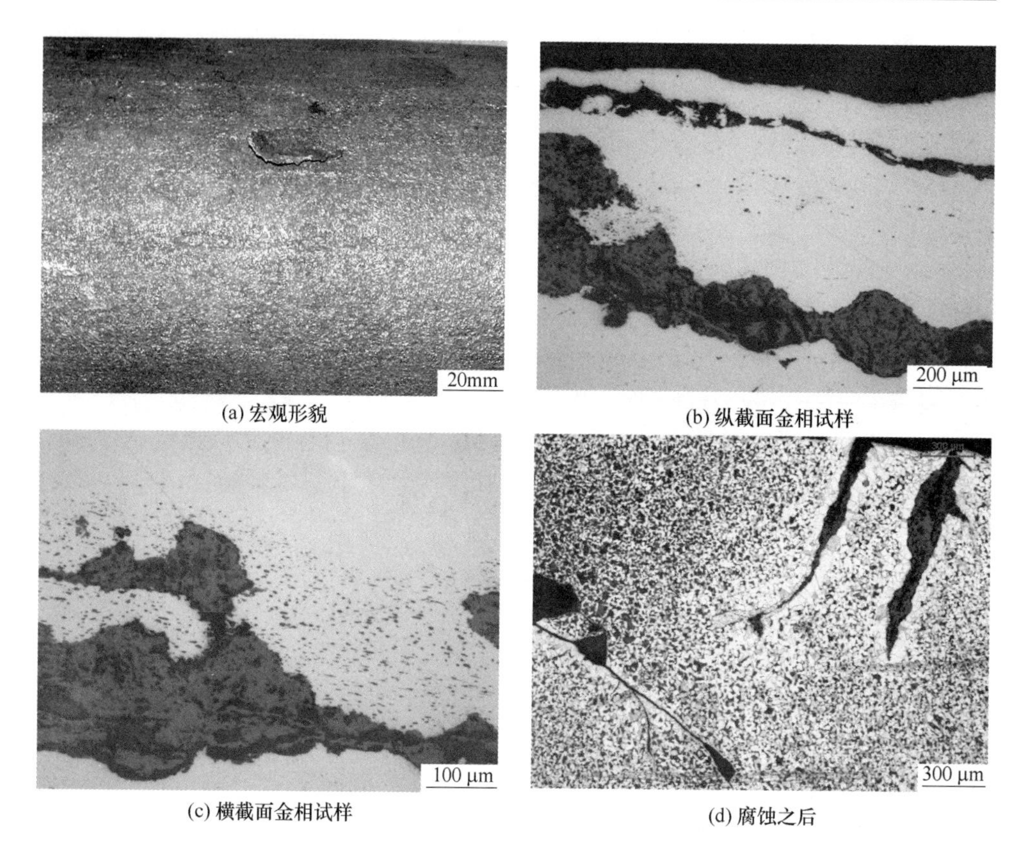

(a) 宏观形貌　(b) 纵截面金相试样

(c) 横截面金相试样　(d) 腐蚀之后

图 3.36　ϕ90mm 初轧圆坯翘皮缺陷及截面金相分析

在翘皮处取纵、横截面金相试样（图 3.36（b）、（d）），经金相显微镜观察，横截面翘皮下坯材表面存在多条裂纹，深度达 2mm 左右，裂纹内充满灰色物，裂纹周围及裂纹尖端有灰色小点，试样经 4%硝酸酒精溶液浸蚀后观察，裂纹两侧有脱碳，裂纹两侧脱碳层中的铁素体晶粒较粗大，基体组织为铁素体+珠光体。

裂纹边局部有弥散分布的椭圆形灰色小点，见图 3.37（a），经能谱成分分析裂纹边灰色小点成分主要含有 Si、Mn、O 等元素，有的小点只有单一的 Si 元素，见图 3.37（b），为未溶解的硅铁。

粗裂纹内灰色物成分主要含有 O 、Fe、Si、Mn 元素，细裂纹内灰色物成分主要含有 O、Si、Al、Ca、Mn、K、Na 等元素，见图 3.38，为钢渣卷入所致。

很显然，由于硅铁未完全熔化以及熔渣卷入形成凝固裂纹，在坯料的加热保温过程中而氧化脱碳，经初轧而形成了这种翘皮缺陷。

初轧产品缺陷特征和模铸坯规格、加热工艺制度、轧制工艺制度以及最终产品特点等密切相关。如 320mm×425mm 规格的大方坯，较连铸坯加热更难以热

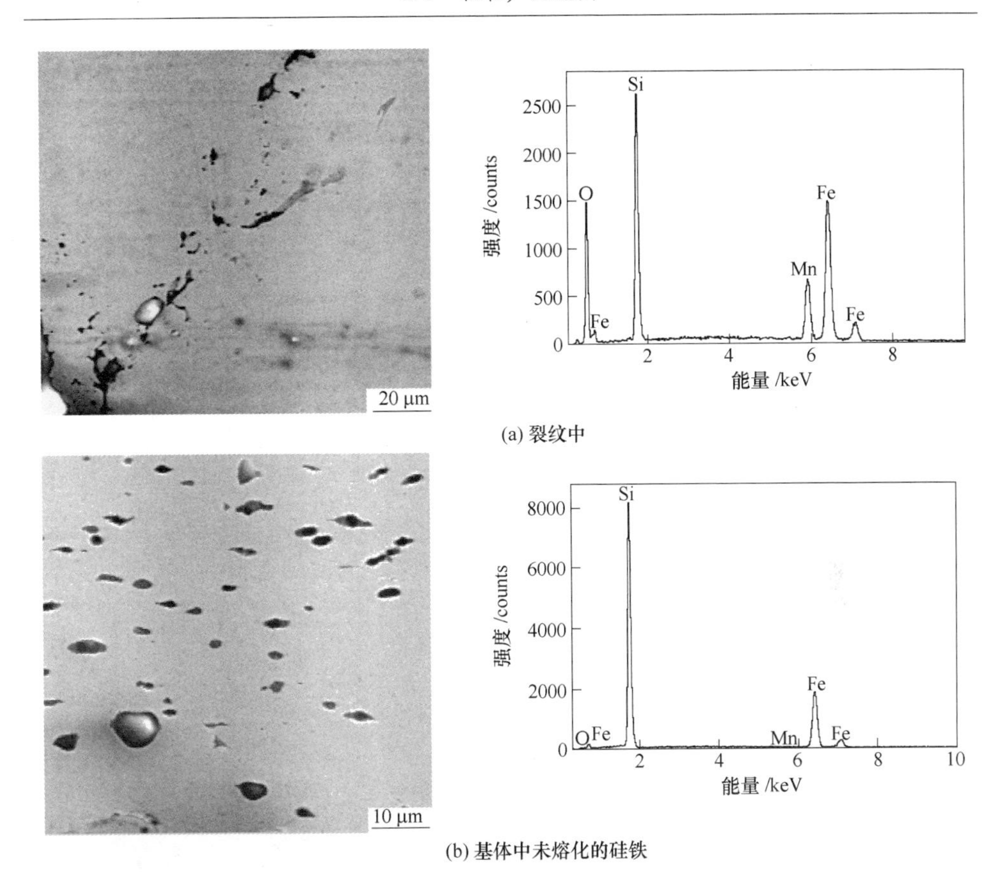

(a) 裂纹中

(b) 基体中未熔化的硅铁

图 3.37 ϕ90mm 初轧圆坯灰色小点形貌图及能谱分析

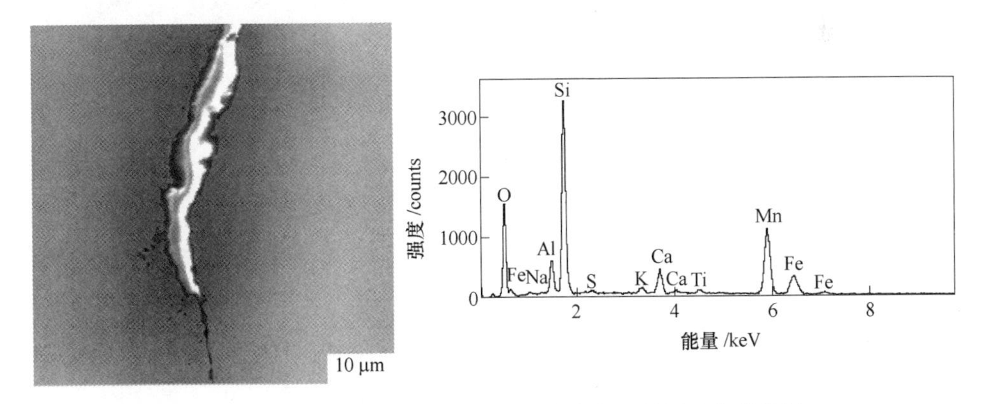

图 3.38 ϕ90mm 初轧圆坯细裂纹内灰色物形貌图及能谱分析

透，如果铸坯外表温度高而心部温度低，外部变形能力强而心部弱，轧制时则非常容易形成皱褶缺陷。同时，由于模铸坯的加热时间更长，铸坯质量缺陷更容易放大。这些在初轧产品设计以及缺陷分析时都应予以考虑。

3.4　钢管缺陷

热轧无缝钢管生产的一般工序流程为：圆管坯（连铸或初轧）→加热→穿孔→斜轧、连轧或挤压→再加热→定径（或减径）等，和板带相比钢管变形量更大，变形机制更为复杂[4]，热轧缺陷也别具特色。

3.4.1　斜轧内折

内折叠缺陷是无缝钢管热轧生产的主要缺陷之一，通常连铸坯轧制内折的产生主要受管坯内在质量、管坯的加热质量、工模具表面质量、轧制工艺等因素影响。而铸坯质量原因造成的内折叠缺陷是热轧中较难控制和调整的。常规影响轧制内折的铸坯缺陷主要有：连铸坯中心疏松、芯部缩孔、柱状晶在铸坯内的形态、大小及成分偏析、管坯夹杂（夹渣）等微观缺陷。二辊斜轧机组生产 ϕ177.8mm×9.19mm 规格套管产品的过程中出现一种类似刨花状的环形内折（见图 3.39），该钢种主要化学成分为 Cr+W+V=1.5%。

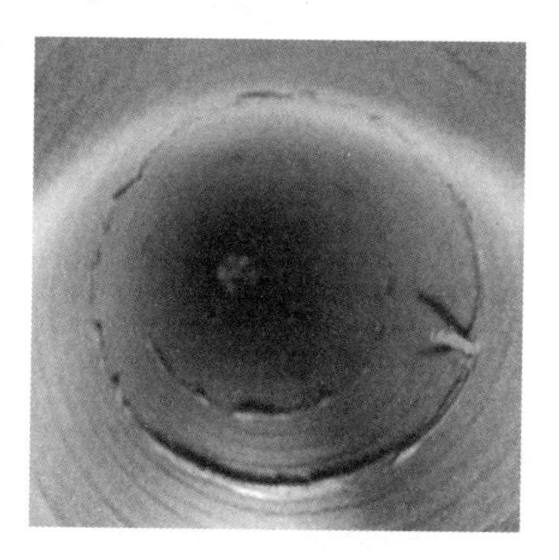

图 3.39　环形内折

将管体环状内折试样纵截面抛光，观察其裂纹根部高倍形态见图 3.40。可见内折叠根部裂纹向基体内延伸（图 3.40（a）），裂纹尖端向管体延伸处发现有多条内氧化产物带，沿轴向呈现近似平行状分布（图 3.40（b）），腐蚀后裂纹边部有脱碳现象（图 3.40（c）、（d））。

对管坯低倍试样进行酸洗检验显示，部分管坯中部区域疏松区域直径与管坯直径的比值达 45%，疏松严重。对已取的管坯横截面试样进行抛光，观察其高倍形态可见，缩

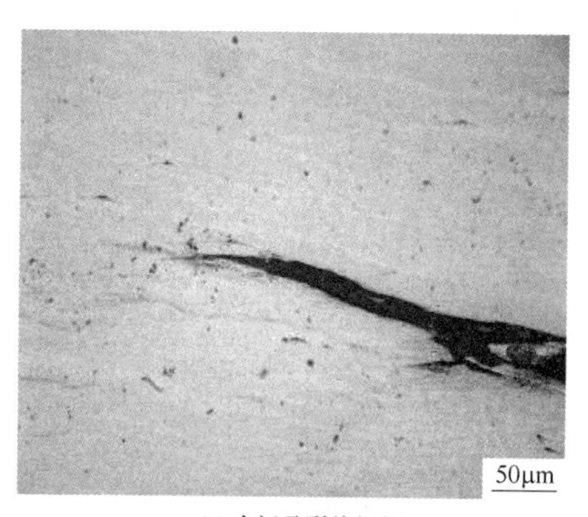

(a) 内折叠裂纹根部

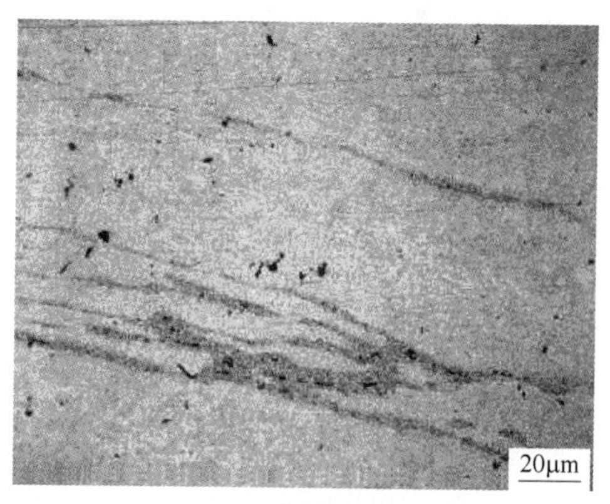

(b) 内氧化产物带

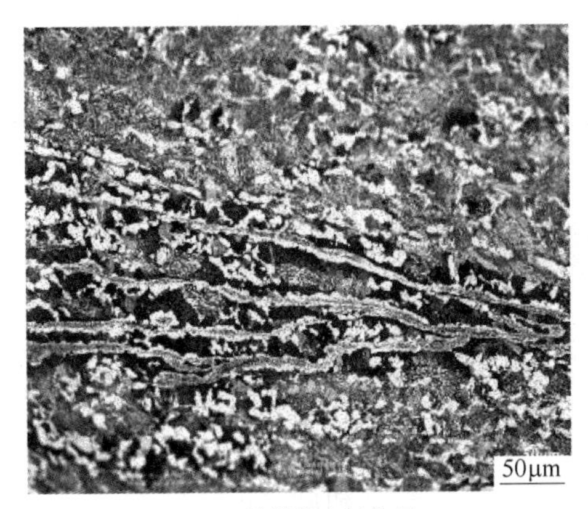

(c) 放射状内氧化带

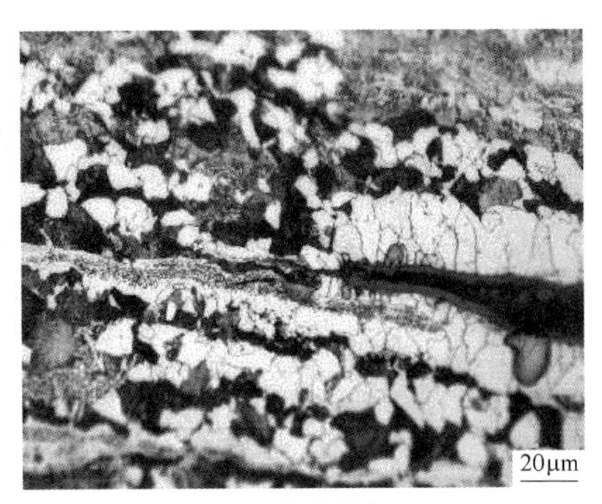

(d) 氧化脱碳

图 3.40 管体环状内折试样金相分析

孔（见图 3.41）内同样充满夹渣，对其进行成分分析，主要含有 O、Al、Mg、Ca 等，为钢包保护渣卷入物或中间包覆盖剂卷入物。缩孔内还发现存有未溶解的钨，见图 3.41（b），这种硬质点易割裂组织流变的连续性。

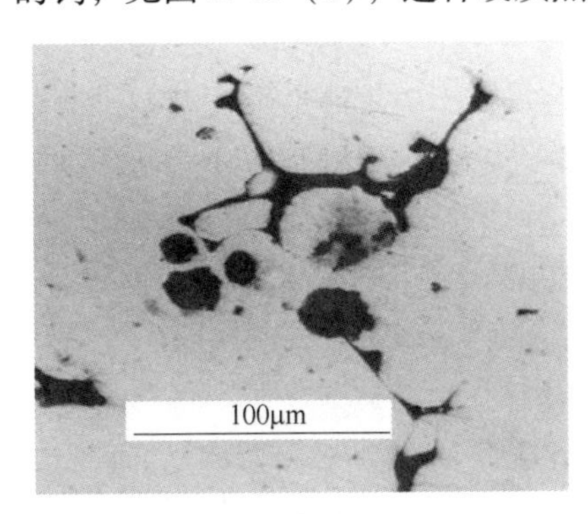

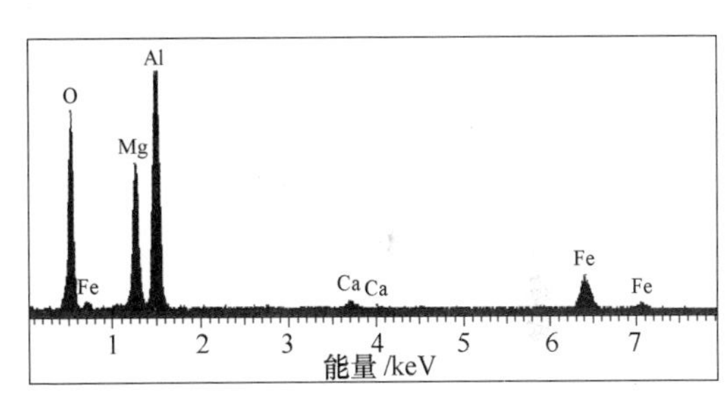

(a) 夹渣

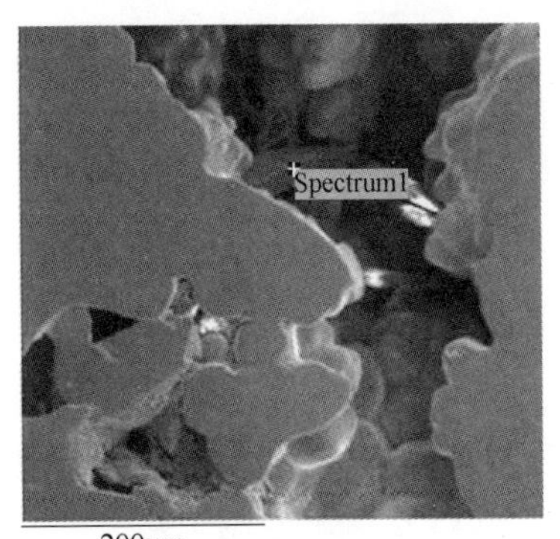

(b) 未溶解的钨

图 3.41 管坯缩孔内成分分析

针对该内折缺陷，生产过程中对管坯加热、穿孔工艺进行持续调整试验，内折均无改善迹象。至生产后期，在 4 支穿孔前卡掉队管坯中发现端部出现严重的缺陷孔腔或撕裂现象，明显异于常规前卡管坯内腔形态，见图 3. 42。

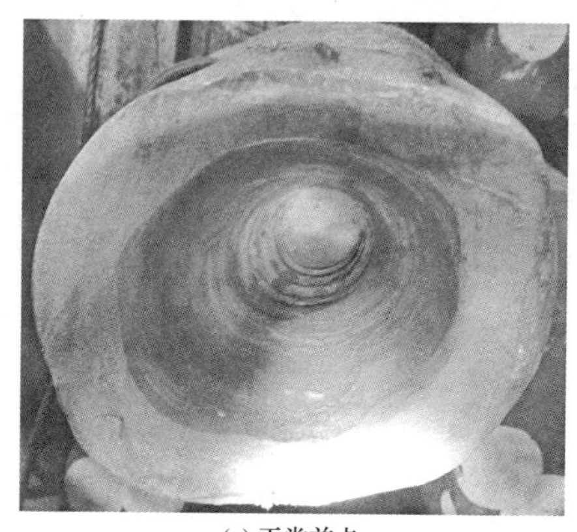

(a) 正常前卡

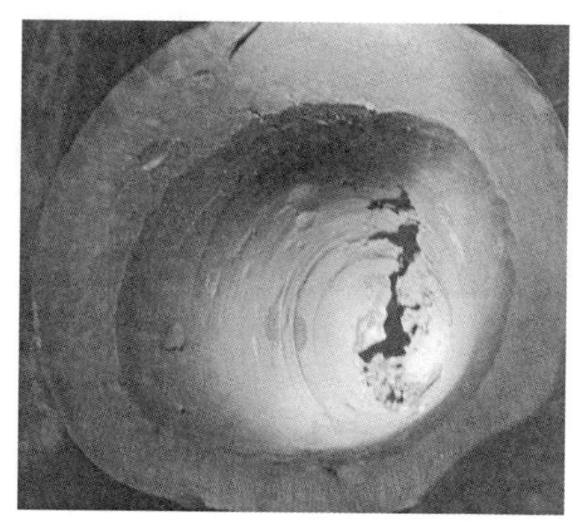

(b) 本次异常前卡

图 3. 42　穿孔形成的内腔

在斜轧穿孔过程中管坯在交叉旋转的两个轧辊作用下螺旋前进，金属随之在轧辊及顶头的共同作用下扭转延展变形（见图 3. 43）[5]。当内部组织均匀时，轧制过程中金属变形抗力及其流动速度均连续变化，但当芯部存在局部被氧化的中心疏松孔或中间裂纹后，组织的不连续性和较低的热塑性，在较小的变形量下，便可能过早形成异常孔腔。同样，夹杂物的存在也将因无法轧合而成为裂纹源，在轧制过程中的交变应力作用下，裂纹源持续扩大形成翘皮层，在轧辊与顶头的交错辗轧作用下，翘皮层被碾折并最终撕裂，此后在穿孔后的轧制工序内折延伸，最终形成螺旋薄铁皮状内折。

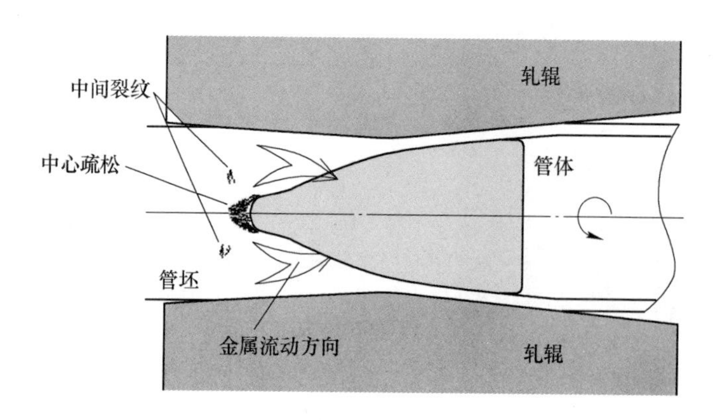

图 3. 43　斜轧穿孔内折产生过程分析图

3.4.2　毛管断裂

40Mn2管坯在穿孔过程中发生断裂，断口1试样宏观形貌见图3.44（b），使用扫描电镜观察，断口表面已经覆盖一层氧化物，见图3.44。

(a) 宏观形貌

(b) 低倍形貌

(c) 断口表面覆盖物

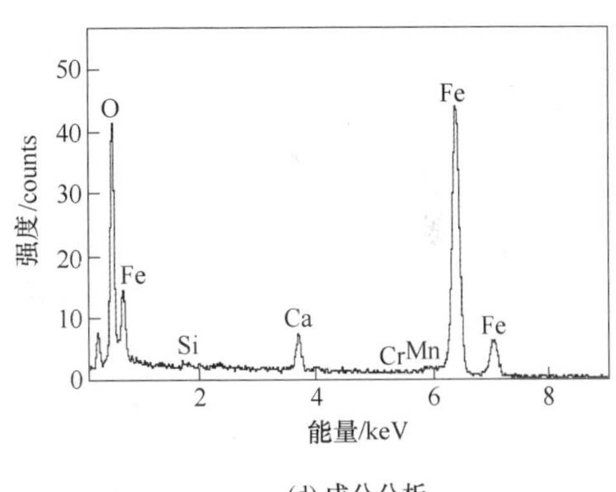

(d) 成分分析

图3.44　40Mn2管坯断口1形貌及成分分析

近断口1cm处垂直轴向制备低倍试样，近内缘有空洞存在，酸洗后，有脱碳现象，宏观形貌见图3.45。

制备断口处纵截面金相试样，形貌特征见图3.46。显示出裂纹两边内氧化以及脱碳的特征（图3.46（a）~（c）），表明裂纹存在于加热之前。试样魏氏体组织特征明显（图3.46（d）），原奥氏体晶粒达100μm以上，说明加热温度偏高或保温时间过长。

(a) 酸洗前

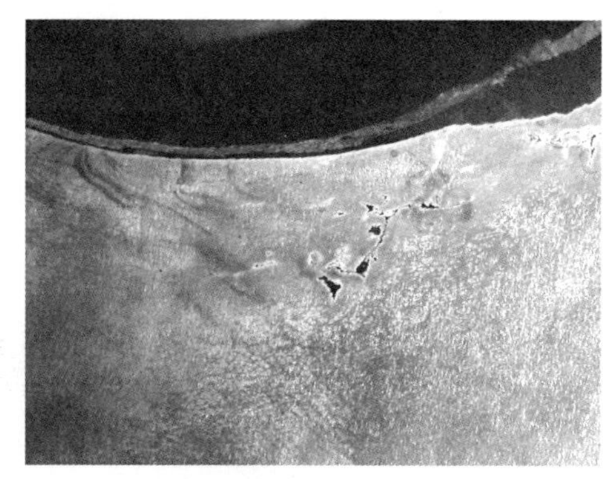
(b) 酸洗后

图 3.45　40Mn2 管坯试样低倍酸洗

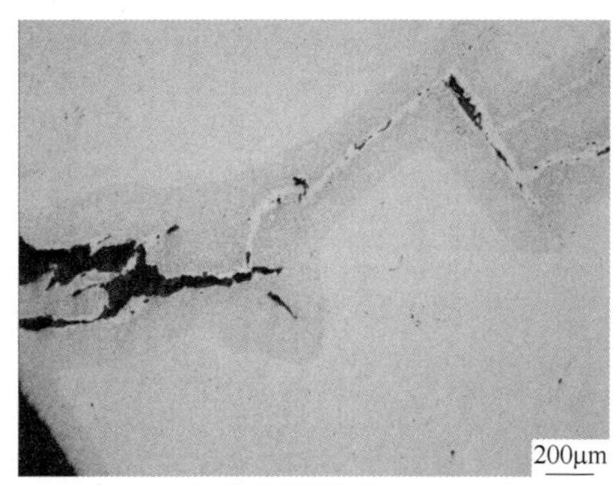

(a) 裂纹扩展特征

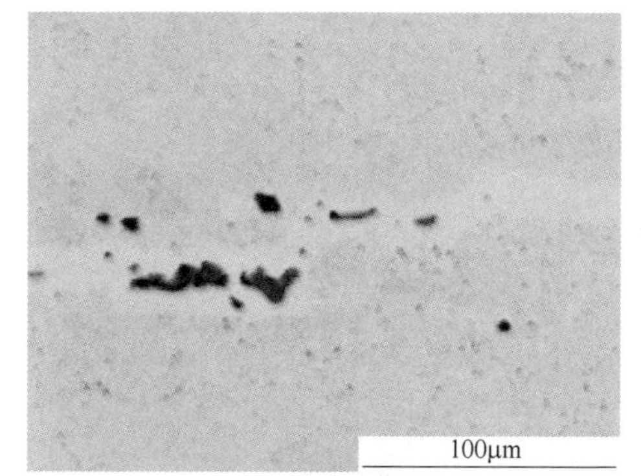

(b) 内氧化形貌

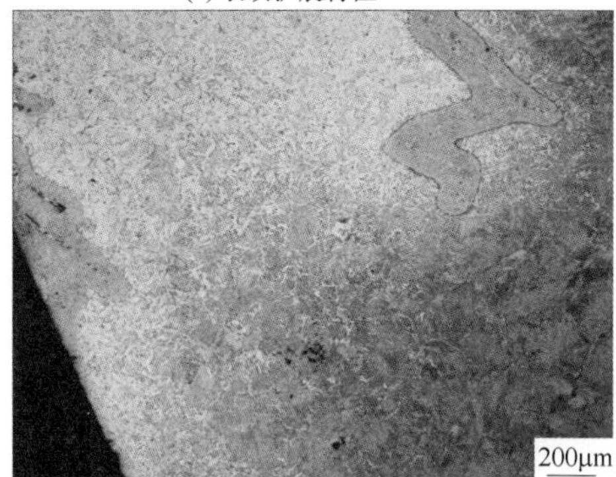

(c) 表面脱碳

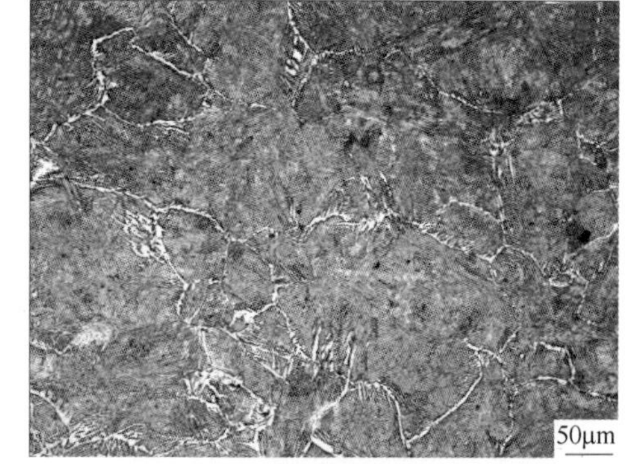

(d) 晶界魏氏体组织

图 3.46　40Mn2 管坯断口 1 试样截面金相分析

断口 2 的宏观形貌见图 3.47（a），低倍形貌典型特征见图 3.47（b）。

电镜观察断口 2 形貌特征，靠近外壁的平断口的沿晶断口、河流花样等特征依稀存在（图 3.48（a）、（b）），靠近外壁为拉长的韧窝（图 3.48（c）、（d）），说明裂纹从外壁起源并向内壁扩展。

(a) 宏观形貌

(b) 低倍形貌特征

图 3.47 40Mn2 管坯断口 2 的低倍形貌

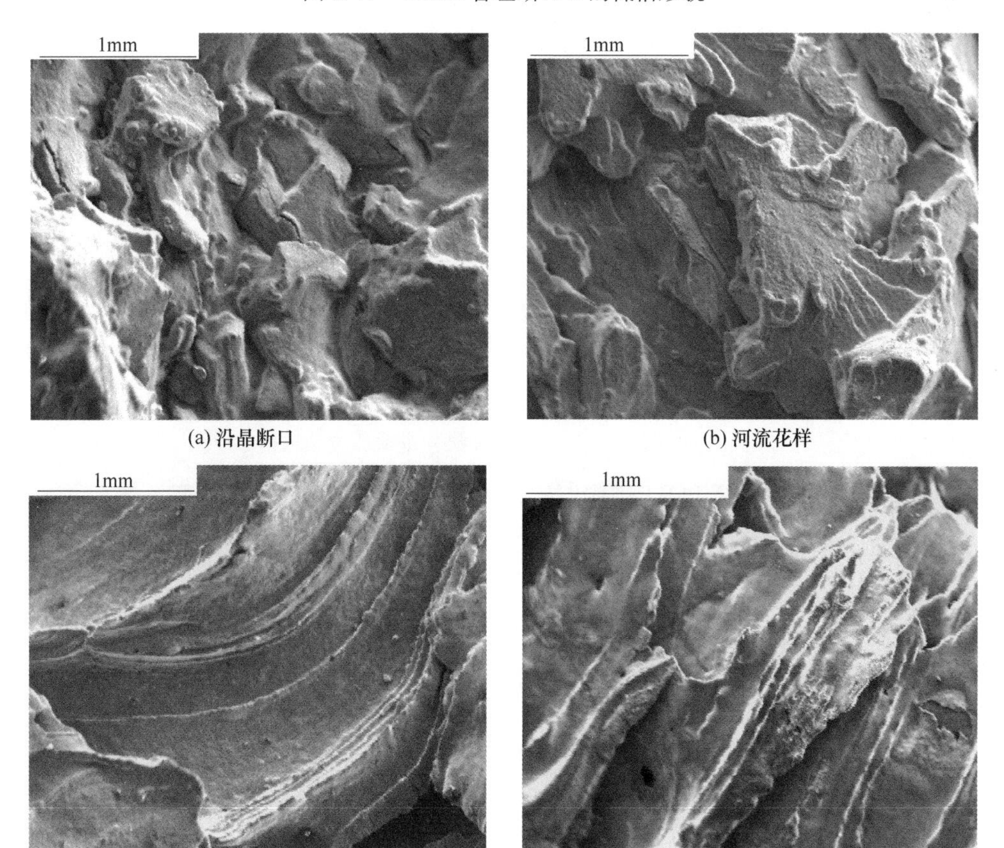

(a) 沿晶断口 (b) 河流花样

(c) 弧状拉长韧窝 (d) 拉长韧窝

图 3.48 40Mn2 管坯断口 2 从外缘至内缘形貌

制备断口处纵截面金相试样，形貌特征见图3.49。显示出裂纹两边内氧化以及脱碳的特征。断口2试样魏氏体组织也十分明显，见图3.50，原奥氏体晶粒也在100μm以上。

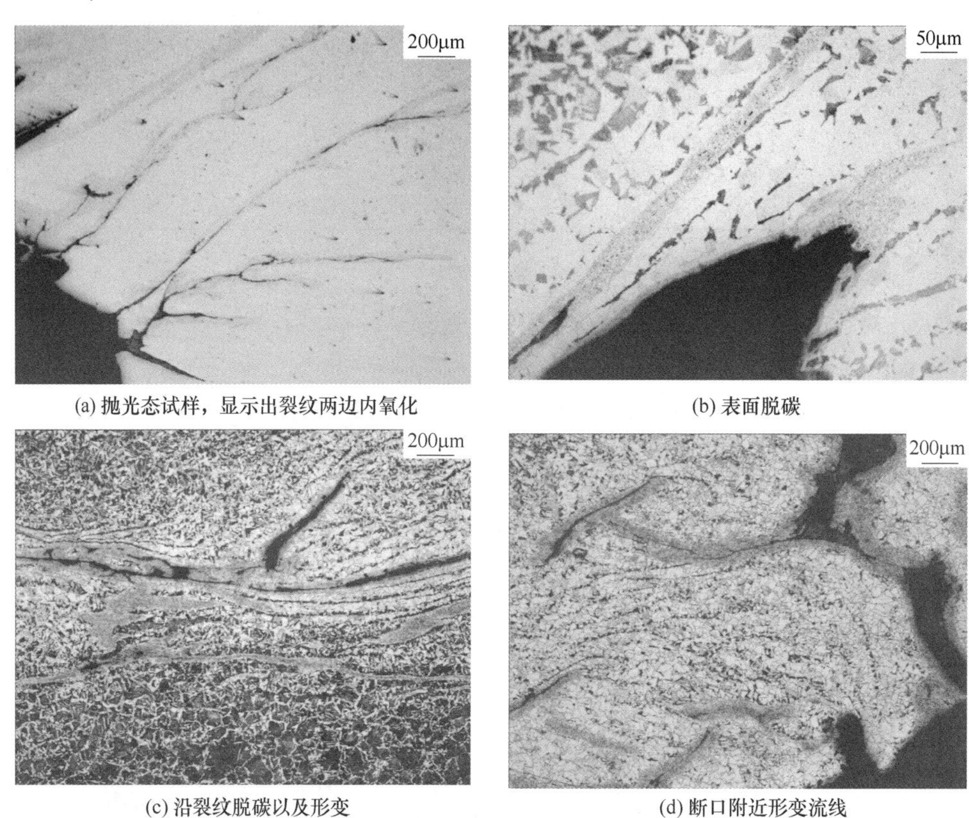

(a) 抛光态试样，显示出裂纹两边内氧化　(b) 表面脱碳

(c) 沿裂纹脱碳以及形变　(d) 断口附近形变流线

图3.49　40Mn2管坯断口2试样纵截面金相分析

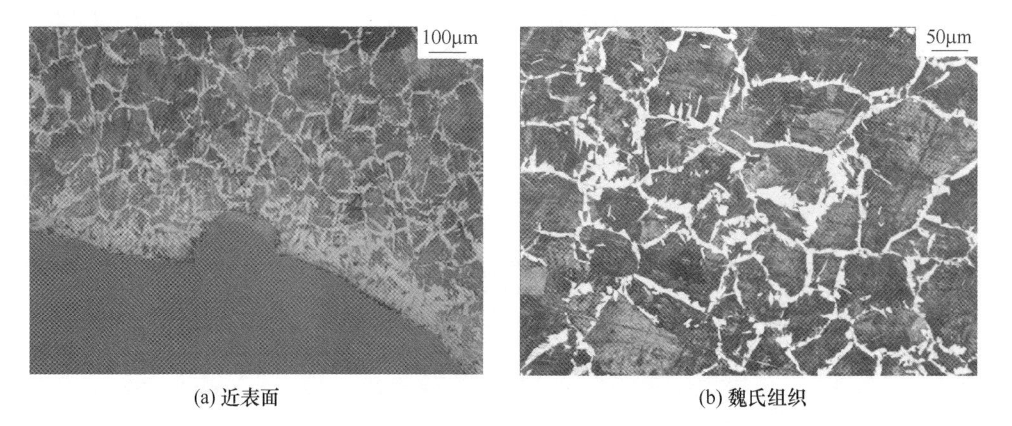

(a) 近表面　(b) 魏氏组织

图3.50　40Mn2管坯断口2魏氏体组织特征

穿管时管坯断裂的缘由在于管坯夹杂严重或表面存在有裂纹，较长时间的保温或较高的加热温度不仅使得裂纹两侧易于发生内氧化与脱碳现象，而且奥氏体晶粒长大，产生了魏氏体，更增加了管坯的开裂敏感性。

3.4.3 内壁鼓包

ϕ88.9mm×6.45mm 规格 37Mn5 油管内表面发生长条形鼓包状缺陷，宏观形貌见图 3.51，沿钢管轴向无规则分布，内表面还表现有不明显的皱褶。

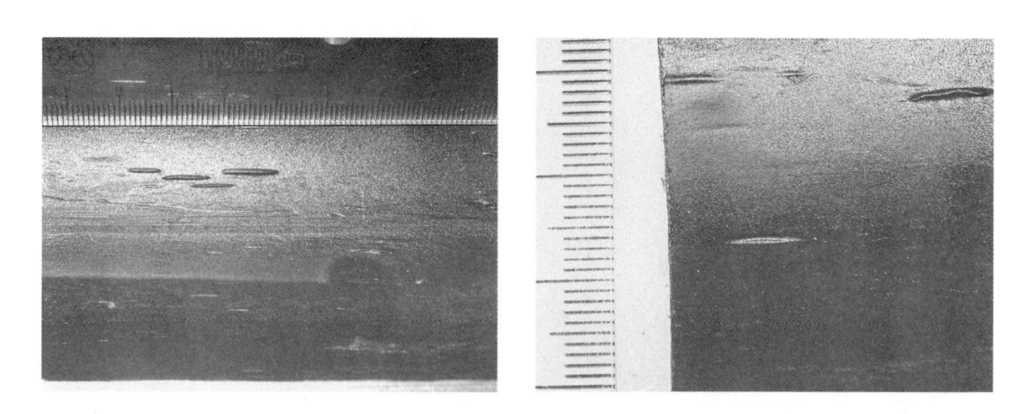

图 3.51 37Mn5 油管长条形鼓包状缺陷宏观形貌

制备鼓包处截面金相试样，见图 3.52。内壁表面有轻微脱碳，鼓起处带状组织明显，在较大的倍率下，可以看出，沿带状晶界开裂（图 3.52（b）~（d））。采用抛光试样对鼓包处裂纹尖端形貌观察及成分分析，见图 3.53。可以看出，裂缝内主要成分为 O、Al、Ca，有的颗粒还含有 Na、Mg、Si、Zr 等元素。

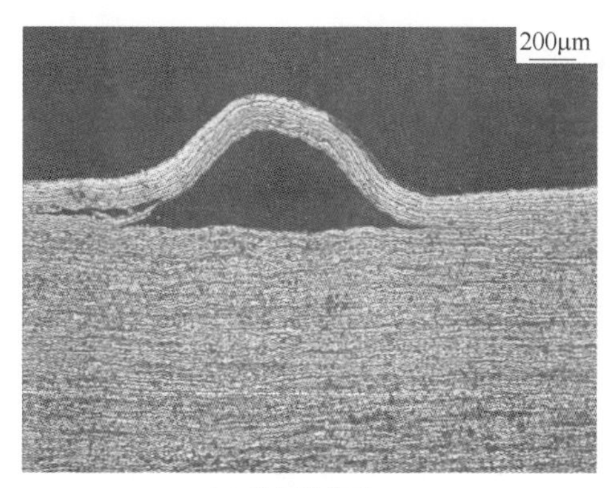

(a) 鼓包横截面

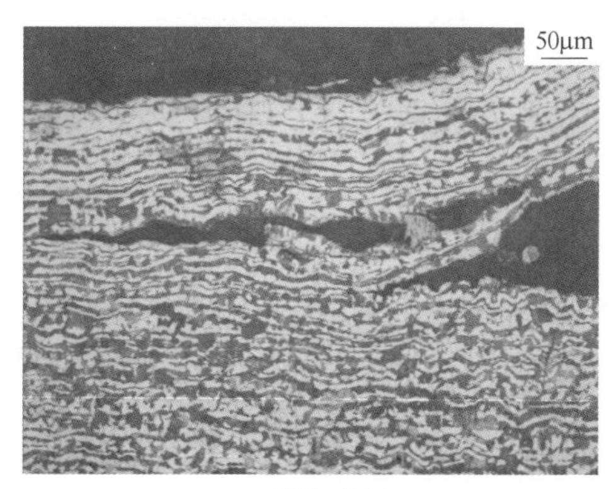

(b) 横截面放大

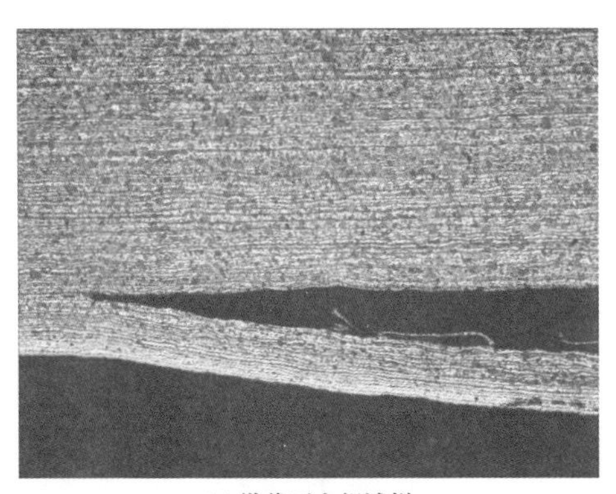

(c) 纵截面金相试样

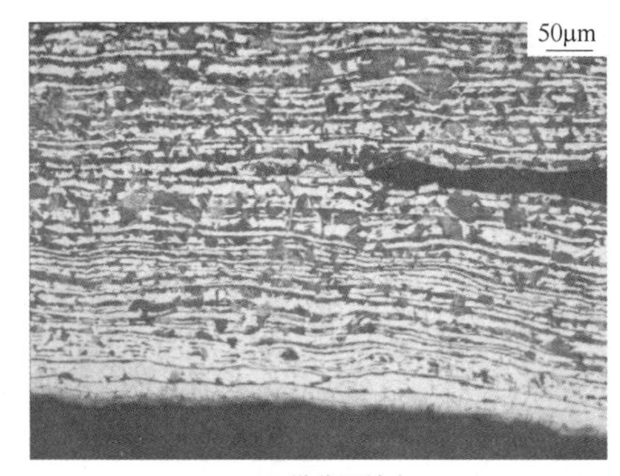

(d) 纵截面放大

图 3.52　37Mn5 油管鼓包处截面金相分析

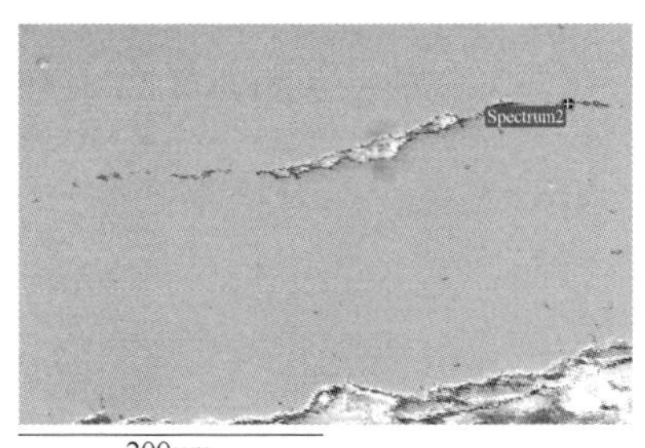

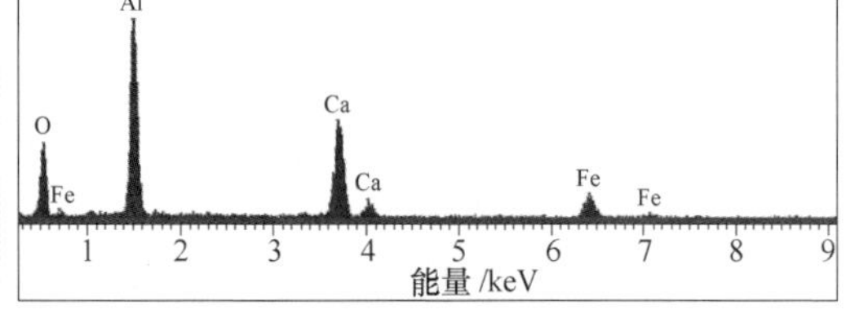

(a) 皮下微裂纹

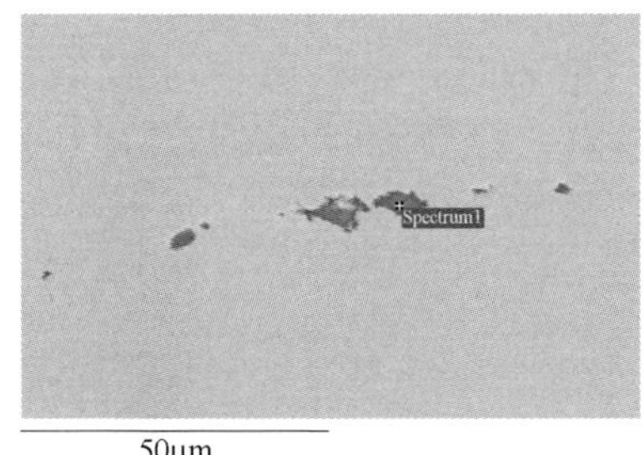

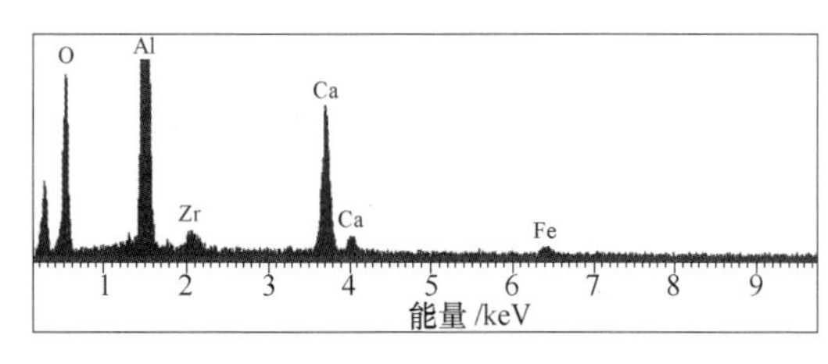

(b) 裂纹尖端较远处

图 3.53　37Mn5 油管鼓包处裂纹尖端形貌观察及成分分析

分离鼓包与基体，超声清洗之后分别观察断口形貌，见图 3.54。鼓包处断口沿带状组织晶间开裂特征明显，断口表面嵌有异物。

低倍观察断口较为平坦，其上尚有未清洗掉的小颗粒，见图 3.55。微区成分分析表明，小颗粒为 Al、Si、Ca、Mg 等元素的氧化物，为炼钢夹渣。

在较高的放大倍数下，可看到表面较多的白色的颗粒，成分分析表明，含有 O、Al、Ca、Si、Ti、Zr 等元素，见图 3.55（b），说明炼钢耐火砖碎屑卷入；断口表面嵌有氧化铝颗粒（图 3.55（c））。

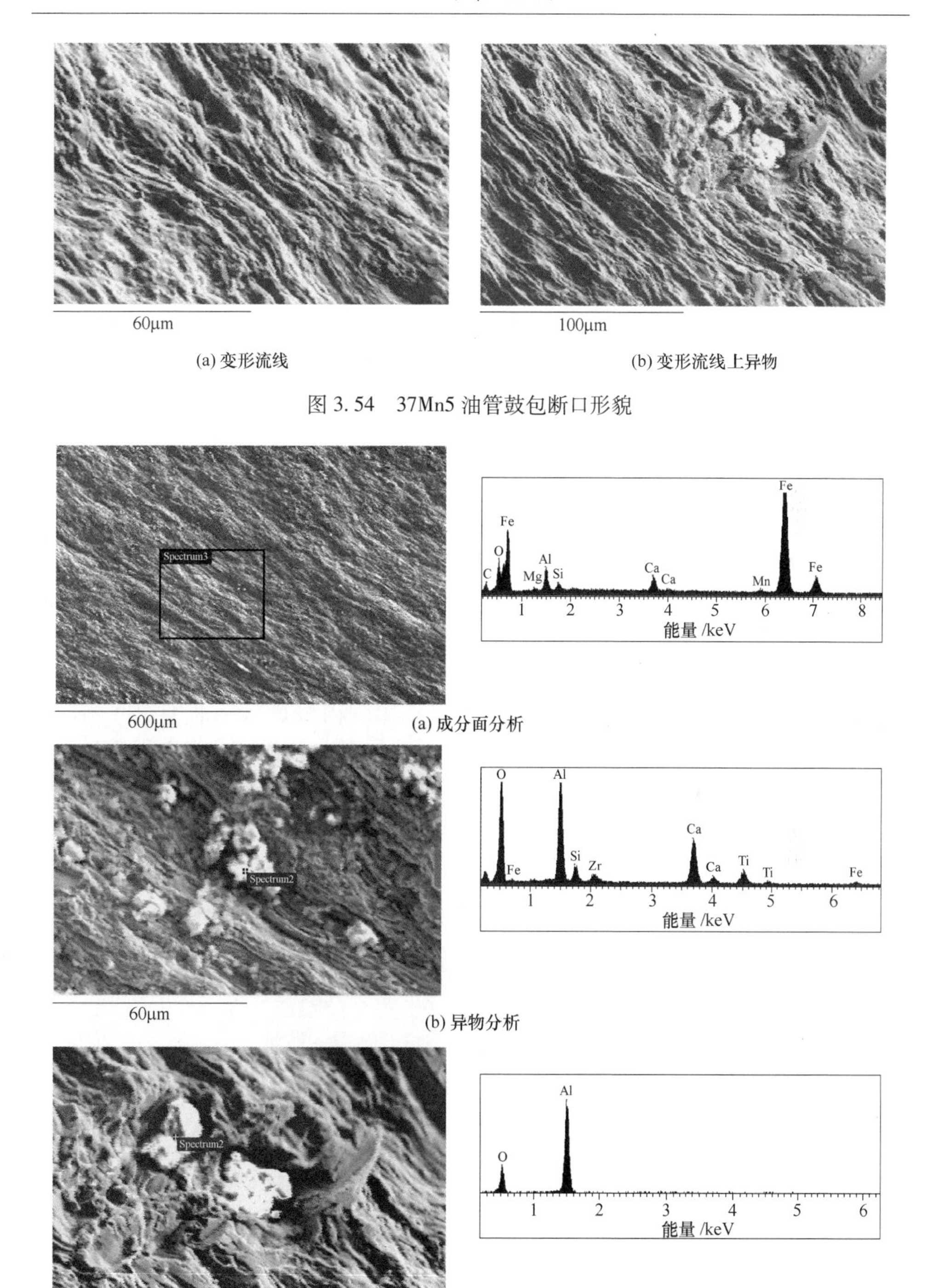

(a) 变形流线　　(b) 变形流线上异物

图 3.54　37Mn5 油管鼓包断口形貌

(a) 成分面分析

(b) 异物分析

(c) 氧化铝

图 3.55　37Mn5 油管鼓包断口成分分析

很明显，鼓包开裂表面及裂纹尖端处异物成分主要为 O、Al、Ca，有的颗粒还含有 Mg、Si、Zr 等元素，说明炼钢时耐火砖碎屑以及夹渣卷入，这些异物容易富集于凝固末端的管坯中心处。由于气体在凝固过程中不能完全逸出，被夹渣吸附并聚集，封闭在内部。在钢管轧制过程中，空洞与孔穴被拉长，并随着钢管厚度减薄，被带至产品的内表面。最终，高的气体压力使产品表面起包开裂，在微张力剪径过程中因与基体金属受力不连贯而被拉长。

为了避免炼钢异物卷入及吸气，应优化精炼工艺，保证吹氩时间，使钢水搅拌均匀，避免气体残留；保证中间包烘烤时间；保护渣要符合工艺要求，避免受潮。

3.4.4 抗氧化剂流入

在进行热轧无缝钢管时，钢管内表面会出现氧化铁皮，轧制过程中，上述氧化铁皮会对钢管内表面造成各种质量问题，因此业内通常采用往钢管内部喷抗氧化剂来防止氧化铁皮的产生，同时在轧制过程中还起润滑芯棒的作用。抗氧化剂有硼砂型以及磷酸盐型。热轧无缝钢管的磷酸盐型抗氧化剂主要组分为硬脂酸钠（$C_{17}H_{35}COONa$）、元明粉（硫酸钠）、滑石粉（$Mg_3(Si_4O_{10})(OH)_2$）、玻璃粉、三聚磷酸钠等[6]。

在生产 20 钢油缸管内表检验发现批量性出现内表抗氧化剂堆积问题，宏观形貌见图 3.56；氧化剂堆积处钢管存在条状缺陷，制备氧化剂堆积处截面金相试样，见图 3.57；条状缺陷下裂纹开口于内表面，见图 3.57（a）；使用扫描电镜 EDS 分析缺陷内容物主要为磷酸盐型抗氧化剂（图 3.57（c））以及抗氧化剂和炼钢夹渣（图 3.57（d））的混合物。

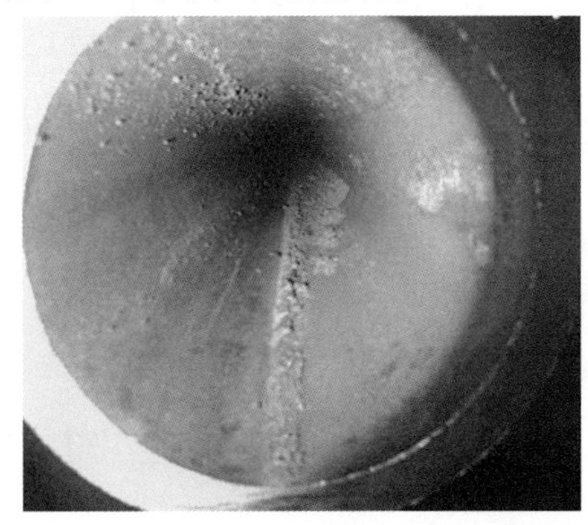

图 3.56 ϕ60.3mm×8.8mm 20 钢管内壁抗氧化剂堆积

使用硝酸酒精腐蚀氧化剂堆积处截面金相（见图 3.58），缺陷处变形流线不连续，并有脱碳现象，显然在喷吹抗氧化剂之前管内已形成凹坑。喷入抗氧化剂之后，硬脂酸钠在管内燃烧，抗氧化剂在管内壁形成熔融态保护层，在内表面有开口于表面的缺陷如裂纹处，抗氧化剂溶化而流入后在后续的变形过程中去除，致使冷却后形成抗氧化剂堆积。

(a) 裂纹截面形态

(b) 裂纹尖端内容物

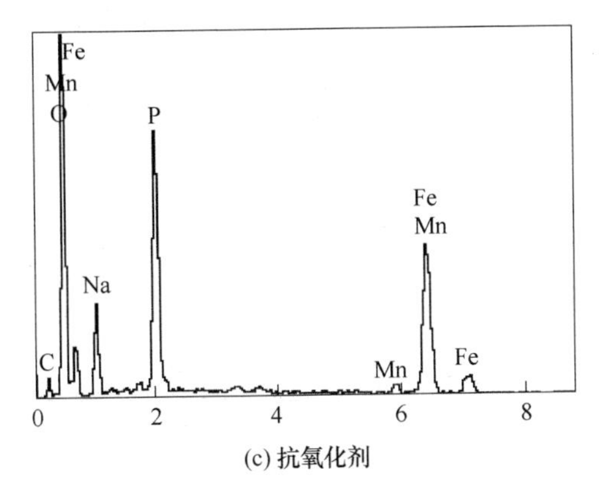

(c) 抗氧化剂

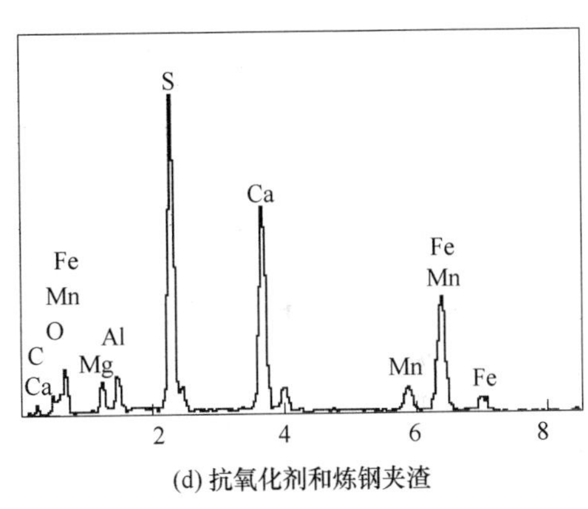

(d) 抗氧化剂和炼钢夹渣

图 3.57　20 钢油管条状缺陷下裂纹截面形态及裂纹尖端内容物成分分析

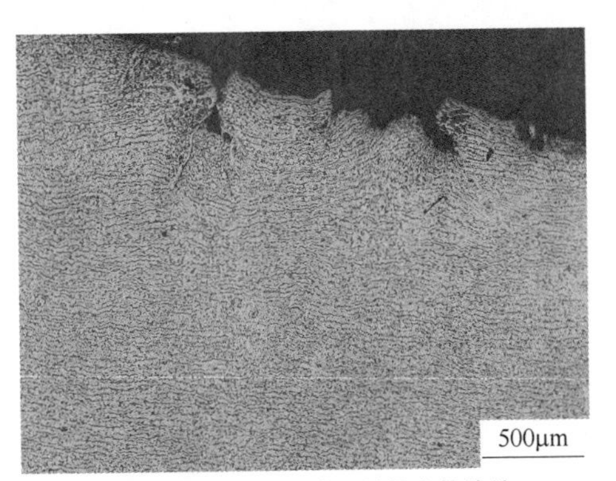

(a) 堆积处截面金相，变形流线在缺陷处

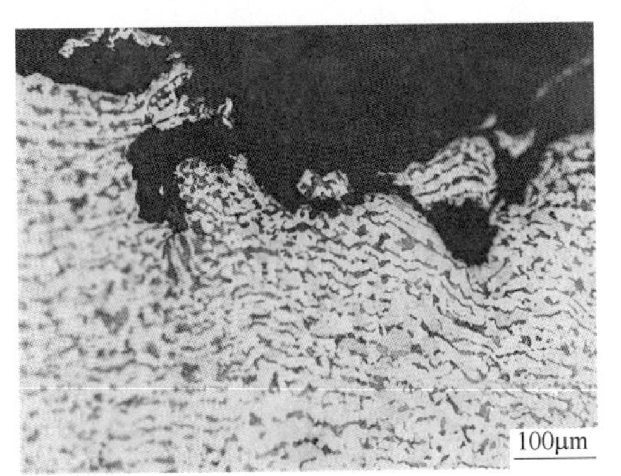

(b) 断裂

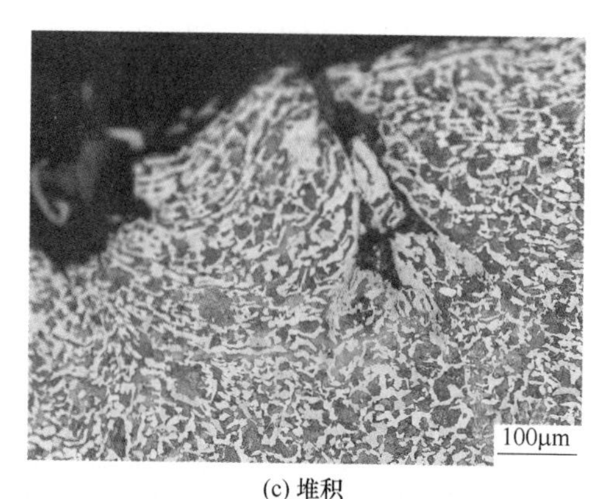

(c) 堆积

(d) 封闭处脱碳

图 3.58　20 钢油管截面金相分析

3.5　小结

热轧生产效率高，规模大，能量消耗少，成本低，机械化、自动化程度高，适于大批量连续生产，是最重要的金属压力加工方式。目前，越来越多的热轧板/管产品正逐步代替同规格的冷轧板/冷拔管产品，要求用热轧产品来制作外观结构件的也不断增多，因而用户对热轧产品表面质量的要求越来越高。而热轧缺陷是影响热轧产品质量的最重要因素之一，产生的原因较为复杂，它与钢的化学成分、工艺因素、连铸坯质量状态、连铸工艺中的冷却制度以及板坯的加热制度、轧制工艺、冷却工艺等都有较大的相关性，往往是多因素综合作用的结果。特定状态下发生的缺陷往往需要结合具体的状况进行分析，结合宏观检验、金相检验及扫描电镜能谱分析等方法抽丝剥茧，找出问题产生的主要根源，并采取相应的措施对工艺予以改进，从而达到改进产品质量的目的。

参 考 文 献

[1] 朱日彰. 耐热钢和高温合金 [M]. 北京：化学工业出版社，1996.

[2] 魏天斌. 热轧氧化铁皮的成因及去除方法 [J]. 钢铁研究，2003 (4)：54-58.

[3] 金学俊. 现代热轧新技术 [J]. 世界钢铁，1995 (3)：48-55.

[4] 田青超. 抗挤毁套管产品开发理论和实践 [M]. 北京：冶金工业出版社，2013.

[5] 宋翠玉，周长辉，宫志民，田青超，梁建山. 无缝钢管斜轧穿孔中环状内折产生原因探讨 [J]. 理化检验（物理分册），2011，47 (5)：304-307.

[6] 唐鹏飞. 一种用于热轧无缝钢管的磷酸盐型抗氧化剂 [P]. 湖南：CN105170664A，2015.

4 再加工及运输过程

钢铁产业是以钢铁制造为中心，通过吸引钢铁产业链的上下游企业共同完成产品的采购、生产、销售、物流、服务等全生命周期的管理。再加工及运输过程作为钢铁产业链的重要环节往往影响着企业的生产经营活动。在大型钢铁企业中，钢管是最接近最终成品的产品，而例如钢板常常需要经过塑性成型的过程加工成最终的构件。再加工方法有剪切、锻造、焊接、冲压拉伸成型、机加工成型等。钢铁再加工过程一般进行酸洗以及磷化处理。酸洗一般使用工业盐酸。如果酸洗时间过长或酸液浓度过高，会对钢板酸蚀过度而产生麻点、凸凹，反之则达不到酸洗的效果，无法去除钢板表面的氧化皮、油污。磷化是把金属放入含有磷酸盐的溶液中进行化学处理，使金属表面生成一层难溶于水的磷酸盐保护膜的方法。磷化膜主要用作涂料的底层，金属冷加工时作为润滑剂的吸附层，经过封闭处理的磷化膜，还可以作为金属表面的保护层。

4.1 变形开裂

本节选取钢铁再加工过程发生变形开裂问题的典型案例，揭示开裂与钢铁在钢种成分设计、热轧组织遗传、炼钢缺陷等方面内在关联。

4.1.1 轧制织构

冷拔是在外加拉力的作用下，使金属通过模孔以获得所需形状和尺寸制品的塑性加工方法。一般冷拔钢管的加工工艺流程是：母管（一般是热轧管）—酸洗—磷化—皂化—拉拔—校直。热轧钢管经过酸洗、磷化、皂化等预处理后发生加工硬化产生塑性变形，在整个拔制过程中，由于多种因素的影响，例如磷化液配比不当，或加热时间和温度不当就会影响磷酸盐薄膜的形成，从而降低了拉拔过程的减磨、抗磨性，使拉拔阻力增大，拉拔过程难以实现，出现各种各样的缺陷，如纵向裂纹、竹节、抖纹、椭圆等，严重时可使钢管断裂[1]。

冷拔一般在室温进行，是获得高尺寸精度钢管的主要加工形式，并且工具和设备简单，维修方便。某公司 35CrMo、34CrMo4 气瓶钢管在拉拔时曾多次发生开裂。钢管原材料进厂后，按产品要求分段下料、封底、退火（860℃保温1.5h），见图 4.1。酸洗液的配比为：工业盐酸 18%~19%，六次甲基四胺（缓蚀剂）0.8%~1.0%，洗衣粉（气泡剂）0.4%，水（H_2O）79.8%。磷化剂按 60g:

1000kg 水勾兑，经 15~20min 加热到 65~80℃，使之与钢管表面发生化学反应，形成以 $Zn_3(PO_4)_2$ 为主的具有一定强度和良好塑性、吸附性的磷酸盐薄膜。该薄膜可使皂化液在皂化时形成坚固耐磨的润滑层，使拔制过程的摩擦系数稳定，提高了冷拔钢管的表面质量。

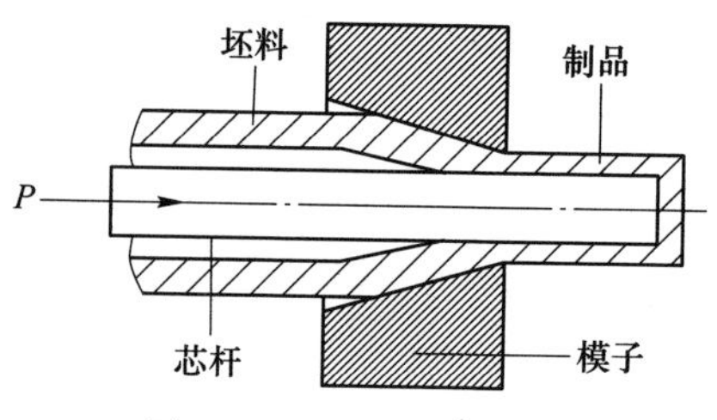

图 4.1　钢管顶管法冷拔

冷拔采用顶管法加工，见图 4.1，壁厚从 4.5mm 减壁到 3.2mm。钢管开裂的形貌特征见图 4.2，外表面开口呈“月牙”形（图 4.2（a）），裂纹源在钢管周向呈 180°对称，内表面呈“颈缩”的特征（图 4.2（b））。

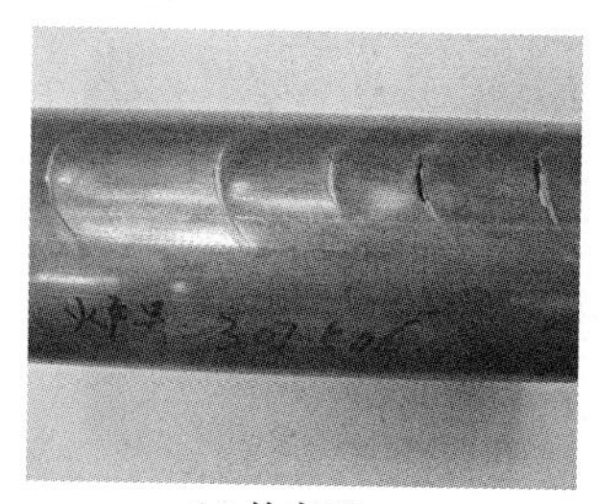
(a) 外表面

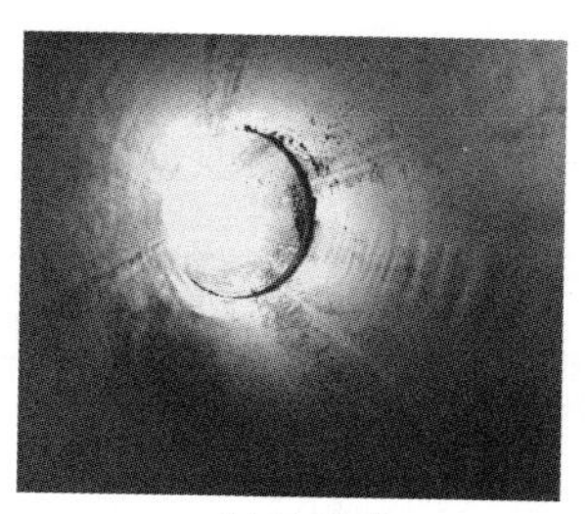
(b) 内表面

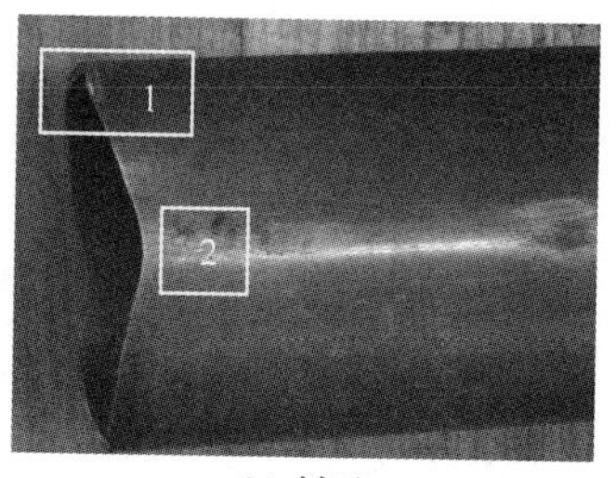

(c) 制耳

图 4.2　开裂钢管的形貌特征

开裂钢管制耳明显（图 4.2（c）），并且开裂位置与制耳凹陷在周向的同一位置，而未开裂钢管无明显制耳，制耳凹陷在周向 90°方向均匀分布。

制耳的存在说明周向织构分布不均匀，对制耳不同部位进行织构测量，取样部位见图 4.2（c），测量结果见图 4.3。1 号样位置主要织构为 {111}<110>，{112}<110>，取向密度 4 级；次要织构 {001}<110>，取向密度 3 级；2 号样位置主要织构为 {112}<110>，取向密度 3.7 级；次要织构 {111}<112>，取向密度 2.8 级；{001}<110>，取向密度 1.9 级。

考虑到织构对塑性变形的影响，{111}<110>要比 {112}<110>理想。由此可见，制耳的形成是由于钢管周向织构分布的不均匀而导致了变形不均匀，在 {112}<110>织构存在的位置塑性变形能力明显不足，在连续的变形中形成了制耳凹陷。

生产该钢管的热连轧管机和精整机都是两辊式的，即由两个轧辊为一组组成孔型，二辊式的机架与地面垂直、水平交错布置的，见图 4.4。因此，在每 90°分布的辊缝处的变形条件不同，形成的热轧织构也不同，因此，制耳凹陷的织构分布应与 90°辊缝处的轧制变形条件的不同密切相关。

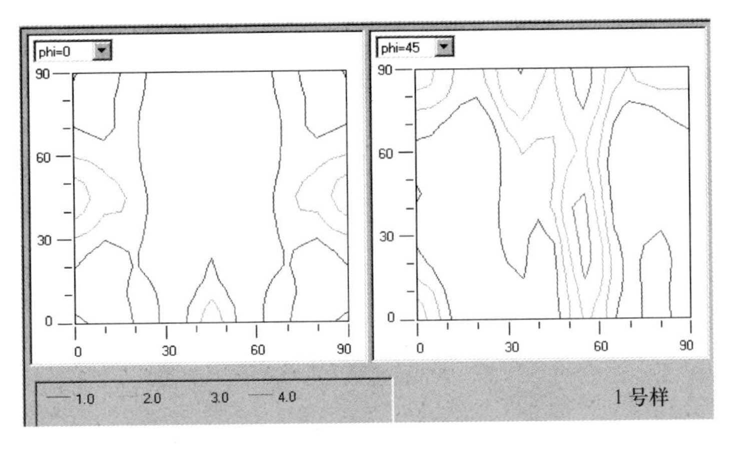

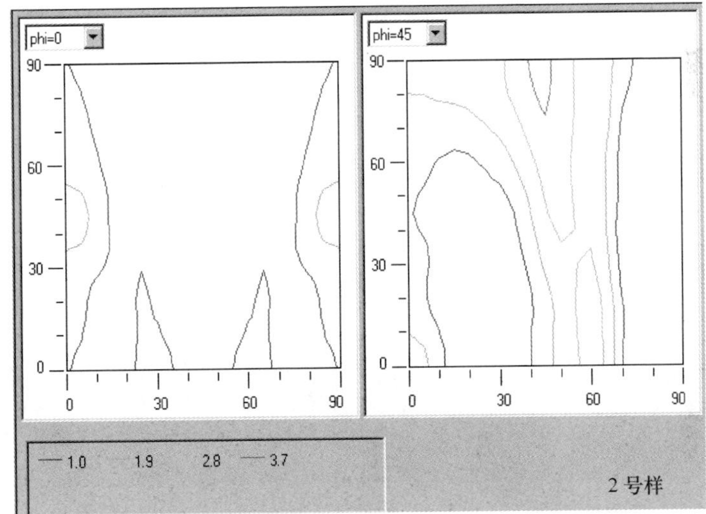

图 4.3 制耳不同部位织构测分布

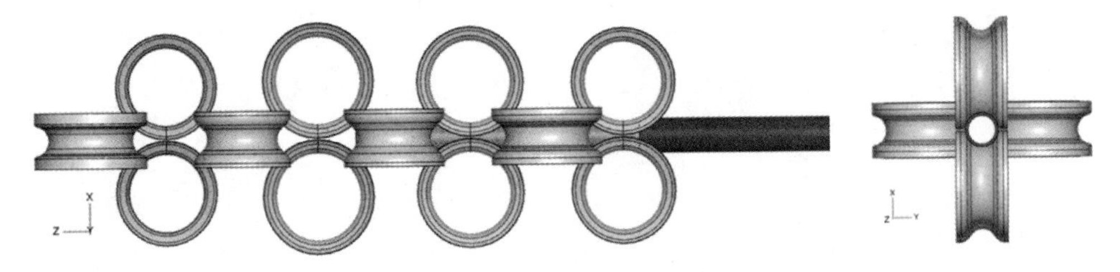

图 4.4 两辊连轧管机轧辊布置

图 4.5 所示制耳凹陷对应的轴向长度上散布着一块块擦伤的痕迹，说明润滑不当，舌状开裂即起源于擦伤严重的区域。

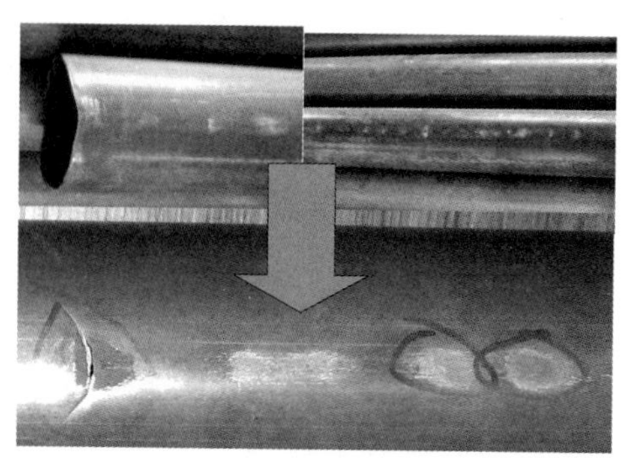

图 4.5　制耳凹陷轴向长度散布擦伤痕迹

打开断口，观察断口微观形貌，见图 4.6。主要呈韧窝特征（图 4.6（b）），裂纹起源处可见较多二次裂纹（图 4.6（c）），断口上可清晰分辨珠光体片层形貌（图 4.6（d））。

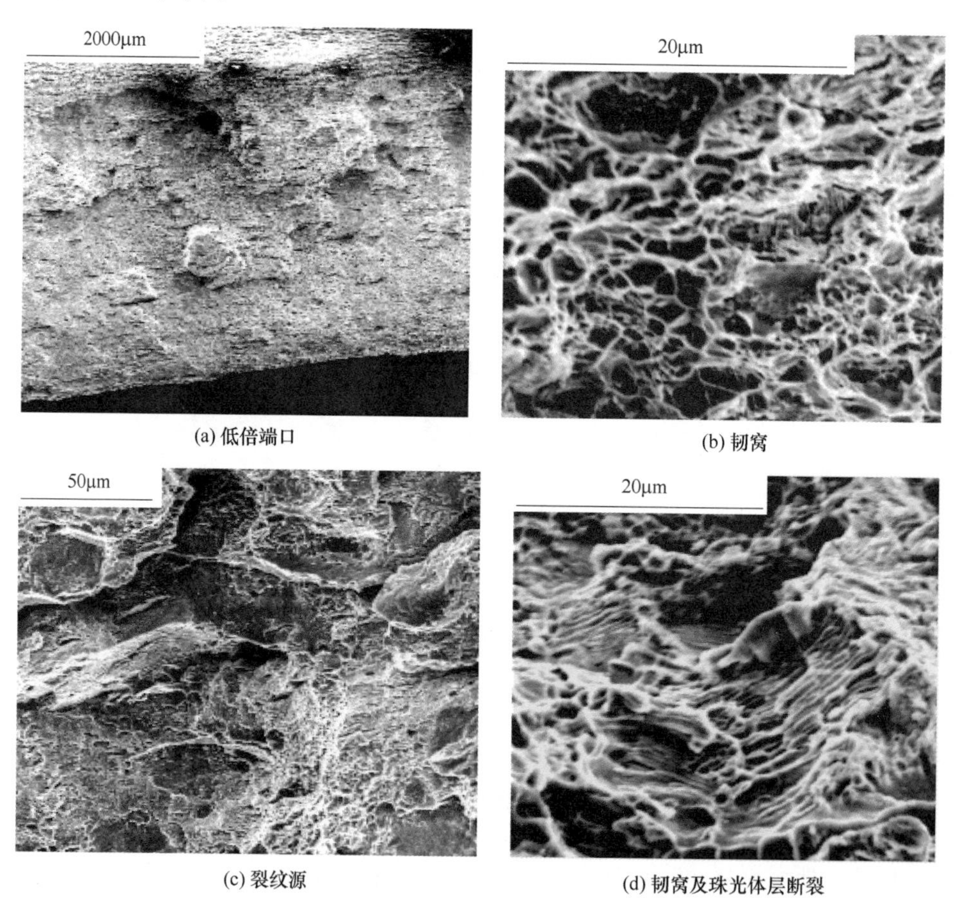

(a) 低倍端口　(b) 韧窝

(c) 裂纹源　(d) 韧窝及珠光体层断裂

图 4.6　断口微观形貌

制备管壁截面金相试样，带状组织明显，可见钢管内外表面均存在脱碳层，厚度约 0.3mm（图 4.7）。脱碳层表层主要由铁素体晶粒组成，次表层在铁素体晶界上还分布有渗碳体。

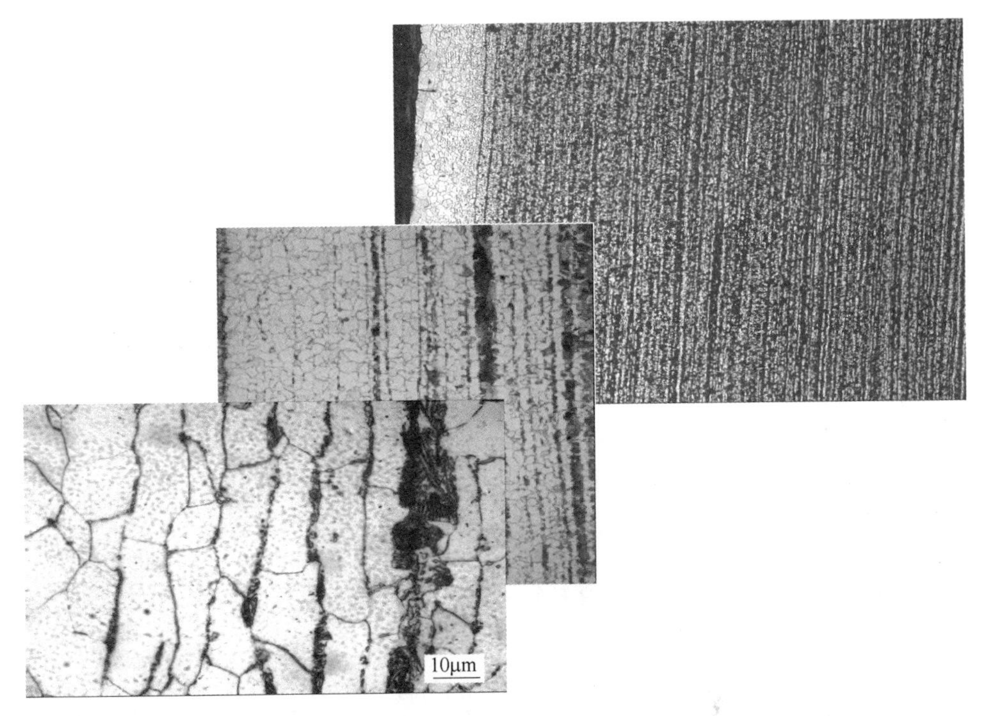

图 4.7 气瓶钢管表层金相组织

表层存在的软的铁素体使得钢管在拉拔时黏度增大，加上润滑不当，表面张力显著增加，在铁素体晶界析出的碳化物处形成裂纹源，当表面拉应力大于其抗拉强度时，从而造成撕裂。

气瓶管相关标准对 35CrMo、34CrMo4 钢种的成分有严格的限制，无法通过化学成分的调整来提高材料的延伸率，因此在冷拔前可以进行退火软化处理。将热轧态钢管在 770℃、800℃、830℃、860℃等温度下保温 1.5h 退火，力学性能变化情况见图 4.8。不同温度退火后材料均显著软化，屈服强度由热轧态的约 600MPa 降至约 350MPa，抗拉强度由约 850MPa 降至约 600MPa，延伸率明显提高，硬度也明显下降（图 4.9）。在 770℃、800℃下退火比 830℃、860℃退火屈服强度稍高而硬度稍低。

退火后金相组织发生很大变化，见图 4.10。热轧态为铁素体+珠光体组织，珠光体片层发育良好。770℃、800℃退火试样珠光体明显球化，830℃退火试样部分球化，860℃退火试样珠光体片层结构也发育良好。

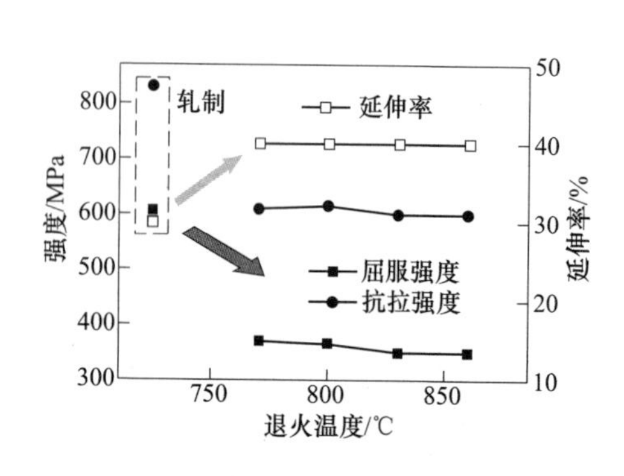

图 4.8　气瓶钢管退火前后强度和延伸率的变化

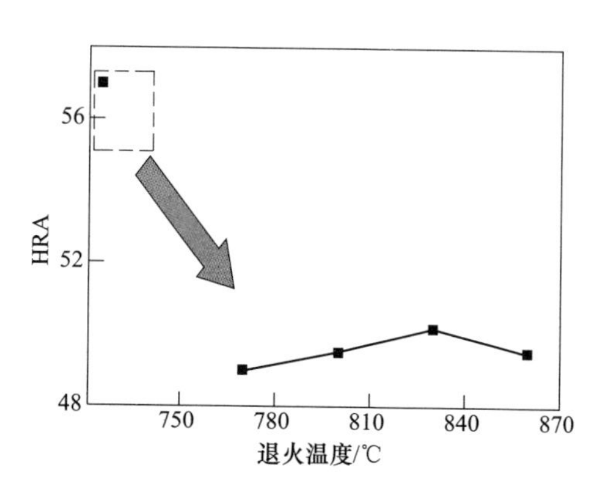

图 4.9　气瓶钢管退火前后硬度的变化

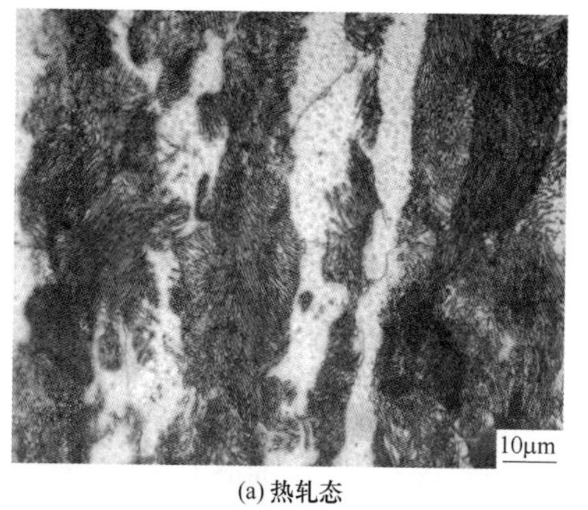

(a) 热轧态

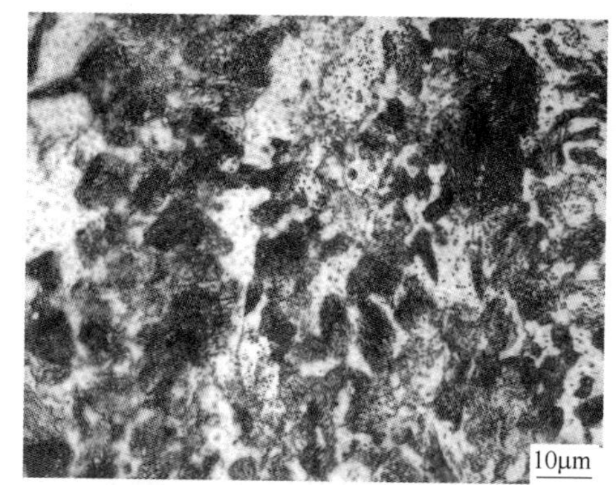

(b) 770℃等温退火

(c) 800℃等温退火

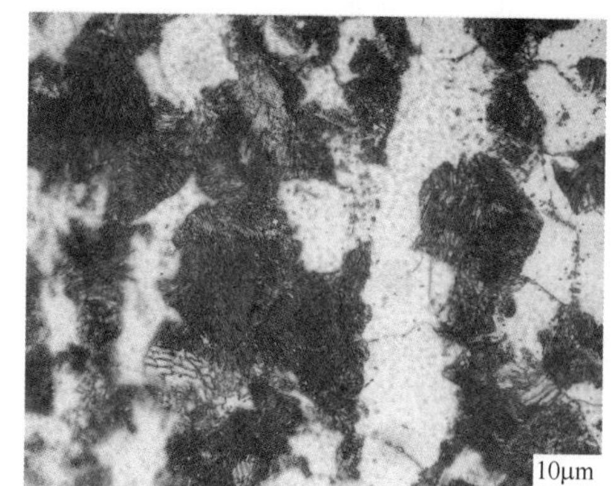

(d) 830℃等温退火

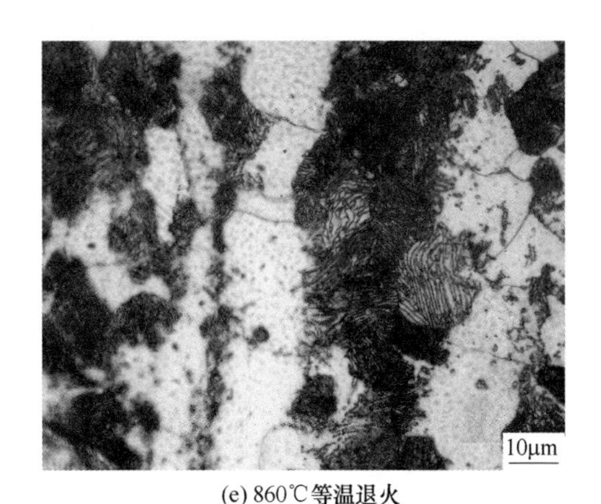

(e) 860℃等温退火

图 4.10 气瓶钢管退火后金相组织变化

一般而言，球化退火主要适用于共析钢和过共析钢。经球化退火得到的是球状珠光体组织，其中的渗碳体呈球状颗粒，弥散分布在铁素体基体上，和片状珠光体相比，不但硬度低，便于加工，而且在淬火加热时，奥氏体晶粒不易长大，冷却时工件变形和开裂倾向小。对于一些需要改善冷塑性变形（如冲压、冷镦等）的亚共析钢有时也可采用球化退火。球化退火加热温度为 A_{c1}+20~40℃，保温后等温冷却或直接缓慢冷却。试验表明，770℃左右退火可以达到良好的球化退火的效果。

不同温度热处理之后生成的氧化膜形貌以及酸洗情况不同。在较高温度（860℃）下生成的氧化膜较厚，且较难于酸洗，在低温（770℃）生成的氧化膜较薄也容易清洗干净。另一方面，钢的奥氏体溶氢量是很高的，而在铁素体中的溶氢量相对较低，在渗碳体基本没有溶氢量。虽然铁素体的氢扩散速率较高，但渗碳体的扩散速率很小。酸洗过程中的析氢反应将不可避免地使钢管溶氢。酸洗完毕后，如果退火处理的钢管珠光体发育良好，由于渗碳体片层的阻隔，铁素体中的氢向外扩散的速度受到阻碍。当进行拉拔工艺时，活跃的氢原子迅速聚集到基体中较为疏松或缺陷的区域，有些还可能形成少量的分子氢或者是柯氏气团，最后造成氢脆断口。如果退火后珠光体球化，钢管酸洗所引入的氢也易于逸出，从而降低氢脆的敏感性。

气瓶钢管冷拔开裂是钢管本身材料特征与冷拔外来因素综合作用的结果。对于钢管生产厂家来说，由于连轧机和精整机辊缝处的变形条件和冷却速度的不可控制，热轧造成不同部位钢管的织构不同而使得变形不协调的状况不可改变。因此根据实验结果，建议生产厂家使用退火温度 750~790℃，退火出炉温度大于580℃，获得了球化的珠光体组织，易于塑性加工，同时氢脆敏感性较低；同时建议冷拔厂家改善润滑条件与控制拉速。在生产中，磷化液配比不当或操作时间温度不合适，可能在钢管表面没有形成具有一定强度和良好塑性、吸附性能好的磷化膜，皂化时没有形成满足要求的坚固耐磨的润滑层，造成拉拔困难，增大了开裂敏感性。通过采取以上措施，气瓶管冷拔开裂率由 15%下降到 0.1%，效果十分显著。

4.1.2　化学成分相关

剪切是构件两侧面上受到大小相等、方向相反、作用线相距很近的横向外力作用时，两力间的横截面发生相对错动的变形形式。剪切时，上下面相剪而最后撕裂（图 4.11）。某单位自主开发与生产的 700MPa 级高强度集装箱板在剪切过程中发生开裂现象，由于开裂形貌与连铸坯中心裂纹引起的分层缺陷十分相似，加上该缺陷又是首次出现，因此产品开发人员误判为分层缺陷。采用化学成分分析、宏观和微观检验及试验验证等方法对钢板剪切开裂原因进行了研究。结果表明，这种开裂并非由于连铸坯中心裂纹所造成的。

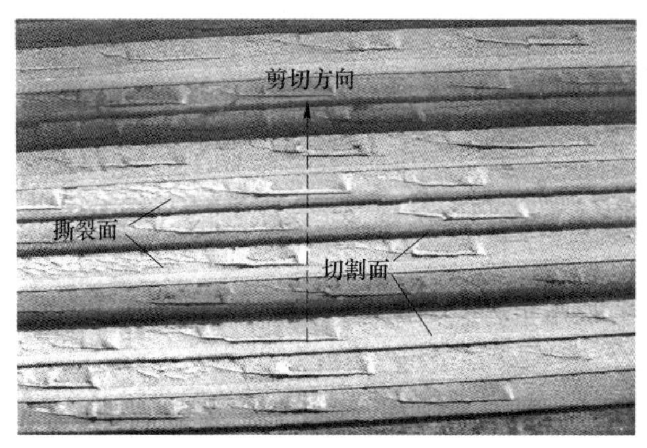

(a) 断口形貌

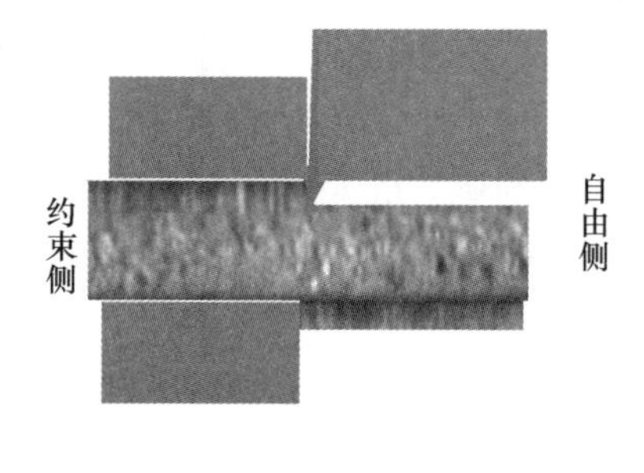

(b) 剪切示意图

图 4.11　700MPa 级高强度钢板心部裂纹

700MPa 级高强度板厚 4.5mm，该钢种主要含 C 0.06%、Mn 1.8%、Ti 0.2%、Mo 0.1%等[2]。经用户沿轧向垂直方向剪切加工之后，受约束侧厚度中心部位开裂，而当沿钢板轧向剪切时，未发生中心开裂缺陷，经认定 4 炉约 1000t 钢板全部报废。裂纹在切割与撕裂交界处，位置靠近或偏离板厚中心。裂纹深约 2mm，撕裂长度一般在 1~5mm，严重开裂时裂纹呈层状撕裂，撕裂长度可达 10~20mm，见图 4.11，裂纹均在板厚方向接近中心或剪切与撕裂交界处形核，在剪切应力作用下向下扩展而留下拖尾的痕迹。仔细观察相对的两个切面，受约束一侧的钢板中心开裂，而自由一侧均未发生开裂，说明裂纹是在剪切过程中产生的，而非原先存在的内裂纹。

取心部开裂严重的板试样，制备板裂纹处断面、截面试样。使用金相显微镜、电子显微镜对缺陷进行观察。断口呈明显的脆性断裂特征（图 4. 12（a）~（c），最后撕裂区有浅的韧窝（图 4. 12（a））。断口表面存在 TiN(C) 颗粒，见图 4. 12（b）中箭头所示，呈近似方形，图 4. 12（d）成分分析表明，颗粒处还有 P 的富集。

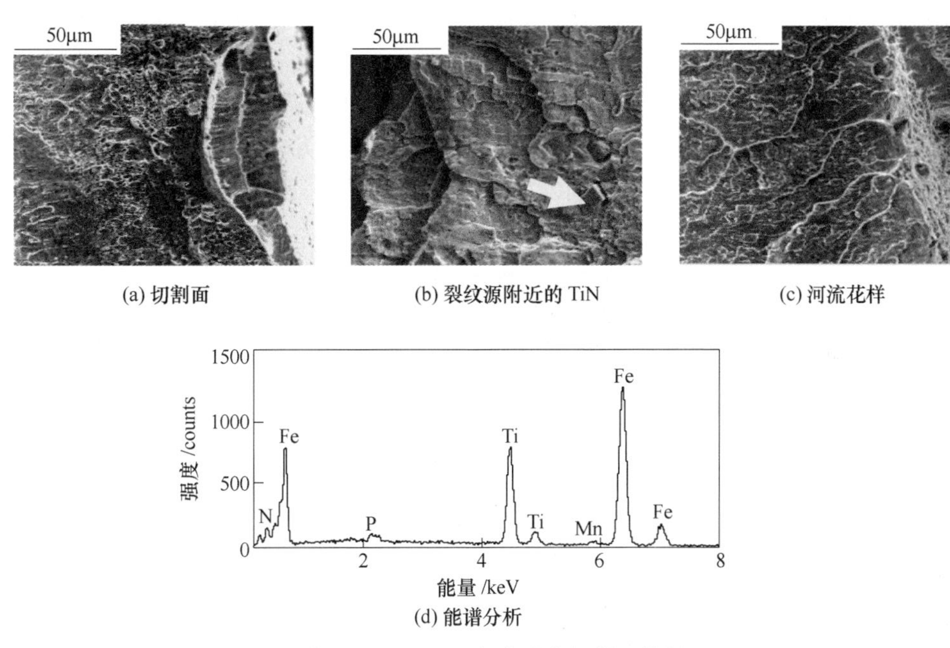

(a) 切割面　(b) 裂纹源附近的 TiN　(c) 河流花样

(d) 能谱分析

图 4. 12 700MPa 级高强度板断口特征

正常组织见图 4. 13，为铁素体+贝氏体混合组织，夹有 Ti(NC) 颗粒。垂直钢板轧向制备有缺陷板金相试样，在厚度中心的板裂位置，存在较宽的马氏体带，见图 4. 14。使用波谱测量马氏体带处的锰含量为 2. 46%，比正常处的高约

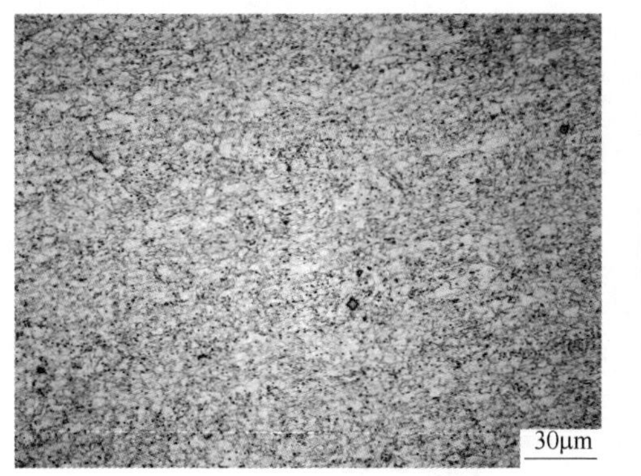

图 4. 13 700MPa 级高强度板正常组织

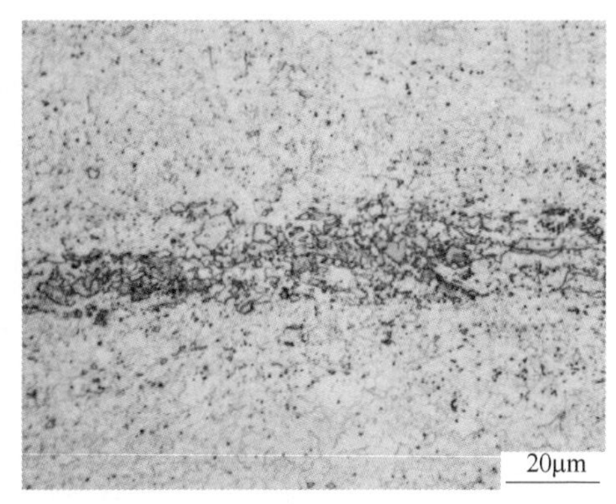

图 4. 14 700MPa 级高强度板马氏体带组织

0.6%。测定马氏体带处的显微硬度为 HV420，比近马氏体带的基体处 HV319 约高 HV100。

由于开裂钢板的钛含量达 0.2%。钛是强碳化物形成元素，在钢的精炼和浇注过程中不可避免地与钢中的碳以及从空气中溶入钢液中的氮发生反应，生成较多的 Ti(NC) 化合物。由于 Ti(NC) 熔点高而率先析出[3]。此外，钢中较多的钛含量又为 Ti(NC) 的长大提供充足的条件，同时为有害元素磷的富集提供了空间。在热轧前铸坯保温和加热过程中，磷通过扩散进入晶界而增大了钢的脆性。开裂钢板碳氮化物大小不均匀，某些碳氮化物颗粒异常大。较大的碳氮化物颗粒割裂了基体的连续性，成为裂纹萌发的发源地，见图 4.15。TiN 颗粒之间存在明显的显微裂纹。

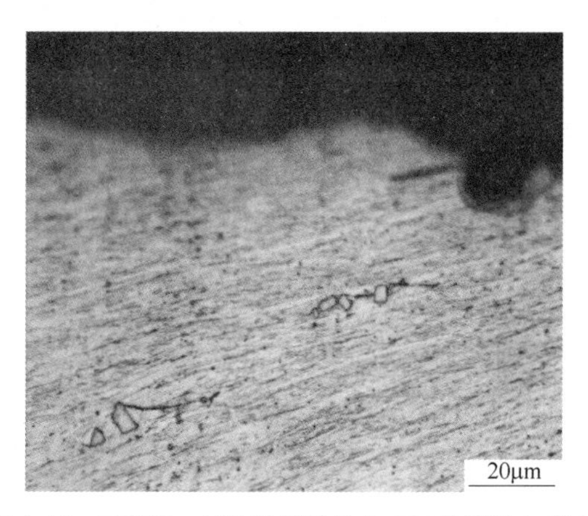

图 4.15　700MPa 高强度板裂纹在 TiN 处形核与扩展

据以上分析，该钢板开裂和铸坯中心裂纹无关。锰的微区偏析形成中心马氏体带是材料开裂的直接原因，见图 4.16。在基体上弥散分布较大的 Ti(NC) 颗粒

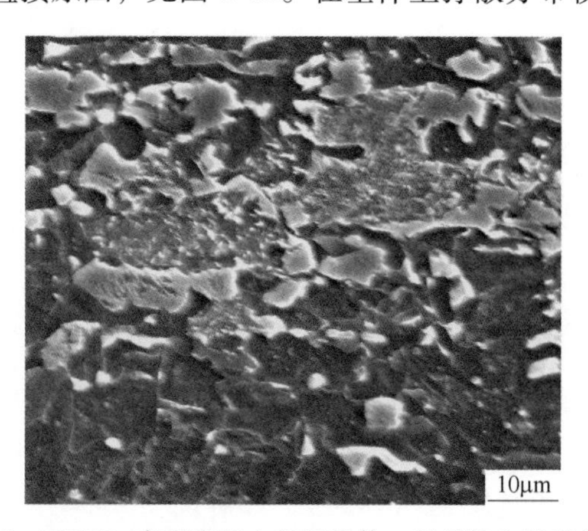

图 4.16　700MPa 高强度板心部马氏体、贝氏体和铁素体组织

割裂了基体的连续性，加速裂纹的扩展。至于钢板中心开裂与轧向的关系，即是与钢板组织性能的各向异性相关。当垂直于钢板轧向剪切时，剪切方向与中心带状组织垂直，裂纹在中心的薄弱地带形核后向板中心扩展而发生中心开裂缺陷；而当平行于轧向时，与带状组织平行，就不易发生中心开裂缺陷。

中心带状硬质马氏体相的存在，以及马氏体生成过程中在其附近产生的相变应力，易导致裂纹在界面形核而开裂。在剪切加工时，钢板厚度中心又受最大拉应力。由于心部马氏体带会致使钢板组织性能存在各向异性，马氏体与铁素体、贝氏体基体复合的晶界特性决定横向性能（板厚方向）较弱，当垂直于钢板剪切时，裂纹在板中心形核后沿界面扩展而发生中心开裂缺陷。

刀口的利、钝，上、下刀口的间距都会影响钢板的开裂敏感性。刀口越锋利，间距越小，钢板心部越不易开裂。然而，如果材料塑性很好，切口照样不会开裂，见图 4.17。图 4.17（a）为屈服强度 750MPa 的钢板，切口平滑，而当钢板屈服强度达 850MPa 时（图 4.17（b）），剪切开裂敏感性大大的增强。将这种钢板经 700~800℃ 回火，保温 1h 后取出，得到均一稳定的回火组织，发现强度急剧下降至 400MPa，即使在剪刃间隙很大的情况下，也不发生开裂（图 4.17（c））。

图 4.17 不同剪切切口

制备图 4.17（a）钢板边部至内部金相试样，观察切口组织流变的特征，见图 4.18。图 4.18（a）为最边部切口，组织流变明显，有少量被打碎的碳氮化钛颗粒，组织主要为铁素体，还有少量的贝氏体。图 4.18（b）距边部 20cm，切口流变程度减轻，组织为铁素体+贝氏体。图 4.18（c）距边部 30cm。组织流线不大明显，切口较为平整，下部、板厚中心部已产生裂纹，板厚中心处存在马氏体的黑线，组织为铁素体+贝氏体+少量的马氏体（图 4.18（d））。

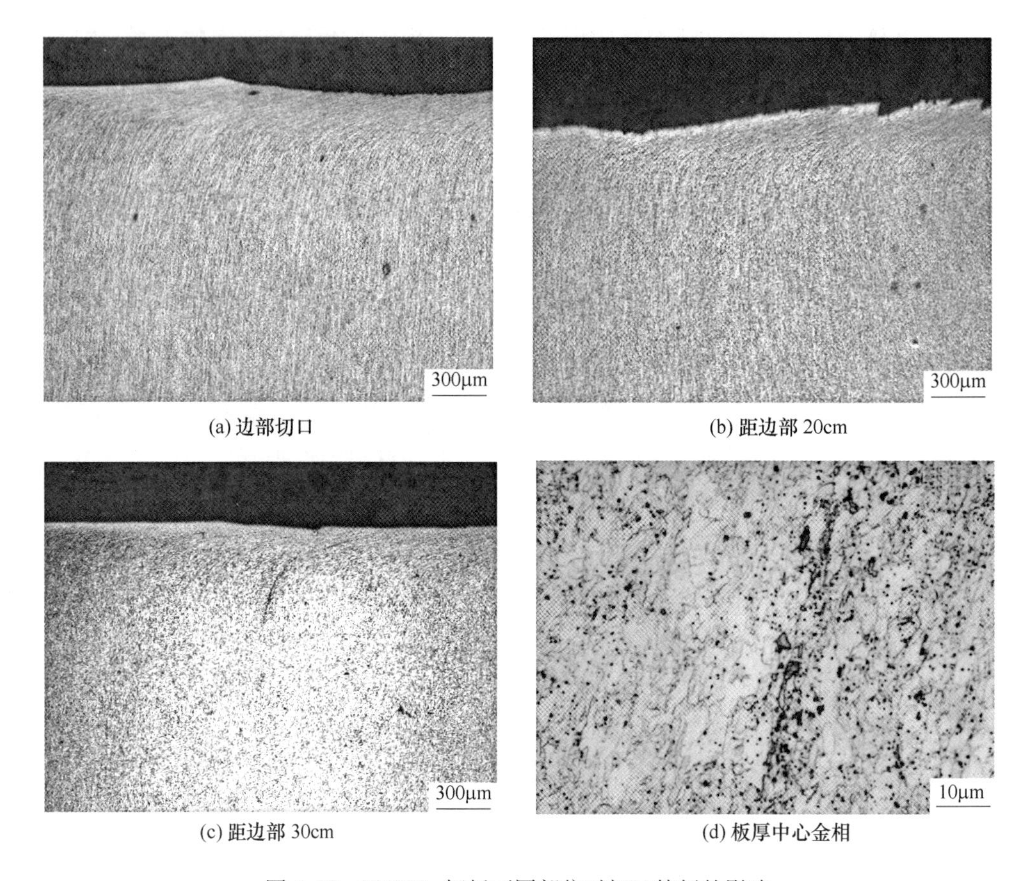

(a) 边部切口　(b) 距边部 20cm

(c) 距边部 30cm　(d) 板厚中心金相

图 4.18　700MPa 钢板不同部位对切口特征的影响

因为铁素体、贝氏体、马氏体的硬度依次升高，从钢板边部到心部的强度依次增大，在剪切后，反映在形变流线上，形变程度逐渐减轻，钢板的开裂敏感性增强。所以，在相同的切割条件下，不同组织对应的切口的形貌具有不同的特征。

图 4.19 为图 4.17（b）开裂试样切口流变特征。图 4.19（a）试样切口也有明显的流变组织特征，但试样心部有较宽的马氏体带，组织为铁素体+贝氏体+马氏体带（图 4.19（b））。钢板的开裂敏感性很大。

图 4.17（c）对应的切口宏观形貌见图 4.20。可以看出，刀口很钝，刀片的刃口没有挤入板料表层，切口呈现非常显著的塑性流变特征。

低合金高强度钢种的设计在充分考虑到合金元素的作用与控制轧制、控制冷却相结合，充分发挥合金元素的潜能，在最低的生产成本下生产高附加值的产品。因此，在合金的设计思想上，要固溶强化、细晶强化、析出强化、相变强化等各种手段并施。

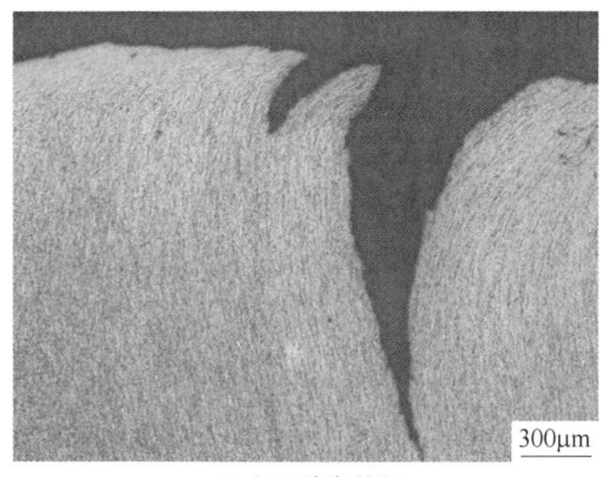

(a) 切口流变特征

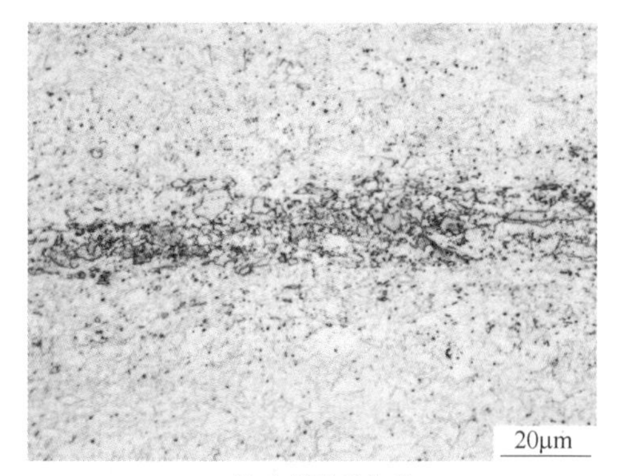

(b) 心部马氏体带

图 4.19 850MPa 钢板开裂试样流变特征和金相组织

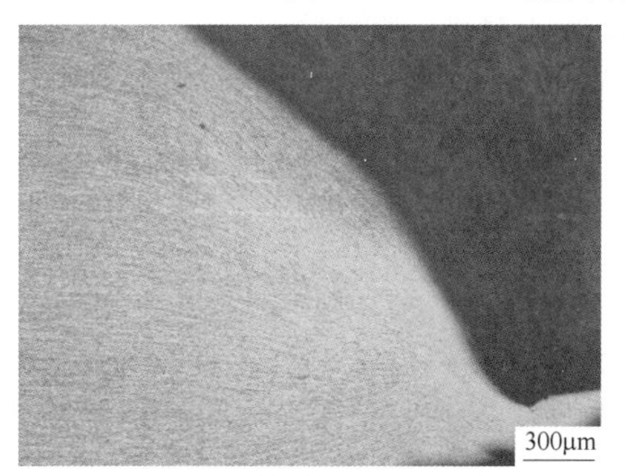

(a) 未切入

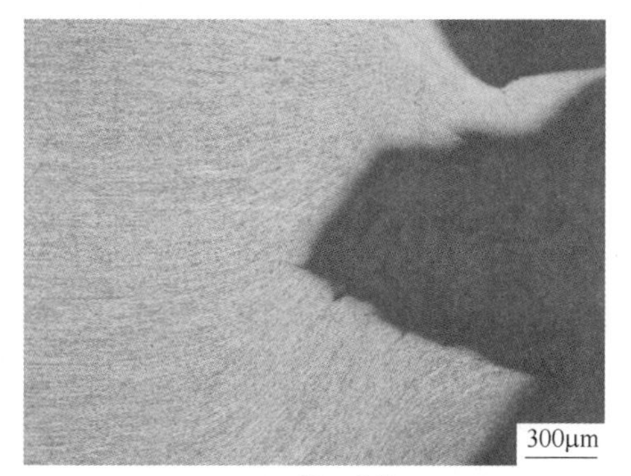

(b) 断口形貌

图 4.20 回火处理后 400MPa 钢板的切口形貌

该钢种起固溶强化作用的主要元素是锰。锰固溶强化提高钢强度的同时必然要损失一部分塑性和韧性。一般锰含量最多不超过 2.2%。锰是扩大 γ 相区的元素，强烈推迟 γ→α 转变，故锰提高过冷奥氏体稳定性的能力很强，强烈推迟珠光体和贝氏体转变，促进马氏体相变。开裂钢板的锰含量较高，锰为易偏析元素，根据钢的凝固选份结晶原理，铸坯内部易存在锰的宏观和微观偏析。在连铸技术中，铸坯的宏观偏析可以通过低温快浇、稳定拉速或二次强冷等技术得到改善和控制。但枝晶间的微观偏析是不可能避免的。

热轧前的充分的加热与保温可以使合金元素趋于均匀化，但不可能完全消除成分偏析，若热轧的变形量大，成分偏析带被打碎，晶粒发生动态回复与动态再结晶，晶粒得以细化，偏析组织就不明显。少量的塑性变形有助于马氏体核胚的形成，或者促进已存在的核胚长大，从而促进马氏体的转变。

该产品钢坯初轧温度 1250℃，精轧温度 910℃，卷取温度 580℃，喷水冷却。轧后的冷却往往决定热轧钢板的最终性能。冷却速度对组织性能的影响与材质有关。锰可以有效地增强合金的淬透性。钼的作用次之，这些合金元素对淬透性的影响是相辅相成的。弱碳化物形成元素锰可以减弱铌、钛、钒与碳的结合力，促进其碳化物溶入奥氏体而增大合金的淬透性，同时，若合金依然存在细小的钒、铌、钛的碳化物颗粒，能有效地抑制锰促进奥氏体晶粒长大的倾向性。合金元素对钢淬透性的影响是它们对钢淬火时临界冷却速度影响的反映。对于提高钢的淬透性的元素，随着含量的增大，临界冷却速度不断降低。锰的偏析以及 Mn 与 V、Nb、Ti 综合合金化的结果，使得心部奥氏体的稳定性增大，临界温度（A_3）降低。根据冷却速度的不同，最后转变的组织也不同。

热轧后钢板中心马氏体带处的锰含量高达 2.46%，已远高于平均成分 (1.8%)。临界冷却速度和 Mn 当量有如下关系[3]：

$$\lg C_R = 3.95 - 1.73[\mathrm{Mn}] \tag{4.1}$$

不考虑其他元素的影响，可以计算基体临界冷却速度为 $C_R=6.9$℃/s，而在中心马氏体带处 $C_R=0.4$℃/s，相差一个数量级。

考虑到钼对临界冷却速度的影响，锰当量可以表示为：

$$[\mathrm{Mn}] = [\mathrm{Mn}] + 2.67[\mathrm{Mo}] \tag{4.2}$$

如果 Mo 的分布均匀，则基体临界冷却速度为 $C_R=2.4$℃/s，而中心马氏体带处 $C_R=0.2$℃/s，由此可知，由于 Mn 的偏析而使钢的临界冷却速度大大降低，致使在很慢的冷却速度下也可以发生马氏体转变。这是产生心部马氏体带状组织的根本原因。

钢中的马氏体相变属于非扩散型相变，相变时发生较大的体积膨胀，产生较大的内应力。偏析造成微区奥氏体化学成分差别，因此不同锰含量的显微区域 M_s 点不同，冷却时马氏体转变时间先后不一，在微区出现很大的显微内应力，与剪切应力互相叠加，导致钢板锰偏析区域首先开裂而成为裂纹源。

该钢中较多的强碳化物形成元素 Ti(0.2%) 以及微量的强碳化物形成元素 V、Nb 在钢的凝固与降温过程中，会不可避免地和钢中的碳以及从空气中溶入钢水的氮发生反应生成较多的钛的碳氮化合物 Ti(NC)。由于其熔点高而率先析出而长大。较多的钛含量为碳氮化钛的长大提供充足的原料供应，同时为有害元素如 P 的富集提供了空间。较大的碳氮化物颗粒割裂了基体的连续性，成为裂纹萌发的策源地。

由此可见，试样心部存在的带状组织（马氏体、铁素体带等），使钢板力学性能呈现各向异性，这是钢板发生分层开裂的内在因素。钢板在剪切时，心部受最大拉应力，这是钢板中心开裂的外在因素，非本质原因。钢中较大的碳氮化钛颗粒，割裂了基体的连续性，在热轧形变过程中成为裂纹形核的策源地。所检测到的 P 的富集会增大了基体的脆性。它们是裂纹扩展的促进因素。因此可以说，该钢种中心分层开裂与该钢的成分特征、组织相变应力特征、析出相的特点以及受力特征有关。

热轧钢板在用户剪切过程中发生的中心开裂现象与钢板中心的偏析组织有关。这种组织一方面来源于连铸过程中板坯中心偏析，另一方面，由于钢板轧制时形变量较小，无法消除中心偏析组织，这样使得钢板厚度方向不同部位的组织不均匀。呈带状分布的心部偏析带的晶界特性决定横向性能较弱，以及马氏体生成过程中使马氏体附近存在的相变应力，当钢板心部一旦受最大拉应力，则会导致裂纹在心部形核而发生中心开裂。

根据以上分析与建议，该700MPa级高强度集装箱板下调了锰和钛等合金元素的含量，炼钢厂摸索切实可行的方法来降低添加合金时钢水中氮的溶入量以控制TiN的长大，热轧厂稳定控制钢板的屈服强度在700~800MPa范围内，同时要求用户在剪切时调小剪刃间隙和及时更换锋利的剪刃，最终使开裂发生率由12.6%下降为0.001%。

4.1.3　锻造开裂

48MnV非调质钢传动轴ϕ151mm曲轴材料，经300℃加热剪切后，在1250℃中频加热，然后经四道工序锻造切边以及机加工后，进行高频淬火热处理，在成品探伤过程时发现表面裂纹缺陷（图4.21（a）），提出质量异议4000多吨。宏观观察裂纹长约4cm，断续分布；打开断口之后，发现裂纹实际贯通，其表面形貌见图4.21（b），灰白色的区域为断口打开时的撕裂区，说明锻造时已经产生裂纹缺陷。

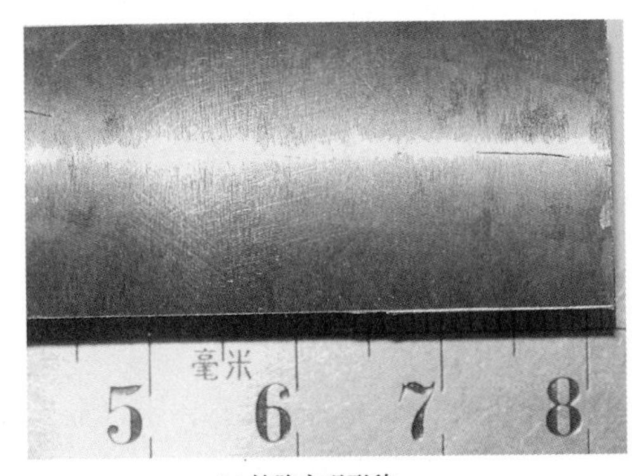

(a) 缺陷宏观形貌

(b) 断口状态

图4.21　48MnV非调质钢传动轴开裂

经超声清洗之后，在高倍下观察断口形貌，见图4.22（a），断口表面呈流线状，为形变后的特征，撕裂区见图4.22（b）、（c），断口表面存在残留的异物，成分分析见图4.22（d），主要为Al_2O_3，还含有Ca、Ti等元素。

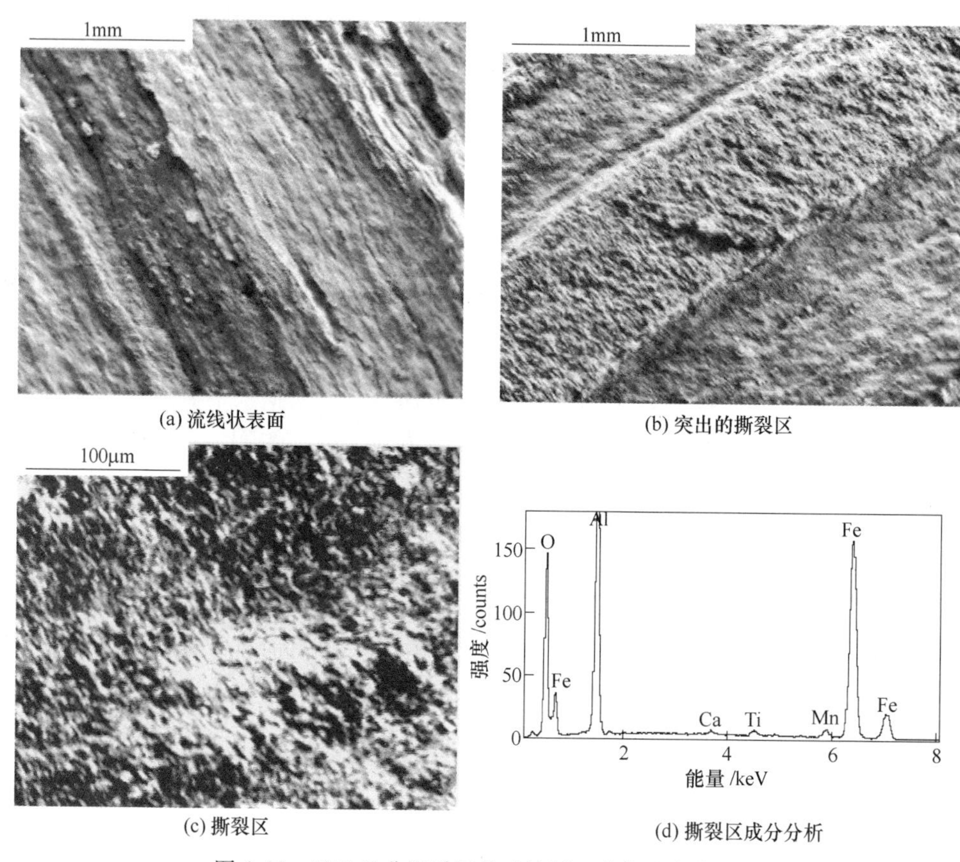

(a) 流线状表面　(b) 突出的撕裂区　(c) 撕裂区　(d) 撕裂区成分分析

图 4. 22　48MnV 非调质钢传动轴断口形貌及成分分析

制备裂纹截面金相试样，发现淬硬层约 5mm，表面为马氏体组织，其下为珠光体以及沿原奥氏体晶界分布的网状铁素体，见图 4. 23（a)。裂纹深约 8mm，裂纹次表面含有大量夹杂物（图 4. 23（b)），呈流变特征。经评定，夹杂物级别为 2 级。对裂纹尖端夹杂物进行成分分析见图 4. 23（c)、(d)，主要含有 O、Al 等成分。

图 4. 24（a）给出断口附近存在于淬硬层的裂纹，裂纹旁边有较多夹杂物，表面淬火时，硬化层与未硬化层之间的过渡区存在着较大的残余拉应力，夹杂物无疑会成为裂纹的发源地。据裂纹表面 10mm 之下金相组织与裂纹扩展方向的关系见图 4. 24（b)，可见裂纹沿锻造组织流线方向呈穿晶扩展。

当零件最终表面淬火之前，一般而言要进行调质热处理以获得综合性能优良的回火索氏体组织。本案例使用非调质钢省去调质工艺，但调质前形成的网状铁素体为裂纹的扩展提供了路径走向，但皮下裂纹沿锻造组织流线方向呈穿晶扩展，由此可知，裂纹形成于锻造过程中，于夹杂物处扩展而成。

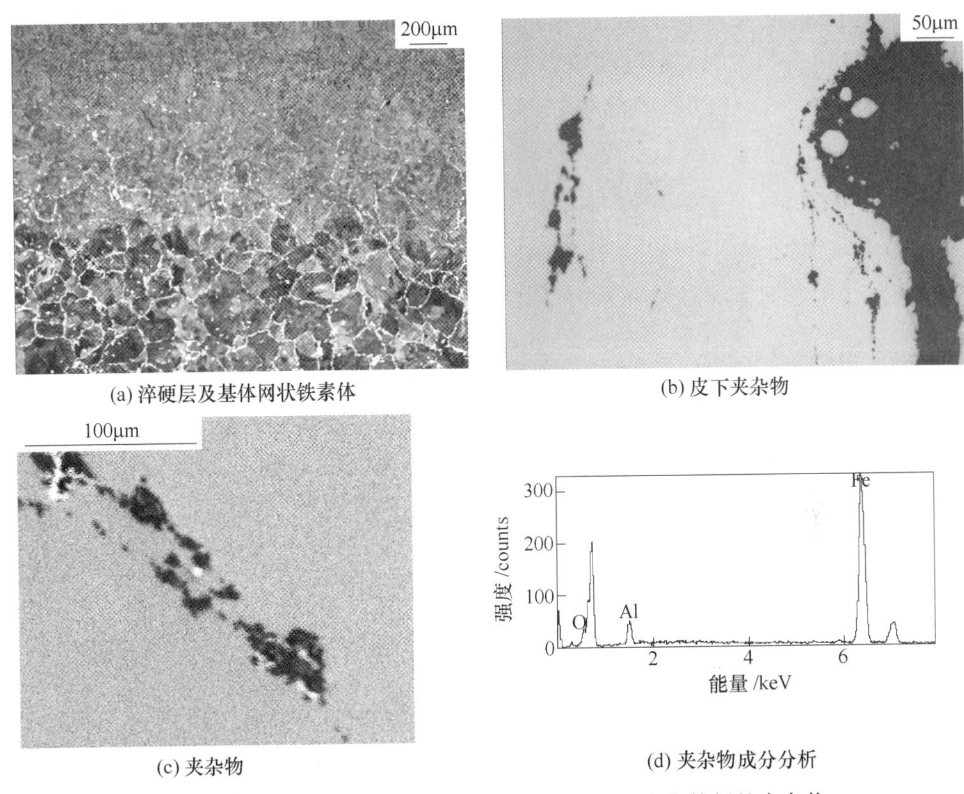

(a) 淬硬层及基体网状铁素体　　(b) 皮下夹杂物

(c) 夹杂物　　(d) 夹杂物成分分析

图 4.23　48MnV 非调质钢传动轴裂纹下表面呈流变特征的夹杂物

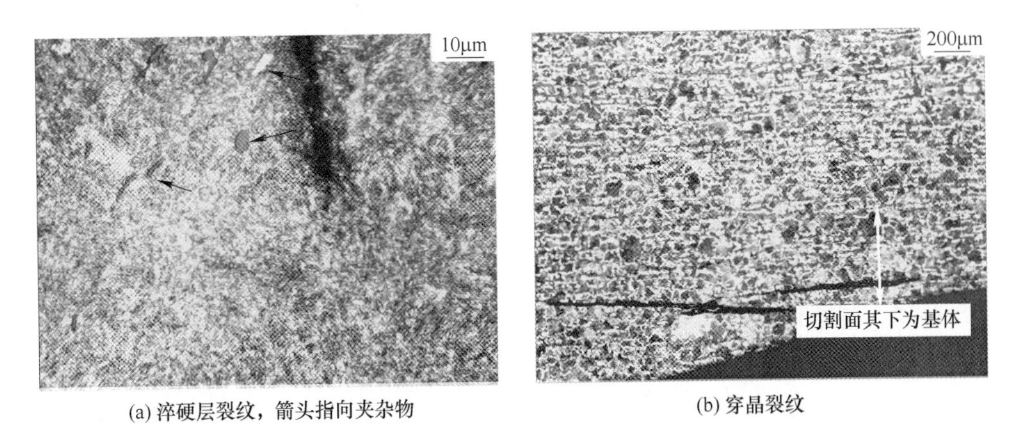

(a) 淬硬层裂纹，箭头指向夹杂物　　(b) 穿晶裂纹

图 4.24　48MnV 非调质钢传动轴裂纹扩展路径

4.1.4　焊接开裂

生产 ϕ244.48mm×12.5mm 规格 P110 钢级套管时，在焊接成型过程中在卷头的横焊缝后 60cm 左右处出现 45 度斜向开裂，裂缝长约 70cm，见图 4.25。取来

碎裂钢管样品以及疑似裂纹缺陷进行分析，发现裂纹起源于钢管外圈（图 4. 26（a）），主要为脆性解理断裂，见图 4. 26（b）。

图 4. 25　P110 钢焊接成型时卷头裂开

(a) 裂纹源

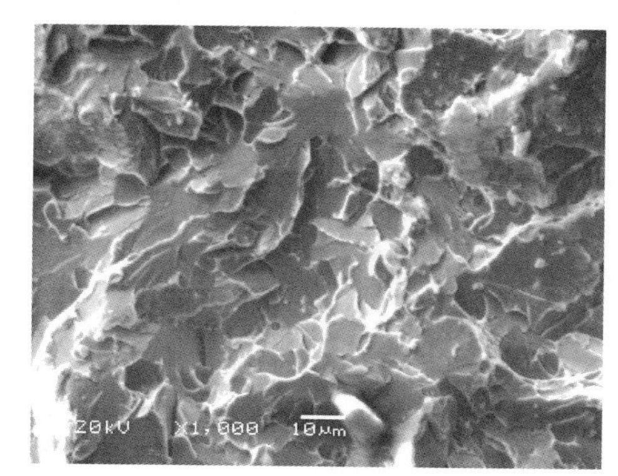

(b) 解理开裂

图 4. 26　P110 钢断口微观形貌

对试样进行切割，镶嵌抛光，硝酸酒精腐蚀。金相组织为铁素体+珠光体+碳化物+少量贝氏体，见图 4. 27，钢管外圆对应的钢板的晶粒明显细小。这种差异为不同的冷却速度造成。

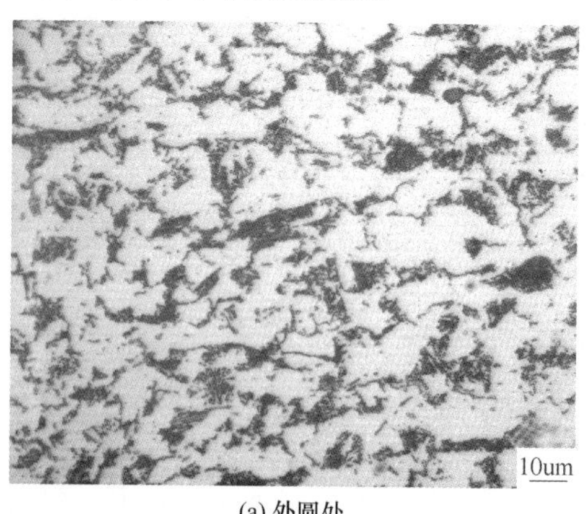

(a) 外圆处

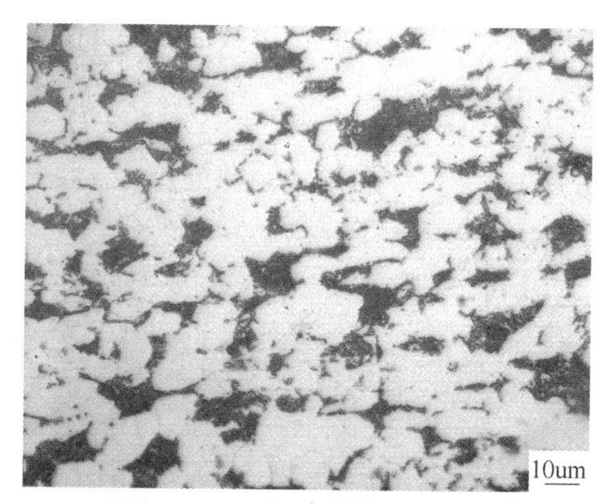

(b) 内圆处

图 4. 27　P110 钢管金相组织

性能检验取样为钢卷外圈，热轧板板卷拉伸性能较好，而冲击功为13J，小于20J的要求。由于板卷卷取温度较高（700℃），热轧过程中钢卷外圈受到助卷辊冷却水冷却，内外圈冷速不一致，从而导致外圈冲击功较低。该HFW机组焊接成型采用排辊成型技术，尤其在精成型阶段，变形力很大，所以，当材料冲击功低时，制管成型过程容易开裂。

在开裂处沿管体周向切取试样，对截面分别进行金相分析和扫描电镜能谱分析。

发现开裂处附近还存在深度约1.5mm的裂纹，见图4.28，沿裂纹尖端方向平行钢管表面延伸约15mm。在裂纹周围发现多条呈平行排列的条带状夹杂（图4.28箭头方向），裂纹周围存在铁素体组织，具有脱碳特征（图4.29）。

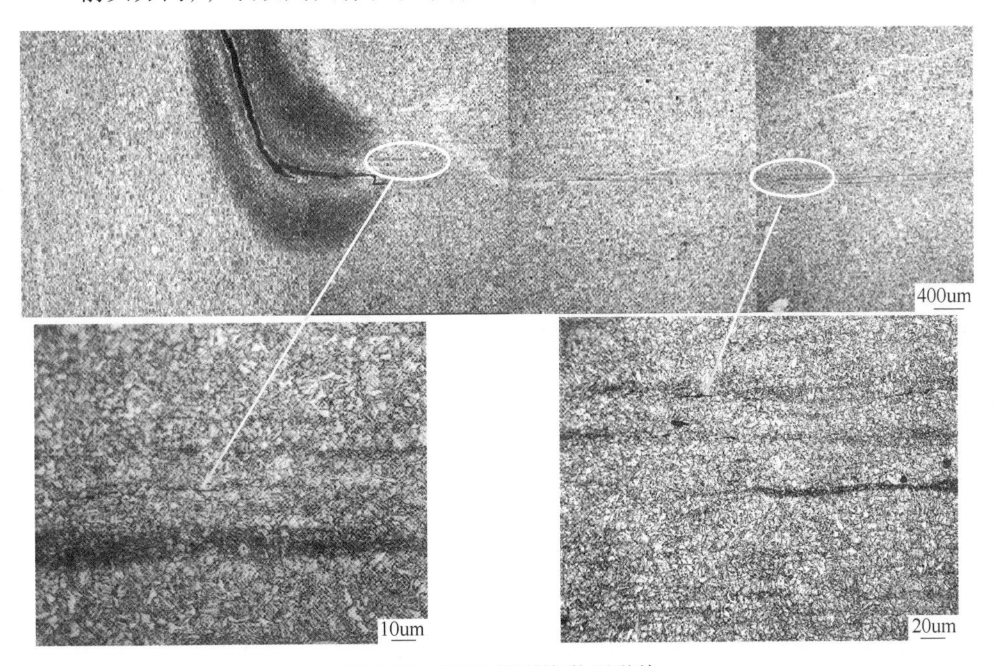

图4.28 P110钢裂纹微观形貌

采用扫描电镜对夹杂物形貌和组成成分进行分析，见图4.30。结果表明，夹杂物组成为SiO_2·MnO复合夹杂物，根据如上结果，可以判定该疑似裂纹为折叠缺陷。

板卷带来的折叠缺陷为钢板制管的开裂引入裂纹源。原来为了降低能耗，炼钢厂尝试连铸坯热装热送以降低成本，由于未对连铸坯表面进行质量检查导致热轧后带来折叠缺陷；同时，热轧过程控制不当，导致外卷韧性偏低，同时该焊管采用排辊成型机组，板卷成型力大，材料冲击功又偏低，综合因素导致制管过程开裂。

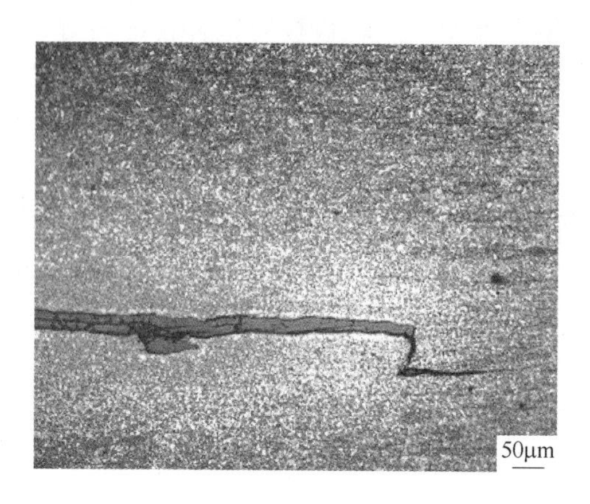

图 4. 29　P110 钢裂纹尖端形貌

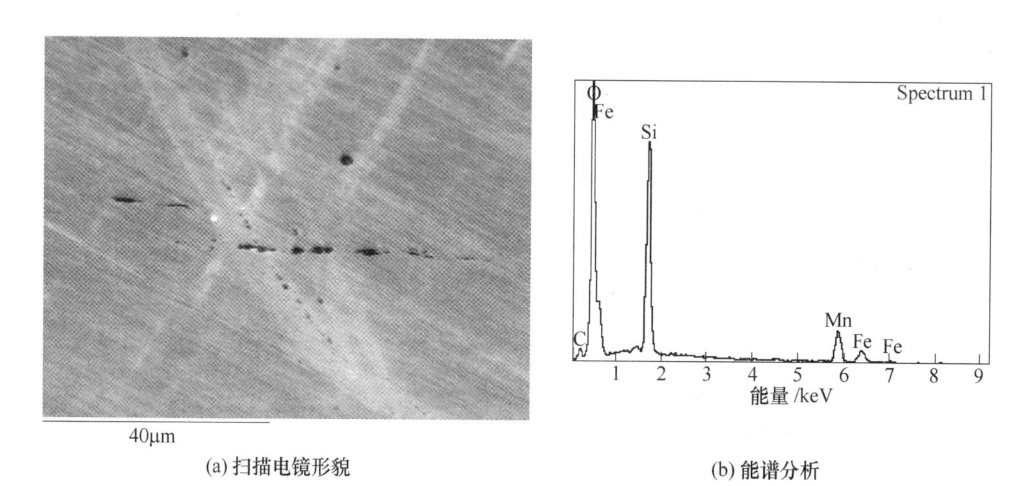

(a) 扫描电镜形貌　　(b) 能谱分析

图 4. 30　P110 钢夹杂物扫描电镜形貌和能谱分析

4. 2　焊接

焊接是常见的金属结构件连接形式。焊接是一个局部的迅速加热和冷却过程，焊接的方式有多种，但是焊缝的金相组织具有相似的特征，焊接时焊缝两侧的金属受到焊接热作用而发生了组织和性能变化，这一区域称为热影响区。

4. 2. 1　焊缝组织特点

气体保护焊是最为传统的焊接方式。以 S890QL 高强度结构钢管焊接为例，焊接工艺采用 80% Ar + 20% CO_2 混合保护气体焊，采用多道次焊接，层间温度 200℃。

从其宏观组织上可以明显地分辨出焊缝区、焊接热影响区、母材区，见图4.31（a），其中焊接热影响区显示出典型的粗晶区和细晶区组织特征（图4.31（b））。

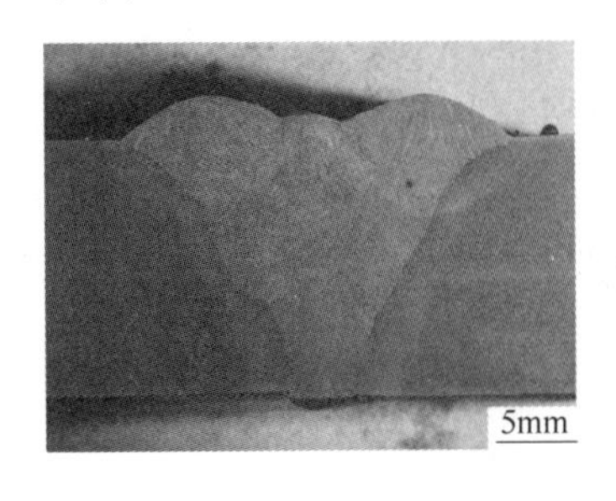

(a) 宏观形貌

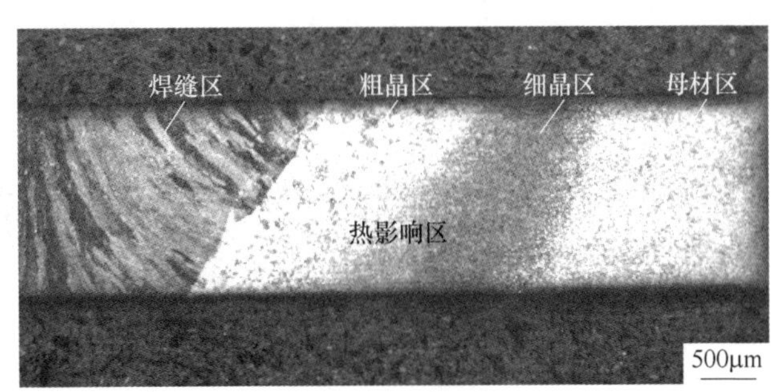

(b) 各区域组织

图4.31　S890QL钢焊缝处宏观形貌及各区域组织

进一步分析焊缝区、焊接热影响区、母材区微观组织形貌，可以发现，焊缝区的显微组织为针状铁素体和少量的板条状马氏体；焊缝晶粒内相互穿插分布针状铁素体的夹角较大；而马氏体板条之间角度很小，见图4.32（a）。图4.32（b）所示为焊接接头热影响区粗晶区的显微组织。从图中可以看出粗晶区显微组织特征是马氏体；这是由于钢含有一定的Ni、Cr、Mo等合金元素，使得奥氏体稳定性增强，具有较大的淬硬倾向，焊后冷却得到淬火组织，即板条状低碳马氏体组织。其中马氏体形貌呈细长条状，多个板条平行排列，同方向生长形成板条束。不同板条束之间有较大倾角。图4.32（c）所示为焊接接头热影响区细晶区的显微组织。从图中可以看出细晶区显微组织特征是铁素体和贝氏体。细晶区贝氏体为细小的板条状，铁素体为块状。这是由于该处母材被加热到$A_{c1}\sim A_{c3}$温度区间内，在随后冷却时奥氏体中温转变为贝氏体，原铁素体保持不变并有不同程度的长大。图4.32（d）、（e）所示为焊接接头热影响区回火软化区（细晶区与母材区之间区域）的显微组织。从图中可以看出，回火区的显微组织特征是铁素体和粒状贝氏体。铁素体组织较为粗大呈块状，这是由于该处加热温度接近A_{c1}温度，相当于瞬时高温回火。调质态母材中的低碳马氏体发生脱溶转变，铁素体基体回复与再结晶，形成位错密度低的铁素体等轴晶，并有一定程度的长大。对于S890QL样品而言，以粗大块状铁素体为主的回火软化区区域在三种焊接接头样品中最为宽大（近80～100μm）。回火区相对于母材而言，组织性能发生变化，将出现软化现象（即强度硬度降低），这从后续的力学性能测试结果中将得到验证。而焊接后的钢管母材区继续呈现回火索氏体组织，见图4.32（f）。

焊接区由于受到本体的拘束而不能自由膨胀和收缩，冷却后便在焊件中产生

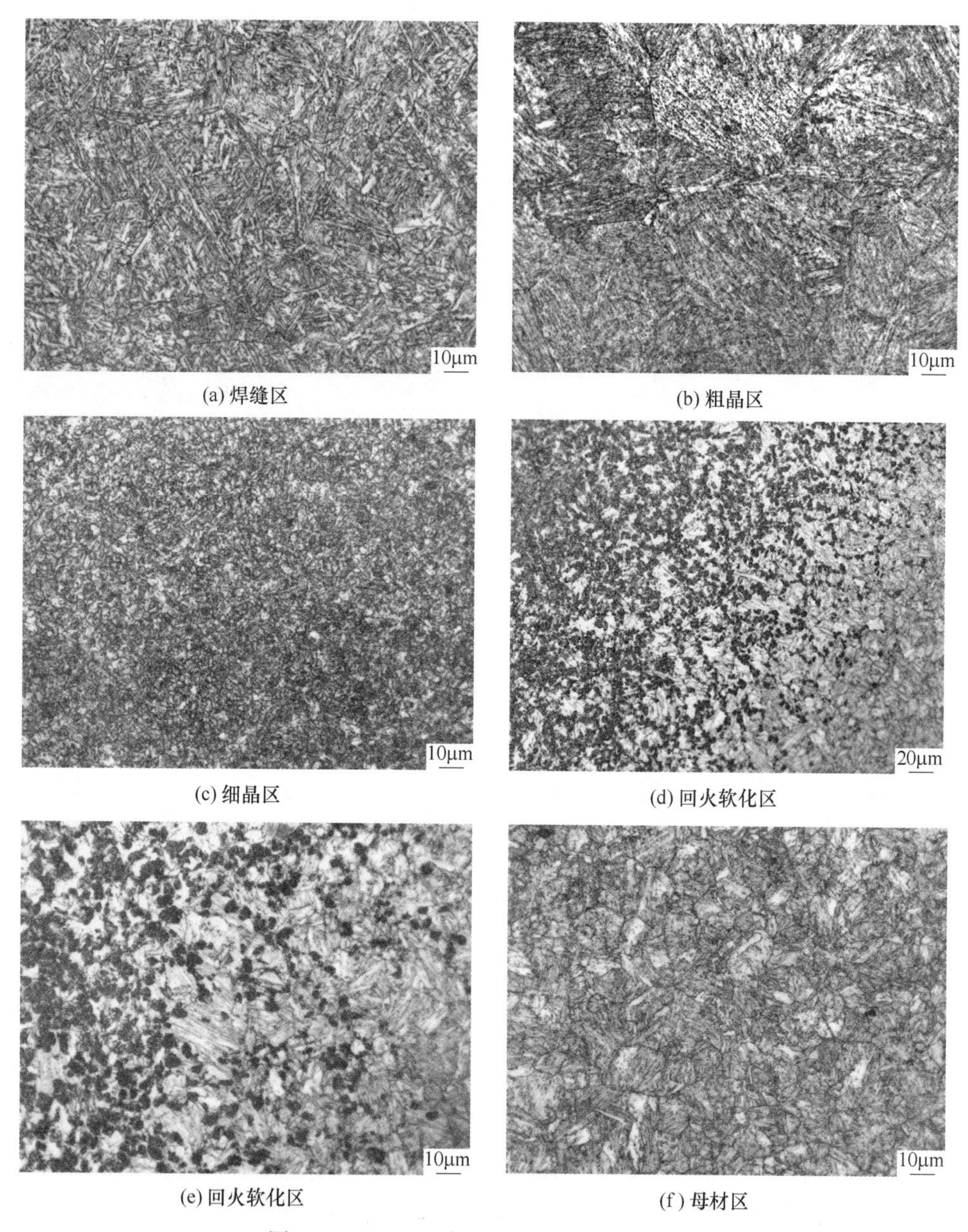

(a) 焊缝区　(b) 粗晶区　(c) 细晶区　(d) 回火软化区　(e) 回火软化区　(f) 母材区

图 4.32　S890QL 高强结构管焊缝显微组织

焊接应力和变形而产生焊接缺陷。良好的焊缝的断口表面较为洁净，没有或少有氧化物颗粒，在断口的不同区域可表现为发展良好的韧窝特征，也可能存在准解理或解理断口特征。如果在断口表面存在很多的氧化物，若非钢铁冶炼的因素，必然对应于一种焊接缺陷。

Mn、Si是钢中普存的活泼元素，在焊接加热时，钢带边缘的Fe氧化成FeO，熔融金属中Mn、Si与FeO发生反应，生成熔点为1580℃的MnO以及熔点为1713℃的SiO_2：

$$Mn + FeO \longrightarrow MnO \tag{4.3}$$

$$Si + FeO \longrightarrow SiO_2 \tag{4.4}$$

MnO和SiO_2还可以生成熔点为1270℃的共晶产物$MnO \cdot SiO_2$发生如下反应：

$$MnO + SiO_2 = MnO \cdot SiO_2 \tag{4.5}$$

如果Mn/Si适当，在适宜的焊接工艺下，形成低熔点的共晶产物，容易从焊缝中排出。但是，Si、Mn氧化物的形成是一个溶质扩散的过程，熔体温度越高，加热时间越长越易形成。焊缝内氧化物的形成与材料的成分、焊接速度、焊接热输入以及开口角度等因素有关，因此可以根据断口表面存在的氧化物来确定焊缝缺陷的类型，从而判据缺陷产生的原因。

4.2.2 气体保护焊

西气东输用X70管线钢管焊缝周围探伤不合格，金相发现内部分层（图4.33（a）），分层裂纹两边存在氧化脱碳现象（图4.33（b），（c）），裂纹内物质的形貌见图4.33（d）），裂纹内部主要为灰色的氧化亚铁（图4.33（e））以及Al、Si、Mn、Ca、S、Ti等元素（图4.33（f））。

在离试样较远处也有分层缺陷（见图4.34（a）），呈闭合状，裂纹附近及尖端处存在氧化物颗粒（见图4.34（b）箭头所示），顺其延伸方向发现有裂纹露头于试样表面（图4.34（c）），在分层缺陷相对的钢板一侧，发现树枝状裂纹露头于钢板表面（图4.34（d）），显然也是钢板原始缺陷。图4.34（d）细裂纹内物质形貌见图4.34（e），含有Mn、Ca、S等元素成分，见图4.34（f）。

(a) 分层裂纹金相

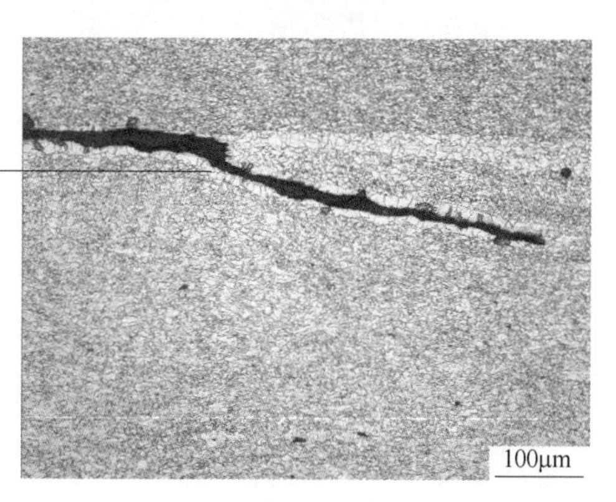

(b) 分层处脱碳

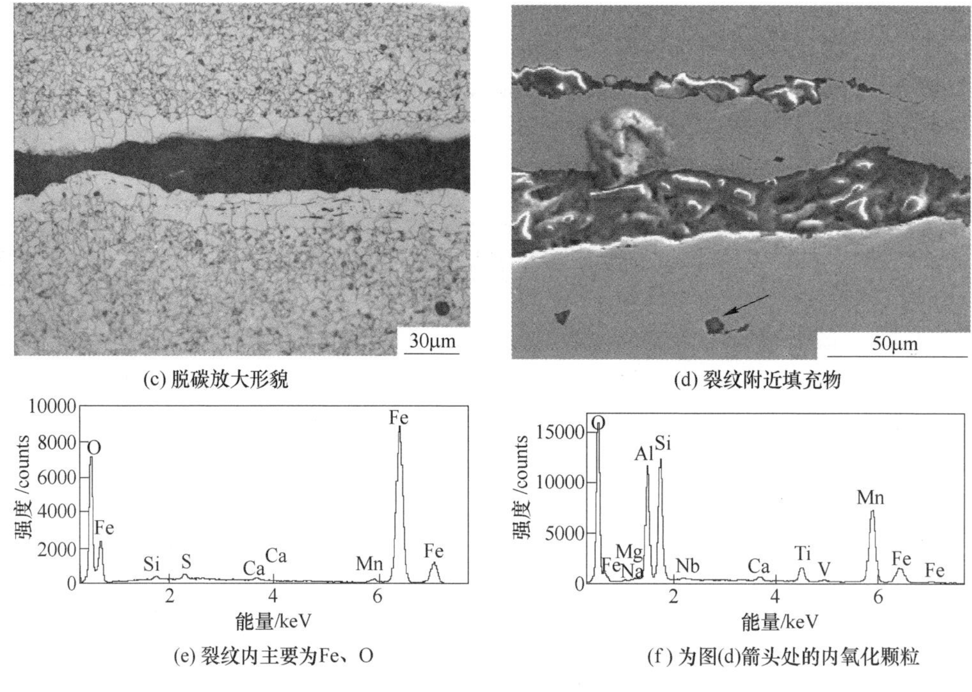

(c) 脱碳放大形貌

(d) 裂纹附近填充物

(e) 裂纹内主要为Fe、O

(f) 为图(d)箭头处的内氧化颗粒

图 4.33　X70 钢焊缝边部金相和成分分析

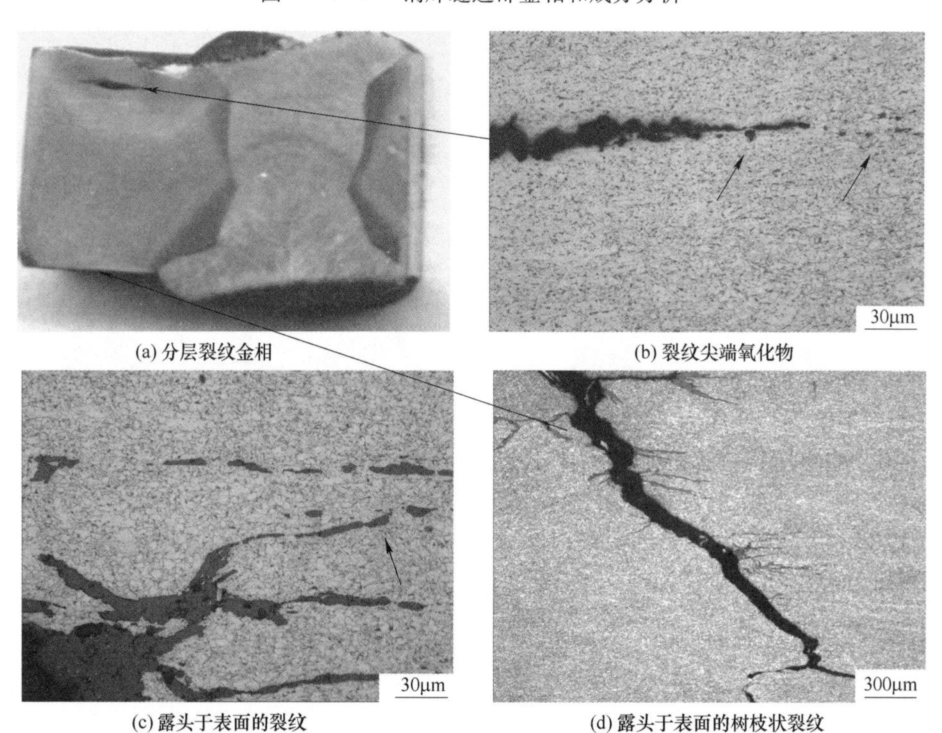

(a) 分层裂纹金相

(b) 裂纹尖端氧化物

(c) 露头于表面的裂纹

(d) 露头于表面的树枝状裂纹

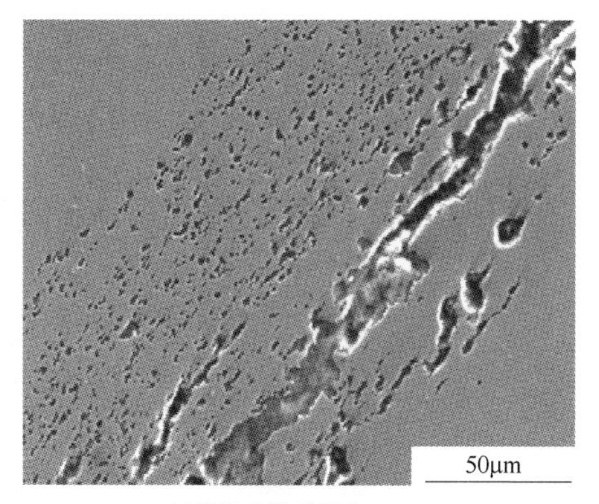

(e) 裂纹内物质形貌

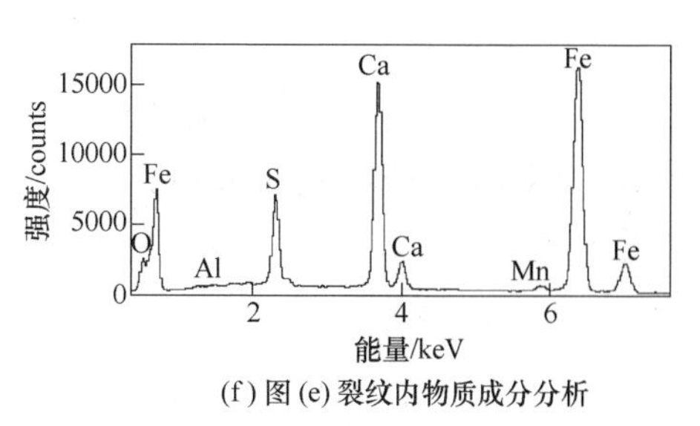

(f) 图 (e) 裂纹内物质成分分析

图 4.34　X70 钢焊缝附近金相和成分分析

该批次管线管要求抗酸（H_2S）性能，因此在成分设计上采取高的 Ca/S 比以球化夹杂物，显而易见，炼钢时含钙的夹杂物没有充分上浮，在炼钢的结晶器内凝固时被捕获于连铸坯次表面，轧制时形成分层缺陷。

4.2.3　电阻直缝焊

电阻焊是通过高频电流的集肤效应和临近效应，利用高频电流或感生高频电流的电阻热将管坯对接边缘加热熔化、并施以挤压而焊合的焊接方法，见图 4.35。其最大特点是没有外来填充金属，加热速度快，生产效率高。

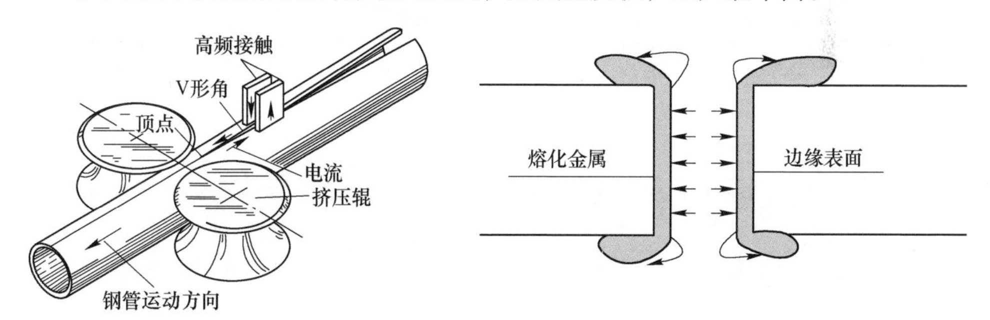

(a) 焊接过程　(b) 焊接边缘表面熔融金属因电磁压力而迁移的示意图

图 4.35　电阻焊

ϕ355.6mm×5.2mm 规格 Q500 高强度建筑结构用电阻焊管见图 4.36（a），依然保留焊接后内表面挤出物（图 4.36（b）），但外表面挤出物在生产时已经切除（图 4.37（a）），近表面焊缝处依然可见切削变形痕迹。基体为铁素体+贝氏体组织，见图 4.37（b）；而热影响区及焊缝除了铁素体与贝氏体之外，还存在马氏体，见图 4.37（c）、（d）。

(a) ϕ355.6mm×5.2mm规格钢管

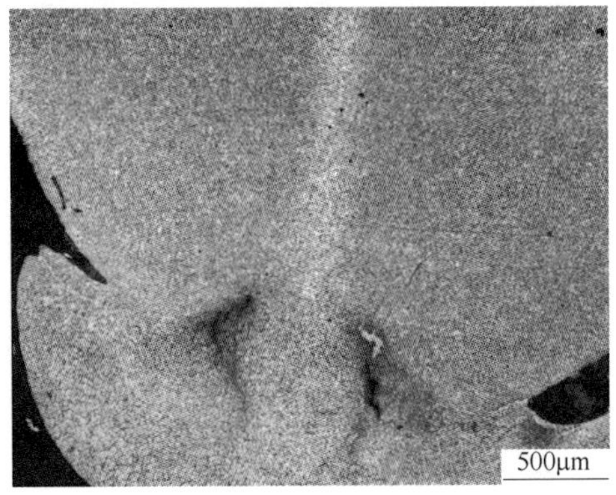

(b) 内表面焊缝及焊接挤出物

图 4. 36　Q500 钢电阻焊管

(a) 焊缝处钢管外表面

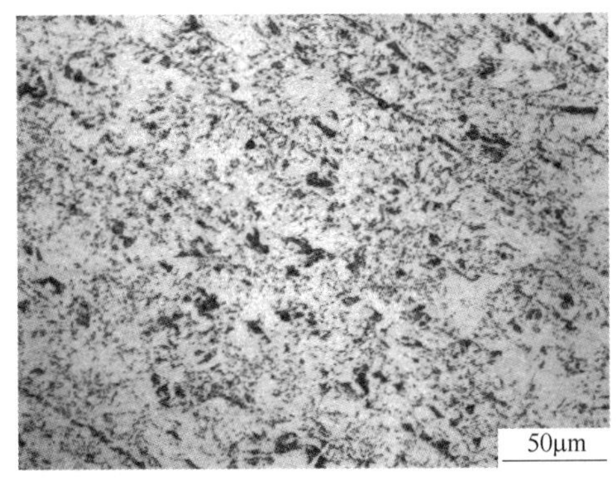

(b) 基体处

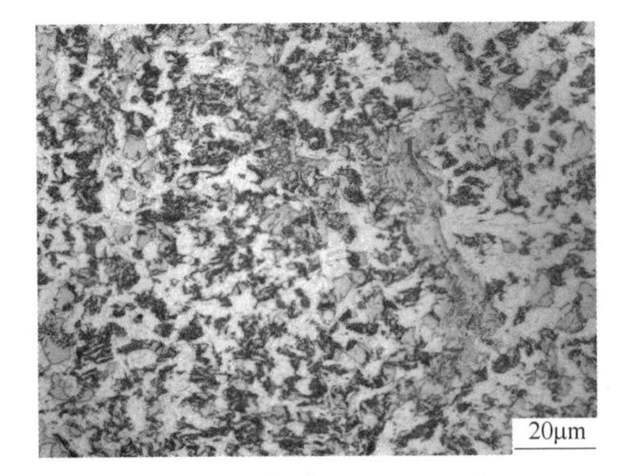

(c) 热影响区

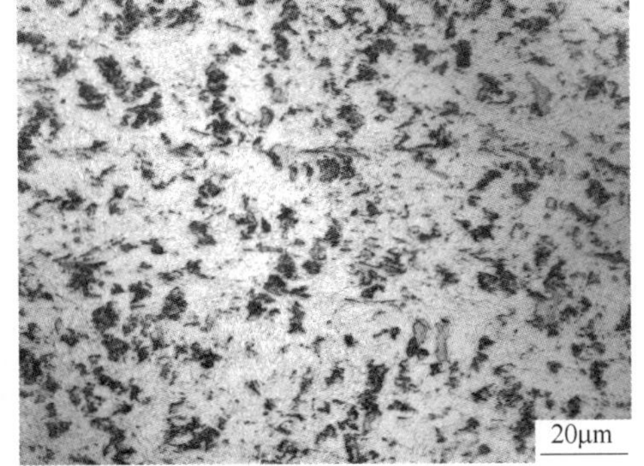

(d) 焊缝处

图 4. 37　Q500 钢焊管金相组织

一般认为电阻焊缝存在两种焊接缺陷：一为冷焊，另一是过烧。冷焊是由于输入热量不足，焊接表面未完全熔化，没有足够的熔融金属从表面迁移，焊合之后，熔体表面的氧化物就保存在焊缝中。冷焊的断口特征是，断口表面呈无数浅平的小凹窝，其底部是氧化物颗粒。过烧是由于火花放电使得电流不稳定甚至形成闭合回路，使得相邻导板的电磁力减弱甚至消失，致使已流向边缘的熔体回流，从而表面的氧化物被带入焊缝形成过烧。伴有过烧的断口特征是，和冷焊的相比，凹窝和其内的夹杂物的尺寸要大得多。

对于特定的材料，焊缝缺陷的形成与焊接工艺密切相关。工艺上的影响因素很多，如焊接挤压量、开口角度、对接形状、焊接速度、焊接热输入以及表面光洁度等；微观断口的形貌也是千变万化的，韧窝本身就是一种凹窝，起源于材料的夹杂物或第二相颗粒，韧窝也可以起源于焊缝中存在的氧化物颗粒。仅仅将断口缺陷分为冷焊或过烧是非常不恰当甚至是不正确的。显而易见的是，断口上的氧化物是焊接缺陷的重要特征，经验表明，断面氧化物的存在是影响焊缝质量的主要原因之一，它可由冷焊引起，也可由过烧引入。因此，根据焊缝内的氧化物所提供重要的信息结合缺陷产生的工艺因素，根据对现场生产的检测，可将焊缝缺陷的断口形貌分为四种类型：

（1）冷焊，是由于输入热量不足，焊接表面未完全熔化所致。焊合之后实质上是一种虚焊。含有氧化物的细小的浅平凹窝特征是冷焊的一个必要条件，但不是充分条件。冷焊既然是热量输入不足，表面可能未完全熔化，那么除了凹窝特征之外，断口表面应存在未焊合区，由于加热不充分，Mn、Si 迁移受限制，氧化物的主要成分应为 FeO，见图 4.38。对于产生冷焊缺陷，产线上应该提高焊接功率、降低焊接速度，使得对接表面熔化充分。

(a) 沿焊缝开裂

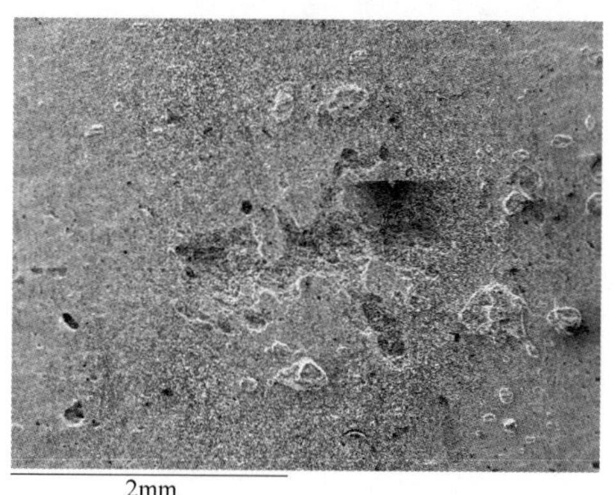

(b) 附近未焊合区冷焊凹窝

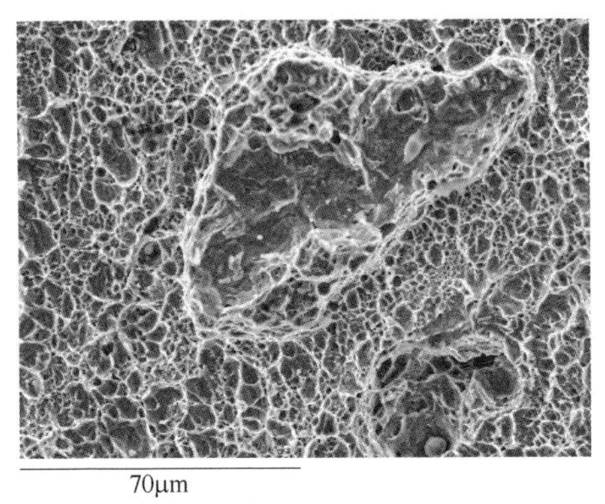

(c) 图(b)的放大形貌

60μm

(d) 未焊合区上覆盖的氧化物薄膜

图 4.38　Q500 钢冷焊断口特征

（2）过烧，是由于火花放电使得电流不稳定甚至形成闭合回路，使得相邻导板的电磁力减弱甚至消失，致使已流向边缘的熔体回流，从而表面的氧化物被带入焊缝形成过烧。由于焊接边缘熔化充分，和冷焊不同的是，加热与焊接过程中钢中的 Si、Mn 生成了氧化物，甚至低熔点的共晶化合物 MnO · SiO_2。除了凹窝和其内的氧化物颗粒尺寸均较大外，由于过烧是火花放电所致，在过烧区附近必然存在没有或有很少缺陷的良好焊缝区域，见图 4.39。过烧产生的原因在于焊

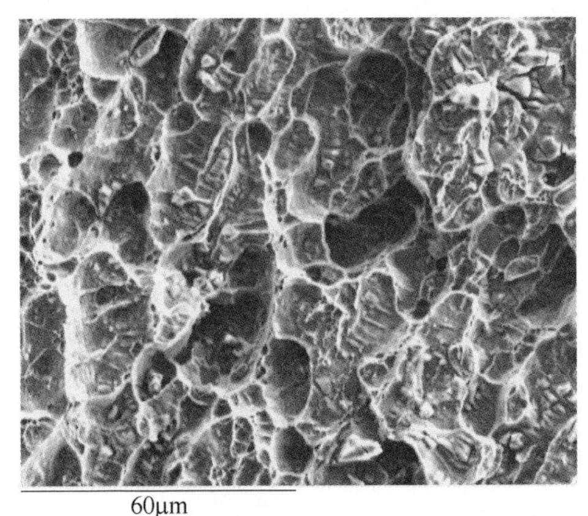

(a) 过烧的凹窝特征

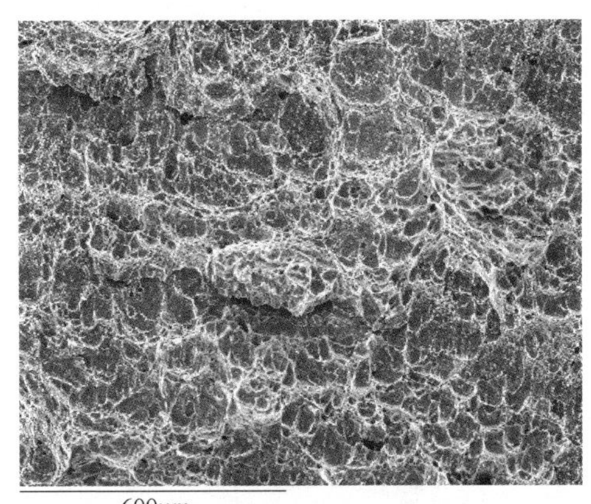

(b) 过烧附近存在的正常韧窝区

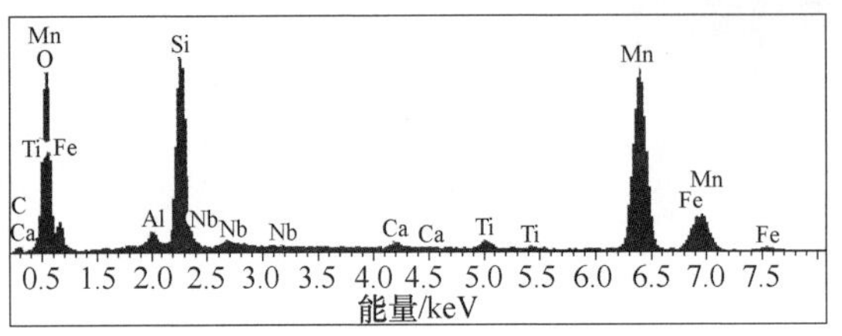

(c) 凹窝内的Si、Mn的氧化物成分

图 4.39　Q500 钢过烧断口特征

接速度和V形角匹配不当，或者接头表面不平整，存在毛刺等，一旦判断发生过烧缺陷，即调整焊接工艺参数，检查切边机工作状态。

（3）伪过烧。相对于“过烧”而言，不是由于火花放电引起的熔池表面的氧化物的回流所致，因断口凹窝和氧化物特征和过烧类似，但形成机理不同。Si、Mn的氧化物充分形成却没有排出焊缝，在焊缝长距离内均匀分布，见图4.40。焊缝截面金相可以用来辅助判断。产生的原因一般是由于挤出量不足、对接形状不当等因素致使熔体表面氧化物流出不畅而滞留于焊缝。

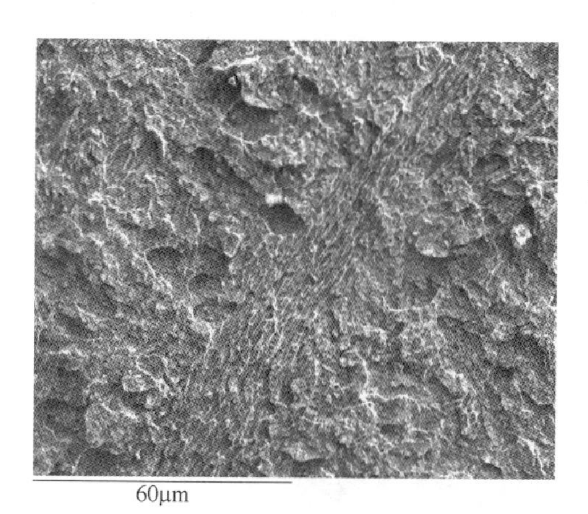

(a) 焊缝内的条带

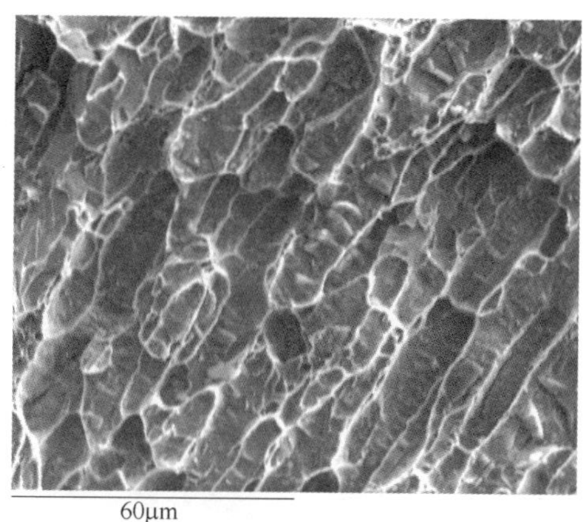

(b) 类过烧断口形貌

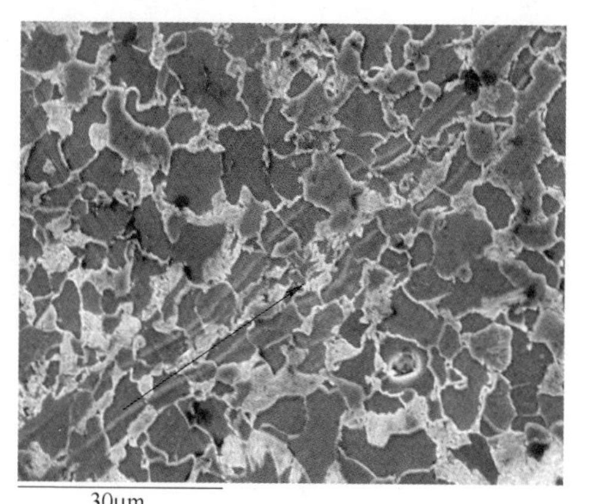

(c) 焊缝截面金相显示的未挤出的氧化物的条带，如箭头所指方向

图4.40　Q500钢伪过烧断口特征

（4）无夹杂冷焊，该缺陷是由于挤出量过大所致。断口清洁，没有氧化物

颗粒，呈脆性的解理小刻面特征，见图4.41。由于焊接时挤出量过大，熔融金属被挤出焊缝致使两接触表面没有共同的晶粒，焊缝两边的热影响区在挤压力的作用下产生冷形变流线。虽然该缺陷产生后经热处理可以改善冲击韧性，但在锯切、定径过程中容易导致沿焊缝长距离的开裂，因此，一旦发生必须调整压下量。

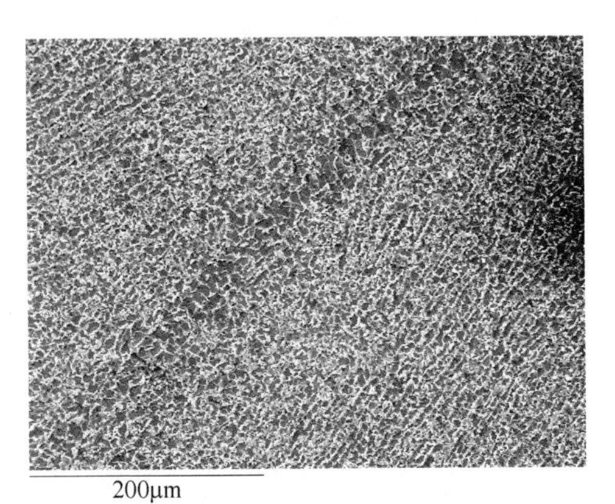

(a) 焊缝共有的晶粒很少或没有

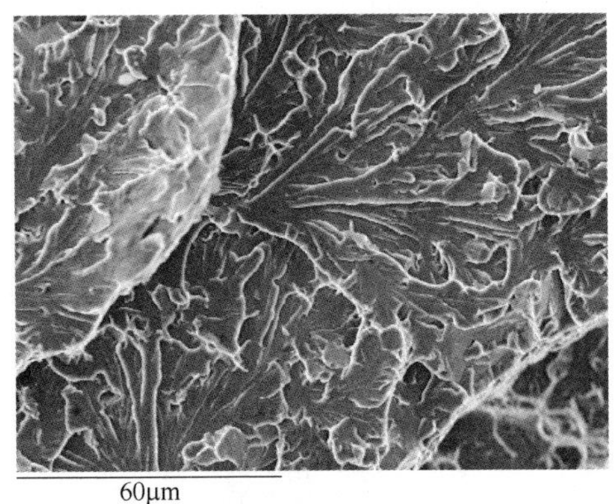

(b) 表面清洁的解理断口特征

(c) 焊缝两边形变流线特征显著

图4.41　Q500钢无夹杂冷焊断口特征

对焊缝断口进行了有效地分析，可为生产工艺的改进提供有价值的参考意见，保证焊管产线的顺利平稳运行。

4.2.4　激光焊

激光焊接相对于传统焊接技术而言，具有功率密度高、能量释放快等独特之处，用于对焊接热影响区敏感的材料不会造成材料的损伤和变形，是现代科技与传统技术的有机结合体，其应用领域拓展到传统焊接技术所无法实现的领域。

对两个不锈钢 CO_2 气体激光焊直缝焊管（SUS304 规格为 ϕ50. 8mm×2. 0t，SUS409L 规格为 ϕ54. 0mm×1. 5t）的材质进行检验。

SUS409L 焊管母材基体组织为铁素体，心部晶粒较大而边部晶粒较小，其上弥散分布着点状 TiN 夹杂物；焊缝宽 0. 35～0. 65mm，焊缝处呈发达的柱状晶，见图 4. 42，柱状晶粒与基体晶粒相接，反映其形核及传热生长的历程。

SUS304 焊管母材基体组织为奥氏体；焊缝处也呈发达的柱状晶，奥氏体中含有少量的铁素体。焊缝宽 0. 32～0. 56mm，见图 4. 43。

(a) 金相组织

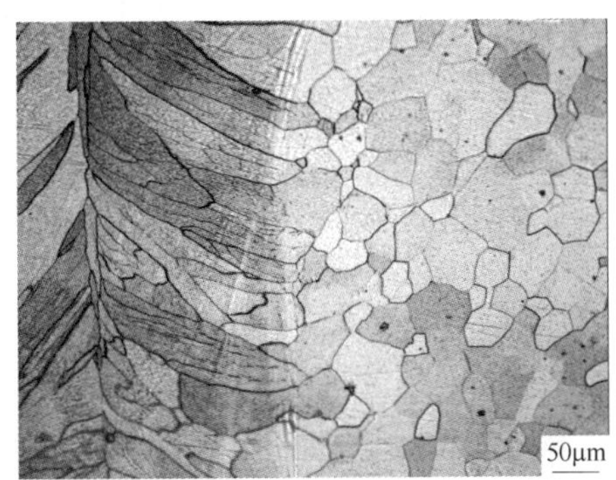

(b) 放大形貌

图 4. 42 SUS409L 焊缝处金相组织

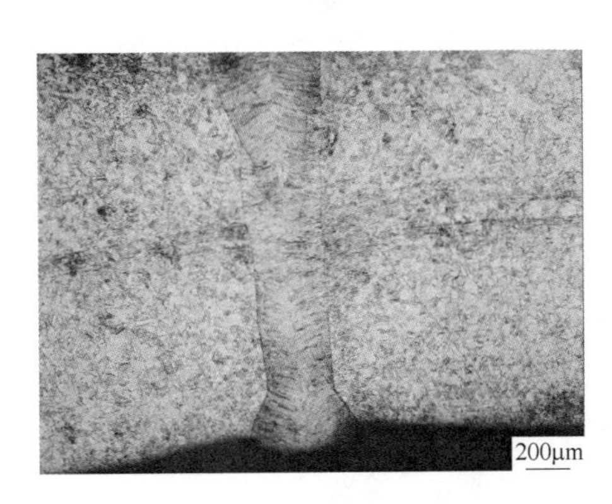

(a) 金相组织

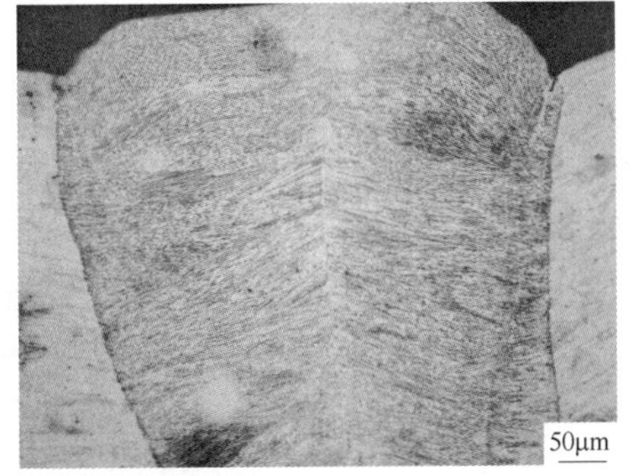

(b) 放大形貌

图 4. 43 SUS304 焊缝处金相组织

对上述焊管试样进行了扩径试验，SUS409L 和 SUS304 焊管扩径率分别为

14.4%和35.8%，见图4.44。可以看出，两试样在开裂前均发生过塑性变形，有明显的缩径，SUS409L焊管开裂处与轴向呈45°角剪切开裂，SUS304焊管断面与径向呈45°角剪切开裂。开裂部位发生于基体，距离焊缝15~20mm处。

图4.44　扩径试验结果

焊缝处组织呈发达的柱状晶，为快速冷却的结果，钢管扩径开裂发生于基体，呈塑性变形开裂特征，激光焊焊后性能良好。

4.3　运输过程的挤压

热轧酸洗板是以热轧薄板为原料，经酸洗机组去除氧化层，表面质量和冷弯成型或冲压性能介于热轧板和冷轧板之间的中间产品，是部分热轧板和冷轧钢板理想的替代产品。市场需求主要集中在汽车、机械制造、集装箱等行业。

供货加拿大6000多吨在用户开卷后发现表面出现黑色斑纹缺陷。黑色斑纹缺陷普遍分布于5点位与7点位（图4.45），且主要存在板卷的外圈，自外圈到内圈黑斑缺陷逐渐减少。据加方研究认为：该缺陷是由于钢板表面凸起部位的擦伤所致，擦伤处出现氧化会影响用户涂装及使用，故而加拿大用户提出质量异议索赔130万加元。

图 4.45 热轧酸洗板缺陷产生位置及缺陷宏观形貌

热轧酸洗板采用连续塔式酸洗机组，热轧带钢连续在立式的塔中运行时，将热的盐酸溶液喷射到带钢表面上，以酸洗去除带钢表面的氧化铁皮。由于碳素结构钢或低合金钢钢材表面上的氧化铁皮具有疏松、多孔和裂纹的性质，加之氧化铁皮在酸洗机组上随同带钢一起经过矫直、接矫、传送的反复弯曲，使这些孔隙裂缝进一步增加和扩大，所以，酸溶液在与氧化铁皮起化学反应的同时，也通过裂缝和孔隙而与钢铁的基体铁起反应。酸洗机理可分为 3 个方面，用以清除带钢表面的氧化铁皮：

（1）溶解作用。带钢表面氧化铁皮中各种铁的氧化物在盐酸溶液中酸洗时其反应为：

$$FeO + 2HCl \longrightarrow FeCl_2 + H_2O \tag{4.6}$$

$$Fe_2O_3 + 6HCl \longrightarrow 2FeCl_3 + 3H_2O \tag{4.7}$$

$$Fe_3O_4 + 8HCl \longrightarrow 2FeCl_3 + FeCl_2 + 4H_2O \tag{4.8}$$

生成可溶解于酸液的正铁及亚铁氯化物从而把氧化铁皮从带钢表面除去。

（2）机械剥离作用。带钢表面氧化铁皮中还夹杂着部分的金属铁，而且氧化铁皮又具有多孔性，酸溶液就与氧化铁皮中的铁或基体铁作用产生大量的氢气。氢气产生的膨胀压力可把氧化铁皮从带钢表面上剥离下来。

$$Fe + 2HCl \longrightarrow FeCl_2 + H_2 \tag{4.9}$$

对于低碳钢盐酸酸洗时，有 33%的氧化铁皮是由机械剥离作用去除的。

（3）还原作用。金属铁与酸作用时，首先产生氢原子。一部分氢原子相互结合成为氢分子，促使氧化铁皮的剥离。另一部分氢原子靠其化学活泼生及很强的还原能力将高价铁的氧化物和高价铁盐还原成易溶于酸溶液的低价铁氧化物及低价铁盐。

$$Fe_2O_3 + 2[H] \longrightarrow 2FeO + H_2O \tag{4.10}$$

$$Fe_3O_4 + 2[H] \longrightarrow 3FeO + H_2O \tag{4.11}$$

$$FeCl_3 + [H] \longrightarrow FeCl_2 + HCl \tag{4.12}$$

接到质量索赔信息后，立即对生产以及装运过程进行检查。在实际生产中，热轧酸洗钢板存在的表面质量缺陷主要有氧化铁皮压入、划伤、压痕、腰斩、欠酸洗和过酸洗等。图 4. 46 所示为钢板卷在酸洗后生产检验、堆放、运输过程的实物照片，生产、堆放及运输过程不存在产生黑斑缺陷的外部条件，即挤压与振动。为了便于比较，与加拿大异议产品同期生产的同类成品在仓库存放半年（双层叠放，上层钢卷），打开钢卷包装未发现类似“黑斑”缺陷。

(a) 酸洗后生产检验

(b) 堆放

(c) 运输

(d) 同期生产的成品检验

图 4. 46　热轧酸洗板相关生产情况

取缺陷试样（图 4. 47），对缺陷成因进行分析，并就缺陷是否对磷化、涂装等性能产生影响进行试验研究。制备缺陷区域表面试样，经超声清洗后，使用电子探针观察表面形貌；使用 MTS-810 疲劳试验机进行模拟实验研究；使用 GDS-150 辉光光谱分析仪及激光表面粗糙度仪对缺陷与正常部位的成分及三维表面形貌进行了测定。

正常部位的表面形貌见图 4. 48。酸洗后的表面上弥散分布有清晰的辊印，并非为酸洗产生的凹坑。黑斑缺陷的微观形貌见图 4. 49。和正常部位相比，存在黑斑的地方试样表面有很多小的“平台”，明显区别于原先存在的辊印以及酸洗表

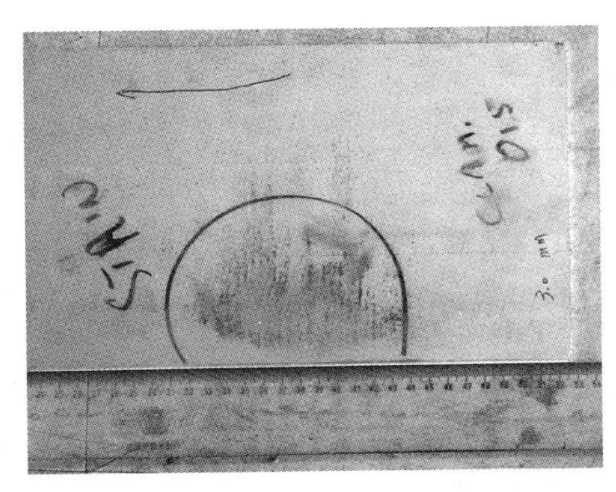

图 4.47 送检的热轧酸洗板缺陷试样

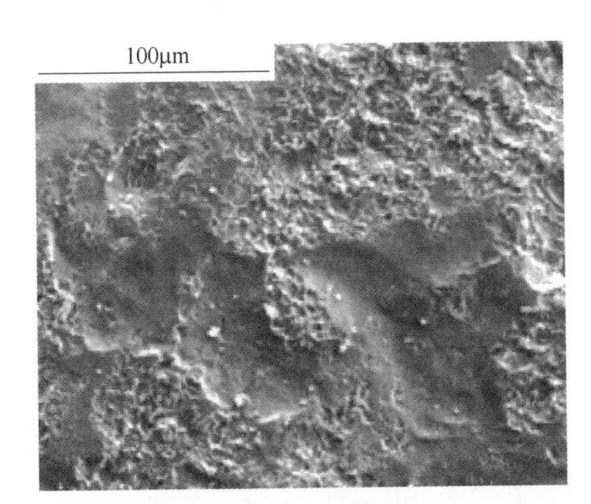

(a) 酸洗表面及辊印

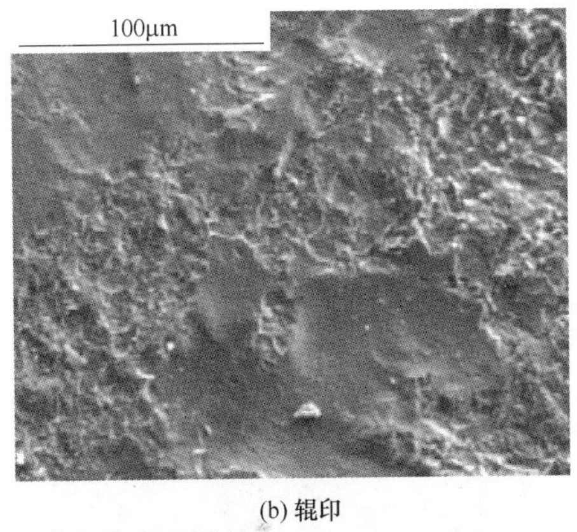

(b) 辊印

图 4.48 热轧酸洗板正常部位表面形貌

面，仔细观察可以发现，这些小的平台高于凹下的辊印，向一个方向延展（图 4.49（b）），说明它们存在于辊印产生之后。在小平台上可见酸洗表面晶界变形的痕迹。

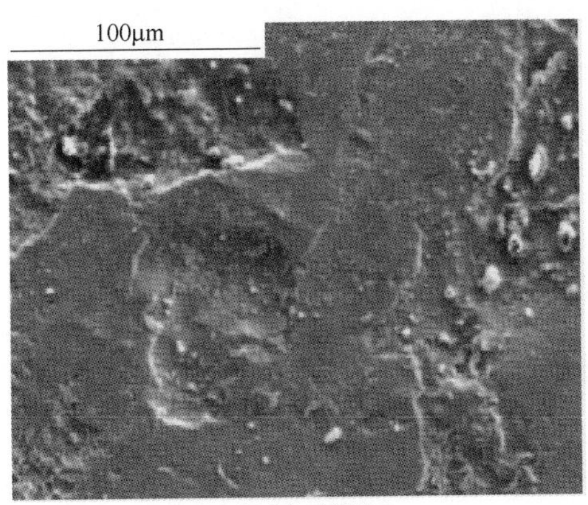

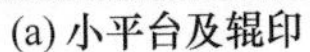

(a) 小平台及辊印

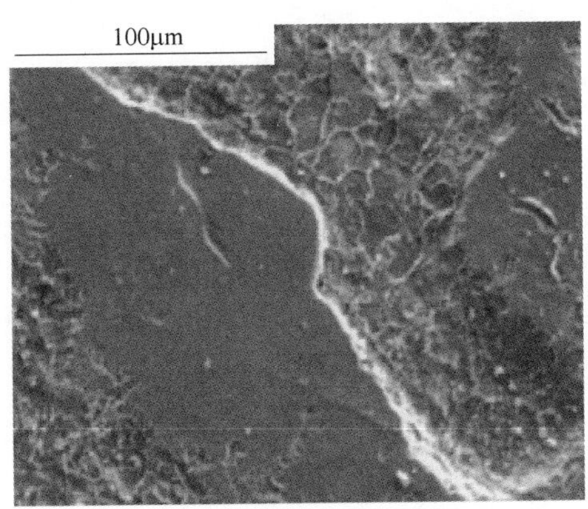

(b) 小平台及表面晶界界面

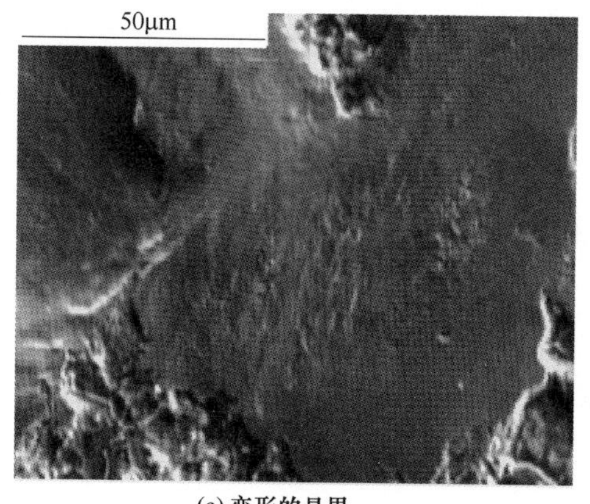

(c) 变形的晶界

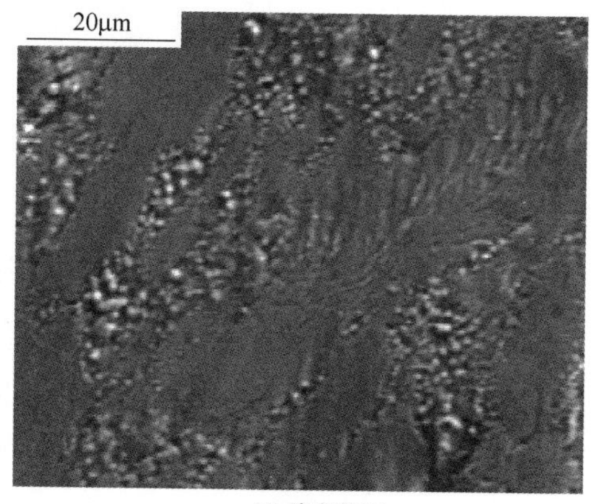

(d) 流变特征

图 4.49　热轧酸洗板黑斑微观形貌

在低倍下观察，可以发现，该小平台的延展方向与钢板的卷取方向（即钢卷圆周方向，轧制方向）相同，见图 4.50。

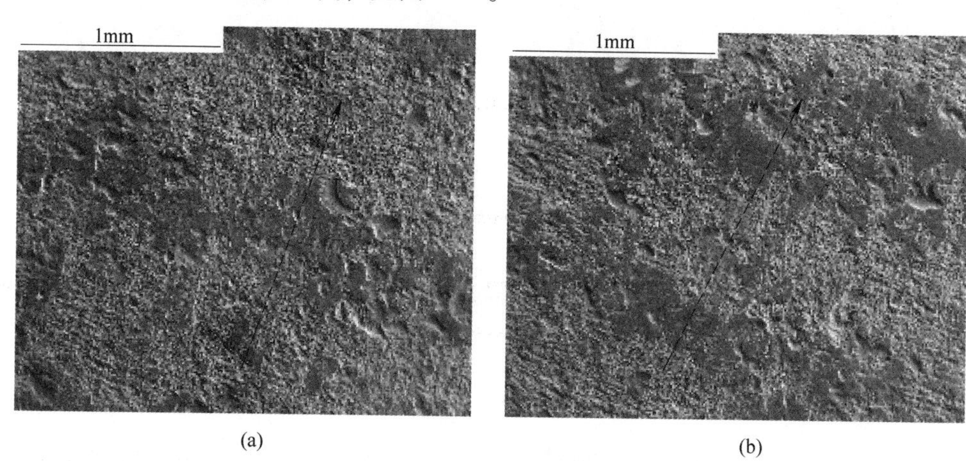

(a)　(b)

图 4.50　热轧酸洗板不同位置小平台的延展方向和轧制方向（箭头方向）一致

试样酸洗表面与抛光后的试样表面金相形貌见图 4.51。钢板表面酸洗之后晶界清楚可见，晶粒大小和常规制备的金相试样的晶粒大小一致。

在较高的放大倍数下，酸洗表面的部分地方呈现明显的形变特征（图 4.52）。

根据黑斑小平台取向及表面晶界流变特征可以初步判定，黑斑缺陷是由挤压以及紧密挤压的接触面又经历了振动所致。

模拟验证试验装置见图 4.53。使用 MTS-810 疲劳试验机，采用三点弯曲模式，试验机两支座距离 40mm；试样之间两两固定，采用平板（图 4.53（a））以

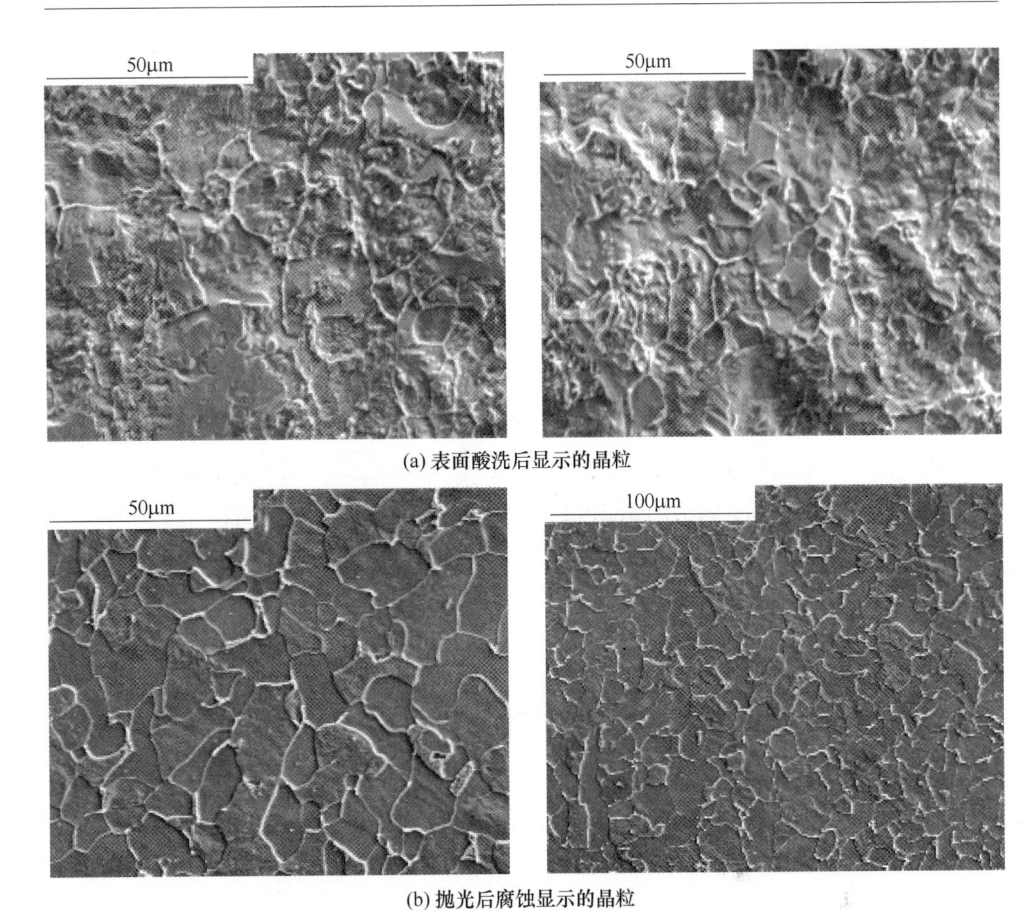

(a) 表面酸洗后显示的晶粒

(b) 抛光后腐蚀显示的晶粒

图 4.51 热轧酸洗板小平台的延展方向试样金相

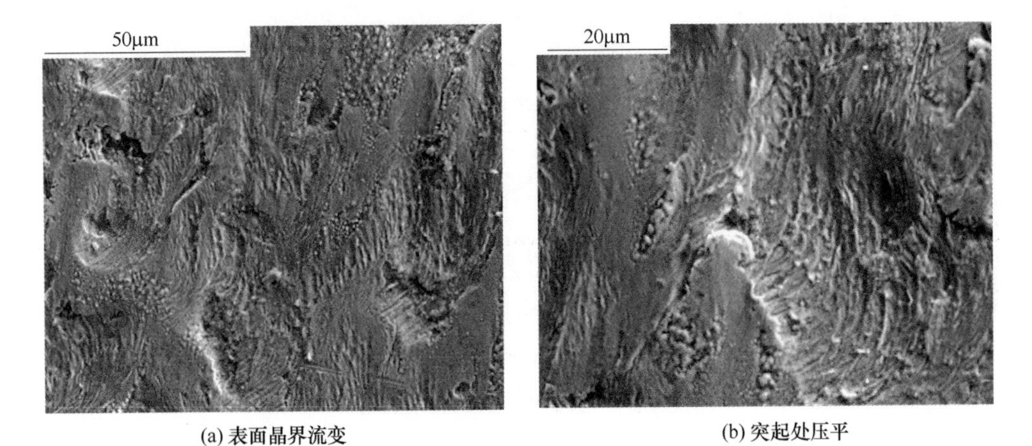

(a) 表面晶界流变　(b) 突起处压平

图 4.52 热轧酸洗板缺陷部分形貌

及预弯板两种试样（图 4. 53（b））。预弯板使用拉伸试验机压制，预弯时板与板之间以塑料薄膜相隔避免擦伤。试验方案及取样方法如下：

（1）取预弯时板之间无塑料薄膜相隔的容易产生擦伤的试样；

（2）弯压试样，载荷：9. 5kN，振幅：0. 5kN，频率：15Hz，周次：3000 周；

（3）平压试样，载荷：45kN，振幅：5kN，频率：15Hz，周次：1000 周。

(a) 平板试验

(b) 弯板试验

图 4. 53　热轧酸洗板试验装置

试验效果图见图 4. 54。试验发现，在不同试验条件下均可很好地模拟出表面黑斑缺陷，其宏观形貌相似，而微观形貌存在差异。

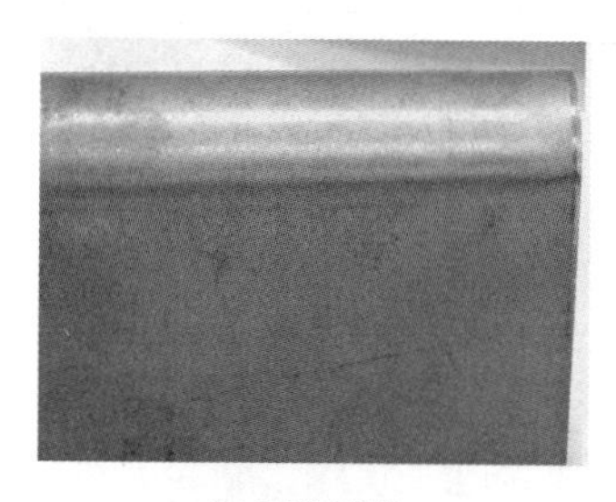
(a) 预弯试样

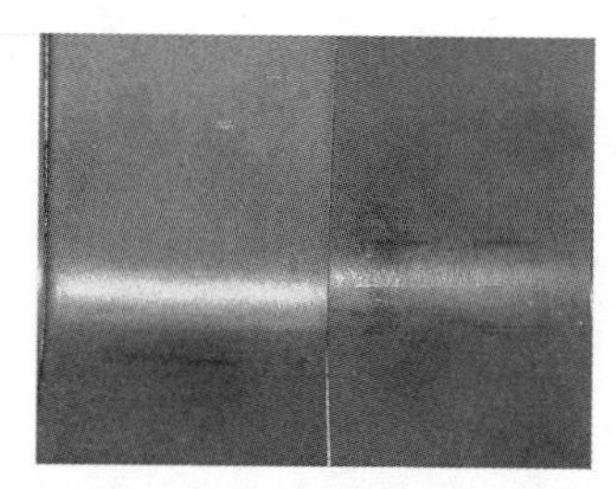
(b) 弯压试样

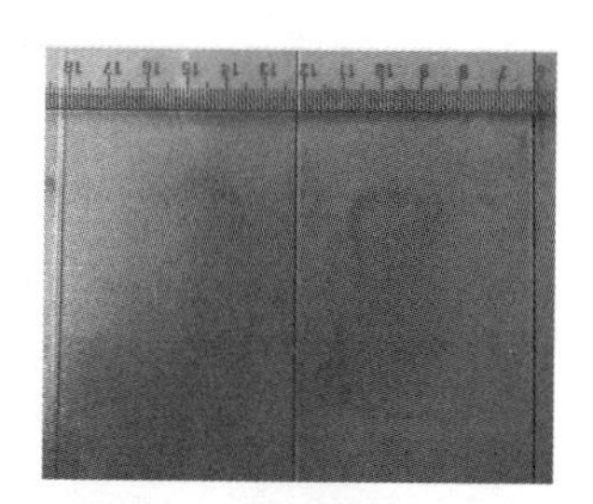
(c) 平压试样

图 4. 54　热轧酸洗板试验效果图

预弯试样：由于试样表面没有保护，在弯压的过程中擦伤，显微观察表明，表面黑斑部位有较深的犁沟槽，为表面凸起部位的擦伤痕迹，见图 4.55。

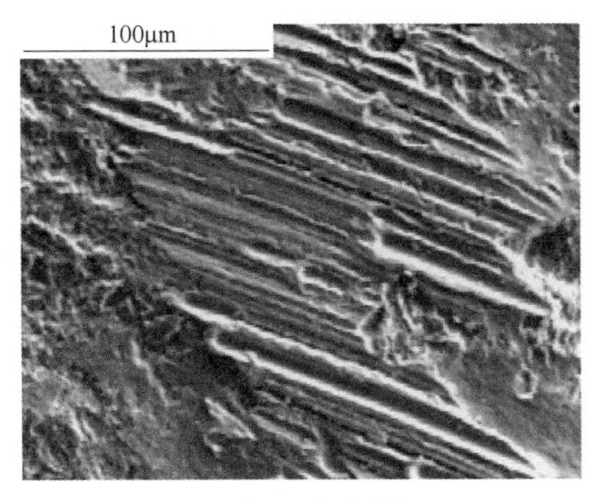

(a) 表面凸起的擦伤

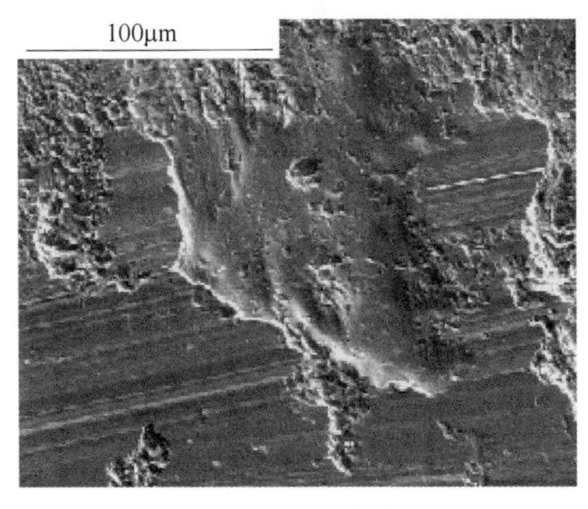

(b) 放大形貌

图 4.55 热轧酸洗板预弯试样擦伤微观形貌

弯压试样：该试样的黑斑部位位于支撑处（图 4.56（a）），在压头的振动过程中，板的之间仍有相对的错动，但由于板之间固定，黑斑缺陷表面的犁沟槽很浅（图 4.56（b）），和送检试样具有相似的特征。

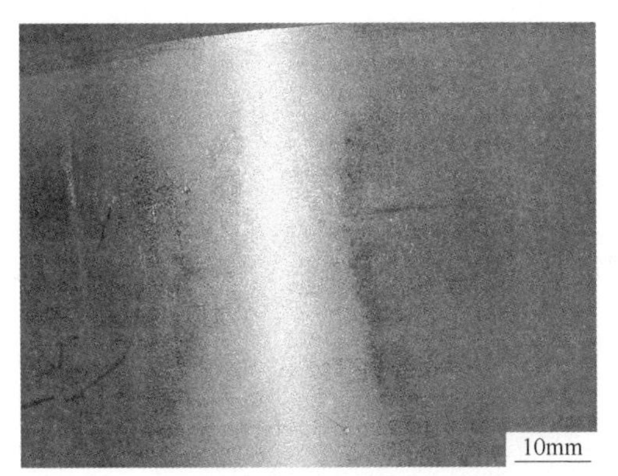

(a) 宏观形貌

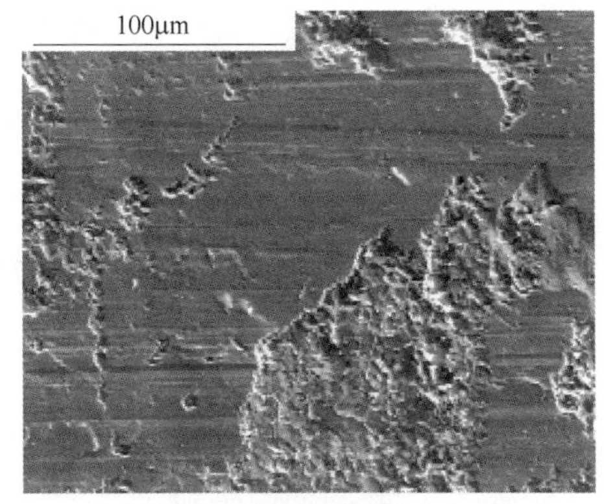

(b) 突起部位擦伤

图 4.56 热轧酸洗板弯压试样黑斑特征与浅的犁沟槽微观形貌

平压试样：该试样和预弯的试样相比，承受了更大的力（约大 5 倍），振动的次数也相应减少。黑斑缺陷表面微观形貌见图 4.57，和送检试样黑斑缺陷表面形貌基本一致（图 4.57（a））。在一些地方的黑斑表面有轻微的犁沟槽状擦伤痕迹（图 4.57（b）），反映了试样表面的所受力的分布情况以及该处表面已发生轻微的错动。

模拟试验表明，钢板表面在不同的受力状态下均可以产生黑斑缺陷，该缺陷

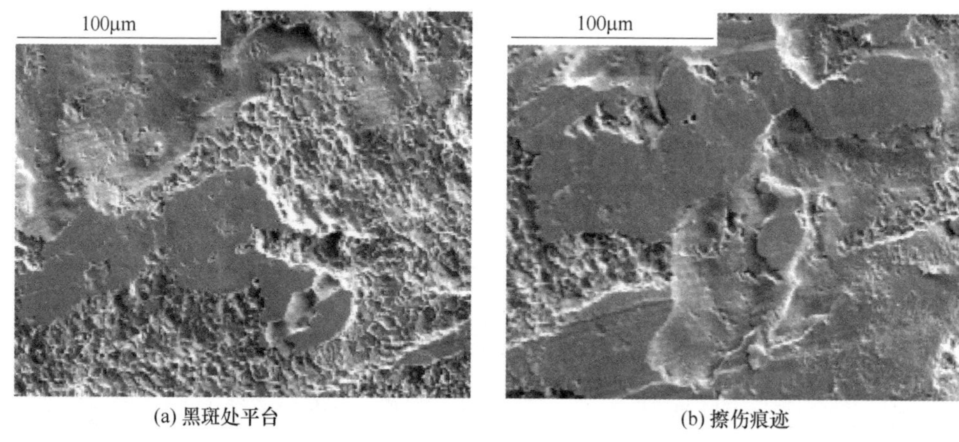

(a) 黑斑处平台　　(b) 擦伤痕迹

图 4. 57　热轧酸洗板平压试样黑斑形貌特征（和送检试样黑斑缺陷基本一致）

微观形貌均为微小凸起在受外力作用下形成的微小平台，由于和原先表面的光线反射能力存在差异，从而在视觉上造成了该处表面为黑斑的印象。在较大的挤压力下，黑斑表面微观形貌和送检试样的非常相似。说明送检试样是在较大的挤压力下长期振动形成的。

由于用户需对所供热轧酸洗板进行磷化和涂装，所以进行了磷化和涂装实验来检验黑斑缺陷对使用性能的影响。

图 4. 58 给出了正常部位（图 4. 58（a））有与黑斑缺陷（图 4. 58（b））处的表面微观形貌，两者的粗糙度无明显差异。

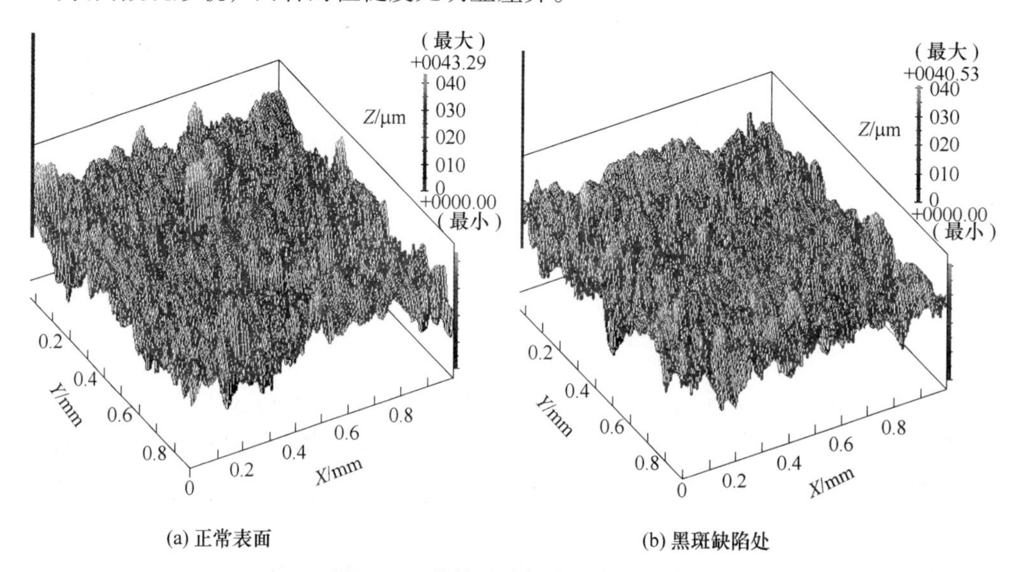

(a) 正常表面　　(b) 黑斑缺陷处

图 4. 58　热轧酸洗板表面微观形貌

图 4.59 给出有黑斑缺陷（图 4.59（a））与正常部位（图 4.59（b））的成分分析结果，可以看出，两者的表面成分没有明显的差异。

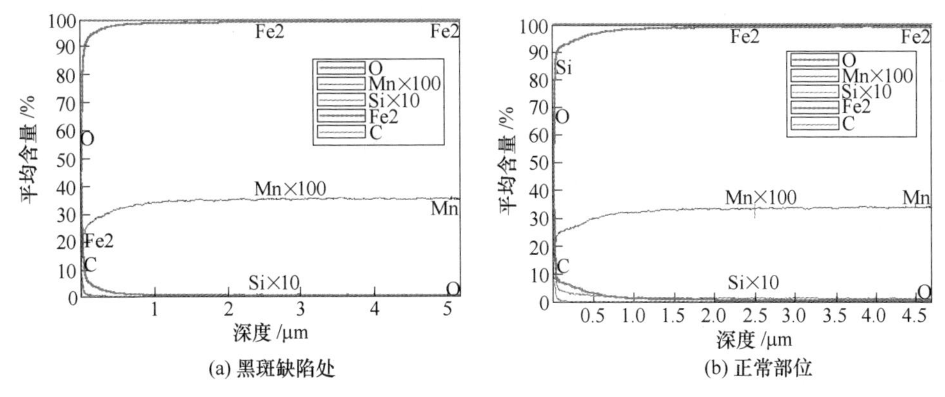

(a) 黑斑缺陷处　　(b) 正常部位

图 4.59　热轧酸洗板表面成分比较

正常板磷化后表面形貌见图 4.60，有缺陷的板磷化前后的形貌图见图 4.61。磷化后，缺陷变得不大明显，但其（黑斑）痕迹依然存在。涂装之后，已完全看不出缺陷的痕迹。磷化后存在黑斑缺陷部位的低倍形貌稍微有所差异，但其高倍形貌完全相同（图 4.62），能形成很好的磷化膜，说明黑斑缺陷不影响后续的涂装性能，这是涂装后正常部分和缺陷部分看不出差异的原因。

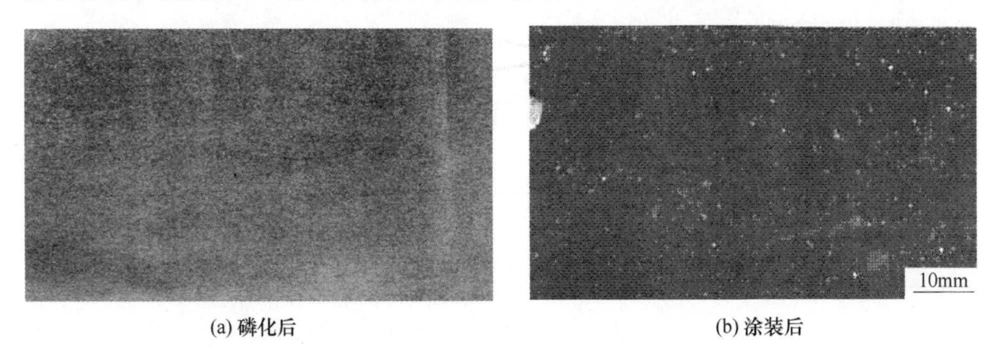

(a) 磷化后　　(b) 涂装后

图 4.60　热轧酸洗板正常板表面形貌

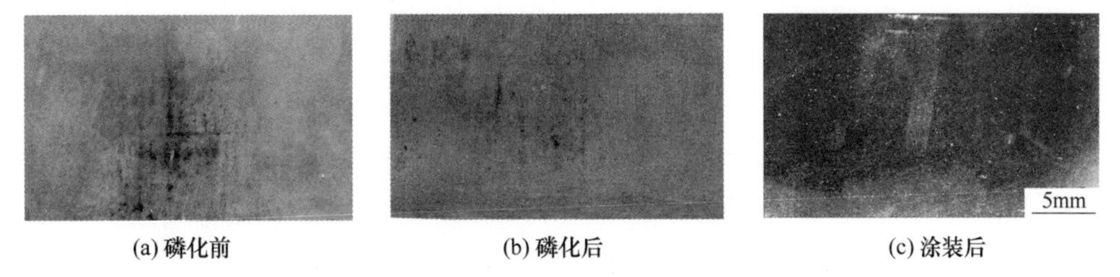

(a) 磷化前　　(b) 磷化后　　(c) 涂装后

图 4.61　热轧酸洗板有黑斑处磷化试验结果

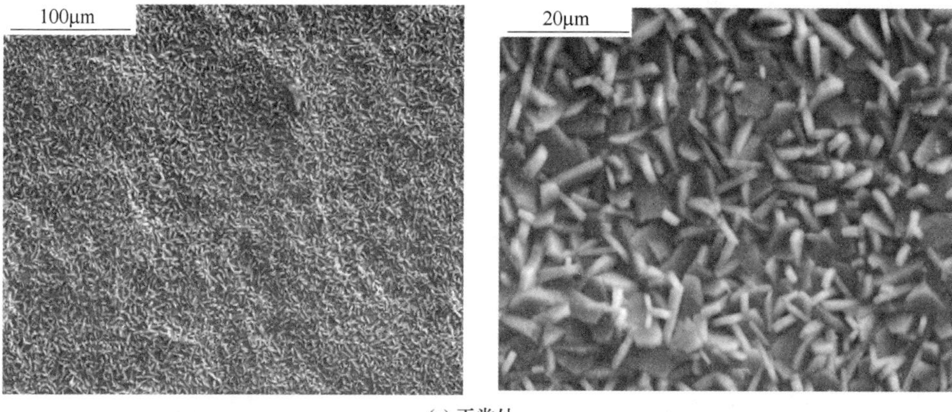

(a) 正常处

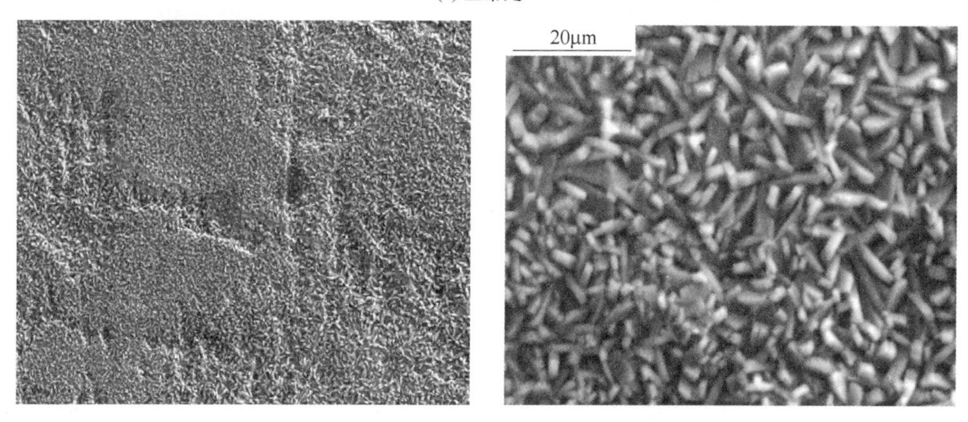

(b) 黑斑处

图 4. 62　热轧酸洗钢板表面磷化后的微观形貌

通过以上分析可知，黑斑缺陷是长途运输至加拿大的过程中产生的，在多层堆垛的较大的挤压力下长时间的振动使钢板表面产生小的平台，和原板表面的光线反射能力存在差异，从而在视觉上造成了该处表面为黑斑的印象。黑斑缺陷处磷化后的微观形貌和正常处的完全一致。黑斑缺陷涂装之后宏观形貌没有异常，该缺陷对钢板后续的使用没有任何不利的影响，说服用户可以放心使用而取消质量异议索赔。

4. 4　小结

本章选用了钢铁产品在用户冷拔、剪切、运输等环节产生的质量问题的典型案例，由此可见，影响产品质量的因素错综复杂、种类繁多，质量问题一旦发生，不同的人对缺陷的理解也各不相同。解决质量问题，需要查找原因、考察对策，继而采取适合的措施。影响产品质量的原因多种多样、错综复杂，概括起来有两种互为依存的关系，即平行关系和因果关系。因果图又被形象地称为“树枝图”“鱼刺图”，它是从“人、机、法、料、环”等方面，利用头脑风暴法的原理，集思广益，寻找影响质量、时间、成本等问题的潜在因素；从产生问题的结果出发，首先找出产生问题的大原因，然后通过大原因找出中原因，再进一步找出小原因，依次类推、步步深入，直至找到可采取的措施为止。

参 考 文 献

[1] 李雪伟，朱燕燕. 冷拔钢管关键工序控制及缺陷消除 [J]. 煤矿机械，2004 (8)：77-78.
[2] 田正宏，田青超，冯长宝，等. 热轧高强度钢板剪切开裂原因 [J]. 理化检验（物理分册），2008，44 (10)：571-574.
[3] Strid J，Easterling K E. On the chemistry and stability of complex carbide and nitrides in micro-alloyed steels [J]. Acta Metall.，1985，33 (11)：2057-2074.

5 使用过程的失效分析

钢铁工业的内部包括烧结、炼铁、炼钢、连铸、热轧、酸洗、冷轧、彩涂等工序，可以说炼钢是炼铁的用户，而连铸是炼钢的用户等。钢铁上游产业主要涉及铁矿石、煤炭、电力等原材料以及大量的机电设备；下游用户与机械工业、汽车制造业、石油化工等各种重要的行业存在着密切的联系。本章所说的用户使用缺陷主要指的是钢铁产品在下游行业使用中发生的缺陷。

钢铁作为重要的金属材料，在使用过程中常见的失效方式是腐蚀。在环境介质作用下钢铁发生腐蚀失效的形式很多，例如均匀腐蚀、点腐蚀、晶间腐蚀、缝隙腐蚀等局部腐蚀。钢铁腐蚀造成的经济损失是十分惊人的，据统计，全世界大约钢铁年产量的30%都会因腐蚀而报废。当受到周围环境介质的化学或电化学作用，钢铁构件就会发生腐蚀失效，构件受力及其制造过程带来的不利因素均会加速腐蚀进程。

钢铁的生产及应用往往和高温、加热等热的行为密切相关的。实际上，材料在高温下的行为错综复杂，千变万化。钢坯在高温加热下生成的氧化皮直接造成的金属的损耗是很大的，在后续的轧制过程中也容易引入氧化皮缺陷。而工件在高温服役条件下发生的氧化一方面会降低其有效承载面积，另外高温下强度的下降以及蠕变等高温性能的变化也会给工件的承载能力带来灾难性的影响。发生在裂纹处的氧化和脱碳在后续的轧制或锻造过程中无法轧合，往往形成热轧类缺陷。脱碳使工件表面变软，强度和耐磨性降低，疲劳强度也会降低，在长期交变应力作用下易发生疲劳断裂。

本章介绍了钢铁材料在环境介质中发生失效的典型案例，揭示了材料自生缺陷、环境因素以及承载情况促进构件失效过程的内在机理。

5.1 材质主控因素

人们已经针对不同的腐蚀介质开发出相应的金属材料。在相同的腐蚀环境下，正确的选材至关重要。然而钢铁材料在制造过程形成的内在缺陷或者不当的微观组织以及在加工过程引入的内应力都可以加速构件的腐蚀进程而导致过早失效。本节主要介绍与材质制造过程密切相关的腐蚀模式。

5.1.1 压力釜点蚀

一般认为，点蚀的发生首先是环境介质中活性阴离子吸附在金属钝化膜上形成局部电池，进而形成腐蚀小孔。随着金属离子水解，小孔内溶液酸度的增加导致点腐蚀加速进行。奥氏体型 S316L 不锈钢是具有优异抗点蚀能力的材料，然而，某燃气轮机压力壳下体使用 S316L 材质，在不连续工作 2000h 之后检修过程中发现压力壳内表面存在大量的点蚀坑。

该压力壳设计工作温度 150℃，工作压力 2.2MPa。压力壳内表面处于 200~300℃高温环境，热源为低硫柴油（S<1ppm，Cl<2.5ppm）在氧气下燃烧加热，中间隔以硅酸铝绝热棉，非连续作业。因此，压力壳内壁与弱酸性气体接触，主要为柴油燃烧产物（CO_2、O_2、水），在停机间隔冷却后表面附有冷凝水，检测发现其 pH 值为 5.5。

观察压力壳下体点蚀宏观形貌见图 5.1（a），在内壁呈不均匀弥散分布，尤其在排气口位置密度更大，对失效部位线切割取样，SEM 观察点蚀孔微观形貌，见图 5.1（b）。点蚀坑内均填满“泥状”异物，主要呈不规则条状，压力壳内表面沿周向存在明显的机械加工的条状痕迹。

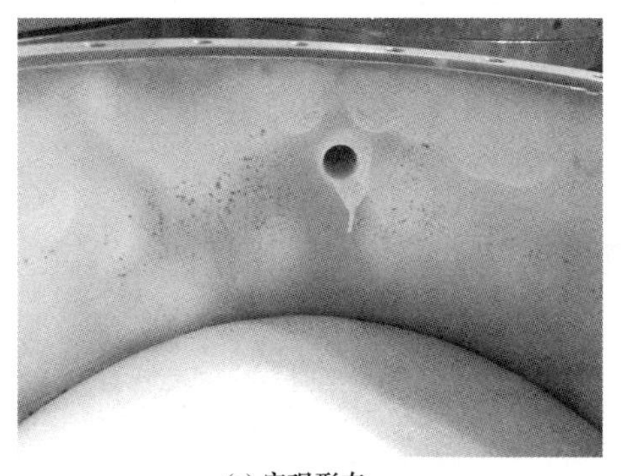

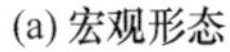
(a) 宏观形态 (b) 显微形貌

图 5.1 S316L 不锈钢点蚀坑

使用能谱对点蚀坑内异物进行成分分析，见图 5.2。坑内的“泥状物质”主要为氧腐蚀产物，富含 Fe、Cr，也有一些 Mo、Mn、Ni、K 等，还发现少量的 Cl 元素。压力壳停机冷却后在内表面产生的冷凝水为点蚀的发生提供了腐蚀介质，燃烧所产生的弱酸性气体的溶入直接导致氧腐蚀的发生，工作过程的高温环境促进了腐蚀过程。由于压力壳内表面与硅酸铝绝热棉密切接触，其间存在腐蚀介质后必然发生间隙腐蚀。

检查产品质保书，材质为 S316L 不锈钢，热处理制度均为在 1050℃下进行固溶处理，表面为机加工状态供货。但研究发现压力壳试样中含有铁素体相，XRD 定量分析表明其含量约 15%，供货的压力壳与质保书所述固溶热处理的状态不符。

制备点蚀坑截面金相试样，机械抛光后观察微观形貌见图 5.3。点蚀坑内充

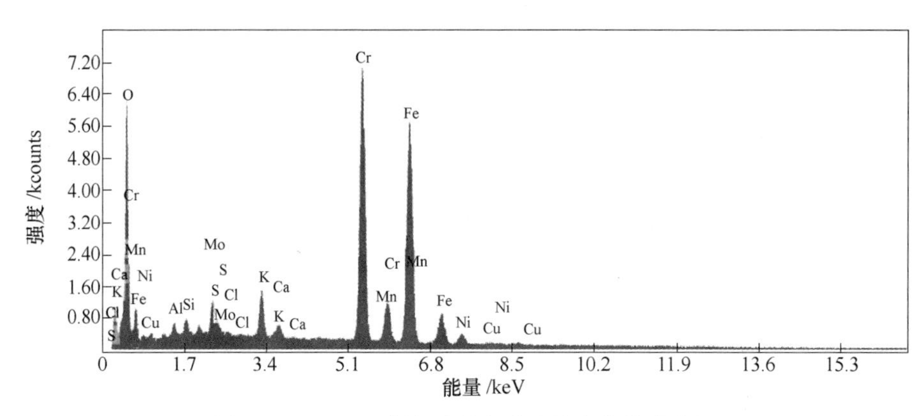

图 5.2　S316L 不锈钢点蚀坑内腐蚀产物能谱分析

满腐蚀产物，腐蚀后清楚可见一白色颗粒相包围在腐蚀产物内（图 5.3（a））。试样中观察到皮下存在不连续点状夹杂物长达 1mm 以上，见图 5.3（b）。表面裂纹斜向下扩展，见图 5.3（c），应为制造过程产生。发现点蚀坑在裂纹深处形核，如图 5.3（d）~（f）中黑色箭头所示，甚至在皮下夹杂物处形核，如图 5.3（e）、（f）中白色箭头，这将有效地加速腐蚀的进程[1]。

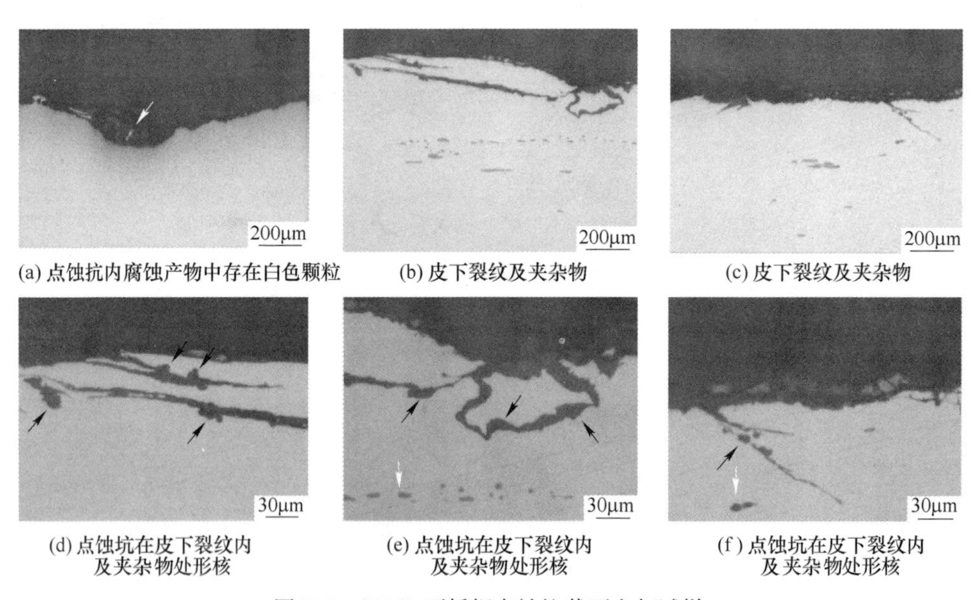

(a) 点蚀抗内腐蚀产物中存在白色颗粒　(b) 皮下裂纹及夹杂物　(c) 皮下裂纹及夹杂物

(d) 点蚀坑在皮下裂纹内及夹杂物处形核　(e) 点蚀坑在皮下裂纹内及夹杂物处形核　(f) 点蚀坑在皮下裂纹内及夹杂物处形核

图 5.3　S316L 不锈钢点蚀坑截面金相试样

使用氯化铁溶液腐蚀金相试样，结果见图 5.4，为奥氏体基体上分布白色铁素体相（图 5.4（a）~（c）），从点蚀坑内的白色颗粒相的形态可以判断为铁素体相。

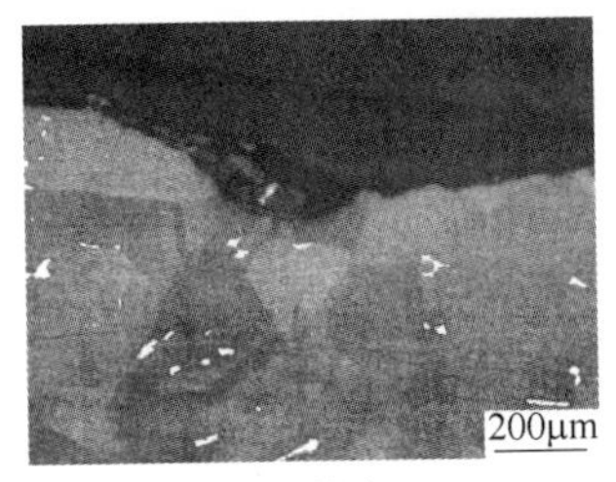

(a) 点蚀坑

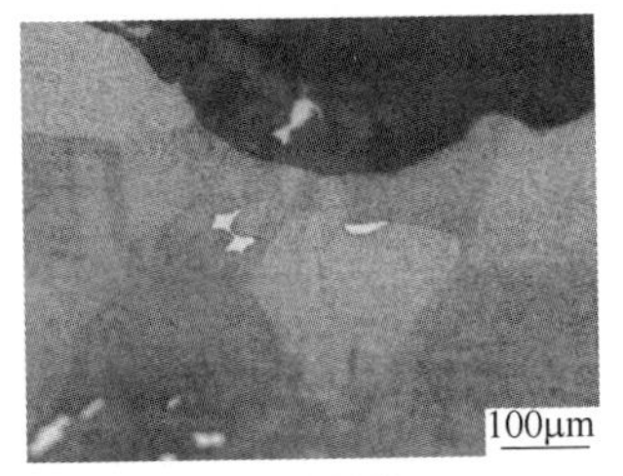

(b) 点蚀坑

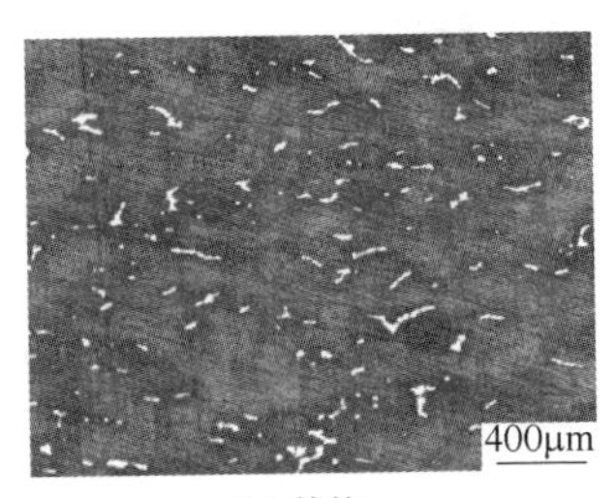

(c) 基体

图 5.4　S316L 不锈钢金相腐蚀后点蚀坑以及基体观察（白色相为铁素体相）

文中发现的铁素体的存在说明压力壳在制造过程中没有进行固溶处理，或者固溶处理进行的不充分。奥氏体不锈钢中 α 相的析出也导致抗点蚀性能的下降。因为 α 相中的铬含量高，而含 Ni 量低于 γ 相中的含量，铁素体相的耐点蚀指数 PRE（Cr%+3.3Mo%+16N%）大于奥氏体相，α、γ 构成电偶腐蚀。相界面处 γ 相发生腐蚀，最终 α 相保留下来，见图 5.4。

在腐蚀过程中，不锈钢中的夹杂物对点蚀的形核与扩展存在不利影响。夹杂物相对于周围基体是阴极，腐蚀溶解总是优先在夹杂物处形成，并且夹杂物的溶解加速点蚀的扩展。金属基体与硫化锰界面处为钝化膜的薄弱位置首先破裂而诱发点蚀，硫化物本身水解产生的具有侵蚀性的硫离子，使周围基体表面不可能再钝化。

含 Cl^- 环境中，钝化膜的破坏受到环境温度、离子浓度、溶解氧、pH 值等因素影响。本文压力壳使用温度 200~300℃，较高温度可以促进蚀坑内阳极液中离子的扩散，点蚀发生后，为了保证孔内溶液的电中性，孔外溶液中的阴离子（Cl^-）向孔内迁移，形成了点腐蚀发展的自催化。在这种情况下，文中发现的内壁裂纹、夹杂物以及铁素体相的存在必然加速诱导点蚀的形核以及快速生长。

由此可见，加强对产品内表面裂纹的检测，避免试件坯料的缺陷在制造过程中遗传下来。同时对奥氏体不锈钢充分的固溶处理，规范产品制造流程，细化产品验收准则，这些也非常重要。

5.1.2　钻杆失效的起因

钻杆在钻井过程中承受不变应力和交变应力两大类应力。钻具在井眼中旋转运动存在着自转、公转及自转和公转共存 3 种形式。钻井过程中产生不变应力，如扭转和拉压应力，扭转应力方向沿周向，挤压应力方向与径向一致。另外沿轴向存在着拉应力。在三者的共同作用下，在与周向成一定夹角的方向上产生较大的应力梯度。同时钻杆采用回转钻进时产生交变应力，钻杆在钻孔弯曲处回转，所产生的周期性变化的弯曲应力，使钻杆的周边在每一转中都经受从拉伸到压缩的循环应力。在循环应力和腐蚀介质的共同作用下很容易腐蚀疲劳断裂，导致钻具寿命显著降低。

在深井、超深井及复杂地质环境条件下钻井经常发生钻具失效事故，失效的原因各种各样，例如认为氯离子浓度高，加速氧腐蚀，造成纯腐蚀穿孔；又如认为发生严重的 H_2S 腐蚀和氧腐蚀；还有研究表明钻杆失效原因为高温条件下酸性地层盐水的电化学腐蚀和地层砂子撞击钻具使氧化膜脱落造成的冲蚀。这些环境因素当然是造成钻杆失效的重要原因之一。

失效钻杆管体的宏观形貌见图 5.5。内表面腐蚀产物较厚而外表面较少，存在很多的点蚀坑，断口多处呈现明显刺穿的特征。使用扫描电镜观察未清洗前管体锈蚀形貌，见图 5.6。使用能谱仪分析表面腐蚀产物，可见存在两种典型的特征，点蚀坑中的棕红色针片状晶体，主要元素为铁和氧，还有少量的硅和氯等元素；淡黄色的泥状残留物上分布有蘑菇状物质，其主要元素为氧、硅、铁、钠和铝等，为黏附的泥浆中泥巴颗粒以及后续生成的氧化物。

(a) 内表面

(b) 外表面

图 5.5　失效钻杆管道宏观照片

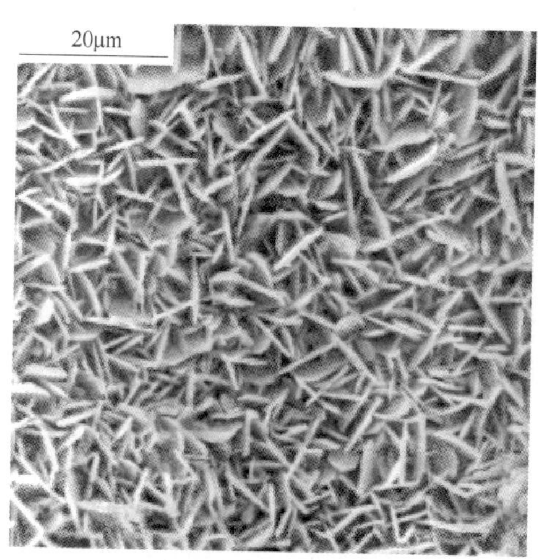

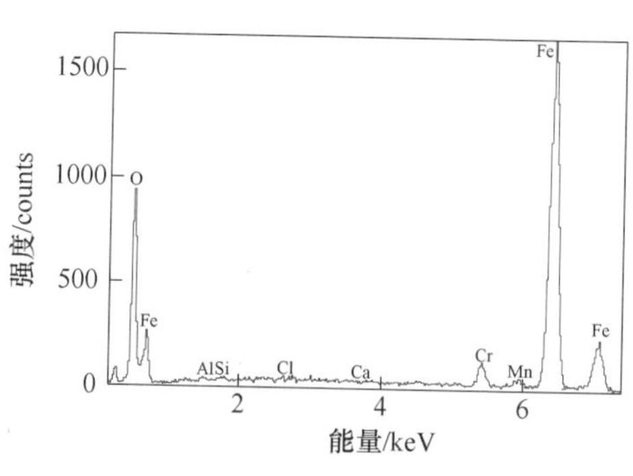

(a) 点蚀坑内形貌及成分

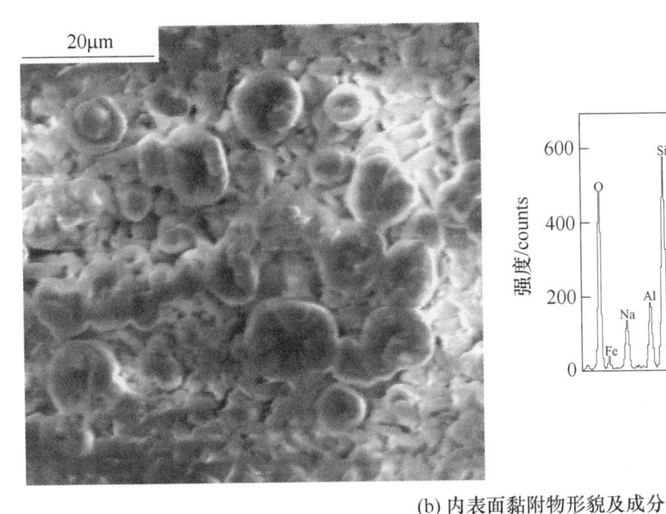

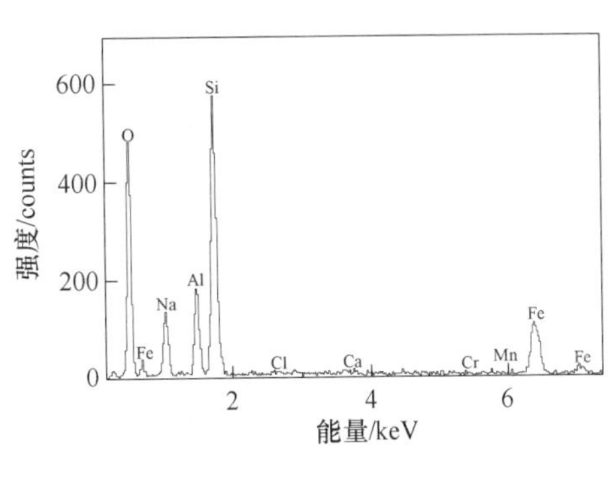

(b) 内表面黏附物形貌及成分

图 5.6　未清洗前钻杆腐蚀产物形貌及成分分析

使用稀盐酸清洗断口后，可以发现刺穿表面光滑，已丧失新鲜断口原貌，呈冲蚀特征（图 5.7（a）），近冲蚀坑附近断口二次裂纹特征明显，见图 5.7（b）。腐蚀表面充满大量不同尺寸的腐蚀孔洞，典型点蚀孔形貌见图 5.7（c）。

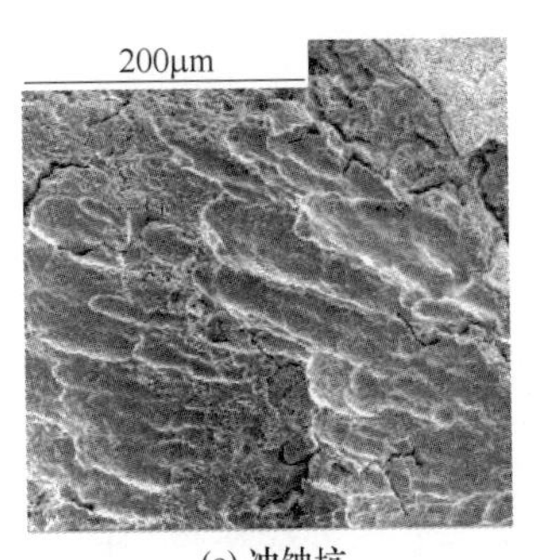

(a) 冲蚀坑

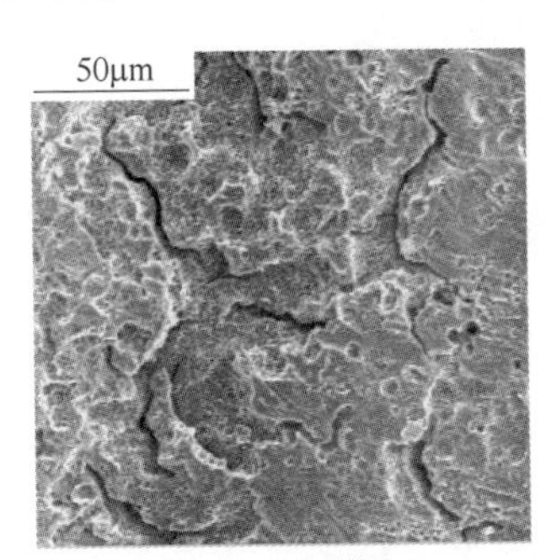

(b) 二次裂纹

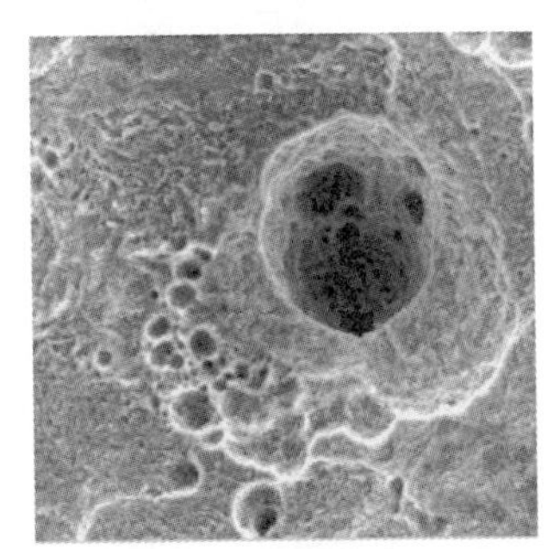

(c) 点蚀坑

图 5.7　清洗后钻杆表面形貌

制备断口附近截面金相试样，裂纹形态见图 5.8（a）、（b），裂纹呈沿晶扩展的断裂特征。裂纹尖端存在条状夹杂物（箭头所示，图 5.8（c），成分分析表明夹杂为 MnS。

使用硝酸酒精腐蚀后在光学显微镜观察试样的显微组织（图 5.9（a）），可见基体为回火索氏体组织，同时在裂纹扩展的一些局部出现了腐蚀迹象。钻杆外表面依然残留一层厚约 100μm 的铁素体脱碳层，其下基体组织的形变流线依然存在（图 5.9（b）、（c）），说明钻杆经过较高温度或较长时间的热处理；在脱

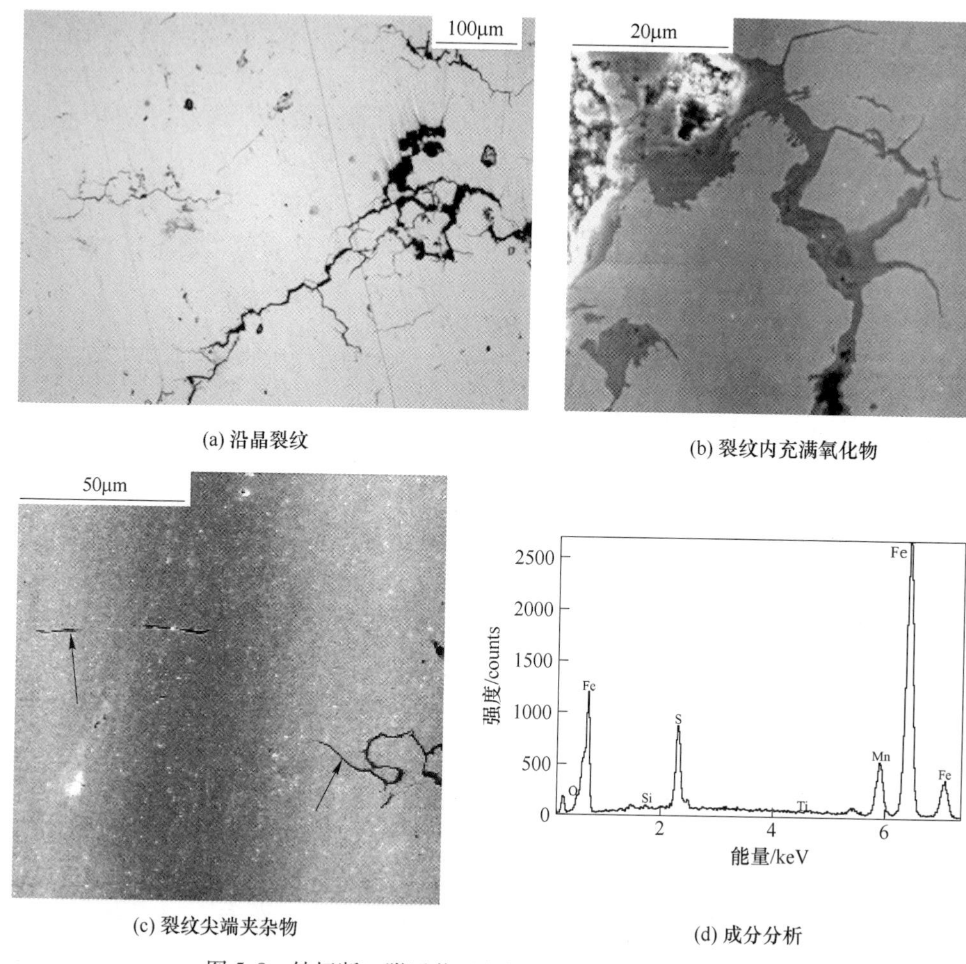

(a) 沿晶裂纹　　(b) 裂纹内充满氧化物

(c) 裂纹尖端夹杂物　　(d) 成分分析

图 5.8　钻杆断口附近截面金相抛光后形貌及成分分析

碳层存在明显的变形痕迹（图 5.9（d）中箭头所示），由于变形处存在较大的内应力，显然会促进点腐蚀的发生。

采用 X 射线衍射方法对失效钻杆内表面腐蚀产物进行物相分析。结果表明，腐蚀产物组成为铁的氧化物及羟基氧化物，即 Fe_2O_3、Fe_3O_4 及 FeOOH。初步推断钻杆的腐蚀主要是氧腐蚀。

当钻井液中有溶解氧存在时，由于钻杆直接裸露在含氧介质中，其表面金属易发生吸氧腐蚀反应，尤其是在碰伤变形处，在内应力的作用下加速腐蚀，即：

$$2Fe + O_2 + 2H_2O \longrightarrow 2Fe^{2+} + 4OH^- \tag{5.1}$$

亚铁离子随后水解生成 FeOOH，脱水和进一步氧化后变成 Fe_2O_3 和 Fe_3O_4，形成钻杆表面上的 FeOOH（黄色）和 Fe_2O_3（棕红色）等腐蚀产物。腐蚀产物对腐蚀的动力学影响很大，一般情况下，Fe_2O_3 和 FeOOH 都是疏松多孔的，在钻杆

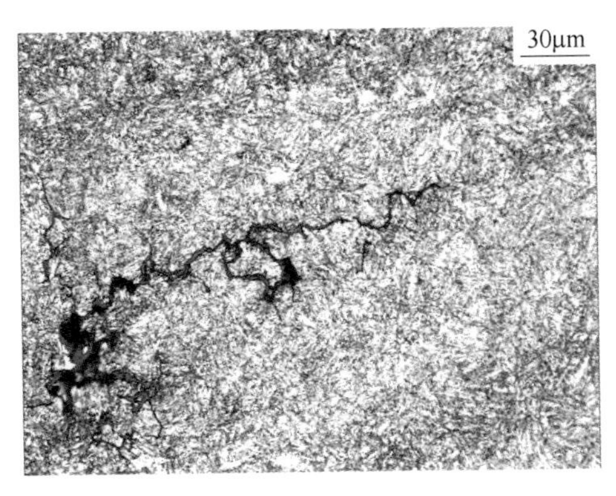

(a) 裂纹形貌

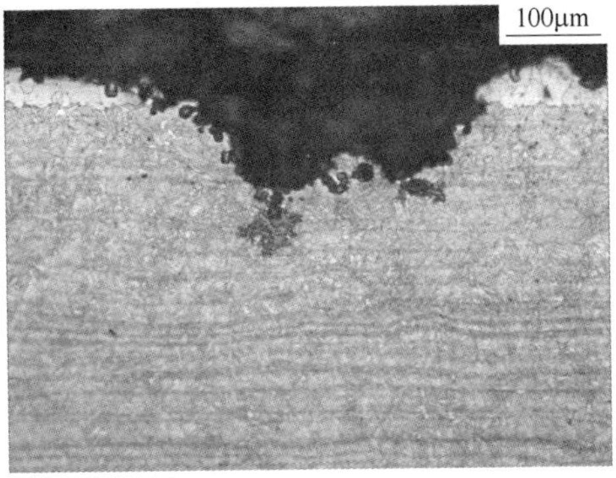

(b) 表面脱碳层以及点蚀坑

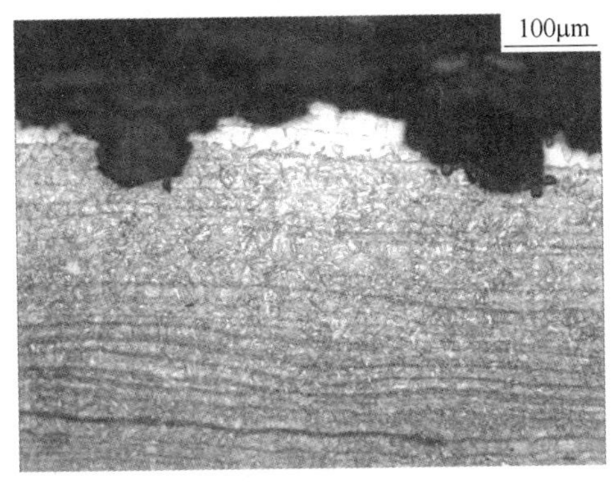

(c) 表面脱碳层以及点蚀坑

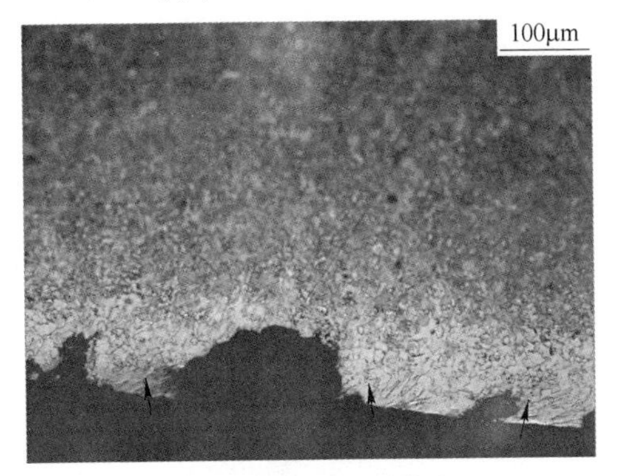

(d) 表面脱碳层以及点蚀坑

图 5.9 钻杆裂纹、表面脱碳层以及点蚀坑形貌

管体上附着力差，不起保护作用，使氧腐蚀可以无阻碍地继续进行下去。

在钻杆表面微小的蚀孔一旦形成，孔内金属处于活化状态（负电位），蚀孔外的金属表面处于钝化状态（正电位），于是蚀孔内外构成了膜-孔电池[2]。孔内金属发生阳极溶解形成 Fe^{2+} 离子：

孔内阳极反应
$$Fe - 2e \longrightarrow Fe^{2+} \tag{5.2}$$

孔外阴极反应
$$O_2 + 2H_2O + 4e \longrightarrow 4OH^- \tag{5.3}$$

孔口 pH 值增高，产生二次反应：

$$Fe^{2+} + 2OH^- \longrightarrow Fe(OH)_2 \tag{5.4}$$

$$Fe(OH)_2 + O_2 + 2H_2O \longrightarrow Fe(OH)_3 \downarrow \tag{5.5}$$

$Fe(OH)_3$ 沉积在孔口形成多孔的蘑菇状壳层，这种物质的存在使孔内外物质交换变得困难，孔内介质相对于孔外介质呈滞留状态。蚀孔内部腐蚀最终产物为针片状的氧化铁。一旦蚀坑深度穿越表层的脱碳层，由于表层的铁素体和基体的回火索氏体的电位存在差异，因此进一步加速了腐蚀的进程。另外夹杂物的存在一方面促进点蚀在截面深处形核，另一方面大幅降低截面承载能力。由于金属表面存在许多大小不同的蚀孔，在钻杆钻进的过程中，截面承载能力不足，在应力作用下将从点蚀坑处优先发生滑移，形成滑移台阶，台阶上优先发生金属阳极溶解，在反方向作用下金属表面形成初始裂纹，从而发生腐蚀疲劳。腐蚀疲劳裂纹的扩展速度随疲劳应力强度因子的变化而越来越快，同时 Cl^- 等腐蚀介质的渗透加速了裂纹的腐蚀扩展。裂纹一旦扩展贯通管壁方向，经钻杆内高压钻井液冲蚀，形成了刺漏，断口被泥浆冲刷而表现出冲蚀的特征。

钻杆失效性质属于腐蚀疲劳失效。钻杆在环境介质下发生严重腐蚀，在高压泥浆作用下发生刺穿事故，实际上与生产过程出现异常或者工艺不当有直接关系，生产厂家必须严控炼钢纯净度水平以控制夹杂物含量，规范钻杆生产工艺流程，防止热处理过程过热以及碰伤等生产质量问题的发生。

5.1.3　弹簧的应力腐蚀开裂

应力腐蚀开裂是指金属材料在特定的环境介质条件下，受拉应力作用，经过一定时间后发生的裂纹及断裂现象。某厂生产的 XM-28 奥氏体不锈钢压力弹簧在服役过程中经常发生断裂，更换频繁。该弹簧钢丝直径 3.5mm，原始长度 60mm，呈弱磁性。弹簧工作时一直受 100N 左右的压力，环境介质为弱酸性气体，主要是柴油燃烧产物，温度 300℃左右；在停机间隔冷却后表面附有冷凝水，检测发现其 pH 值为 5.5。

观察断裂弹簧宏观形貌见图 5.10，表面附着较厚的腐蚀产物。断口整体上呈多裂纹源开裂（图 5.11（a）），各裂纹扩展面在高倍下可见表面覆盖有一层腐蚀产物（图 5.11（b）），说明弹簧开裂后其新鲜断口表面已经过较长时间的腐蚀过程。

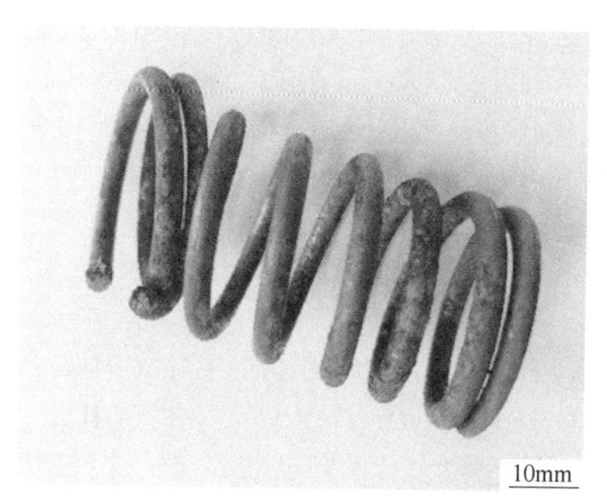

图 5.10　断裂的 XM-28 奥氏体不锈钢弹簧

在远离弹簧断口处切割制备横截面试样，抛光后进行形貌观察，发现均存在大面积网状裂纹（图 5.12），裂纹呈从表面向中心扩展的应力腐蚀裂纹特征。

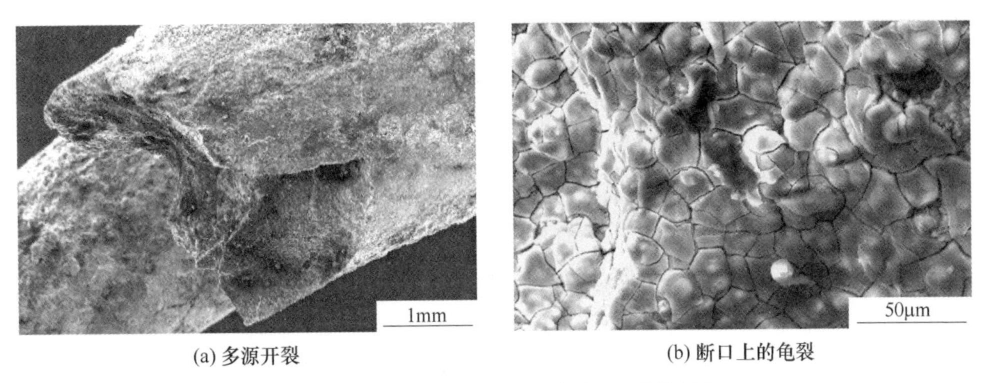

(a) 多源开裂　(b) 断口上的龟裂

图 5.11 XM-28 奥氏体不锈钢断口形貌观察

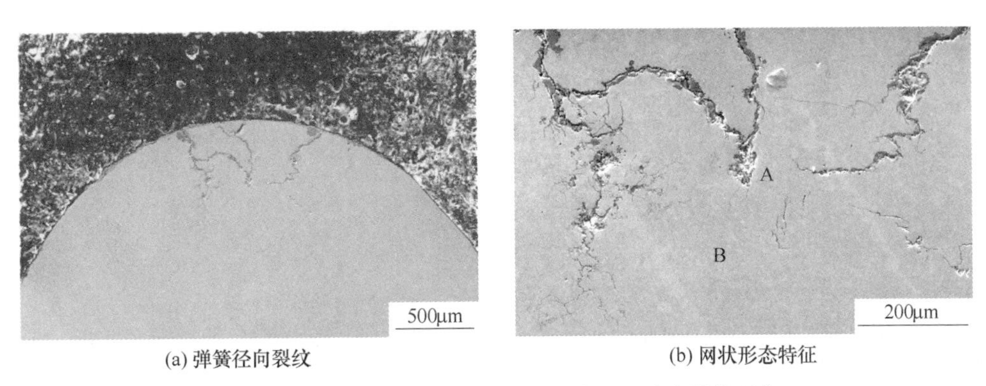

(a) 弹簧径向裂纹　(b) 网状形态特征

图 5.12 XM-28 奥氏体不锈钢断口横截面裂纹形貌观察

图 5.13 给出了弹簧截面裂纹内腐蚀产物的成分分析。在裂纹内均发现 Cl 元素，检测最大质量分数为 1.76%，见图 5.13（a）；基体成分见图 5.13（b），主

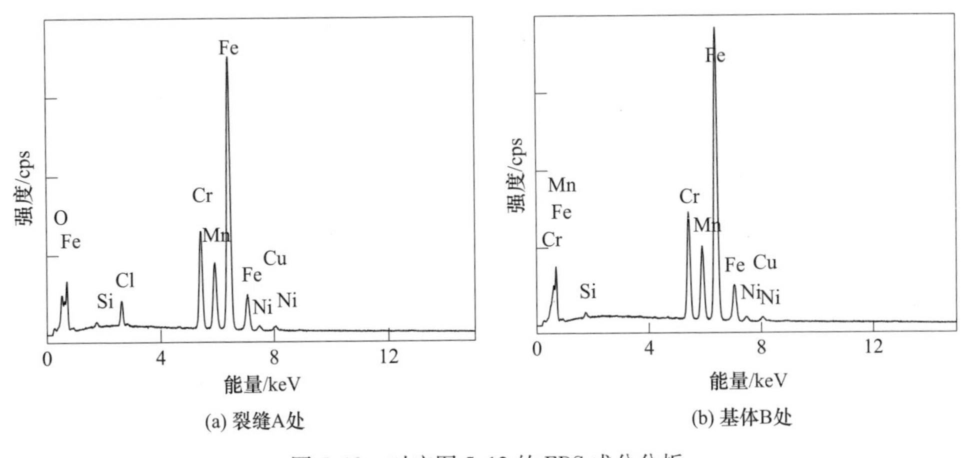

(a) 裂缝A处　(b) 基体B处

图 5.13 对应图 5.12 的 EDS 成分分析

要含有 Mn、Cr、Ni、Cu 等元素。除了铜含量存在偏差外，其他主要检测元素均符合 XM-28 奥氏体不锈钢的成分要求。结合弹簧呈弱磁性的特点，判断该铜合金化的 XM-28 奥氏体不锈钢发生了一定的磁性转变。

制备弹簧钢丝横截面以及纵截面金相试样，使用 $FeCl_3$ 腐蚀后见图 5.14。可见，显微组织主要为形变奥氏体及马氏体，图 5.14（a）给出钢丝表面的腐蚀坑底部依然可见马氏体组织残留，腐蚀坑底部已有裂纹产生，其沿马氏体扩展的路径仍然依稀可辨，如图中箭头所示；图 5.14（b）所示的贯通裂纹两边均存在马氏体组织。图 5.15 给出钢丝纵截面金相，可见裂纹起源于钢丝表面（图 5.15（a）），显微组织沿钢丝轴向呈纤维状，起始裂纹垂直于轴向向心部扩展，裂纹尖端逐步转向轴向，即纤维组织方向，图 5.15（b）中箭头所示。

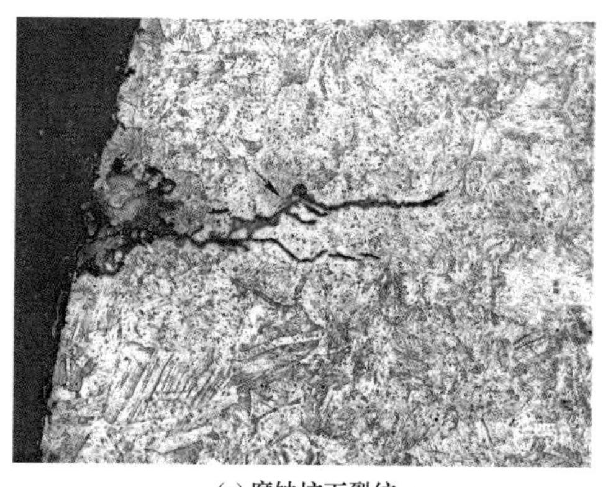

(a) 腐蚀坑下裂纹

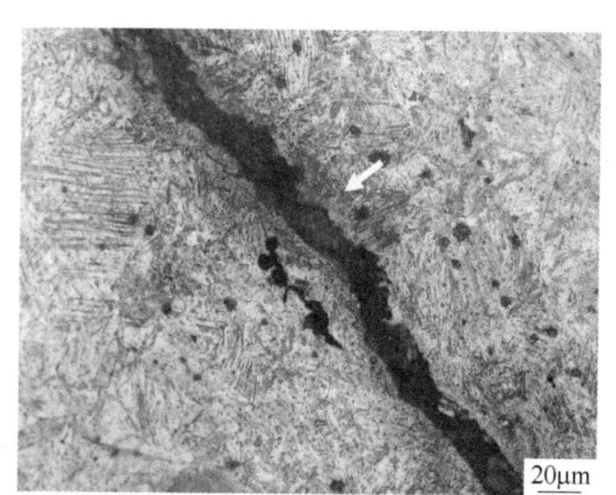

(b) 裂纹两边马氏体（图中箭头所示）

图 5.14　横截面金相分析

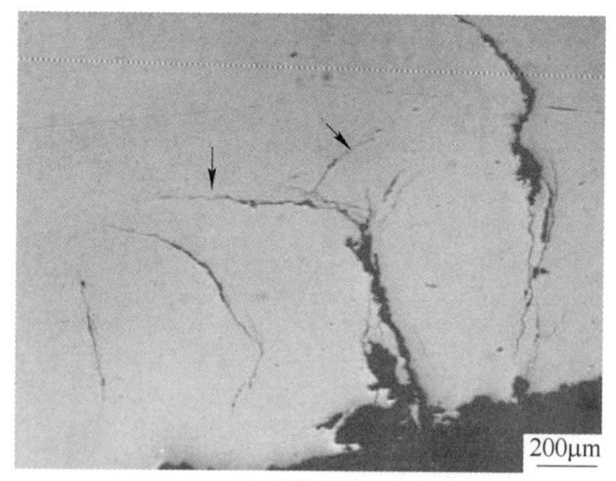

(a) 裂纹形态

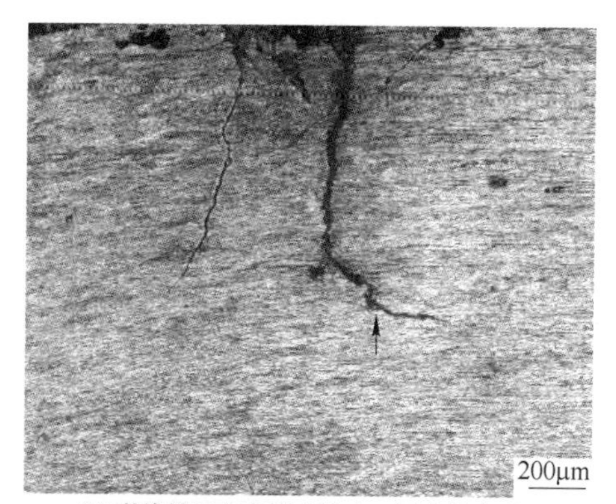

(b) 裂纹扩展方向转向轴向（图中箭头所示）

图 5.15　纵截面金相分析

随机测量弹簧横截面硬度，其均值为 HRC39.8，换算成抗拉强度对应

1255MPa。这种铜合金化的 XM-28 奥氏体不锈钢弹簧钢丝在冷拔过程中亚稳奥氏体也会发生马氏体转变。由于冷拔过程中产生的加工硬化以及相变强化的复合作用，直径 3. 5mm 的 XM-28 弹簧钢丝，按照标准[3]，对应抗拉强度应为 1725～1930MPa。合金中添加的铜在弹簧拉拔后的去应力退火过程中具有析出强化作用从而可以进一步提高强度。然而实际测量的弹簧的抗拉强度级别仅达 1255MPa，说明失效弹簧在断裂前已发生了应力松弛现象。

试验中弹簧表面主要为氧腐蚀产物。弹簧在停机间隔冷却后表面产生的冷凝水为腐蚀的发生提供了腐蚀介质，燃烧所产生的弱酸性气体的溶入直接导致氧腐蚀的发生，工作过程的高温环境促进了腐蚀过程。

对于含马氏体的冷拔奥氏体不锈钢，一旦受到腐蚀性介质的侵蚀，其表面的马氏体首先发生局部腐蚀，形成腐蚀坑。弹簧工作温度约 300℃，较高温度可以促进蚀坑内阳极液中离子的扩散。随着蚀坑内活性离子（Cl^-）的增加而导致溶液的 pH 值降低，进而加剧腐蚀坑内金属离子溶解，形成了点腐蚀发展的自催化。与此同时，Cl^-引起的应力腐蚀开裂（SCC）随着离子浓度的增加、温度的升高以及 pH 值的降低而风险增大。在弹簧受压情况下，钢丝表面轴向受拉应力状态，因此，SCC 初始裂纹垂直于冷拔钢丝的纤维组织方向扩展，这是 SCC 的第一阶段。

在含铜的冷拔奥氏体不锈钢中，由于 H 在奥氏体中的溶解度比马氏体高 3 倍，对于含马氏体的冷拔奥氏体不锈钢，冷拔纤维间晶界一方面强度较弱，另一方面为自由氢原子的传输提供快速通道，使其能够通过扩散到达奥氏体晶粒内形变诱发的马氏体，而俘获在马氏体晶格中的 H 原子必然引起氢脆[4]，从而起到辅助 SCC 的效果。可以说 SCC 的第二阶段是裂纹沿冷拔纤维方向扩展，尤其是存在马氏体组织的地方。

在特定的工作环境下，弹簧钢丝表面的马氏体首先发生腐蚀，形成点蚀坑；随着腐蚀坑内 Cl^- 的增加，钢丝沿横向发生 SCC；随后随着 H 的扩散与集聚，SCC 沿钢丝纵向扩展。

硬度控制对于避免氢脆（HE）和应力腐蚀开裂（SCC）是非常重要的，根据 ISO 15156/NACE 00175-Part 3[5]，抗环境开裂的奥氏体不锈钢最高硬度为 HRC22，且不允许以冷加工提高性能，因为冷加工产生的残余应力会加速 SCC 的发生。另外，SCC 敏感性强烈依赖于合金的微观结构和成分。如上所述，不含有马氏体的奥氏体不锈钢具有更高的抗 SCC 能力，而在微酸性工作环境下，钼含量较高的超级奥氏体不锈钢以及双相不锈钢等都将是较好的推荐材料。

本案例弹簧钢丝为铜合金化的 XM-28 奥氏体不锈钢，在制造过程中存在形变强化、马氏体相变以及析出强化效应，不能适用于本文微酸性的工作环境。

5.2　环境主控因素

本节主要介绍钢铁在环境介质下伴随杂散电流以及高温情况下的腐蚀行为。

5.2.1　集输管线管的腐蚀

近年来，油田技术管线的腐蚀情况越来越严重，受到个别集输管线管腐蚀穿孔爆发的影响，集输管线管腐蚀失效的数量大幅度增加。随着石油天然气开发历程的不断延伸，开发后期采出水的逐步上升，特别是酸性气体 H_2S/CO_2 含量的不断增加，管道服役环境越来越苛刻，腐蚀已成为管道安全生产运行的重大威胁之一。并且，油气田多数管线穿越胡杨林、红柳林、棉田和季节性水域环境敏感地段，油气田管线因腐蚀穿孔导致原油和含有硫化氢的天然气泄漏，不仅给周围生态环境带来污染，同时也会给地方人民群众生命安全造成威胁。

塔河油田某站原油外输管线的材质为 20 钢，规格 ϕ273mm×7mm，于 2001 年 11 月 30 日投用，管道外防腐层采用“黄夹克”，即中间为聚氨酯泡沫、外层为塑料保护壳，管道内壁直接和输送介质接触。输送介质为油气水混合物，综合含水量 54.4%，运行压力 0.55~0.65MPa，运行温度 45~60℃，输送的介质参数见表 5.1。取油气水混合物分离出的水液进行分析（表 5.1），分离水溶液中 Cl^- 含量高达 14g/L，H_2S、CO_2 含量较低，介质流速为 0.1m/s 左右。

表 5.1　某站集输管外输介质参数表

输送介质				分离水分析/mg · L^{-1}				
液体 /m^3 · d^{-1}	气体 /m^3 · d^{-1}	CO_2 /%	H_2S /mg · m^{-3}	Ca^{2+}	Mg^{2+}	Cl^-	HCO_3^-	pH(-)
363.5	7338	2.33	150.95	11599	1455	141941	229	5.8

该管线运行近 10 年，未加注缓蚀剂，管线内壁也无防腐涂层，缺乏有效的防腐措施，新建高压电力线后发生第一例腐蚀穿孔以来，呈集中爆发趋势。腐蚀集中发生于管的底部，尤其是距某站 1.4~1.6km 处共有 4 条高压电力线与管道纵横交错，电力线附近刺漏点多达 57 处。初步分析认为，该处产生的杂散电流对管线产生电流干扰，加速了腐蚀穿孔过程。

取样管段距某站约 1.4km 腐蚀穿孔密集处，位于 10kV 和 35kV 高压电力线下方，见图 5.16（a）。该管线停输后，采取扫线、氮气置换后停运。管线腐蚀穿孔部位在管道的底部，现场采取了打卡堵漏的措施，即穿孔点就在打卡处。为便于检验分析，将打卡处管道切割下来，纵向剖开之后，发现管道内壁的底部区域有很多腐蚀坑，其中一些腐蚀严重的，由内向外穿透管壁造成管道穿孔而发生刺漏。腐蚀产物非常疏松，且容易剥落（见图 5.16（b））。

用稀盐酸清洗取样管道的内壁腐蚀处，去除内壁表面厚且疏松的腐蚀产物，

(a) 现场取样位置

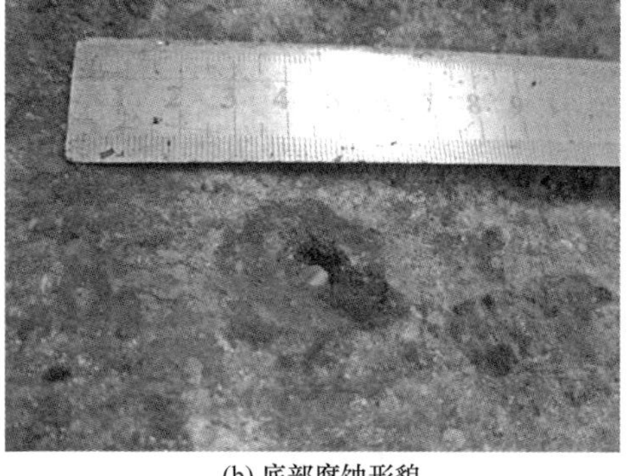

(b) 底部腐蚀形貌

图 5.16 20 钢管线现场取样与底部腐蚀形貌

使用体式显微镜进行观察，可以看到内壁的点蚀坑大小不一。图 5.17（a）所示的小点蚀坑，直径约 250μm，为点蚀的起始阶段。图 5.17（b）所示的点蚀坑，直径约为 2mm；而图 5.17（c）的点蚀坑，直径约 6mm 为点蚀的中间过程。相对于图 5.17（a），其腐蚀面积更大、凹坑更深，且凹坑的边缘也已被腐蚀，呈阶梯状。图 5.17（d）所示的腐蚀坑已经穿透管壁，内壁点蚀孔外径约 20mm，外壁点蚀孔直径约 5mm，腐蚀坑斜面约呈 45°连接着孔的内外壁。将腐蚀坑斜面放大，呈波浪形特征，见图 5.18，腐蚀坑斜坡上分布着许多凹坑。

(a) 点蚀坑形成

(b) 长大

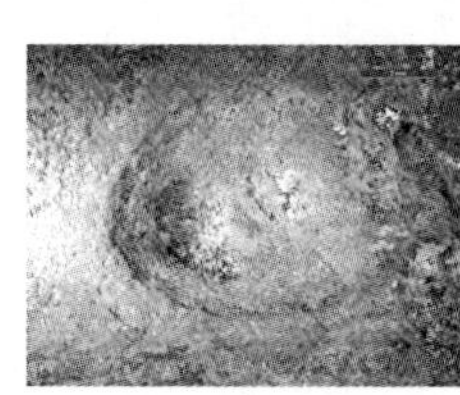

(c) 聚集

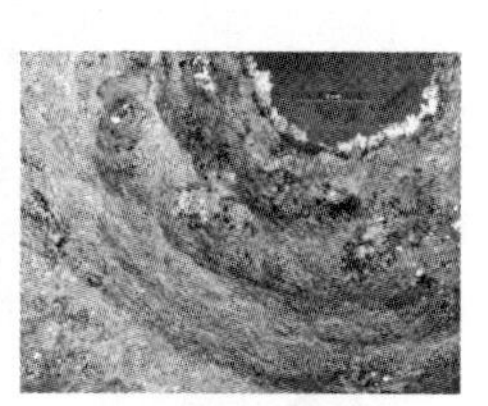

(d) 阶梯状腐蚀坑

图 5.17 20 钢去除腐蚀产物后底部腐蚀形貌

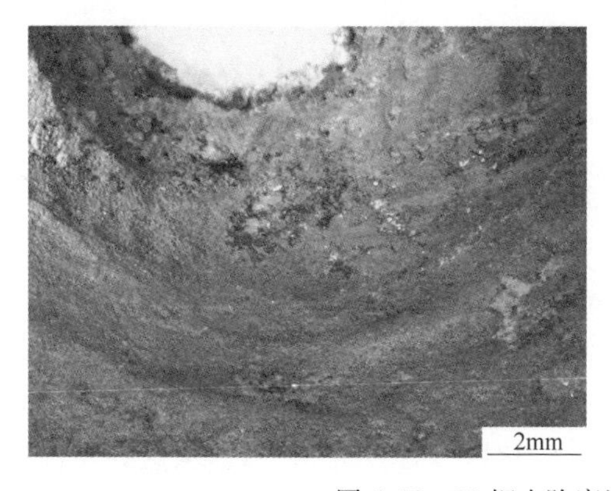

图 5.18 20 钢去除腐蚀产物后腐蚀穿孔特征

从穿孔附近取样观察金相组织。切取横、纵向金相样品，经预磨、抛光后，用4%硝酸酒精溶液腐蚀，并在光学显微镜下观察。管壁的基体金相组织由块状的白色铁素体和在铁素体晶间分布的黑色珠光体组成，见图5.19（a），属正常组织。在内壁点蚀凹坑处有小的凹坑，见图5.19（b），与图5.18波纹的低谷相对应。

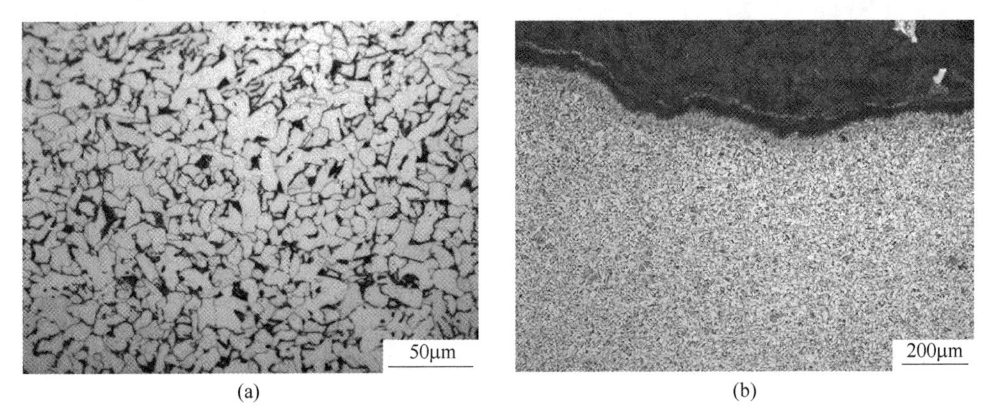

图5.19　20钢金相组织

截取有腐蚀孔的钢管，制备金相试样进行能谱分析，结果见图5.20，腐蚀产物的成分中含有Fe、S、O、C、Cl等元素。

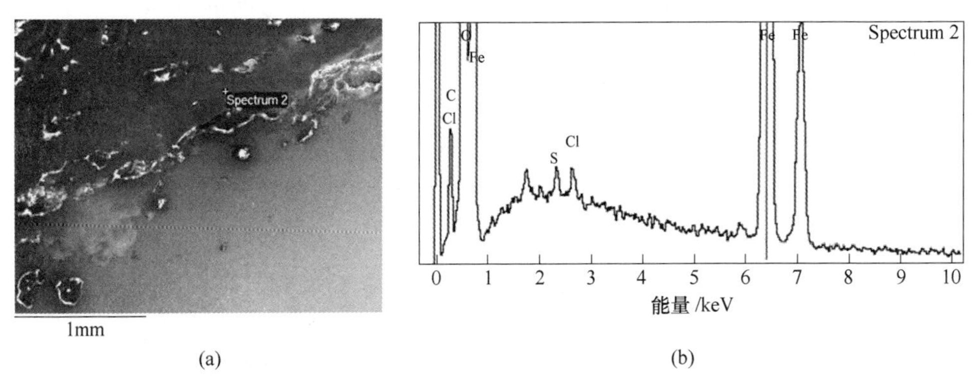

图5.20　20钢扫描电镜能谱分析位置和结果

取有腐蚀孔的试样，将附着在管内表面的黑色油去除，将腐蚀孔内的腐蚀产物扒出进行X射线衍射分析。腐蚀产物主要有：（1）$Fe(OH)_3(H_2O)0.25$，伯纳尔矿，一般写为$Fe(OH)_3$，是铁锈的中间产物，会向α-FeOOH或β-FeOOH转化，含量为50.2%；（2）Fe+3O(OH)，正方针铁矿，一般写为β-FeOOH，含量为35.1%；（3）FeO(OH)，针铁矿，一般写为α-FeOOH，含量为6.2%；（4）$FeCO_3$，碳酸铁，含量为5.2%；（5）FeS，硫化铁，含量为3.2%。从这些腐蚀产物可以看出，钢管在湿润的环境中，受到了油水介质中溶解氧、硫化氢以及二氧化碳的腐蚀等。

油气集输管线中生产介质不同的油水比会导致管线金属腐蚀速率发生很大的改变。当油与水形成稳定油包水型乳化液时，因管壁接触油相，腐蚀较轻；当含水率达到40%以上时，油包水会转化成水包油的形式，腐蚀速率会发生急变；当含水量继续增大，游离水可形成水垫，此时管线内壁底部为水，中部为油包水，上部为伴生气。所研究管线输送介质含量54.4%，在运行过程中发生了油气水分离。管线内壁底部直接接触水，而水中氯离子浓度很高，同时又富含腐蚀性介质，如硫化氢、二氧化碳、溶解氧等，管线内壁底部的腐蚀必然严重。

管线管在湿润的环境中，受到了油水介质中硫化氢、碳酸（二氧化碳）、溶解氧的腐蚀，在水中矿化度高的情况下，离子迁移能力强，H_2S、CO_2、溶解氧等在管线中下部和分离水接触的地方将发生电化学腐蚀，H_2S、CO_2 的腐蚀产物分别为 $FeCO_3$ 和 FeS[6]。

CO_2 的腐蚀过程：

$$CO_2 + H_2O = H_2CO_3, \quad H_2CO_3 \longrightarrow H^+ + HCO_3^- \tag{5.6}$$

$$HCO_3^- = H^+ + CO_2^{2-}, \quad Fe \longrightarrow Fe^{2+} + 2e \tag{5.7}$$

$$2H^+ + 2e \longrightarrow H_2$$

总的反应式是：

$$Fe + H_2CO_3 \longrightarrow FeCO_3 + H_2 \tag{5.8}$$

硫化氢的腐蚀过程：

$$H_2S \longrightarrow H^+ + HS^-, \ HS^- \longrightarrow H^+ + S^{2-} \tag{5.9}$$

$$Fe + H_2S + H_2O \longrightarrow FeHS^-_{吸附} + H_3O^+ \tag{5.10}$$

$$FeHS^-_{吸附} \longrightarrow FeHS^+ + 2e \tag{5.11}$$

$$FeHS^+ + H_3O^+ \longrightarrow Fe^{2+} + H_2S + H2O \tag{5.12}$$

$$Fe^{2+} + HS^- \longrightarrow FeS + H^+ \tag{5.13}$$

$$2H^+ + 2e \longrightarrow H_2 \tag{5.14}$$

氧的腐蚀过程：

$$Fe \longrightarrow Fe^{2+} + 2e, \ O + 2H_2O + 4e \longrightarrow 4OH^- \tag{5.15}$$

$$Fe + 2H_2O \longrightarrow Fe(OH)_2 + 2H^+ \tag{5.16}$$

Fe^{2+}亚铁离子被进一步氧化成三价的铁离子

$$4Fe^{2+} + 6H_2O + O_2 \longrightarrow 4FeO(OH) + 8H^+ \tag{5.17}$$

FeO(OH) 即为 Fe_2O_3-H_2O，通常处于腐蚀产物的外层，失水后形成的红棕色的 Fe_2O_3，Fe_2O_3 与 FeO 结合形成 Fe_3O_4($FeFe_2O_4$)。

羟基氧化铁（FeOOH）以 α-FeOOH 和 β-FeOOH 晶型较为稳定。本研究的 pH 值为5.8，接近中性环境，Fe^{2+}在这种环境下对 $Fe(OH)_3$凝胶向 FeOOH 的相转化有促进作用。所形成的中间腐蚀产物 $Fe(OH)_3$凝胶在 Cl^-较丰富的环境中易形成 β-FeOOH。本研究分离水溶液中 Cl^- 含量高达 14g/L，因此生成了较多的

β-FeOOH；而 $Fe(OH)_3$ 凝胶在低于40℃时也会转化成α-FeOOH 相，XRD 检测出少量的α-FeOOH 是管线在停运之后，温度下降所形成的。

管线内表面溶解氧的腐蚀产物有 $Fe(OH)_3$、β-FeOOH、α-FeOOH 等，当这些腐蚀产物以及原油中的沉积物对钢管内表进行不均匀覆盖且疏松时，这就提供了良好的垢下腐蚀发生条件。

高压输电线路对埋地金属管道的影响主要通过容性耦合、阻性耦合及感性耦合的方式进行，当管道与高压输电线路长距离平行或斜接近时，将产生一个由交变相电流产生的磁场作用并在管道上产生二次交变电压和电流[7]。

杂散电流的存在无疑会加速上述的电化学反应过程。在腐蚀的开始阶段，由于管道外圈采用“黄夹克”绝缘层保护，杂散电流无法流入大地。而分离水的矿化度很高，导电性极好，取样部位距离某站 1.5km，油水在输运过程中已经发生分离，杂散电流一旦产生即可就近流入分离水中，在管道电流流出部位为阳极，从而发生严重的腐蚀现象，大大的加速点蚀孔的形成；一旦蚀孔穿透管壁，在内压的作用下，外层的“黄夹克”破裂，由于分离水的导电作用，杂散电流从埋地金属管道破损点部位流入大地，使管道腐蚀穿孔的面积加速扩大。

由此可见，溶解氧、CO_2、H_2S 引起 20 钢管的电化学腐蚀相对是可控的，但外界环境改变的情况下，原来的材质已不能满足使用的要求。在这种情况下，应采用排流保护以改善杂散电流对管道腐蚀的影响，采用有源电场的屏蔽，降低高压电线对管道的容性耦合干扰及添加缓蚀剂等措施，提高排流保护效果。也可采用耐蚀材质来替代所使用的普通的 20 钢，从源头进行腐蚀控制，避免金属管线在有效使用周期内发生腐蚀穿孔。

5.2.2　煤气管道腐蚀

1 号高炉（1BF）和 2 号高炉（2BF）煤气出炉压力 0.35~0.4MPa，炉顶煤气温度达 300℃。高炉煤气管道内表面工作在高炉煤气环境下分别约为 16 年和 11 年后发生腐蚀，其中，1BF 腐蚀严重，表面呈冲蚀坑状，不同区域的腐蚀产物的颜色不同。经现场观察，发现在煤气管道变径处腐蚀坑最多，冲蚀坑排列方向和煤气流动方向一致；2BF 较轻，表面呈麻点状脱落，见图 5.21。所用材质为 Q235 钢。

制备 1BF 和 2BF 不同区域管件内表面、截面金相试样，经超声清洗后，使用电子探针和扫描电镜观察表面形貌和成分分析；使用 X 射线衍射仪分析氧化后表面物相组成。

使用能谱定性的测量外表面腐蚀产物成分，发现不同区域管件试样成分没有本质的变化，不同的区域均存在表面层脱落区，典型形貌见图 5.22。1BF 右侧 Ca、Ni、Zn、硫含量较高；2BF 左富 S、Pb，中富 Fe、O，右富 S、Zn。

(a) 1BF

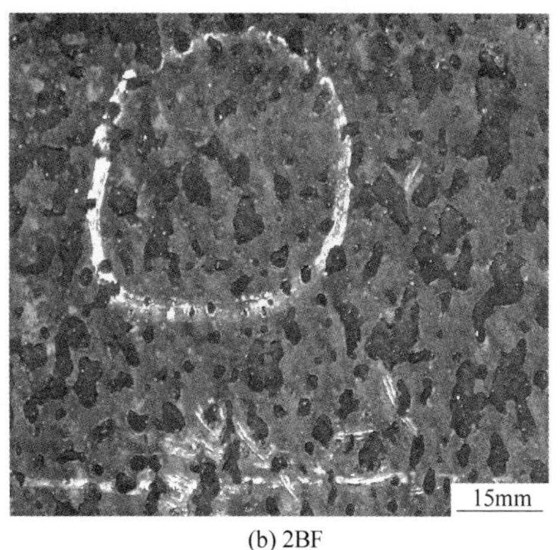

(b) 2BF

图 5.21 Q235 钢煤气管道锈蚀表面

1BF 截面试样表面层脱落严重，部分完整表面层形貌呈三层结构，见图 5.23（a）。最外层为富 Ni 层，中层呈“年轮”痕迹，富 Zn、S，内层为 Fe 和 O 的化合物。2BF 表面层呈两层结构，外层富 Pb、Zn、S，内层也为 Fe 和 O 的化合物。

根据 X 射线衍射谱和成分分析，1BF 试样表面可能的相组成为 Zn(Fe)S、Fe_2O_3、Al_2O_3；2BF 则可能含有 PbS、Ca(Mg)CO_3 等相，见图 5.24。

高炉煤气的组成非常复杂，除了 CO、CO_2、H_2、CH_4 和 N_2 外，通常还含有水蒸气、NH_3、H_2S、SO_2、HCl 等杂质，在高炉煤气输送过程中随着温度的降低，高炉煤气中的水蒸气逐渐冷凝成水，在管道或者设备表面形成一层水膜，腐蚀性物质二氧化碳、二氧化硫、氯化物、氯化氢、硫化氢等物质溶解到水膜中，形成腐蚀性较强的电解质，对管道进行电化学腐蚀。

失效管道处于炉顶高温段，管道内表面在高温下和水蒸气发生反应：

$$Fe + 3H_2O \longrightarrow Fe_2O_3 + 3H_2 \tag{5.18}$$

一般而言，煤气中还含有微量单质 S、Zn、Pb 等物质的煤灰及硬质氧化铝颗粒。进入高炉的锌、铅是一种微量元素，来源于高炉的原、燃料中，并以 PbS 和 ZnS 的形式进入高炉内。由于高炉上下部的热力学条件差异性很大，同时 Zn、Pb 的还原温度和液态沸点都很低，易气化，因此，在高炉下部还原气化后，随煤气上升到高炉上部低温区氧化并凝结在处于下降的炉料上，又随炉料下降到高温区还原气化而形成循环。气化后的 Zn、Pb，在高炉上部一部分凝结成粉尘被煤气带出，一部分进入渣铁被排出炉外，而剩余部分则在炉内循环富集。

在高压煤气的冲刷作用下，表面氧化铁可能被吹掉带走，形成初始冲蚀坑，而煤灰也容易在管道内壁的反应产物上逐年沉积。高温下可能发生的电化学反应

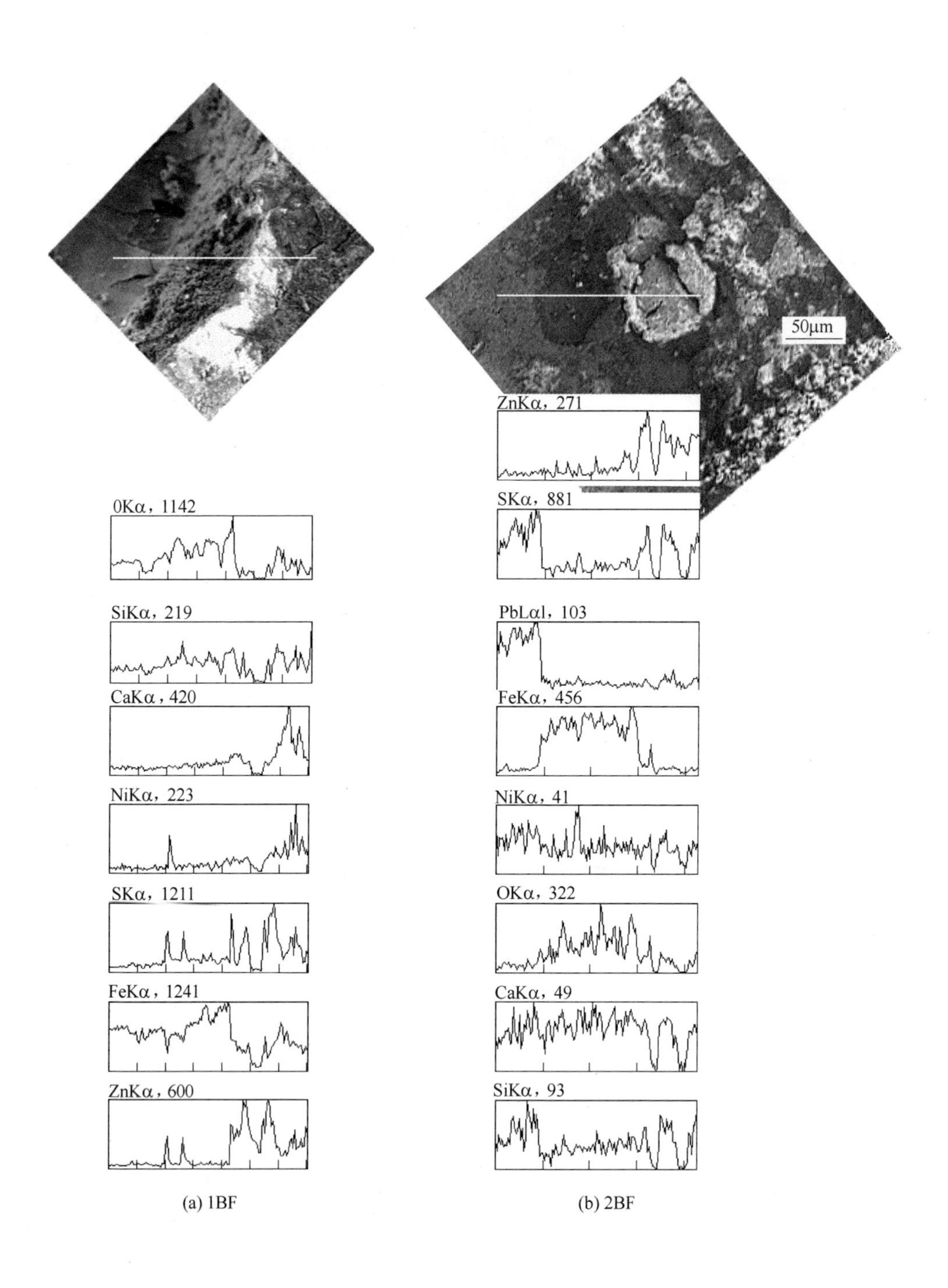

(a) 1BF　　(b) 2BF

图 5.22　Q235 钢煤气管道外表面形貌

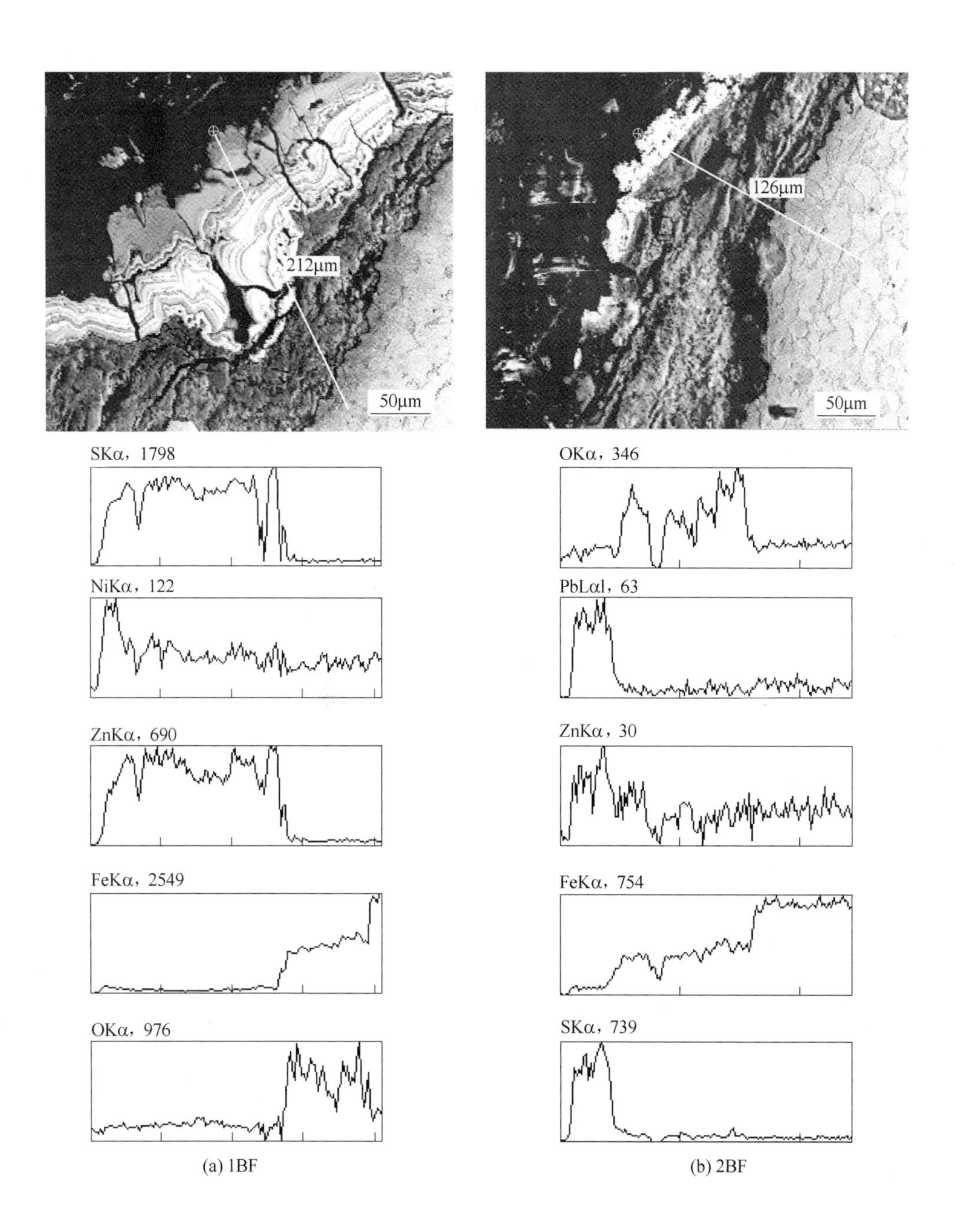

(a) 1BF
(b) 2BF

图 5.23 Q235 钢煤气管道表面截面形貌

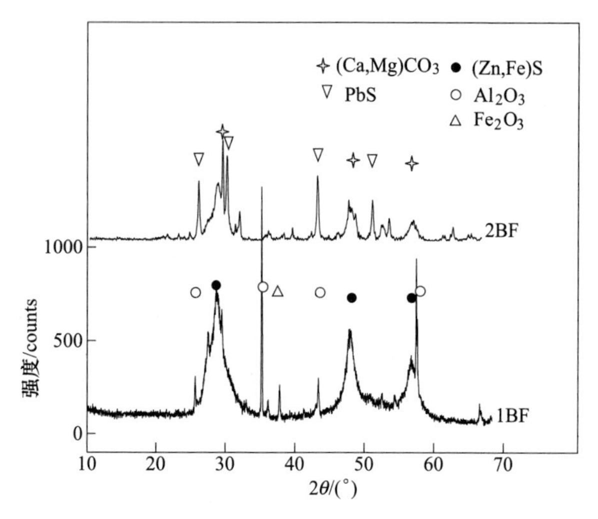

图 5.24　两块试样的 XRD 谱

及离子交换过程如下：

$$S + Zn \longrightarrow ZnS \tag{5.19}$$

$$S + Pb \longrightarrow PbS \tag{5.20}$$

$$H_2S + PbO \longrightarrow PbS + H_2O \tag{5.21}$$

$$H_2S + Fe \longrightarrow FeS + H_2 \tag{5.22}$$

沉积层易于脱落而被煤气冲刷带走，水蒸气通过沉积层或表面氧化膜裂纹进入基体表面继续氧化加大冲蚀坑的深度，最终形成图 5.21 所示的冲蚀形貌。由此可见，煤气管道失效破坏的原因在于煤气的冲蚀、化学腐蚀等长期综合作用的结果。

5.2.3　锅炉管爆裂

在电站锅炉中，锅炉内的工质都是水，水的临界参数是：22.064MPa、373.99℃；在这个压力和温度时，水和蒸汽的密度是相同的，就叫水的临界点，炉内工质压力低于这个压力就叫亚临界锅炉，大于这个压力就是超临界锅炉，炉内蒸汽温度不低于 593℃或蒸汽压力不低于 31MPa 被称为超超临界。随着锅炉用金属材料的发展，我国电站锅炉已普遍采用了高压高温（9.8MPa，540℃）和超高压参数（13.7MPa，540℃和 555℃），并已发展亚临界压力参数（16.7MPa，540℃和 555℃），国外已有不少锅炉采用超临界压力（24.5MPa，540～570℃）参数，也有个别机组采用超超临界的压力和温度参数。

提高过热蒸汽的参数是提高火力发电站热经济性的重要途径。过热蒸汽参数的提高受到金属材料的限制。过热器的设计必须确保受热面管子的外壁温度低于钢材的抗氧化允许温度并保证其机械强度。在工业锅炉中，常把过热器看作为辅助受热面，过热蒸汽温度不超过400℃，通常布置在对流管束中间的烟气温度小于700~800℃的区域中，工作是可靠的。过热器的作用是将蒸汽从饱和温度加热到额定的过热温度。在锅炉负荷或其他工况变动时，应保证过热温度的波动处在允许的范围之内。蒸汽过热器是锅炉的一个必备的重要部件，在很大程度上影响着锅炉的经济性和运行安全性。随着我国电力工业建设的迅猛发展，各种类型的大容量火力发电机组不断涌现，锅炉结构及运行更加趋于复杂，不可避免地导致并联各管内的流量与吸热量发生差异。当工作在恶劣条件下的承压受热部件的工作条件与设计工况偏离时，就容易造成锅炉爆管。

某锅炉过热器管累计使用一个月后运行时发生爆管，使用期间间隙停机三次，钢管材质为12Cr1MoV，管子规格为ϕ38mm×3mm，爆裂部位发生于直管段，近燃烧室顶端背燃烧室一侧。破口处明显涨粗，沿管子轴向破口附近有众多平行的裂缝，管子内外壁表面均有一层较厚氧化皮，部分剥落，外壁剥落表面有发蓝紫色氧化皮，无金属光泽；断面粗糙不平整，破口边缘为钝边，已高温氧化；爆破口管壁厚不足1mm，相对的一侧厚约2.1mm。宏观形貌见图5.25。

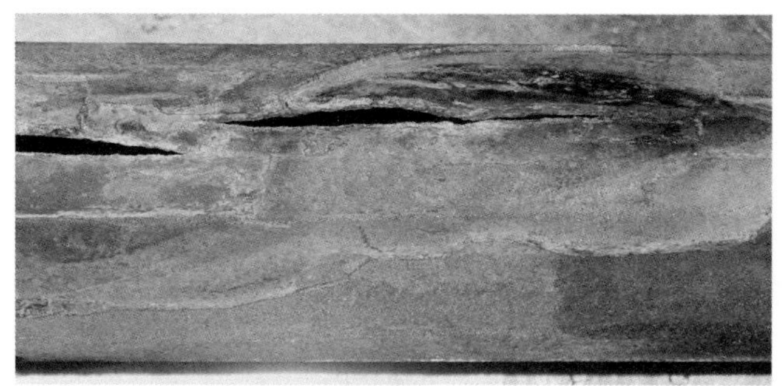

(a) 宏观形貌

Ⅲ Ⅱ Ⅰ 10mm

(b) 截面及取样点

图5.25 12Cr1MoV钢爆管宏观形貌

分别在破口部位及远离破口部位取金相样。

破口部位管子的内外壁有较厚的氧化膜，厚度达1.5mm，未剥落部位均呈多层结构（图5.26）。靠近氧化膜的金属表面有沿晶氧化现象。氧化膜内断续分布一层未完全氧化的白色金属颗粒；两侧氧化膜颜色存在差异，说明其组成不同；氧化膜内有很多的裂纹，为开裂的最外层氧化膜呈树枝晶状生长。

经腐蚀之后，爆管周边金相组织见图5.27。有三个典型的区域：Ⅰ区破口附近组织明显脱碳，为铁素体+少量碳化物，沿晶开裂；Ⅱ区边缘轻微脱碳，主要为铁素体+珠光体，还有少量的马氏体；Ⅲ区为铁素体+碳化物。远离破口部位的金相组织也为铁素体+碳化物。

所研究的钢管管子内外表面形成很厚的氧化膜，厚的氧化膜不利于热量的传

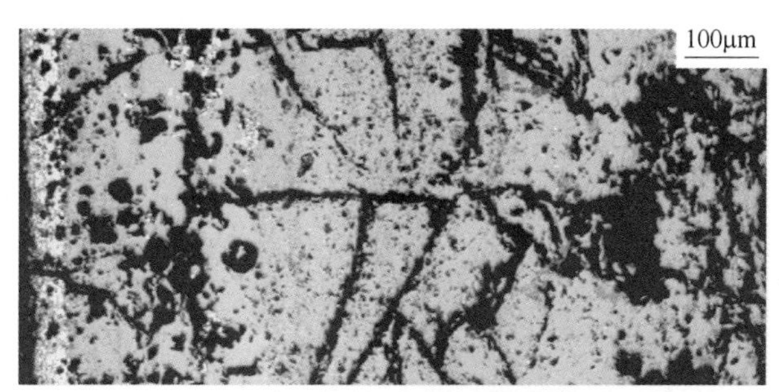

(a) 多层特征，外层氧化膜开裂

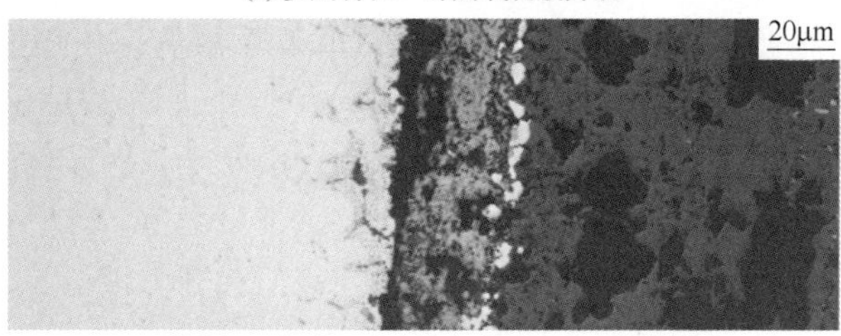

(b) 基体沿晶氧化，未完全氧化的白色金属颗粒带
两侧氧化膜颜色存在差异

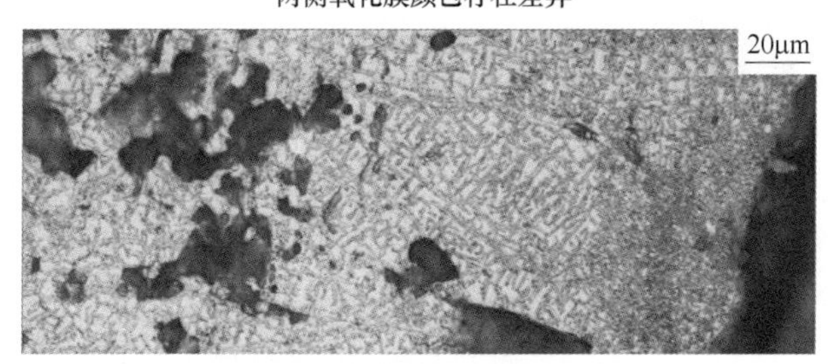

(c) 最外层氧化膜呈树枝晶生长

图 5.26　12Cr1MoV 钢破口外壁氧化膜结构

导，对管壁又起到保温的作用，使钢管温度上升，降低高温强度，又促进氧化膜的生长，大大地降低了钢管承载的能力，直接导致了钢管的爆裂。断口表面存在蓝紫色氧化皮表明该管爆裂时的温度达 800℃以上，高温是最外层充分生长的呈柱状晶结构的氧化膜形成的必要的条件。氧化膜内包裹的尚未氧化的铁颗粒以及沿晶界氧化的特征说明氧化的速度非常快，虽然疏松而碎裂的氧化膜结构为氧的输运提供便捷的通道，但是发生这种现象的根本原因是高温。

受内壁高温蒸汽与外壁燃气的冲刷，促使氧化膜的碎裂以致于剥落，锅炉间歇的停机开机的冷却与加热，也会使得氧化膜脱落，因此形成的氧化膜没能起到保护的作用[8]。

由于爆管位置近燃烧室顶端，因此不能排除火焰直接烘烤而导致钢管产生高温的可能，但为什么爆管位置并未发生于面对燃烧室一侧?

高温锅炉用 12Cr1MoV 钢管供货状态的金相组织为铁素体+碳化物，也可以

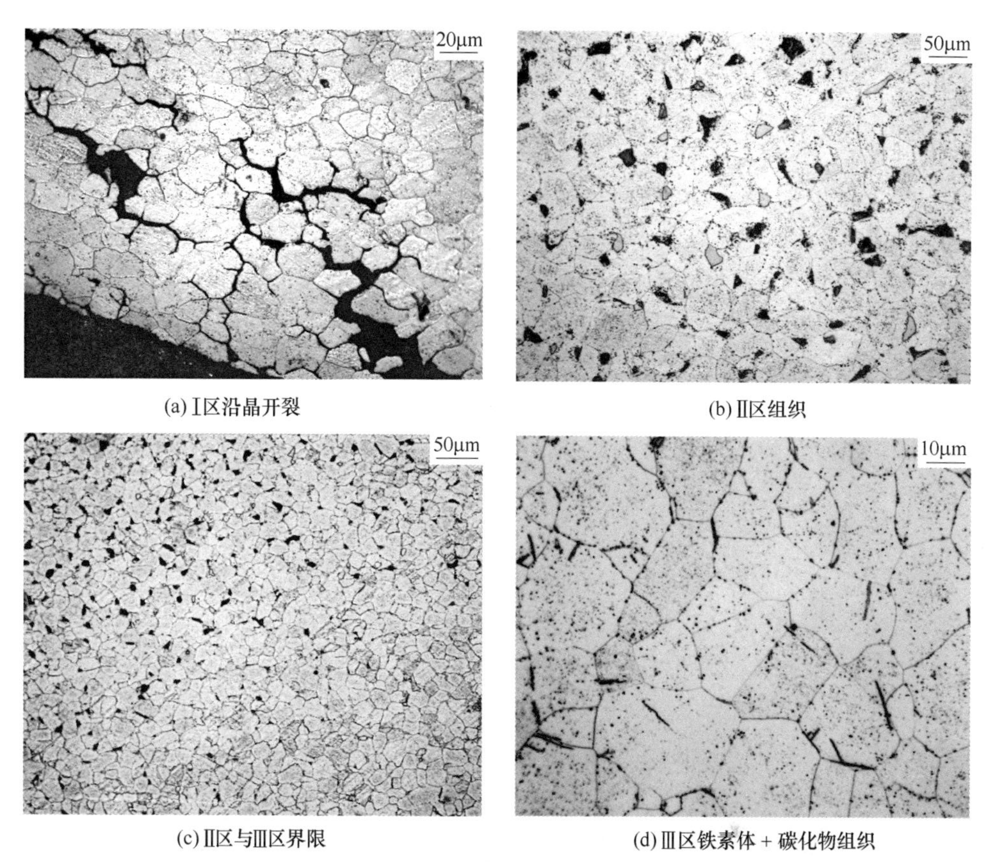

(a) Ⅰ区沿晶开裂 (b) Ⅱ区组织

(c) Ⅱ区与Ⅲ区界限 (d) Ⅲ区铁素体+碳化物组织

图 5.27 12Cr1MoV 钢爆管周边金相组织显示三个典型的区域

为铁素体+珠光体。远离爆管位置的金相组织表明所用钢管应为前一种状态。

钢管在高温下的奥氏体状态下合金元素存在扩散的过程，爆管处存在的马氏体是合金元素扩散的结果，使得该处在冷却过程中达到了马氏体相变的临界温度；氧化过程也是原子的输运与扩散的过程，伴随着脱碳现象。温度越高，时间越长，脱碳越严重。过热器管的脱碳程度实际上反映钢管周向温度分布不均匀，致使周向组织分布不均匀。

爆管断口附近的接近单一的铁素体组织说明该处温度最高，氧化脱碳最严重；其相对位置即面对燃烧室的一侧脱碳程度最轻，温度最低，组织未发生很大的变化；而在过渡区，组织变化最为显著，出现了珠光体组织。

周向温度分布的不均匀可能与偏流有关。蒸汽流偏向面对燃烧室的一侧，致使该处温度相对较低，组织未发生变化。而背侧在高温燃气的加热下，温度很高。高温下，晶界强度较弱，断裂沿晶界进行，这就是所观察到地断口附近沿晶界开裂的原因。

通过以上分析，可以得出如下结论：

(1) 过热器管内外壁均生成了厚达 1.5mm 厚的多层氧化膜，局部钢管壁厚由 3mm 降至不足 1mm；氧化使钢管局部的有效的承载厚度降至不足原来的 1/3，直接导致承载能力大大的下降，致使钢管爆裂；

(2) 爆管附近钢管因偏流而导致周向温度分布的不均匀，而导致周向组织分布以及氧化速度存在差异，是爆管的根本原因。

由于过热器是锅炉各受热面中工作条件最差、受热面金属工作温度最高的部件，其管壁温度已经接近于管子金属的允许温度，因此在设计布置过热器时，必须综合考虑各方面的因素，使各平行管的工作温度尽可能均匀一致，以防止某些管子工作温度过高，超出允许温度，造成过热器损坏。

5.3 受力主控因素

结构件在载荷的作用下必然发生变形甚至开裂。因此，在工程结构设计中需要考虑载荷、材料的力学性能、试验值和设计值与实际值的差别、计算模式和施工质量等各种不定性。然而在承受交变应力或波动应变的构件中还是会发生疲劳断裂，这也是金属结构失效的一种主要形式，其服役寿命不是决定于裂纹产生，而是决定于裂纹的增大和扩展直至瞬时断裂。

传动轴疲劳断口形貌见图 5.28。冷轧厂飞剪上刀架 ϕ145mm 传动轴开裂，断口形貌呈典型的疲劳断裂特征，疲劳源处外表面存在明显的撞击凹痕，疲劳扩展区在中心圆孔两侧颜色明显差异，裂纹已经过很长时间的扩展，最后瞬断区仅约占整个断口面积的 3%。

(a) 宏观形貌

(b) 裂纹源

图 5.28　飞剪上刀架传动轴疲劳断口形貌

5.3.1 叶轮断裂

进口离心式空气压缩机叶轮发生断片现象，见图5.29，化学成分分析表明材质为0Cr17Ni4Cu4Nb沉淀硬化马氏体不锈钢。离心空压机利用高速旋转叶轮对空气做功使气体产生离心力，由于气体在叶轮里的扩压流动，使气体通过叶轮后的流速和压力得到提高，从而连续地生产出压缩空气，一级叶轮转速接近40000r/min。

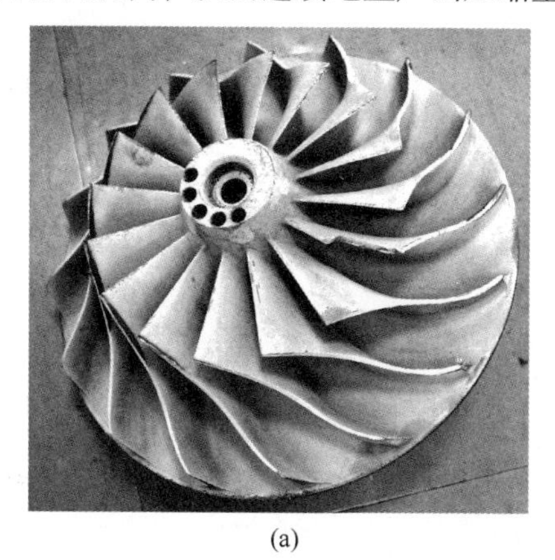

(a)

(b)

图5.29 发生断片的一级叶轮

使用电镜观察断口形貌；使用金相显微镜观察试样截面金相组织。在图5.29（b）手持的断片处有明显的撞击凹陷（图5.30（a）），在裂纹源附近，有较明显的撞击平台的存在，见图5.30（b）。

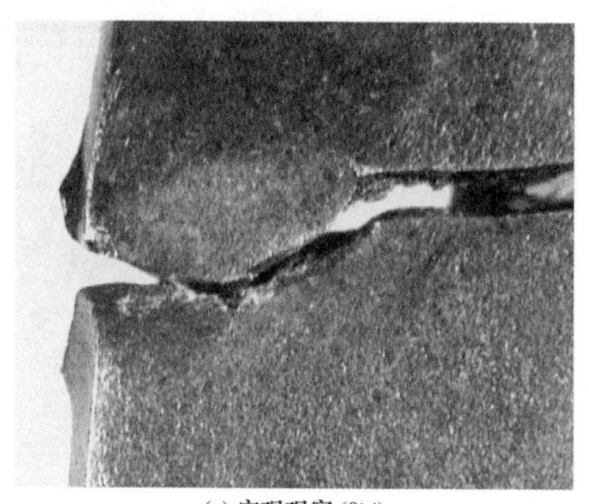

(a) 宏观观察 (8×)

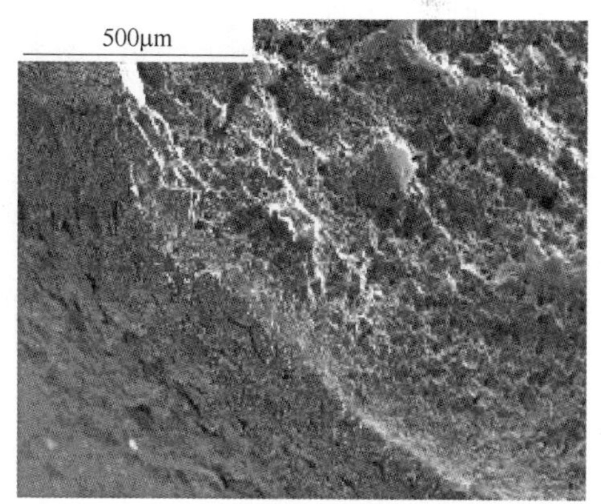

(b) SEM 形貌

图5.30 撞击痕迹

切割叶轮上保留尚好的断口，使用电子探针观察，其断口形貌见图5.31，具有明显的疲劳条带特征，为较典型的脆性疲劳断口。

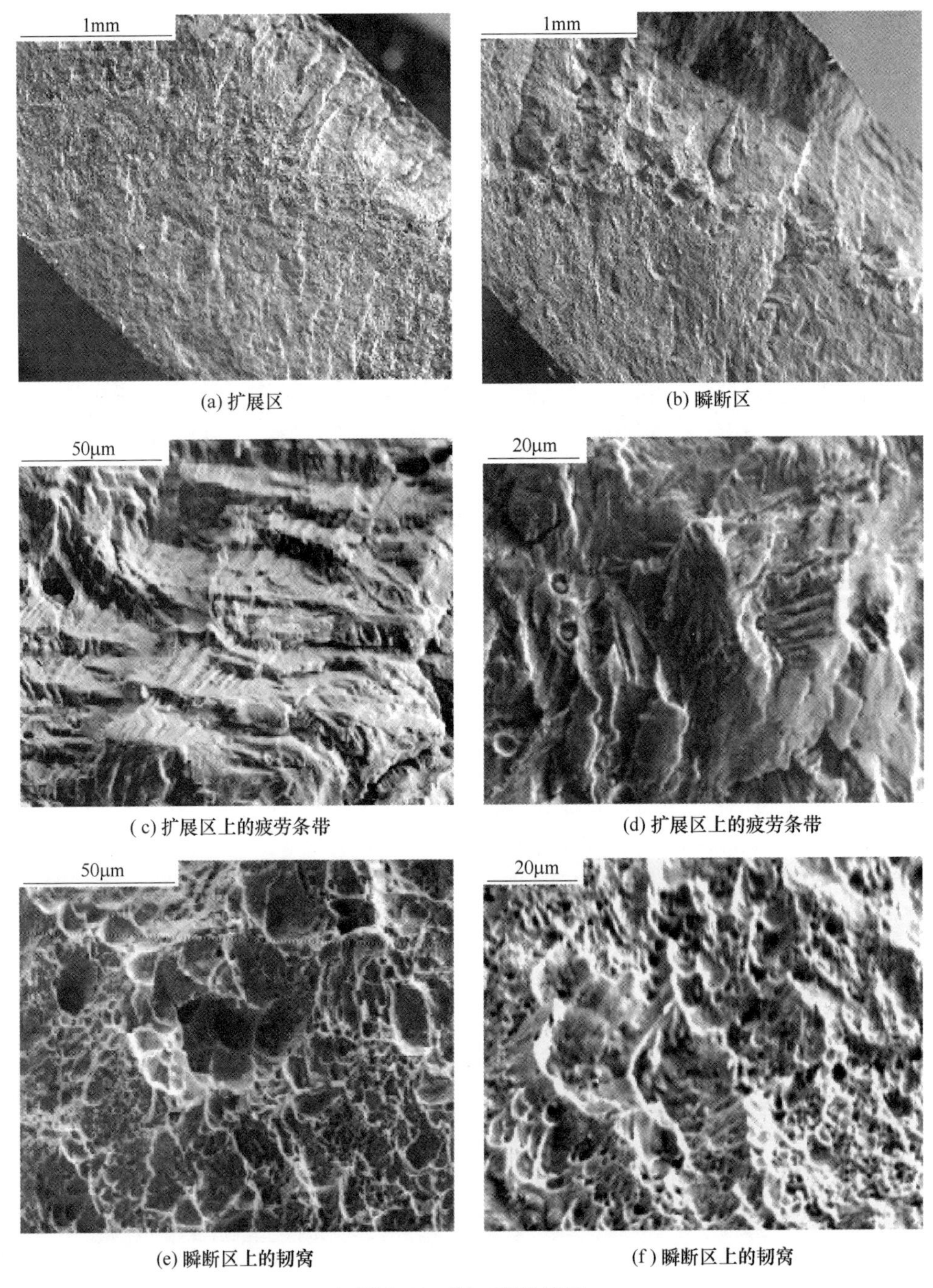

(a) 扩展区　(b) 瞬断区

(c) 扩展区上的疲劳条带　(d) 扩展区上的疲劳条带

(e) 瞬断区上的韧窝　(f) 瞬断区上的韧窝

图 5.31　断口形貌特征

合金中存在较多圆形点状复合夹杂物，见图 5.32，可达 30μm，超过评级标准。合金中还存在长达 1mm 的缩孔，见图 5.33。

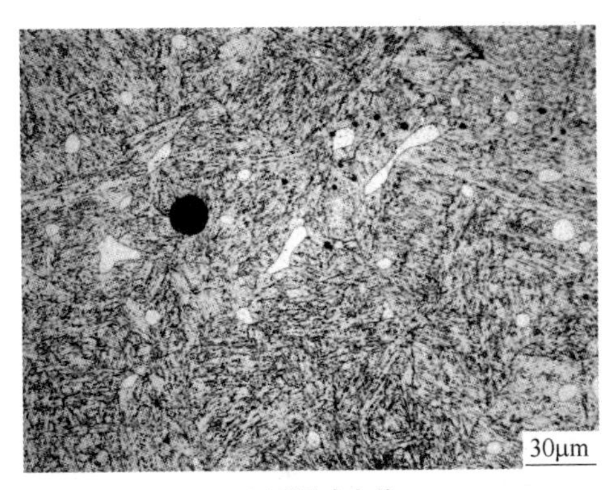

(a) 圆形的夹杂物

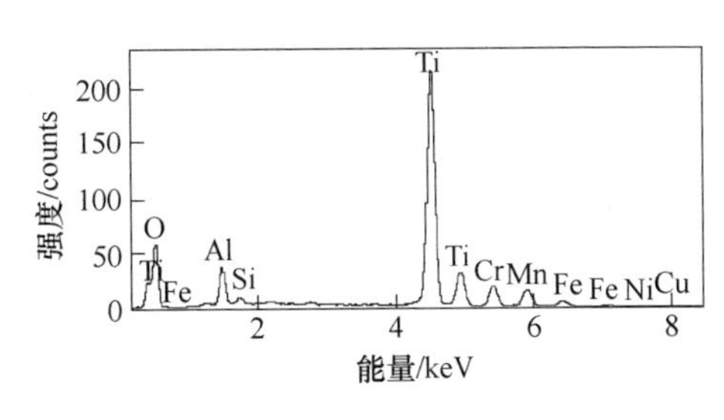

(b) 成分分析

图 5.32　圆形点状夹杂物形貌及成分分析

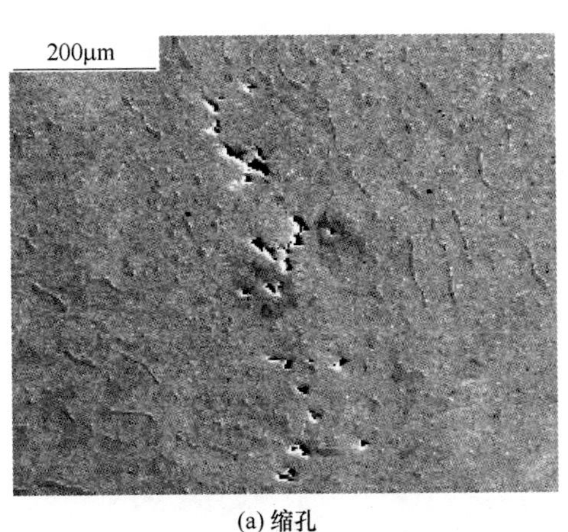

(a) 缩孔

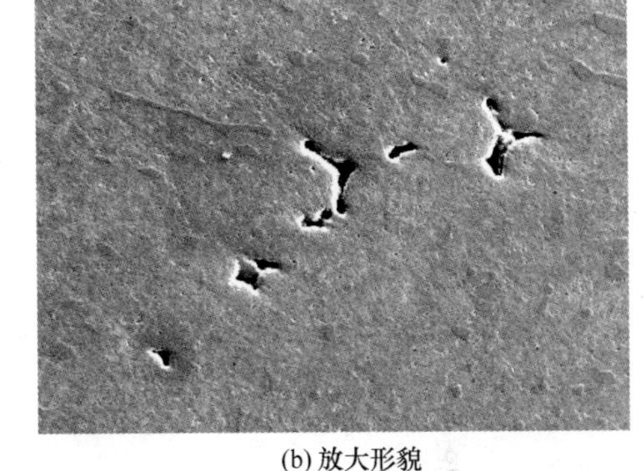

(b) 放大形貌

图 5.33　缩孔的形貌

制备截面金相试样，表面组织和心部明显不同，见图 5.34。一般而言，0Cr17Ni4Cu4Nb 沉淀硬化不锈钢叶轮热处理工序为固溶后稳定化以及时效热处理，从而在马氏体基体上沉淀析出细小、弥散的富铜相。

图 5.35 给出叶轮各部分金相，表面为奥氏体（图 5.35（a）），中部主要为回火马氏体的过渡带（图 5.35（b）），心部主要为回火索氏体（图 5.35（c）、（d））。但过渡带和心部均含有 δ 铁素体，显然，断裂叶轮的固溶热处理并没有消除 δ 铁素体，反而可能因氧化而导致外层奥氏体层的存在。另一方面，是否有意设计成外层奥氏体以提高叶轮的抗冲击性能还有待揭示。

根据检验结果，可以确定的是，叶轮材质纯净度不足且存在缩孔，表面与心部组织存在差异。在异物冲击下使叶轮表面较软的奥氏体层发生变形继而疲劳失效断裂。

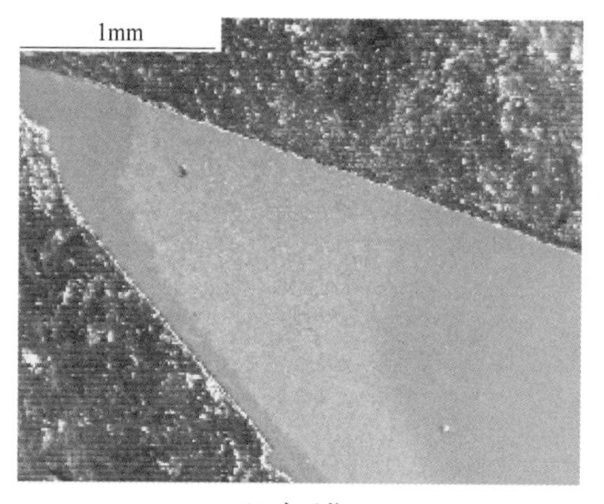

(a) 电子像

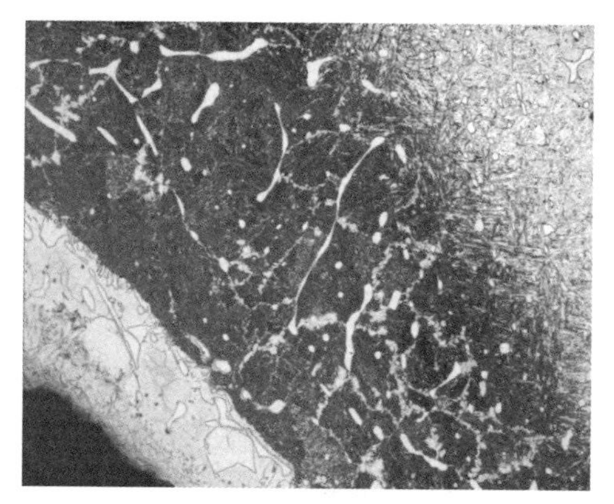

(b) 光学金相

图 5.34　0Cr17Ni4Cu4Nb 沉淀硬化马氏体不锈钢叶轮截面金相组织

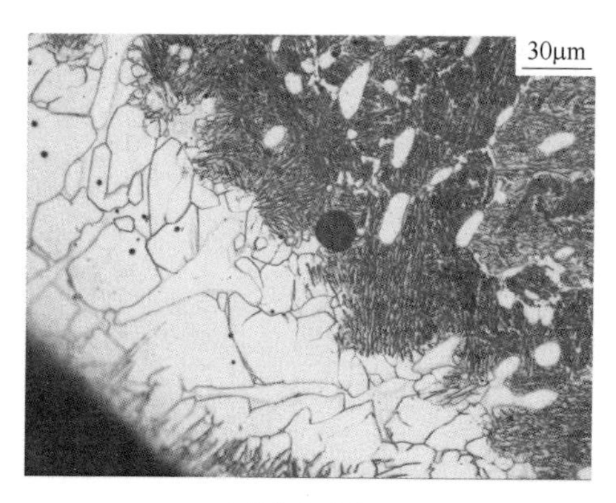

(a) 边缘奥氏体

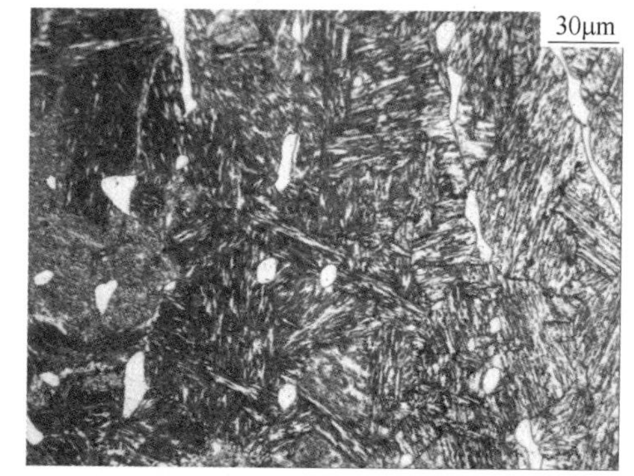

(b) 中间回火马氏体

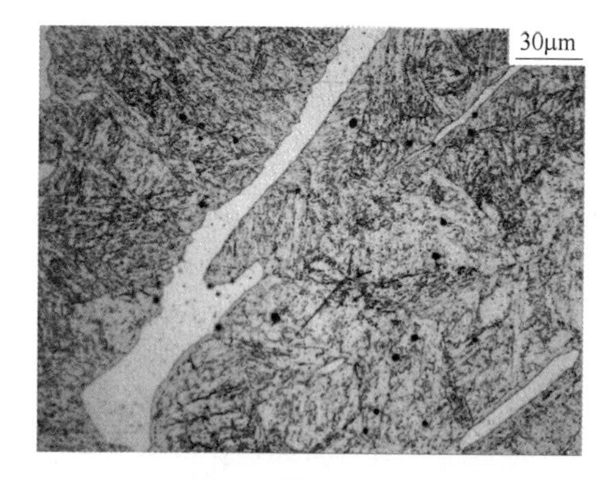

(c) 心部回火索氏体及δ铁素体

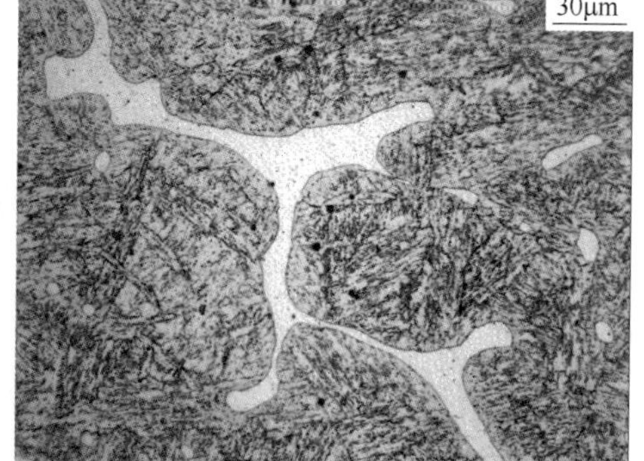

(d) 心部回火索氏体及δ铁素体

图 5.35　叶轮各部分金相组织

5.3.2 疲劳断裂

20CrMnTi 齿轮轴整体渗碳淬火，使用近 4 个月之后轮齿断落，见图 5.36，断齿上有明显的贝纹线特征，齿轮轴为疲劳失效。

图 5.36 失效的 20CrMnTi 齿轮轴

断口形貌见图 5.37。裂纹起源于轮齿根部的硬化层（图 5.37（a）），呈沿晶脆性断裂特征（图 5.37（b））；裂纹扩展区见图 5.38，清楚可见扩展台阶（图 5.38（a））及其疲劳条带（图 5.38（b））；瞬断区呈韧性和准解理特征（图 5.38（c））。轮齿呈典型的脆性疲劳断裂特征。

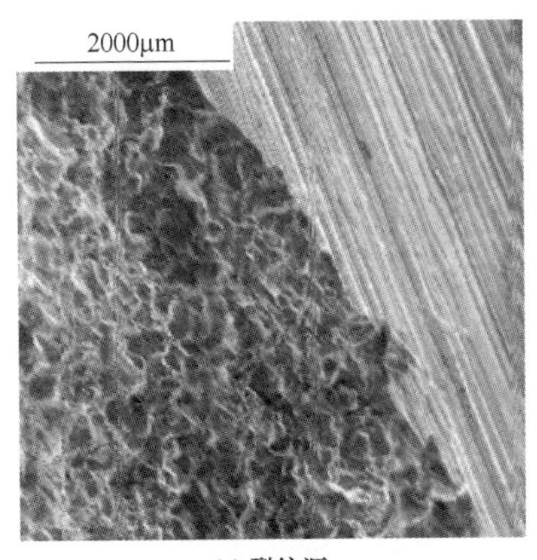

(a) 裂纹源

(b) 沿晶断口

图 5.37 齿根部断口形貌

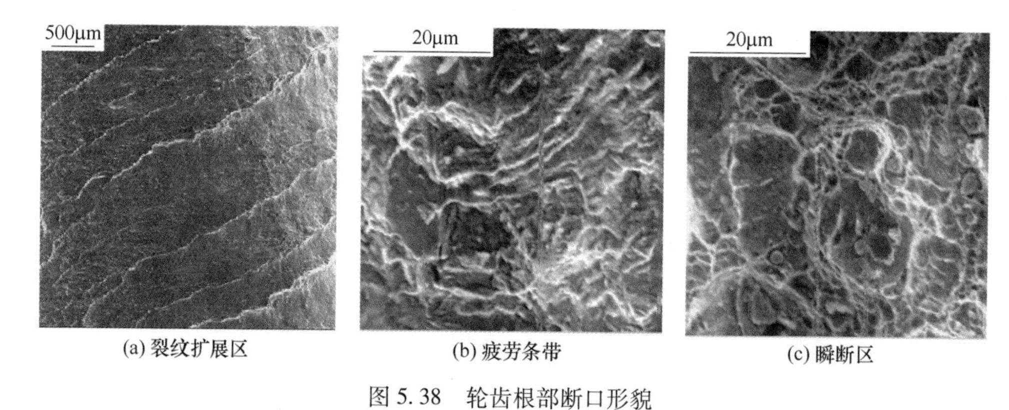

(a) 裂纹扩展区　(b) 疲劳条带　(c) 瞬断区

图 5.38　轮齿根部断口形貌

将断口镶嵌抛光，制备金相试样，发现轮齿硬化层次表层存在显微裂纹（见图 5.39），为裂纹源所在位置。该处存在较多的夹杂物，级别为硫化物 2.5 级。还存在大量的 TiN 颗粒，见图 5.40。

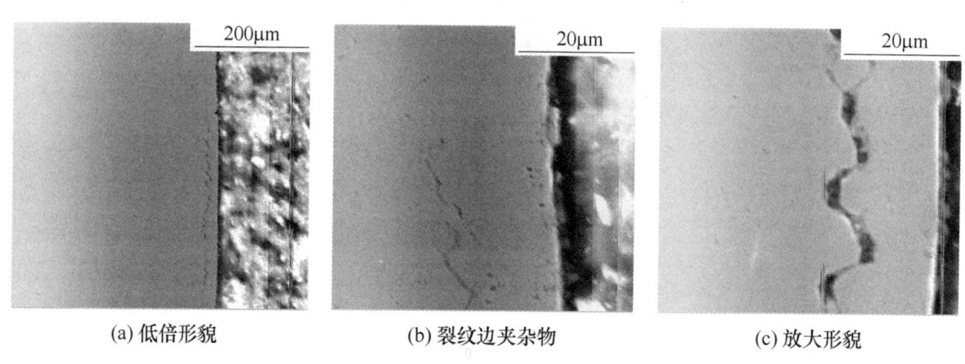

(a) 低倍形貌　(b) 裂纹边夹杂物　(c) 放大形貌

图 5.39　轮齿硬化层次表层裂纹形貌

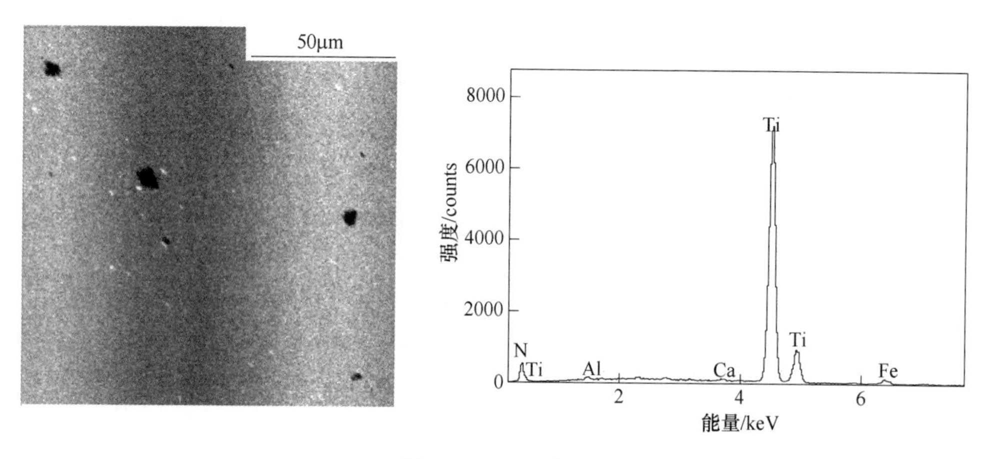

图 5.40　TiN 颗粒

制备无损齿的横截面金相试样，轮齿有明显的表面硬化层，其内马氏体针清晰可见（图 5.41（a）、（b））。齿轮轴向存在带状组织（图 5.41（c）），其高倍形貌见图 5.41（d），为低碳马氏体和羽毛状贝氏体。

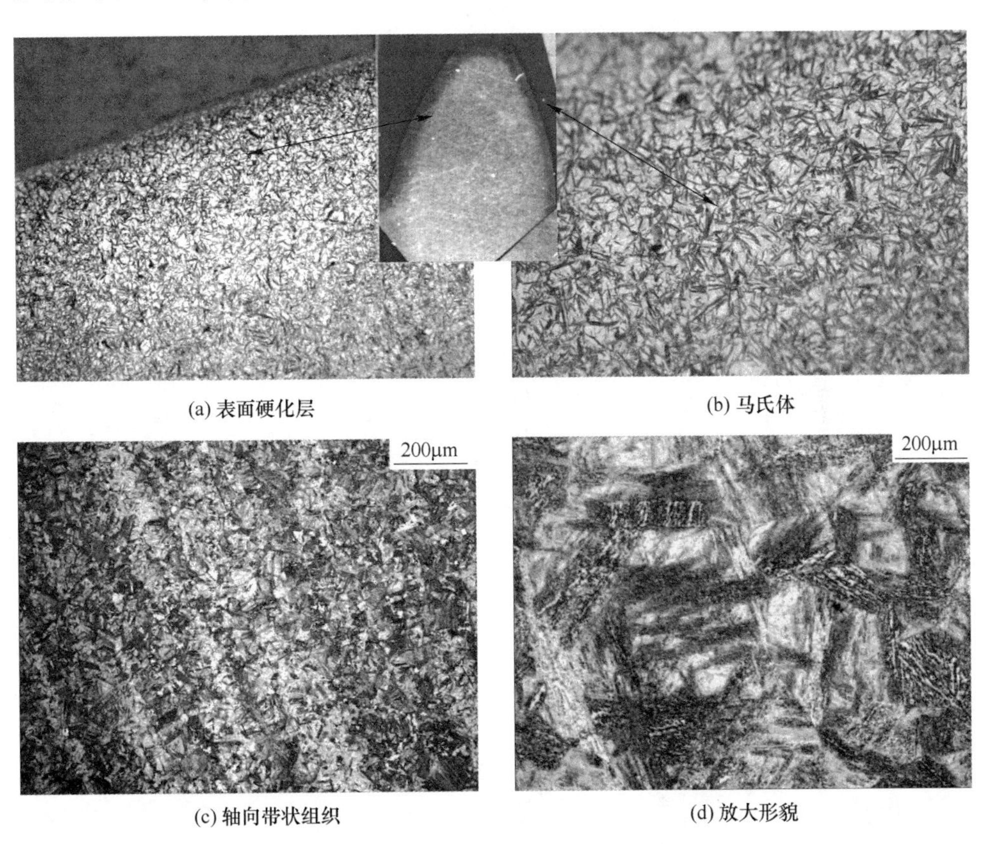

(a) 表面硬化层　　(b) 马氏体

(c) 轴向带状组织　　(d) 放大形貌

图 5.41　20CrMnTi 钢轮齿金相组织

根据检验结果，可知齿轮材质纯净度不足并且处理工艺不当，使得齿轮抗疲劳性能不足，以至于在较短的使用时间内而失效断裂。

5.3.3　过载

冷轧厂送检齿轮与齿轮轴失效样品见图 5.42。轮与轴上的轮齿已完全脱落，断面受到严重磨损，宏观观察脱落的轮齿较完整，显现出外硬内软的特征。

由于齿轮及轴断面破损严重，无法观察。使用电子探针观察脱落轮齿表面的形貌，轮齿表面有凹坑（图 5.43（a），放大形貌见图 5.43（b）），部分表面即将脱落（图 5.43（c））。

轮齿断面形貌见图 5.44。轮齿断面边缘有明显的擦伤痕（图 5.44（a）），而心部断面仍然存在明显的韧窝特征（图 5.44（b））。

图 5.42　破坏的齿轮、齿轮轴以及脱落的轮齿

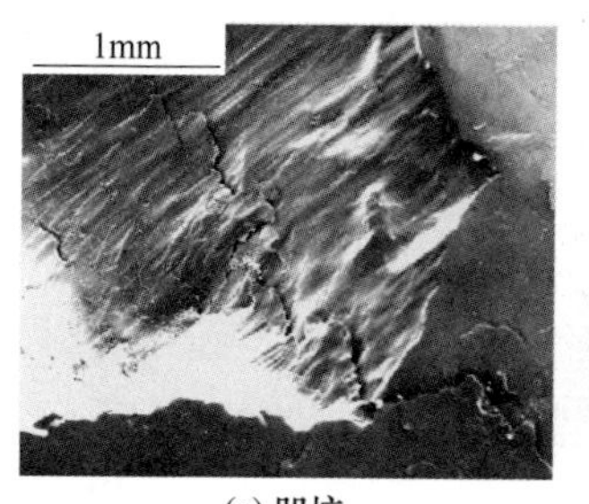

(a) 凹坑

(b) 放大形貌

(c) 即将脱落的表面

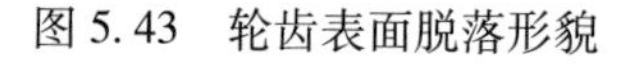

图 5.43　轮齿表面脱落形貌

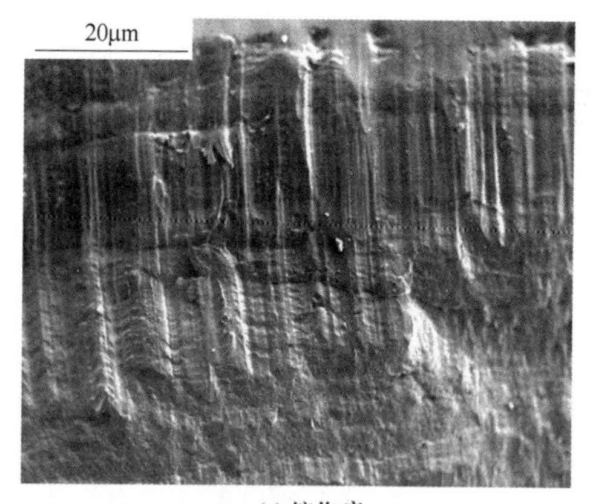

(a) 擦伤痕

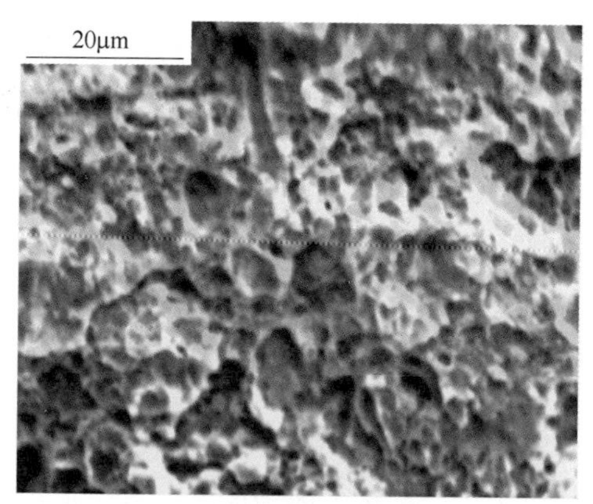

(b) 断口韧窝

图 5.44　轮齿断口形貌

制备轮齿截面金相试样，组织特征见图 5.45。轮齿一面的裂纹垂直与表面（图 5.45（a）)，另一面裂纹呈发射状“人”字型裂纹（图 5.45（b）、（c）)，断面处的组织呈现明显的形变流线的特征（图 5.45（b）)。

(a) 沿晶开裂

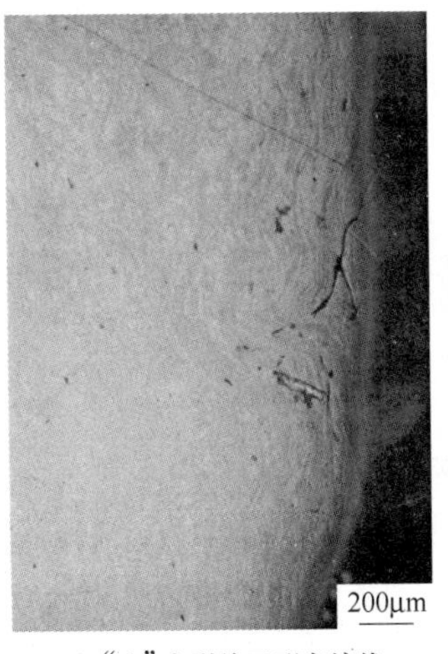

(b) “人”字裂纹及形变流线

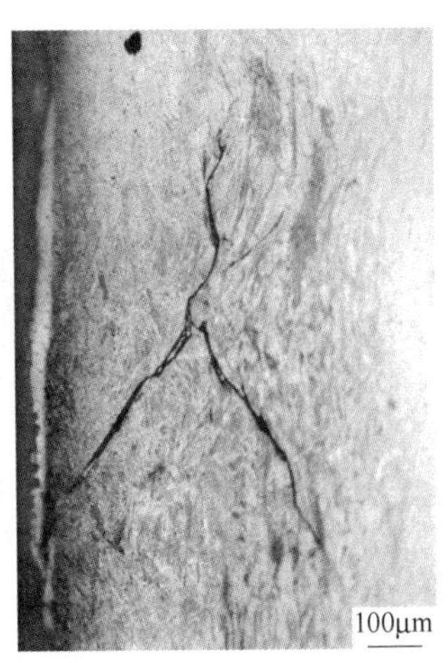

(c) 放大形貌

图 5.45 20CrMnTi 钢轮齿截面金相组织

根据轮齿断裂特征和检验结果判断，送检齿轮失效的主要原因是由过载所致。

5.4 氧化造成的质量问题

金属构件在高温下服役最明显的变化就是金属的高温氧化，是指金属在高温气相环境中和氧或含氧物质（如水蒸气、CO_2、SO_2 等）发生化学反应，转变为金属氧化物。铁是一种比较活泼的金属，各种铁的氧化物，结构也较为疏松，而钢材的轧制及钢铁制品的加工，多半都是在较高的温度下进行的，因此加快了钢材氧化速度，促进了钢材表面氧化铁皮的形成。

钢的高温氧化，往往也是产品失效的重要原因之一。

彩色涂层钢板（彩涂板）是以冷轧钢板和镀锌钢板为基板，经过表面预处理（脱脂、清洗、化学转化处理），以连续的方法涂上涂料（辊涂法），经过烘烤和冷却而制成的产品，其详细的生产工艺流程见图 5.46。主要工序有预处理、涂装、固化等。预处理就是在除去基材表面附着的防锈油、锈斑、灰尘等后，在清洁的基材表面进行化学涂敷处理，形成以 Cr^{6+} 和 Cr^{3+} 为基本骨架的网状化学转化膜，以此增加基材与涂层之间的附着性，提高基材的防腐性和涂层的耐久性[9]。涂装包括初涂和精涂，即利用辊涂机将底漆、面漆、背漆涂敷于基材板面并采用加热固化方式使涂料有机溶剂挥发，令有机涂层与基材紧密结合。而烘烤固化直接影响了彩涂产品的使用性能和表面质量，涂层固化过程一般分为蒸发、固化、冷却干燥 3 个阶段。在固化控制过程中必须注意热风压力以及热风流量的影响，这不仅关系到固化炉的安全运行同时还影响着涂料溶剂的挥发速率及产品表面质量。

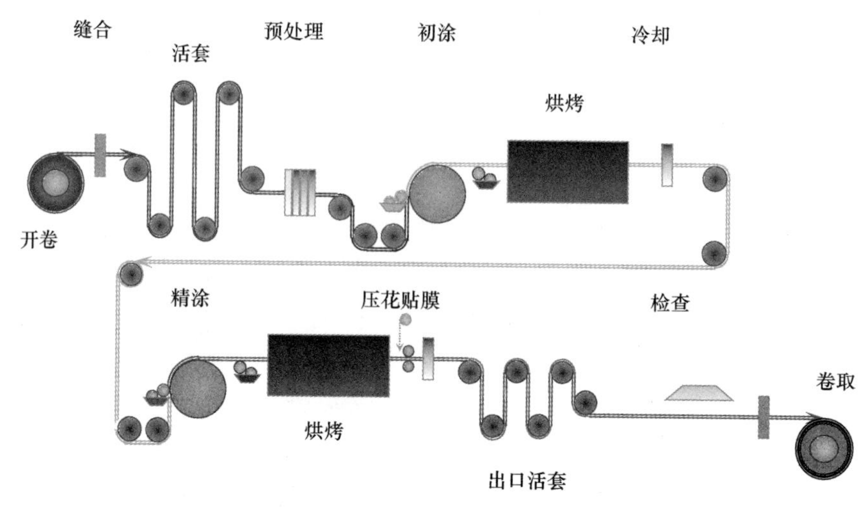

图 5.46　彩涂板生产工艺流程图

5.4.1　黑点缺陷真相

彩色涂层钢板兼有钢板以及高分子材料的机械强度、耐腐蚀性、装饰性，又可直接加工，具有轻质、美观的特点，起到了以钢代木、高效施工、节约能源、防止污染等良好效果。因此可广泛应用于建筑、造船、车辆制造、家具、电气等行业。为了满足市场对彩涂产品日益增长的需求，2002 年某公司从美国引进了 2 号彩涂线，设备全部进口，见图 5.47（a）。但是在投产 2 个月后，彩涂板表面发现了黑点缺陷，见图 5.47（b），对产品质量造成了很大的影响，给公司带来极大的经济损失。

(a) 彩涂钢板

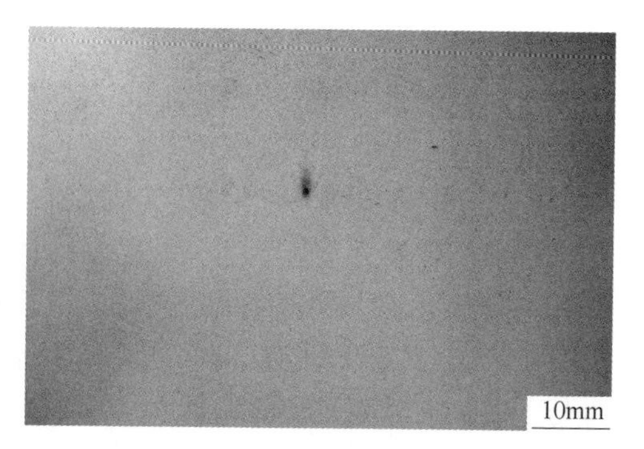

(b) 黑点缺陷

图 5.47　彩涂板及表面黑点缺陷

肉眼观察彩涂板黑点缺陷为小黑点，随机分布于板的上下表面。金相显微镜观察黑点呈黄褐色，见图 5.48（a）。清除涂层后，钢板表面未见异常。使用电子探针对黑点进行分析，二次电子图像见图 5.48（b），成分谱线见图 5.49。

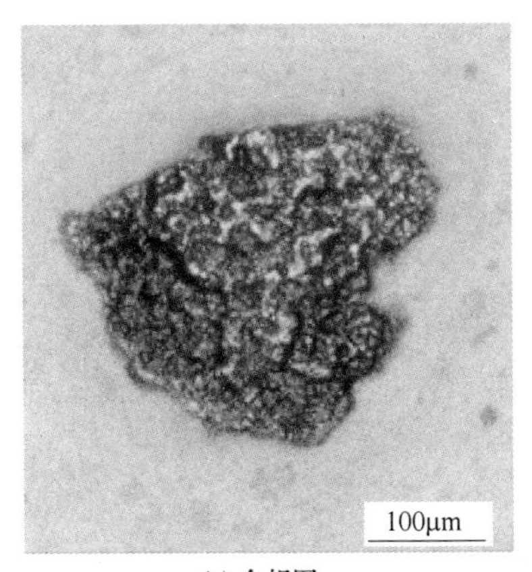

(a) 金相图

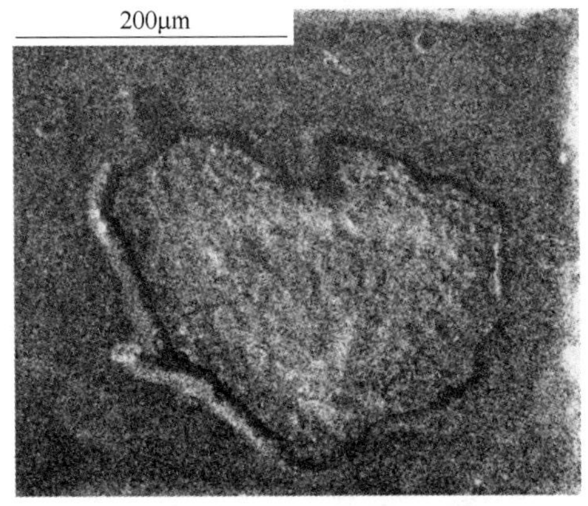

(b) 二次电子图像

图 5.48　彩涂板黑点缺陷

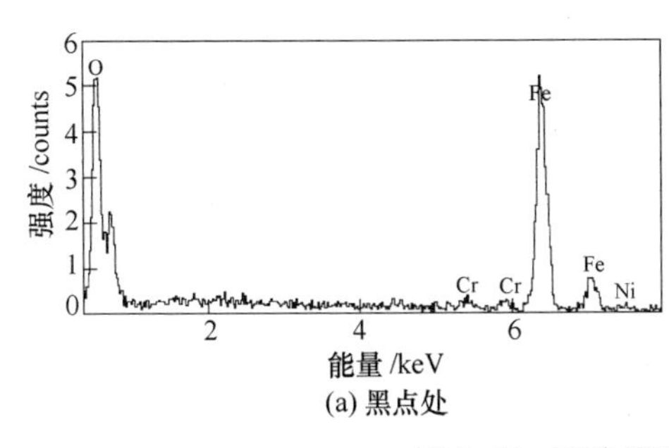

(a) 黑点处

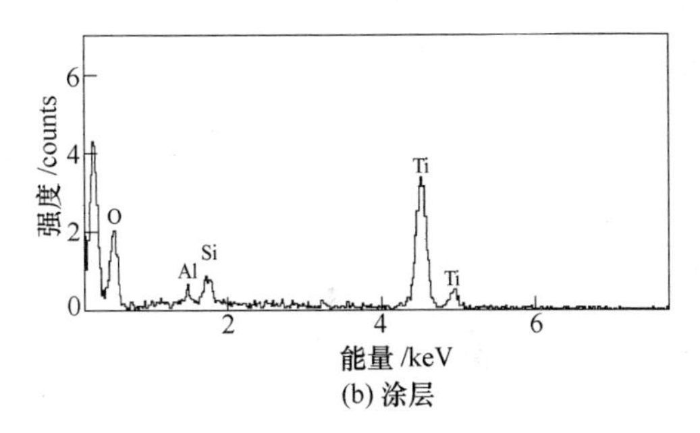

(b) 涂层

图 5.49　彩涂板黑点缺陷能谱成分分析

根据测量结果，可以确定黑点缺陷是由 Fe 及少量 Cr、Ni 的氧化物嵌入涂层造成的。

在确定彩涂板表面黑点缺陷是由氧化铁皮嵌入造成的之后，现场人员立刻对生产设备进行检查。在热风管道内发现黑色的细小碎屑，顺着源头检查，发现换热器钢管上有大量相同的碎屑，疑似为表面脱落的氧化膜，见图 5.50（a）。

使用 SEM 在高倍下观察，碎屑为小薄片，呈瓦片状，见图 5.50（b）。有光面和毛面之分，放大形貌见图 5.50（c）（光面）和图 5.50（d）（毛面）。对应的成分分析见图 5.51。光面和毛面成分都为 O、Fe、Cr 等元素，差异在于毛面的铬含量相对高些。

截取换热器不锈钢管，制备管件截面、表面金相试样，使用电子探针观察碎屑和换热管内外壁形貌，使用 X 射线衍射仪分析碎屑、管样表面物相组成。

(a) 表面脱落的氧化膜　(b) SEM 观察碎屑形貌，氧化膜

(c) 光面　(d) 毛面

图 5.50　换热器钢管碎屑形貌

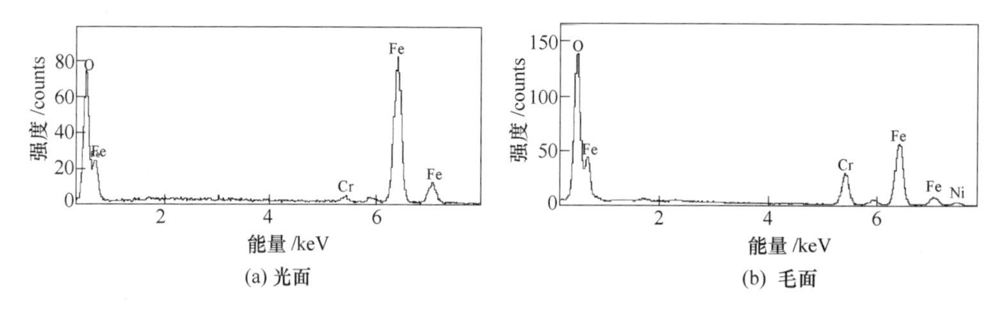

(a) 光面　(b) 毛面

图 5.51　碎屑薄片光面和毛面成分分析

图 5.52 为管件外表面形貌和成分线分析图。A 面凹凸不平，和碎屑的毛面相似，化学成分也一致（图 5.52（b））。B 面较光滑，和碎屑的光面一致。线分析结果表明，见图 5.52（c），A 面富 Cr、Si、Ni，线分析 2 穿过的凹坑处，存在

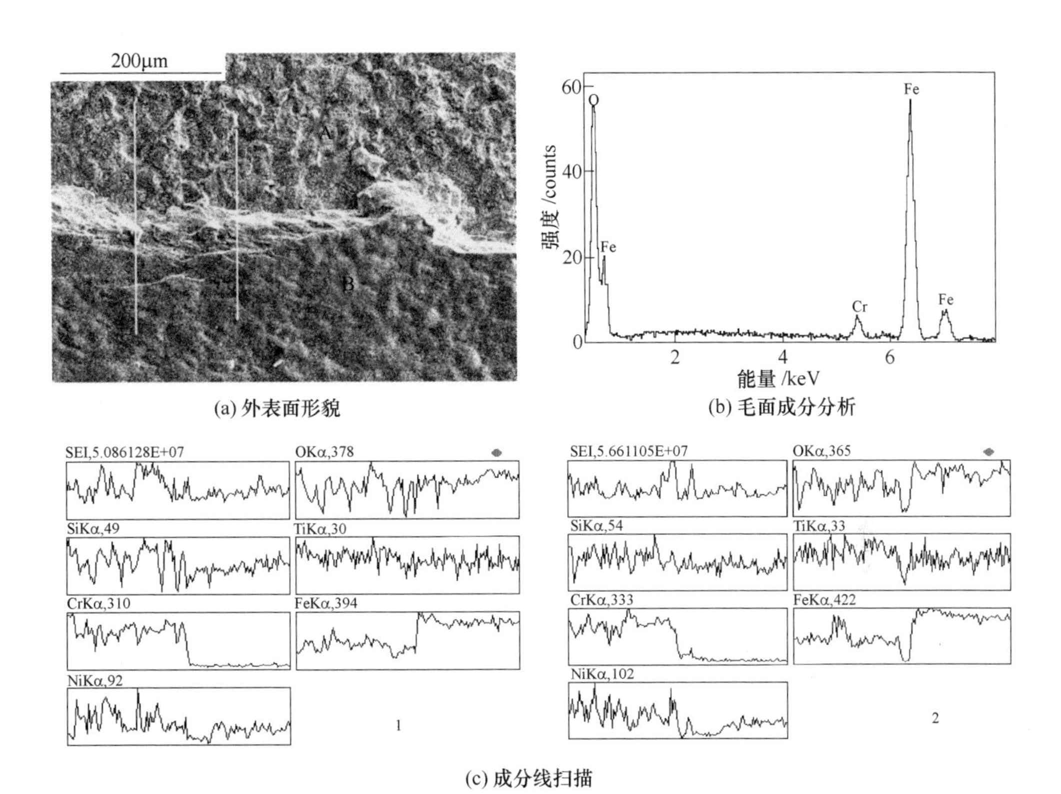

(a) 外表面形貌　　(b) 毛面成分分析

(c) 成分线扫描

图 5.52　换热器不锈钢管外表面形貌及成分分析

明显的 Fe 峰，说明接近了基体；B 面富 Fe，而贫 Cr、Si、Ni。从图中可知，B 面为外表面，A 面为脱落一层氧化膜的表面。

管件外壁氧化膜截面形貌见图 5.53，为明显的两层结构，氧化膜部分已经脱

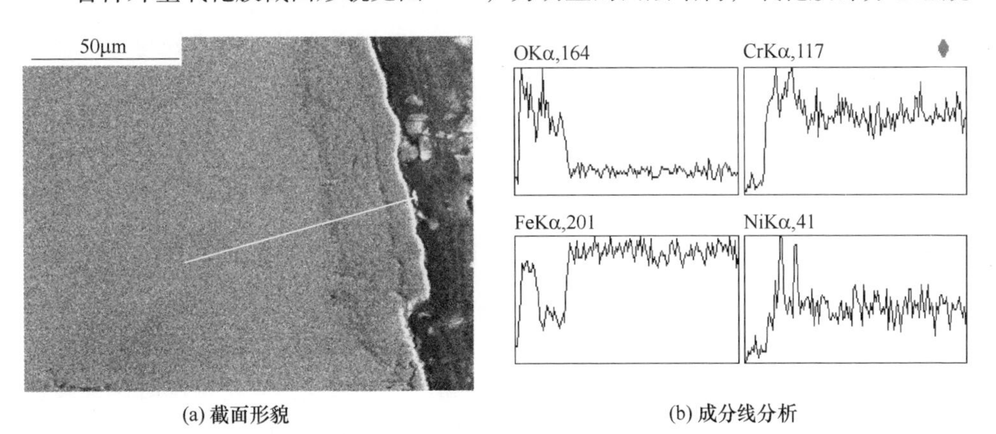

(a) 截面形貌　　(b) 成分线分析

图 5.53　管件外壁氧化膜截面形貌

落（图 5.53（a））。其成分线分析结果见图 5.53（b），氧化膜的外层主要为 Fe 的氧化物，内层则贫 Fe、富 Cr、Ni，说明为这三种元素复杂的氧化物。

X 射线衍射表明，管件外壁氧化膜的相组成与碎屑一致（图 5.54），主要为 Fe_2O_3、$FeCr_2O_4$，还有少量的 $NiCr_2O_4$。根据钢管氧化膜分两层的特征、成分线分析以及 X 射线衍射的结果，可以确定氧化膜的物相结构由外到内为 Fe_2O_3、$FeCr_2O_4$ 以及 $NiCr_2O_4$。

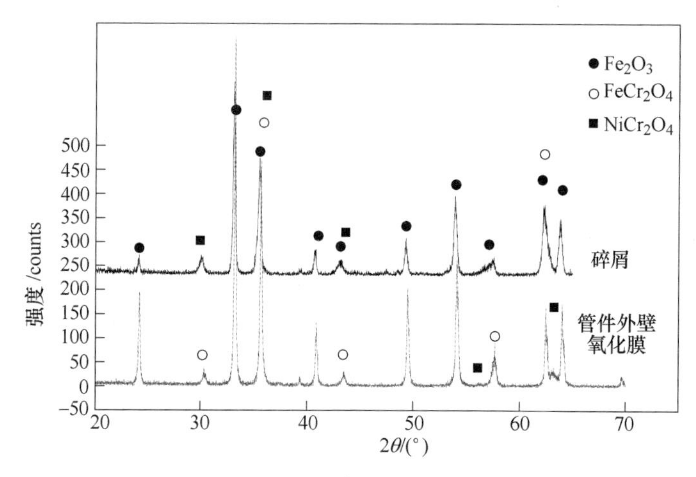

图 5.54　X 射线衍射结果

上述成分分析证明碎屑和钢管外表面的氧化膜由相同的成分组成，物相分析进一步表明它们都含有相同的相，区别仅在于各个相的相对含量稍有差异。由此判定碎屑来自管件外壁的氧化膜。在彩涂板的生产过程中，钢板表面的涂层是在烘烤箱中由净化后的清洁的热空气进行烘烤而形成的。热空气由换热器产生，换热器管道使用 321 不锈钢管，管道内壁通烟气，约 760℃，与外壁的空气换热而产生热空气，约 600℃。由于彩涂板初涂和精涂后都需要进行烘烤处理，热空气由换热器经热风管道至烘烤箱对钢板涂层进行烘烤。这些细小的碎屑被热风带到涂层表面，涂层干燥后嵌入涂层而形成黑点缺陷。

收到中方的索赔信息后，换热器设备厂商美国某公司随即委托国外权威分析机构对不锈钢氧化膜脱落问题进行了研究。

钢管表面氧化膜的形成是一个形核和生长过程。对于不锈钢来说，钢中活性大的 Cr 元素首先发生选择性氧化，在外表面形成一层 Cr_2O_3 保护膜，阻止氧化的继续进行。从剥落的氧化膜（碎屑）成分及钢管表面成分线分析看，钢管表面未形成 Cr_2O_3 保护膜，Cr、Ni 在氧化膜下富集，当富集到一定程度时，继续氧化生成 $FeCr_2O_4$ 以及 $NiCr_2O_4$。因此他们认为氧化的原因是由于换热器过热或工艺不当造成，责任在于中方。并以探讨材料的氧化机理为由，与中方纠缠不休，试图达到对中方不赔偿或少赔偿的目的。经过分析，他们出具的诸多分析报告中给出了很多的假设而没能给出正确的结论，混淆了视听。为了让外方心服口服，同时也为换热器的国产化做准备，从理论和试验两方面对 321 不锈钢氧化机理进行了缺陷溯源的研究，证明购买外方的设备存在取材不当的问题，责任在于美方，从而获得 600 万元的赔偿。

5.4.2 氧化膜脱落机理

Cr、Al、Si 等合金元素能有效改善金属材料的抗高温氧化性能。如合金中的 Cr、Al 和 Si 在高温下能与氧反应生成一层完整的、致密的、具有保护性的氧化膜（Cr_2O_3、Al_2O_3、SiO_2）。稀土氧化物能改善合金表面氧化膜的抗氧化性、氧化膜与基体表面的结合力和氧化膜的生长应力，也能有效地提高抗高温氧化性能[10]。

当不锈钢处于氧化气氛中，合金表面将生成一层氧化膜。低温下，此膜很薄，而高温下，则随着氧化时间的延长而增厚。不锈钢良好的抗氧化性与 Cr_2O_3 的生成有关。这是由于正离子通过 Cr_2O_3 扩散十分缓慢，从而有效地控制氧化膜的生长。然而进口换热器不锈钢管形成了易于脱落的 $FeCr_2O_4$ 以及 $NiCr_2O_4$ 与 Fe_2O_3 的双层结构氧化膜。那么进口换热器中所使用的不锈钢为什么未生成 Cr_2O_3 保护膜呢？

为了查明原因，使用长期加热炉中将外方提供的原材料于 700℃ 和 900℃ 热空气中进行恒温氧化模拟试验，在 700℃ 时，和换热器的工作温度接近；900℃ 时，材料将处于单一的奥氏体状态。使用电子探针和 X 射线衍射仪对氧化后的试样进行分析。

氧化后试样宏观形貌见图 5.55。在 700℃ 氧化 116h 之后，氧化膜开始明显的脱落，说明所生成的氧化膜和基体的结合力很差；而处于奥氏体状态的 900℃ 氧化 30h 之后，表面就生成了致密的 Cr_2O_3 氧化膜。

5.4.2.1 700℃氧化试验

图 5.56 给出的是不锈钢的氧化动力学曲线。图中点划线中的点是 700℃ 氧化试验测定的结果，虚线为典型不锈钢的氧化动力学曲线。这里，Cr_2O_3 氧化膜增长动力学遵循抛物线规律（*OA*），在一定的条件下氧化增重迅速增加（*AB*），而后又缓慢下来（*BC*）。曲线中部 *AB* 部分的异常是和双层氧化皮，内层尖晶石氧化物（$FeCr_2O_4$）和外层的氧化铁（Fe_2O_3）的形成有关，这和我们过去的试验结果一致。测定的氧化增重曲线和 *OABC* 并不相似，这是由于氧化膜脱落造成的。和典型的氧化增重曲线相比较，可想而知，因氧化膜脱落引起的氧化失重是非常严重的。

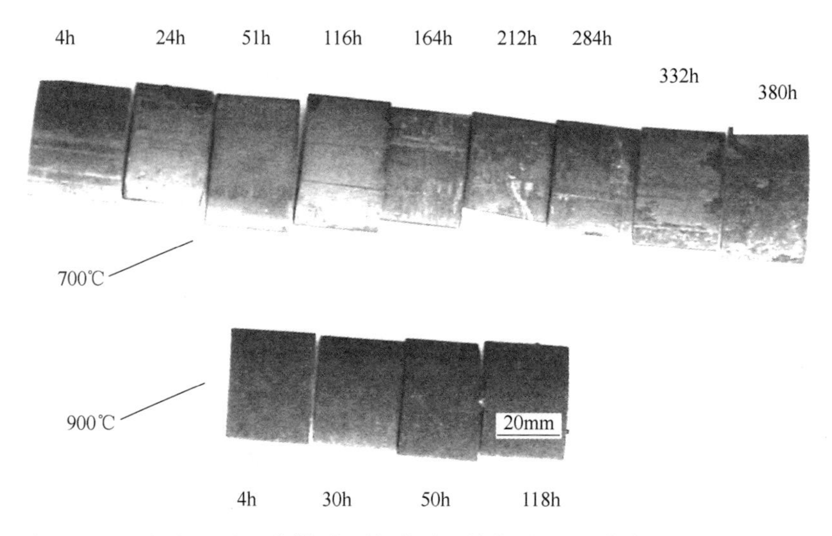

图 5.55　700℃和 900℃不同氧化时间的进口换热器所用不锈钢试样的宏观形貌

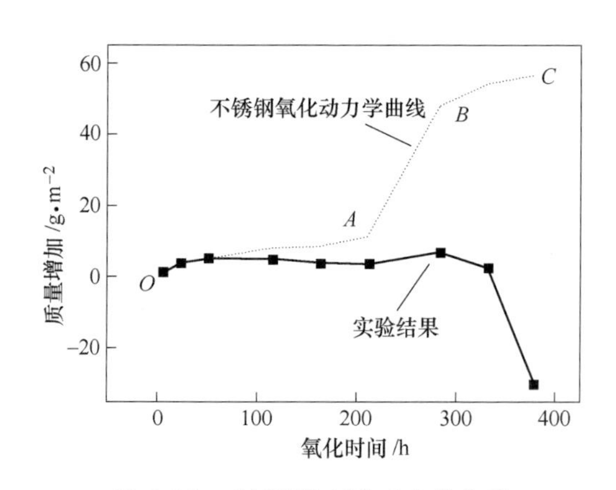

图 5.56　不锈钢的氧化动力学曲线

图 5.57 给出不同氧化时间的各个试样的表面形貌。图 5.57（a）是氧化 4h 后的形貌，试样表面氧化物以仙人球状形态形核与生长；当氧化 24h 后（图 5.57（b））“仙人球”集聚成片；继续氧化后（图 5.57（c），51h），钢管表面零星分布长大的“仙人球”；图 5.57（d）的氧化膜又逐渐长成片状分布；在后续的氧化试样中（图 5.57（e）），在表面龟裂处都有仙人球状氧化物。在图 5.57（e）中，可以明显地看出试样表面的部分氧化膜已经脱落。

使用 X 射线衍射仪研究钢管表面氧化膜及合金相的变化情况，见图 5.58。图中可见，钢管的原始状态即为 γ 和 α 两相共存，随着氧化时间的延长，合金 γ 相的峰逐渐降低，而 α 峰逐渐升高，说明合金中的 γ 相逐渐被 α 相取代。合金表面生成氧化膜的相和图 5.57 相似，外层主要为 Fe_2O_3。

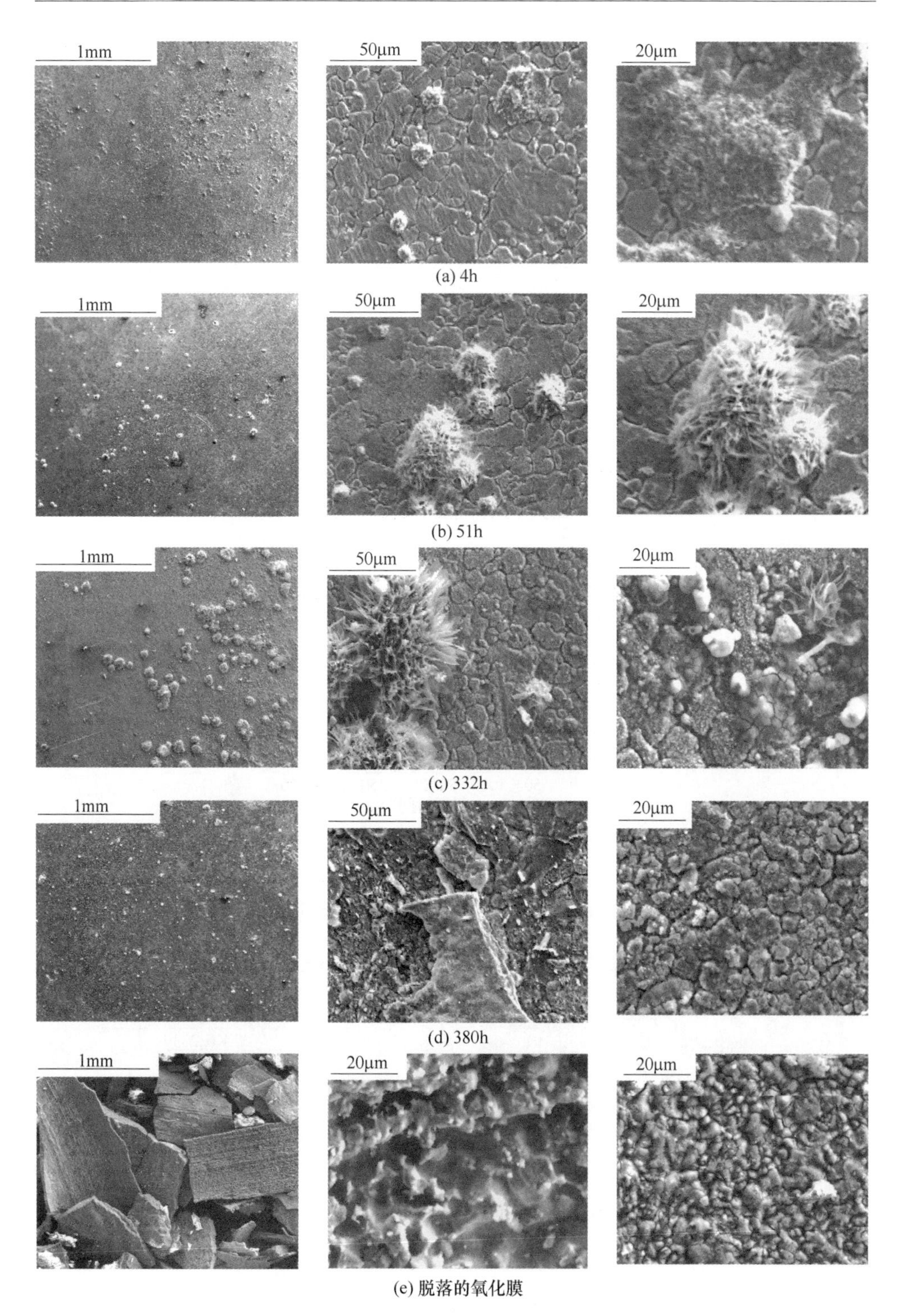

图 5.57 700℃不同氧化时间钢管表面形貌

对合金中的α和γ相进行定量分析，其中γ相的含量随保温时间的变化情况示于图5.59。随保温时间的延长，γ相的含量呈指数关系减少。

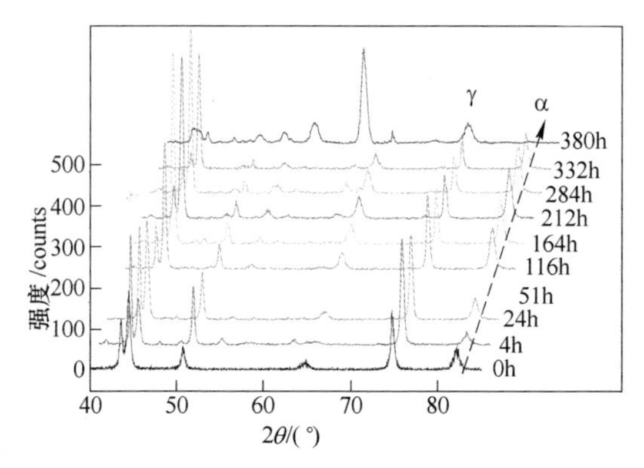

图5.58　700℃不同氧化时间钢管相的变化

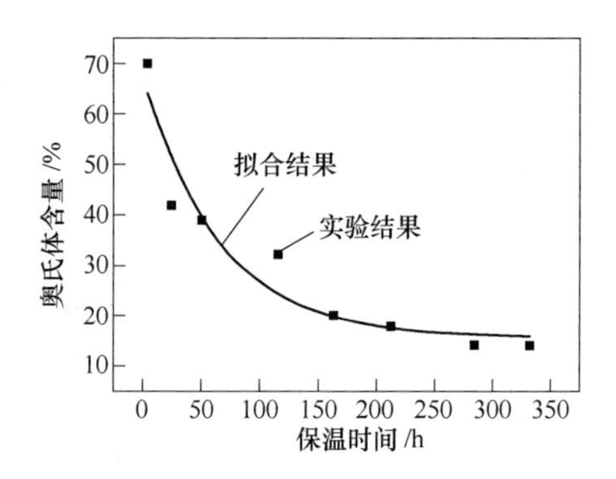

图5.59　合金中γ相含量随保温时间的关系

图5.60所示的为合金氧化后截面氧化膜形貌及成分分析。其中A部分脱落

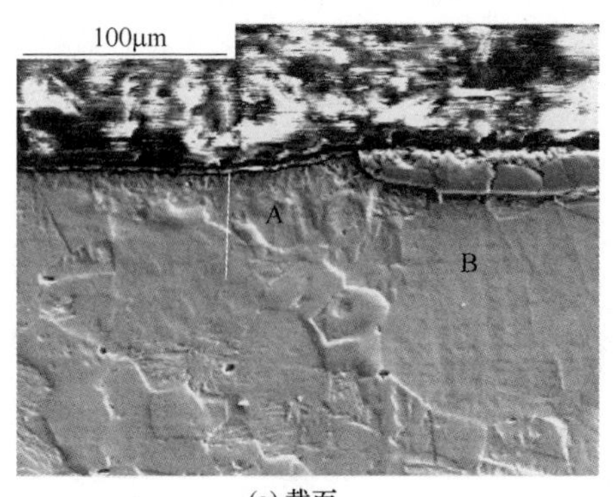

(a) 截面

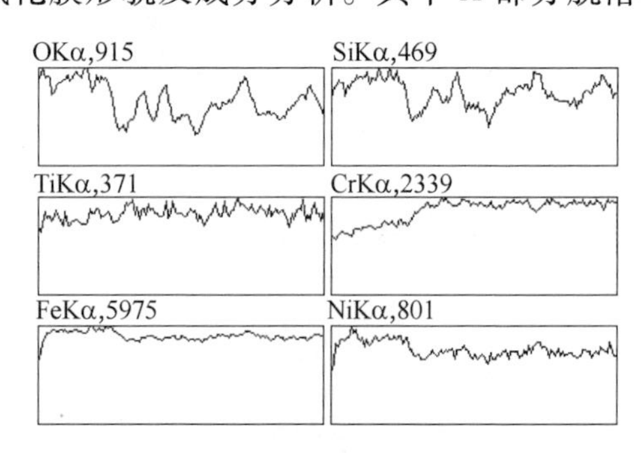

(b) 成分线分析

图5.60　合金试样氧化380h后

而B部分依然存在。两部分的成分存在很大的差异，见表5.2。A部分的铬含量竟降至12.14%。从成分线分析看，膜下基体的贫Cr区明显存在（图5.60（b））。

表5.2 合金基体成分的差异 （%）

成分	Si	Ti	Cr	Fe	Ni
A	0.50	0.08	12.14	76.70	9.98
B	0.50	0.45	18.20	71.55	9.30

5.4.2.2 900℃氧化试验

当加热到900℃时，合金处于奥氏体状态。因此，此时为合金在单一奥氏体相状态下的氧化。图5.61给出合金表面在氧化后的形态，当氧化30h后，表面就生成了非常均匀的氧化膜，氧化膜致密且不易脱落。

相分析表明（图5.62），此时钢管外表面生成了具有保护作用的Cr_2O_3氧化膜。当试样冷却时，发生了相的转变，室温下铁素体和少量的残余奥氏体共存。

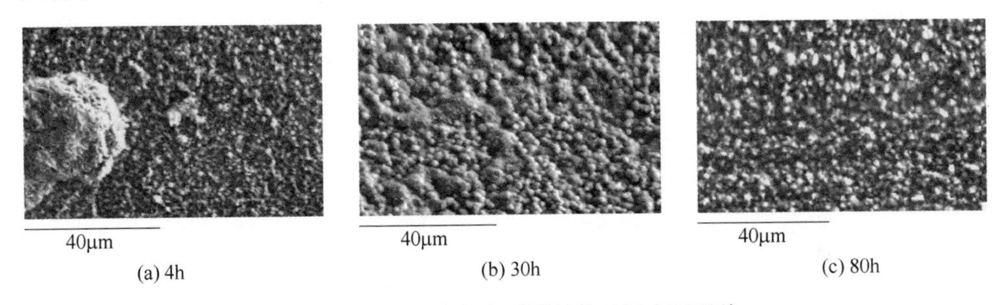

(a) 4h (b) 30h (c) 80h

图5.61 900℃合金在不同氧化时间表面形貌

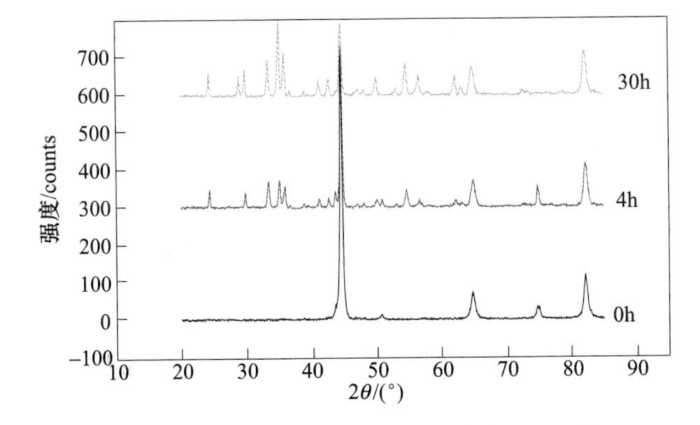

图5.62 900℃不同氧化时间不锈钢XRD谱

上述试验表明，换热器所使用的 321 不锈钢管原始状态就呈现双相，在 700℃时钢管外表面没有生成 Cr_2O_3 保护膜，而生成了外层 Fe_2O_3，内层 $FeCr_2O_4$ 以及 $NiCr_2O_4$ 的两层氧化膜结构。这种结构在炉内恒温的条件下就易于脱落[11]，对材料的抗氧化性能造成损坏。

但是，所使用的不锈钢为什么未生成 Cr_2O_3 保护膜呢？试验结果证明，钢管中 α 和 γ 两相共存。在奥氏体中存在铁素体则会对合金元素的再分配产生深远的影响。α 相中的铬含量高，而碳含量低于 γ 相中的含量；同时，Cr 在 α 相中的扩散速度高于在 γ 相的扩散速度。

首先，Cr 元素的重新分配使得 γ 相中的铬含量降低，C 在 γ 相中较高的含量使得合金在长时间的保温过程中可能析出较多的碳化物而使合金铬含量进一步降低。其次，两相共存，相界面将为原子向氧化膜/合金界面输送提供通道；同时，为碳化物的析出提供有利的形核位置。700℃是在 321 不锈钢的敏化区之内，容易析出 $M_{23}C_6$碳化物。晶界上的 $M_{23}C_6$中的 Cr 主要来自 α 相，而 C 来自 γ 相，造成近 α 相一侧出现 Cr 的贫化区，降低基体的铬含量。总之，双相共存将有效地降低基体的铬含量，这对合金的抗氧化性能极为不利[12]。

在氧化的初始阶段，合金表面都会生成 Cr_2O_3 氧化膜，其下的基体相应的发生 Cr 的贫化。由于 Cr 在 α 相中的扩散速度较快，和 γ 相相比，贫 Cr 区将得到较快的恢复。而相对而言，γ 相的贫 Cr 区由于得不到较快的恢复而氧化，生成 $FeCr_2O_4$ 氧化物。尤其是在合金表面铬含量较低的地方，特别是在相界面处。当氧化膜生长至一定厚度而开裂，使得基体金属直接暴露于氧化环境之中。氧化物沿裂缝向外生长，正如图 5. 57 所示的“仙人球”状生长的氧化物。由于近氧化膜处贫 Cr 基体中 Fe 向氧化膜外扩散，使得在氧化膜的外层生成易于脱落的 Fe_2O_3，和内层的 $FeCr_2O_4$ 以及 $NiCr_2O_4$ 构成两层氧化膜结构。

因此，应为单相奥氏体的 321 不锈钢两相共存是形成易于脱落的双层氧化膜结构的重要条件。

另外换热器内产生的热风对钢管表面的冲刷将对氧化膜产生摩擦力，这是来自外部的重要因素之一。

随着保温时间的延长，两相的含量在发生变化。由于 γ 相的热膨胀系数比 α 相的大，因此，两相数量的变化将对氧化膜产生微观的拉应力也会加速氧化膜的脱落进程。因此可以说，生成了外层 Fe_2O_3，内层 $FeCr_2O_4$ 以及 $NiCr_2O_4$ 的易于脱落的两层氧化膜结构是现场不锈钢管氧化膜脱落的直接原因。不锈钢管中 γ 相和 α 相两相共存是形成双层氧化膜结构的重要条件。在换热器内使用的条件下存在的外部因素促进了氧化膜的脱落进程。

5. 4. 3　换热器国产化替代

研究表明，引进设备所用的不锈钢管为 321 不锈钢，材料中共存铁素体相和奥氏体相。这种不锈钢使用前应经过稳定化固溶处理，材料应该处于单一的奥氏体状态。由于厂商选材不当，对公司造成巨大的损失，可见，换热器在后续国产化过程中的选材成功与否是至关重要的。为此，对昆山和无锡产两台换热器拟使用的310不锈钢和321不锈钢管进行研究，借此对后续新上彩涂线换热器的选材提供参考。

使用321(18Cr-9Ni)和310(25Cr-20Ni)奥氏体不锈钢在700℃下进行氧化试验，这种钢管氧化增重都很小，经过17天的氧化试验后，310不锈钢表面依然发亮，见图5.63，呈现出良好的抗氧化能力。

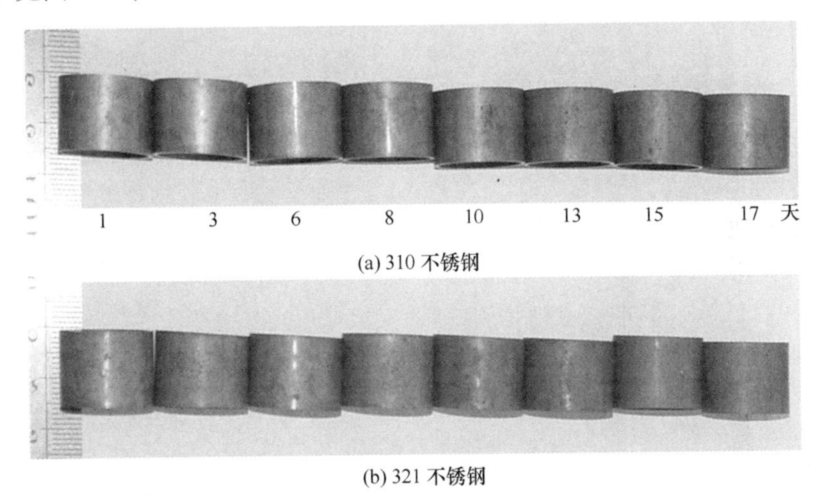

(a) 310 不锈钢

(b) 321 不锈钢

图 5.63　700℃下试件宏观形貌的变化

使用电子显微镜对钢管氧化试样的表面形貌进行观察，结果见图5.64。321钢管原始表面状态较为良好，见图5.64（a），呈均匀的晶粒状。经过17天的氧化之后表面已生成了一层薄的氧化膜，呈“花骨朵状”，氧化物覆盖下的原始晶粒状态依然可辨，见图5.64（b）。310钢管原始表面加工痕迹依然存在（图5.64（c）），随着氧化时间的推移，未发生明显的变化。氧化17天后，试样表面才隐约有氧化膜的存在（图5.64（d）），抗氧化性能极为优良。

使用电子探针测定试样表面成分随氧化时间的变化情况，结果见图5.65。对于310不锈钢，随着氧化的进行，试样表面氧含量以抛物线规律逐渐升高，Fe、Cr、Ni含量逐渐降低。至氧化8天（192h，S4）后，表面成分含量相对稳定，基本不发生变化。321不锈钢的情况和310不锈钢相似，但氧含量的水平比310不锈钢明显为高。

图5.66给出两种不锈钢相的演化。321不锈钢管原始试样呈单一的奥氏体相。但是，钢管氧化后，表面有铁素体相的形成，并且，随着氧化时间的延长，铁素体相含量逐渐增多（图5.66（a））。试样表面氧化物的衍射峰在钢管一经高温加热之后即出现。根据衍射峰的特点，可以判断氧化物为Fe_2O_3和Cr_2O_3的混

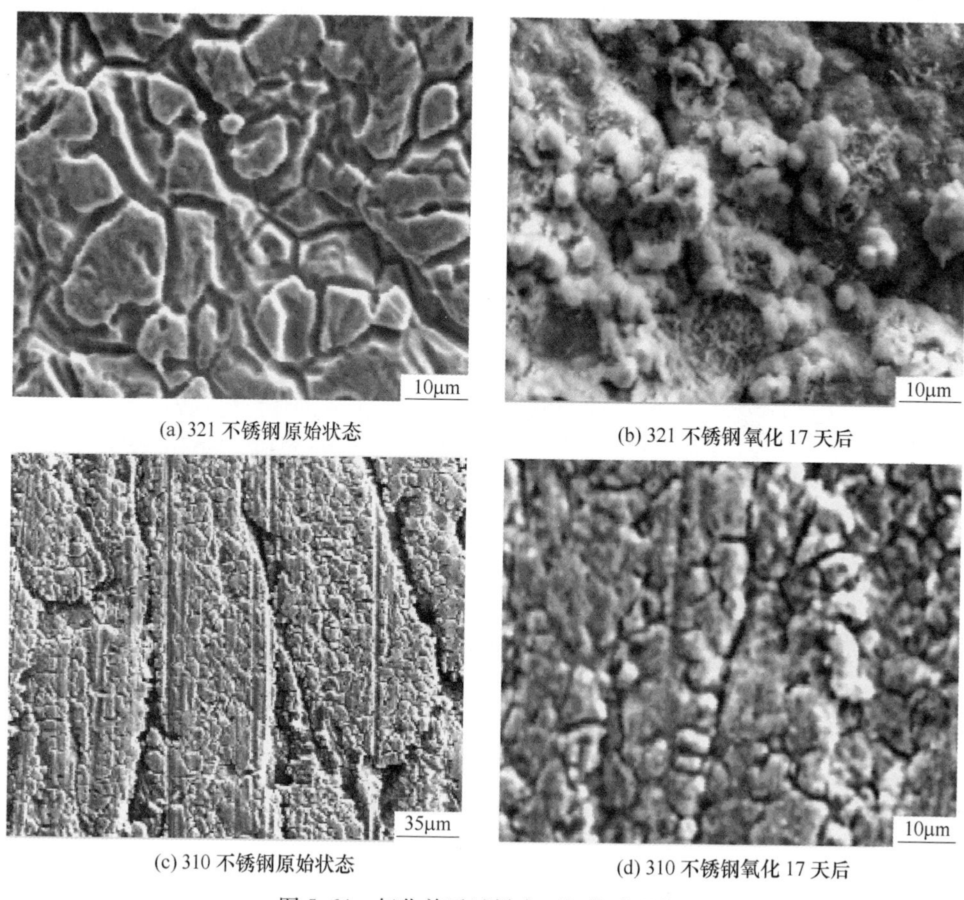

(a) 321 不锈钢原始状态　(b) 321 不锈钢氧化 17 天后

(c) 310 不锈钢原始状态　(d) 310 不锈钢氧化 17 天后

图 5.64　氧化前后试样表面氧化膜形貌

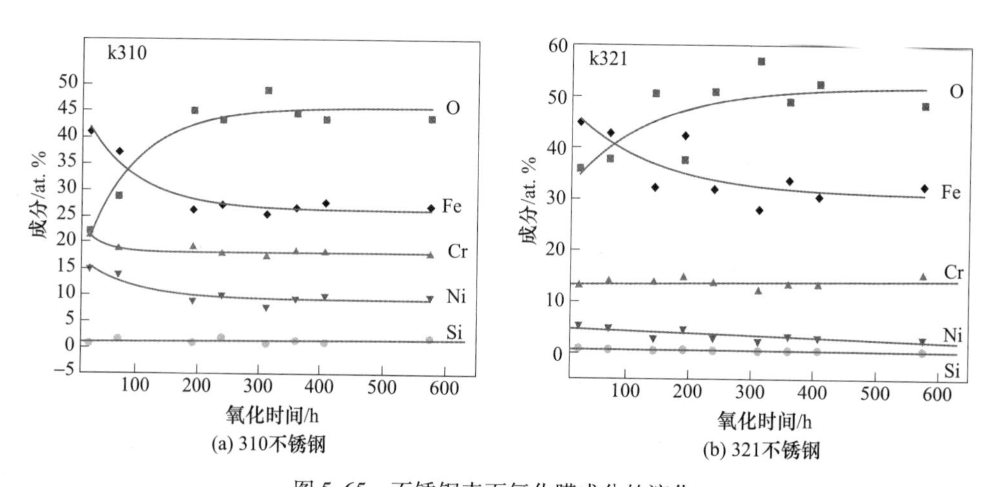

(a) 310不锈钢　(b) 321不锈钢

图 5.65　不锈钢表面氧化膜成分的演化

合物，记为（Cr，Fe）$_2$O$_3$。当试样氧化至576h时，基体相的衍射峰也被掩盖，说明试样表面已经形成一层氧化膜。在此试验中，也检测到了$FeCr_2O_4$相的存在。对于310不锈钢试样（图5.66（b）），由于表面氧化膜很薄，XRD谱上主要是基体的衍射峰。经过24天（576h）氧化后，表面相组成依然主要是奥氏体相。表面氧化物为很薄的非常稳定的Fe_2O_3和Cr_2O_3的混合物，长时间氧化后未发生本质的变化。

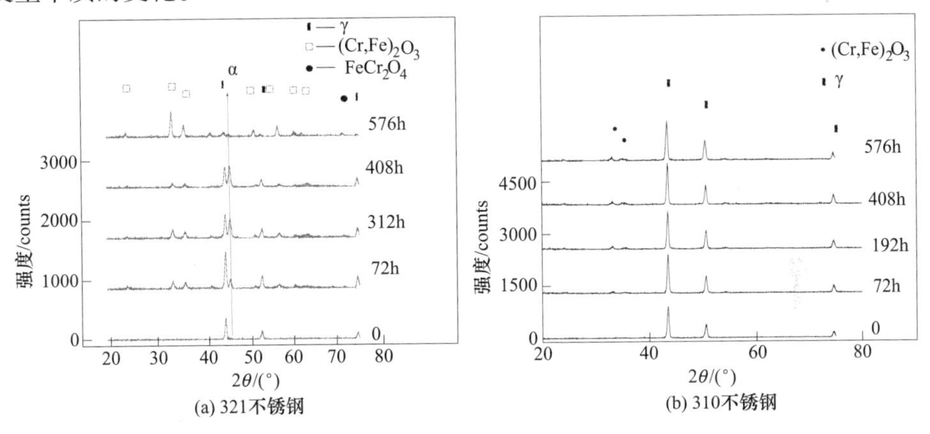

图5.66 700℃下不锈钢相的演化

这说明即使是单相的321不锈钢管，在700℃使用下合金表面的相是不稳定的，氧化保温后，单一的奥氏体相将转变为奥氏体相和铁素体相双相共存，将最终导致氧化膜结构发生变化。因此该类不锈钢不适用于700℃左右使用的换热器中。而310不锈钢在700℃下使用具有优良的抗氧化性能。

据此换热器国产化替代中使用310不锈钢，使用6个月后，打开换热器，发现310不锈钢管表面状态良好（5.67（a）），与321不锈钢管（图5.67（b））相比有天壤之别，更为重要的是避免了彩涂板的表面质量问题。

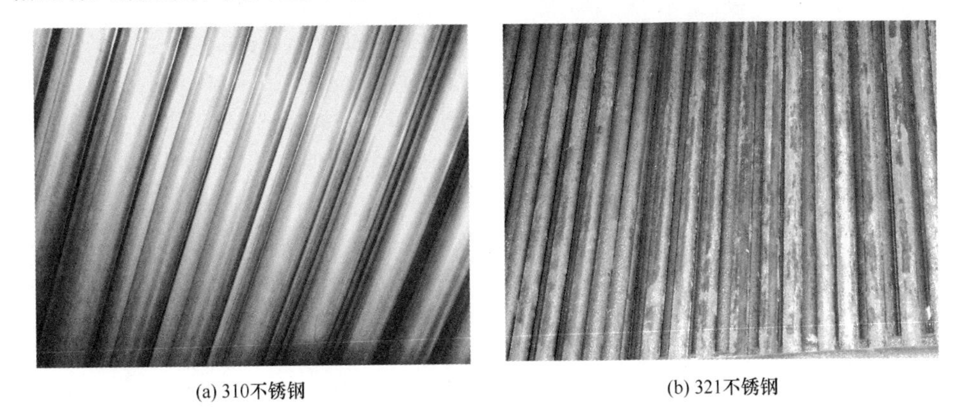

图5.67 国产换热器用不锈钢管使用6个月后的氧化情况

5.4.4　小结

彩涂板是冶金和化工相结合的表面处理工程的重要产品，彩色涂层钢板作为表面技术处理产品，其产品质量不仅仅局限于产品的理化性能（膜厚、光泽、柔韧性、耐反向冲击性、耐溶剂性、耐腐蚀性、耐候性等），还包括彩涂板产品的涂层表面质量。在彩涂线生产过程中，影响质量的问题非常多，原料、清洗、铬化、涂装、固化、水冷等都会对成品造成影响，而且很难区分。常见涂装质量缺陷有气泡、色差、辊印、漏涂等，而固化常见质量缺陷包括针孔、气泡（严重的表现为爆孔，特别在厚膜厚时柔韧性差，耐有机溶剂差，色差、光差明显）、粘卷等。固化炉炉内存在灰尘或其他污染源，也会产生麻点等表面质量缺陷。

本研究的黑点缺陷是由来自换热器不锈钢管外壁脱落的氧化膜碎屑引起的，这种碎屑经热风管道被热空气带到烘烤箱而对彩涂板表面质量造成影响。发现当321不锈钢奥氏体和铁素体双相共存时，钢管表面氧化严重，且氧化膜易于脱落。而当321不锈钢呈单相时，合金的抗氧化性能大大地提高，但其相结构是不稳定的，合金表面生成的氧化膜终究会脱落。在700℃附近换热器中使用310不锈钢具有很好的效果。

参 考 文 献

[1] 曾佳，江泽超，郑成明，田青超．S316L不锈钢压力壳点蚀失效分析［J］．腐蚀科学与防护技术，2019，31（1）：79-84.

[2] 董晓明，田青超．S135钻杆失效分析［J］．理化检验-物理分册，2007，43（9）：476-479.

[3] ASTM A313 /A313M － 17 Standard Specification for Stainless Steel Spring Wire.

[4] 田青超，郑成明，江泽超．不锈钢弹簧断裂分析［J］．金属制品，2018，44（6）：31-35.

[5] ISO 15156/NACE 00175-Part 3：Petroleum and Natural Gas Industries-Materials for Use in H2S-containing Environments in Oil and Gas Production-Part 3：Cracking Resistant CRAs（Corrosion Resistant Alloys）and Other Alloys，ISO，2009.

[6] 田嘉治，吕庆钢，羊东明，田青超．集输管内腐蚀失效原因分析［J］．理化检验（物理分册），2013，49（12）：843-847.

[7] 王俊，齐文元，周卫国．高压输电线路对埋地输油管道中杂散电流的影响［J］．全面腐蚀控制，2010，24（7）：48-52.

[8] 彭勇，田青超，陈家光．12Cr1MoV锅炉管短期爆裂分析［J］．物理测试，2005，23（3）：53-55.

[9] 张凤珍，张代儒，张瑜，彩色涂层钢板质量的提高 [J]. 涂料工业，2006 (12)：41-44.
[10] Beta Leffer. Stainless-Stainless Steels and Their Properties [R]. http：//thenpo. ca/files/STAINLESS%20Steel. pdf，2001：19.
[11] 王正樵，吴幼林 . 不锈钢 [M]. 北京：化学工业出版社，1991.
[12] 田青超，林良道，陈家光，等 . 双相 321 不锈钢管的氧化失效行为 [J]. 机械工程材料，2004，28 (2)：51-54.